Spektraltheorie selbstadjungierter Operatoren im Hilbertraum und elliptischer Differentialoperatoren

Friedrich Sauvigny

Spektraltheorie selbstadjungierter Operatoren im Hilbertraum und elliptischer Differentialoperatoren

Springer Spektrum

Friedrich Sauvigny
Fachgebiet Mathematik
BTU Cottbus-Senftenberg
Cottbus, Deutschland

ISBN 978-3-662-58068-4   ISBN 978-3-662-58069-1   (eBook)
https://doi.org/10.1007/978-3-662-58069-1

Die Deutsche Nationalbibliothek verzeichnet diese Publikation in der Deutschen Nationalbibliografie;
detaillierte bibliografische Daten sind im Internet über http://dnb.d-nb.de abrufbar.

Springer Spektrum
© Springer-Verlag GmbH Deutschland, ein Teil von Springer Nature 2019
Das Werk einschließlich aller seiner Teile ist urheberrechtlich geschützt. Jede Verwertung, die nicht
ausdrücklich vom Urheberrechtsgesetz zugelassen ist, bedarf der vorherigen Zustimmung des Verlags.
Das gilt insbesondere für Vervielfältigungen, Bearbeitungen, Übersetzungen, Mikroverfilmungen und
die Einspeicherung und Verarbeitung in elektronischen Systemen.
Die Wiedergabe von Gebrauchsnamen, Handelsnamen, Warenbezeichnungen usw. in diesem Werk
berechtigt auch ohne besondere Kennzeichnung nicht zu der Annahme, dass solche Namen im Sinne
der Warenzeichen- und Markenschutz-Gesetzgebung als frei zu betrachten wären und daher von
jedermann benutzt werden dürften.
Der Verlag, die Autoren und die Herausgeber gehen davon aus, dass die Angaben und Informationen in
diesem Werk zum Zeitpunkt der Veröffentlichung vollständig und korrekt sind. Weder der Verlag noch
die Autoren oder die Herausgeber übernehmen, ausdrücklich oder implizit, Gewähr für den Inhalt des
Werkes, etwaige Fehler oder Äußerungen. Der Verlag bleibt im Hinblick auf geografische Zuordnungen
und Gebietsbezeichnungen in veröffentlichten Karten und Institutionsadressen neutral.

Verantwortlich im Verlag: Annika Denkert

Springer Spektrum ist ein Imprint der eingetragenen Gesellschaft Springer-Verlag GmbH, DE und ist ein
Teil von Springer Nature
Die Anschrift der Gesellschaft ist: Heidelberger Platz 3, 14197 Berlin, Germany

DEM ANDENKEN AN

PROFESSOR DR. ERHARD HEINZ (1924 – 2017)

UND

PROFESSOR DR. GÜNTER HELLWIG (1926 – 2006)

IN DANKBARER ERINNERUNG GEWIDMET

Vorwort

In den *Notices of the American Mathematical Society* fand sich die bemerkenswerte Feststellung: *Mathematicians are addicted to eigenvalue problems.* Tatsächlich begleiten Eigenwertprobleme die Mathematiker und Physiker von den Anfängervorlesungen zur *Linearen Algebra und Analytischen Geometrie* sowie der *Analysis* (siehe Satz 6 in § 3 von Kap. IV im Lehrbuch [S1]) über die *Stabiltätsuntersuchungen in der Variationsrechnung* bis hin zu den *Energiebetrachtungen in der Quantenmechanik*.

In den Vorlesungen über Funktionalanalysis wird der Spektralsatz für vollstetige bzw. kompakte und beschränkte, Hermitesche Operatoren (siehe hierzu [S3] Kap. 8 oder [S5] Chap. 8) bewiesen. Zur Bequemlichkeit der Leser nehmen wir diesen Beweis in den § II.11 unseres Lehrbuchs auf. Dabei bezeichnet etwa § II.11 den § 11 im Kapitel II. Die Differentialoperatoren werden erst durch Inversen-Bildung mittels einer Greenschen Funktion für die Spektraldarstellung zugänglich, und das Spektrum ist hierbei diskret und besitzt $+\infty$ als einzigen Häufungspunkt (man vergleiche [H1]).

Wir wollen in dieser Abhandlung *direkt* für eine geeignete Klasse unbeschränkter Operatoren eine Spektraldarstellung herleiten. Hier kann das Spektrum auch kontinuierlich sein und sich von $-\infty$ bis $+\infty$ erstrecken. Dieser Spektralsatz für selbstadjungierte Operatoren wurde unabhängig von J. von Neumann [vN] und A. Wintner [Wi] am Ende der 1920er Jahre bewiesen, als sich die Quantenmechanik in ihrer ursprünglichen Entwicklungsphase befand. In § I.2 und § I.3 werden wir direkt die schwache Lösbarkeitstheorie für elliptische Differentialoperatoren zur Beantwortung der Frage nach der Selbstadjungiertheit dieser Operatoren heranziehen.

Den Weg bis zum Spektralsatz in § I.12 können wir dem Inhaltsverzeichnis entnehmen. Entscheidend wird zu seinem Beweis die *Resolvente* eines Operators und die *Stieltjes'sche Umkehrformel* herangezogen. Der Beweis baut auf die *Spektraldarstellung Hermitescher Matrizen* und verwendet Konvergenzbetrachtungen mit Hilfe der *Sätze von E. Helly über Funktionen beschränkter Variation*. Die notwendigen Integralbegriffe von Riemann-Stieltjes sowie von Lebesgue-Stieltjes können wir dem Lehrbuch [S1] zur Analysis entnehmen.

Wir wollen zunächst den Spektralsatz für separable Hilберträume beweisen. Im § III.1 werden wir dann über eine Integralformel von Herglotz den Spektralsatz für beliebige Hilberträume zeigen. Bei den uns interessierenden Anwendungen auf elliptische Differentialoperatoren reicht allerdings der Spektralsatz für separable Hilberträume aus.

Wir orientieren uns hier an der Vorlesung [H2] von Herrn Professor Dr. E. Heinz, der mir wie seinen zahlreichen Schülern das Forschungsgebiet der klassischen Analysis eröffnet hat. F. Hirzebruch [HS] hat einen anderen Zugang zum Spektralsatz gewählt, welcher Operator-Algebren benutzt aber der Theorie von Differentialgleichungen ferner liegt.

Wir werden in § II.1 die Cayley-Transformation vorstellen, und in § II.2 den Spektralsatz für unitäre Operatoren über die Exponentialreihe aus dem Spektralsatz für Hermitesche Operatoren herleiten. Hiermit ist die zeitabhängige Schrödingergleichung in § II.3 eng verknüpft. Die physikalische Interpretation dieser Gleichungen kann man dem inspirierenden Skriptum [B] von H.J. Borchers über *Quantenmechnik* entnehmen.

Der abstrakte Spektralsatz wurde schon kurz nach seiner Entdeckung von K.O. Friedrichs [F] auf halbbeschränkte Differentialoperatoren angewandt, dessen Ideen wir in § II.4 darstellen. In seinem Vortrag 1976 im Göttinger Mathematischen Kolloquium hatte ich das große Glück, diesen beeindruckenden Mathematiker vom Courant-Institut in New York am Ort seiner wissenschaftlichen Herkunft erleben zu können. In § II.6 wird die *Friedrichs-Fortsetzung* auf Laplace-Beltrami-Operatoren und im § II.8 auf Schrödingeroperatoren angewandt. Im § II.7 werden wir ein Eigenwertproblem behandeln, welches H.A. Schwarz schon um 1890 zur Beurteilung eines lokalen Minimums bei Minimalflächen vorgeschlagen hat.

Im § II.8 entwickeln wir die Spektraltheorie für Schrödingeroperatoren mit halbbeschränktem Potential nach unten. Schließlich beantworten wir im § II.9 die Frage zur *wesentlichen Selbstadjungiertheit* von Schrödingeroperatoren, was für die Quantenmechanik zentrale Bedeutung besitzt. Hier orientieren wir uns an der Monographie von *G. Hellwig: Differentialoperatoren der mathematischen Physik* [He]. An Herrn Prof. Dr. G. Hellwig werde ich für sein weitsichtiges und vorbildliches Wirken als Direktor des Instituts für Mathematik an der RWTH Aachen, wo ich von 1978 bis 1983 wissenschaftlicher Assistent war, immer ein dankbares Andenken bewahren. Im Zentrum des § II.9 steht ein Regularitätssatz für Schrödingeroperatoren, welcher eine Weiterentwicklung des Weylschen Lemmas durch E. Wienholtz darstellt.

Wir betrachten Integraloperatoren in § II.10 mit Hermiteschen messbaren Kernfunktionen $K = K(x,y)$, $(x,y) \in \mathbb{R}^n \times \mathbb{R}^n$, welche lokal quadratisch integrierbar sind. Diese stellen unbeschränkte, selbstadjungierte Operatoren im Hilbertraum dar, auf welche der Spektralsatz für selbstadjungierte Operatoren aus § I.12 anwendbar ist. Im Falle $K = K(x, y) \in L^2(\mathbb{R}^n \times \mathbb{R}^n)$ ist dieser Hilbert-Schmidt-Operator sogar beschränkt auf $L^2(\mathbb{R}^n)$ sowie vollstetig und besitzt $\{0\}$ als Häufungsspektrum. Den hier angemessenen Spektralsatz für vollstetige Hermitesche Operatoren (man vergleiche das Theorem 7.3 in [S5] Chap. 8) zeigen wir im § II.11 mit den direkten Variationsmethoden im Hilbertraum.

In diesem Lehrbuch wollen wir unsere Leser auch mit der Störungstheorie selbstadjungierter Operatoren im Hilbertraum vertraut machen. Bereits in § I.4 untersuchen wir die Störung wesentlich selbstadjungierter Operatoren. In unserer Darstellung leiten wir in den abschließenden § III.2 und § III.3 tiefere Ergebnisse aus der Störungstheorie linearer Operatoren her. Dort werden wir die stetige, gleichmäßige und analytische Abhängigkeit der Spektralschar von der entsprechenden Familie selbstadjungierter Operatoren präsentieren und hierfür direkte Beweise anbieten.

Darüber hinaus empfehlen wir das Studium der Originalarbeit [H3] von E. Heinz, welche in das Grundlehrenbuch [K] von T. Kato an zentraler Stelle Eingang gefunden hat. Diese Dissertation von E. Heinz im Jahr 1951 bei F. Rellich vollendet gewissermaßen die Störungstheorie linearer Operatoren im Hilbertraum, welche von F. Rellich ab den 1930er Jahren begründet wurde. Wir möchten mit dieser Monographie beitragen zum bleibenden Andenken an Herrn Professor Dr. Erhard Heinz, der mit seinem Wirken die Tradition von D. Hilbert über R. Courant und F. Rellich in der Analysis am Göttinger Mathematischen Institut fortgesetzt hat.

Nun gibt es recht umfangreiche Darstellungen der Spektraltheorie, wie etwa das klassische Lehrbuch [AG] von N.I. Achieser und I.N. Glasmann, das wohlbekannte Grundlehren-Buch von T.Kato [K] über *Perturbation theory for linear operators* oder die neuere Darstellung [Sm] von K. Schmüdgen über *Unbounded self-adjoint operators on Hilbert space*. Auch möchten wir die interessante Monographie [L] über *Spektraltheorie in der Riemannschen Geometrie* von O. Lablée hier nennen.

In unserem Lehrbuch zur Spektraltheorie setzen wir gründliche Kenntnisse der Funktionalanalysis und der Theorie elliptischer Differentialgleichungen voraus, wie sie etwa in unserem Lehrbuch [S4] und [S5] (bzw. in der deutschen Ausgabe [S3] und [S4]) vermittelt werden. Wir hoffen durch die konsequente Hinführung zum Spektralsatz für selbstadjungierte Operatoren und die gleichzeitige Behandlung der Spektraltheorie elliptischer Differentialoperatoren die Leser zur Beschäftigung mit diesem zentralen Gebiet zwischen *Theoretischer Physik, Funktionalanalysis* und der *Theorie partieller Differentialgleichungen* zu ermutigen.

An dieser Stelle möchte ich ganz herzlich Prof. Dr. Dr. h. c. mult. Willi Jäger, Prof. Dr. Frank Müller, Prof. Dr. Sabine Pickenhain und Prof. Dr. Gerhard Ströhmer sowie Dr. Michael Hilschenz, M. Sc. Andreas Künnemann und M. Sc. Sören Tschierse für ihr andauerndes Interesse und für ihre vielen wertvollen Hinweise zu den behandelten Themen danken. Schließlich möchte ich Frau Dr. Annika Denkert sowie Frau Agnes Herrmann vom Springer-Verlag und Herrn Clemens Heine vom Birkhäuser-Verlag vielmals danken für ihr langfristiges Vertrauen und ihre große Hilfsbereitschaft bei diesem Buchprojekt über die Spektraltheorie.

Prof. Dr. Friedrich Sauvigny
Institut für Mathematik / Fachgebiet Analysis
Brandenburgische Technische Universität Cottbus - Senftenberg
im August 2018

Inhaltsverzeichnis

I

Spektraltheorie selbstadjungierter Operatoren

In diesem Kapitel entwickeln wir die Theorie selbstadjungierter Operatoren im Hilbertraum und untersuchen ihre Beziehung zu den Hermiteschen Operatoren. Wir stellen die Resolvente eines Operators vor und behandeln Riemann- sowie Lebesgue-Stieltjesintegrale bezüglich einer Spektralschar. Durch Approximation mit endlich-dimensionalen Hermiteschen Operatoren zeigen wir den Spektralsatz für selbstadjungierte Operatoren. Hierzu beweisen wir den Auswahl- und den Konvergenzsatz von E. Helly. Im Zentrum des Beweises für den allgemeinen Spektralsatz steht die Stieltjes'sche Umkehrformel.

§1 Abgeschlossene Operatoren mit ihren Graphen

Wir beginnen mit der grundlegenden

Definition I.1.1. *Im Hilbertraum $\mathcal{H}$ mit dem inneren Produkt $(f,g)_{\mathcal{H}}$, $f, g \in \mathcal{H}$ nennen wir die lineare Abbildung*

$$T : \mathcal{D}_T \to \mathcal{H} \, mit \, T(\alpha f + \beta g) = \alpha T f + \beta T g \, f\ddot{u}r \, alle \, f, g \in \mathcal{D}_T \, und \, \alpha, \beta \in \mathbb{C}$$

auf dem linearen Raum $\mathcal{D}_T \subset \mathcal{H}$ einen linearen Operator mit dem Definitionsbereich $\mathcal{D}_T$ und dem Wertebereich $\mathcal{W}_T := T(\mathcal{D}_T) \subset \mathcal{H}$.

Definition I.1.2. *Der Operator S heißt Fortsetzung des Operators T, wenn die Inklusion $\mathcal{D}_S \supset \mathcal{D}_T$ und die Identität*

$$S f = T f \quad f\ddot{u}r \, alle \quad f \in \mathcal{D}_T$$

erfüllt ist. Wir schreiben dann $S \supset T$ oder gleichwertig $T \subset S$.

Bemerkungen:

i) Aus $S \subset T$ und $T \subset S$ folgt $S = T$.

© Springer-Verlag GmbH Deutschland, ein Teil von Springer Nature 2019
F. Sauvigny, *Spektraltheorie selbstadjungierter Operatoren im Hilbertraum und elliptischer Differentialoperatoren*, https://doi.org/10.1007/978-3-662-58069-1_1

ii) Der *Graph des Operators* T

$$\mathcal{G}_T := \{(f, Tf) \in \mathcal{H} \times \mathcal{H} : f \in \mathcal{D}_T\}$$

stellt einen linearen Teilraum des Vektorraums $\mathcal{H} \times \mathcal{H}$ dar.

iii) Die Inklusion $S \supset T$ bedeutet für die Graphen dieser Operatoren gerade $\mathcal{G}_S \supset \mathcal{G}_T$.

Definition I.1.3. *Der lineare Operator* T *mit dem Definitionsbereich* $\mathcal{D}_T$ *heißt abgeschlossen, wenn aus*

$$f_n \to f\,(n \to \infty) \quad , \quad f_n \in \mathcal{D}_T$$

und

$$Tf_n \to g\,(n \to \infty)$$

die Eigenschaften $f \in \mathcal{D}_T$ *sowie* $Tf = g$ *folgen. Somit ergibt sich für solche Folgen die Aussage*

$$T(\lim_{n\to\infty} f_n) = \lim_{n\to\infty} Tf_n. \tag{I.1.1}$$

Wir statten den linearen Raum $\mathcal{H}^2 := \mathcal{H} \times \mathcal{H} := \{(f_1, f_2) : f_1, f_2 \in \mathcal{H}\}$ mit dem inneren Produkt

$$< (f_1, f_2), (g_1, g_2) >:= (f_1, g_1)_\mathcal{H} + (f_2, g_2)_\mathcal{H}, \; (f_1, f_2), (g_1, g_2) \in \mathcal{H} \times \mathcal{H} \tag{I.1.2}$$

aus und erhalten einen Hilbertraum. Durch die Setzung

$$\pi_j : \mathcal{H} \times \mathcal{H} \to \mathcal{H} \quad \text{mit} \quad \pi_j(f_1, f_2) := f_j \in \mathcal{H} \tag{I.1.3}$$

erklären wir die Projektion auf die j-te Komponente für $j = 1, 2$.

Theorem I.1.1. *Der lineare Operator* T *ist genau dann abgeschlossen, wenn der Graph* $\mathcal{G}_T \subset \mathcal{H} \times \mathcal{H}$ *eine abgeschlossene Menge darstellt.*

Beweis: „ $\Longrightarrow$ " : Sei der abgeschlossene Operator T gegeben. Dann betrachte man die in $\mathcal{H}^2$ konvergente Folge

$$\mathcal{G}_T \ni (f_n, Tf_n) \to (f, g) \quad (n \to \infty).$$

Es folgt $f \in \mathcal{D}_T$ sowie $Tf = g$ nach Definition I.1.3, und wir erhalten $\lim_{n\to\infty}(f_n, Tf_n) \in \mathcal{G}_T$. Also ist $\mathcal{G}_T$ abgeschlossen.

„ $\Longleftarrow$ " : Sei $\mathcal{G}_T$ abgeschlossen. Die Folge $f_n \to f$ mit $Tf_n \to g\,(n \to \infty)$ und $f_n \in \mathcal{D}_T$ erfüllt dann die Bedingung $(f_n, Tf_n) \to (f, g) \in \mathcal{G}_T\,(n \to \infty)$. Somit erhalten wir $(f, g) = (f, Tf) \in \mathcal{G}_T$ und $f \in \mathcal{D}_T$ sowie $Tf = g$. \quad q.e.d.

Definition I.1.4. *Ein linearer Operator* T *mit dem Definitionsbereich* $\mathcal{D}_T$ *heißt abschließbar, wenn aus der Eigenschaft* $\|f_n\| \to 0\,(n \to \infty)$ *mit* $f_n \in \mathcal{D}_T$ *und* $Tf_n \to g\,(n \to \infty)$ *dann* $g = 0$ *folgt.*

Theorem I.1.2. *Sei T ein abschließbarer linearer Operator in $\mathcal{D}_T$. Dann besitzt T eine minimale abgeschlossene Fortsetzung $\overline{T}$ oder auch Abschließung gemäß den Formeln (I.1.4) und (I.1.5) mit folgenden Eigenschaften: Es gilt $T \subset \overline{T}$, und jede abgeschlossene Fortsetzung $T_1 \supset T$ erfüllt die Bedingung $\overline{T} \subset T_1$.*

Beweis: Sei der abschließbare lineare Operator T gegeben. Von seinem Graphen $\mathcal{G}_T \subset \mathcal{H} \times \mathcal{H}$ betrachten wir den Abschluss

$$\overline{\mathcal{G}} := \Big\{ (f,g) \in \mathcal{H}^2 : \text{Es existieren } (f_n, g_n) \in \mathcal{G}_T \text{mit}(f_n, g_n) \to (f,g)(n \to \infty) \Big\}.$$

Auf diesem abgeschlossenen, linearen Teilraum von $\mathcal{H}^2$ betrachten wir die Projektion

$$\Pi_1 : \overline{\mathcal{G}} \to \mathcal{H} \quad \text{mit} \quad \Pi_1(f,g) := f \in \mathcal{H} \quad \text{für} \quad (f,g) \in \overline{\mathcal{G}} \tag{I.1.4}$$

auf die erste Komponente. Diese Abbildung Π_1 ist injektiv, da deren Kern nur aus dem Nullelement besteht. Ist nämlich $\Pi_1(f,g) = 0$ mit dem Element $(f,g) \in \overline{\mathcal{G}}$ erfüllt, so gibt es Elemente $(f_n, g_n) \in \mathcal{G}_T$ mit der Eigenschaft $(f_n, Tf_n) = (f_n, g_n) \to (f,g) = (0,g) \in \mathcal{H}^2$ für $n \to \infty$. Da der Operator T abschließbar ist, so ergibt sich $g = 0$ und somit $(f,g) = (0,0)$. Auf dem Definitionsbereich $\mathcal{D}_{\overline{T}} := \Pi_1(\overline{\mathcal{G}})$ erklären wir den linearen Operator $\overline{T} := \Pi_2 \circ \Pi_1^{-1} : \mathcal{D}_{\overline{T}} \to \mathcal{H}$ mit der Eigenschaft

$$\overline{T}f = \Pi_2 \circ \Pi_1^{-1}f = \Pi_2(f,g) = g \in \mathcal{H}, \quad f \in \mathcal{D}_{\overline{T}}; \tag{I.1.5}$$

dabei ist $(f,g) \in \overline{\mathcal{G}}$ mit $\Pi_1(f,g) = f$ eindeutig bestimmt. Wir berechnen nun

$$\mathcal{G}_{\overline{T}} = \Big\{ (f,g) \in \mathcal{H}^2 : f \in \mathcal{D}_{\overline{T}},\, g = \overline{T}(f) \Big\} = \overline{\mathcal{G}},$$

und somit ist der Operator $\overline{T}$ abgeschlossen. Aus obiger Konstruktion wird auch klar, dass $\overline{T}$ den minimalen abgeschlossenen Operator $T_1 \supset T$ darstellt. q.e.d.

Wir benötigen nun den folgenden Operator auf $\mathcal{H} \times \mathcal{H}$, welcher eine Drehung um den Winkel $\frac{\pi}{2}$ darstellt.

Definition I.1.5. *Auf dem Hilbertraum $\mathcal{H} \times \mathcal{H}$ betrachten wir den Drehoperator $U : \mathcal{H}^2 \to \mathcal{H}^2$ erklärt durch*

$$\mathcal{H}^2 \ni (f,g) \to U(f,g) := (-g, f) \in \mathcal{H}^2.$$

Bemerkung: Der Drehoperator ist isometrisch sowie surjektiv auf dem Hilbertraum $\mathcal{H}^2$ und stellt eine unitäre Transformation dar. Weiterhin gelten die Identitäten

$$U^2 := U \circ U = -Id_{\mathcal{H} \times \mathcal{H}} \quad \text{und} \quad U^4 := U \circ U \circ U \circ U = Id_{\mathcal{H} \times \mathcal{H}}. \tag{I.1.6}$$

Definition I.1.6. *Es sei T ein linearer Operator mit dichtem Definitionsbereich $\mathcal{D}_T \subset \mathcal{H}$ gegeben. Dann betrachten wir als adjungierten Graphen die Menge*

$$\mathcal{G}_T^* := (U\mathcal{G}_T)^\perp = \left\{ (f,g) \in \mathcal{H}^2 : (f, -Th)_\mathcal{H} + (g,h)_\mathcal{H} = 0, \, \forall h \in \mathcal{D}_T \right\}. \quad (I.1.7)$$

Aus dem abgeschlossenen linearen Teilraum $\mathcal{G}_T^* \subset \mathcal{H}^2$ erhalten wir durch Projektion den Definitionsbereich $\mathcal{D}_{T^*} := \Pi_1(\mathcal{G}_T^*)$ des adjungierten Operators

$$T^* := \Pi_2 \circ \Pi_1^{-1} : \mathcal{D}_{T^*} \to \mathcal{H}; \quad (I.1.8)$$

dabei bezeichnen

$$\Pi_j : \mathcal{G}_T^* \to \mathcal{H} \quad mit \quad \Pi_j(f_1, f_2) := f_j \in \mathcal{H} \quad f\ddot{u}r \quad (f_1, f_2) \in \mathcal{G}_T^* \quad (I.1.9)$$

die Einschränkungen der Projektionen π_j auf den Teilraum $\mathcal{G}_T^*$.

Bemerkungen:

i) Die Projektion Π_1 ist injektiv: Aus $\Pi_1(f,g) = 0$ für $(f,g) \in \mathcal{G}_T^*$ folgt $f = 0$ und mit Hilfe von (I.1.7) die Bedingung

$$0 = (f, -Th)_\mathcal{H} + (g,h)_\mathcal{H} = (g,h)_\mathcal{H}, \quad \forall h \in \mathcal{D}_T.$$

Da $\mathcal{D}_T \subset \mathcal{H}$ dicht liegt, erhalten wir $g = 0$ und schließlich $(f,g) = (0,0)$.

ii) Somit kann man den adjungierten Operator (I.1.8) definieren. Da nach Konstruktion $\mathcal{G}_{T^*} = \mathcal{G}_T^* = (U\mathcal{G}_T)^\perp$ erfüllt ist, muss der Operator T^* abgeschlossen sein. Der Orthogonalraum eines linearen Teilraums im Hilbertraum ist nämlich immer abgeschlossen.

iii) Es gilt die Identität

$$(g, Tf) = (T^*g, f) \quad \text{für alle} \quad f \in \mathcal{D}_T \quad \text{und alle} \quad g \in \mathcal{D}_{T^*}. \quad (I.1.10)$$

Diese Aussage entnehmen wir sofort der Bedingung (I.1.7).

Wir fassen unsere Ergebnisse zusammen im

Theorem I.1.3. *Zu einem linearen Operator T mit dem dichten Definitionsbereich $\mathcal{D}_T \subset \mathcal{H}$ ist der adjungierte Operator T^* abgeschlossen und besitzt den Definitionsbereich $\mathcal{D}_{T^*}$ aus Definition I.1.6; die beiden Operatoren T und T^* erfüllen die obige Identität (I.1.10). Ist zusätzlich der Operator T abschließbar, so besitzt seine minimale Abschließung $\overline{T}$ die Adjungierte*

$$(\overline{T})^* = T^*. \quad (I.1.11)$$

Beweis: Wir haben nur noch die Identität (I.1.11) zu zeigen. Hierzu gehen wir von der Identität $\mathcal{G}_{\overline{T}} = \overline{\mathcal{G}_T}$ aus, wobei $\overline{\cdots}$ den Abschluss in $\mathcal{H} \times \mathcal{H}$ angibt.

Da der Drehoperator isometrisch ist, folgt $U(\mathcal{G}_{\overline{T}}) = U(\overline{\mathcal{G}_T}) = \overline{U(\mathcal{G}_T)}$ und schließlich

$$\mathcal{G}_{(\overline{T})^*} = [U(\mathcal{G}_{\overline{T}})]^\perp = [\overline{U(\mathcal{G}_T)}]^\perp = [U(\mathcal{G}_T)]^\perp = \mathcal{G}_{T^*}.$$

q.e.d.

In der Menge der abgeschlossenen und dicht definierten Operatoren liefert die Bildung der Adjungierten $*$ eine Involution nach dem folgenden

Theorem I.1.4. *Zu einem linearen abgeschlossenen Operator T mit dem dichten Definitionsbereich $\mathcal{D}_T \subset \mathcal{H}$ besitzt der adjungierte Operator T^* den dichten Definitionsbereich $\mathcal{D}_{T^*} \subset \mathcal{H}$; weiter haben wir dann die Eigenschaft $T^{**} = T$.*

Beweis: Wir betrachten zunächst die Äquivalenzen

$$[U(\{U(\mathcal{G}_T)\}^\perp)]^\perp = \mathcal{G}_T \quad \Longleftrightarrow \quad U(\{U(\mathcal{G}_T)\}^\perp) = (\mathcal{G}_T)^\perp$$
$$\Longleftrightarrow \quad \{U(\mathcal{G}_T)\}^\perp = -U[(\mathcal{G}_T)^\perp] \quad \Longleftrightarrow$$
$$\{(f,g) \in \mathcal{H}^2 : (f, -Th)_\mathcal{H} + (g,h)_\mathcal{H} = 0, \forall h \in \mathcal{D}_T\} = \qquad \text{(I.1.12)}$$
$$= \{(g, -f) \in \mathcal{H}^2 : (f,h)_\mathcal{H} + (g, Th)_\mathcal{H} = 0, \forall h \in \mathcal{D}_T\}$$

Da die Mengen in den unteren beiden Zeilen übereinstimmen, erhalten wir die Identität

$$[U(\{U(\mathcal{G}_T)\}^\perp)]^\perp = \mathcal{G}_T. \qquad \text{(I.1.13)}$$

Läge $\mathcal{D}_{T^*}$ nicht dicht in $\mathcal{H}$, so gibt es ein $h \neq 0$ mit $h \perp \mathcal{D}_{T^*}$. Somit folgt $(0,h) \perp U(\mathcal{G}_{T^*})$ und weiter $(0,h) \in [U(\mathcal{G}_{T^*})]^\perp = [U(\{U(\mathcal{G}_T)\}^\perp)]^\perp = \mathcal{G}_T$. Diese Aussage widerspricht der Grapheneigenschaft von T. Somit ist $\mathcal{D}_{T^*} \subset \mathcal{H}$ dicht, und wir können den Operator T^{**} bilden. Nun bemerken wir

$$\mathcal{G}_{T^{**}} = [U(\mathcal{G}_{T^*})]^\perp = [U(\{U(\mathcal{G}_T)\}^\perp)]^\perp = \mathcal{G}_T, \qquad \text{(I.1.14)}$$

und wir erhalten schließlich $T = T^{**}$. q.e.d.

Für die nachfolgende Klasse von Operatoren werden wir in § 12 eine Spektraldarstellung herleiten, welche die Eigenwerte und Eigenräume des Operators repräsentiert.

Definition I.1.7. *Stimmt ein linearer Operator T auf dem dichten Definitionsbereich $\mathcal{D}_T \subset \mathcal{H}$ mit seinem adjungierten Operator T^* gemäß $T = T^*$ überein, so nennen wir diesen Operator T selbstadjungiert.*

Die elliptischen Differentialoperatoren der Geometrie und der Physik sind im nachfolgenden Sinne *wesentlich selbstadjungiert*; sie erlauben eine Spektraldarstellung erst nach einem Abschlussprozess.

Definition I.1.8. *Einen abschließbaren Operator T auf dem dichten Definitionsbereich $\mathcal{D}_T \subset \mathcal{H}$ nennen wir wesentlich selbstadjungiert, wenn seine minimale Abschließung $\overline{T}$ mit seinem adjungierten Operator T^* gemäß $\overline{T} = T^* = (\overline{T})^*$ übereinstimmt.*

Bemerkung: Ein abschließbarer Operator T ist also genau dann wesentlich selbstadjungiert, wenn $\overline{T}$ selbstadjungiert ist.

Theorem I.1.5. *Ebenso wie der Operator T mit dem dichten Definitionsbereich $\mathcal{D}_T \subset \mathcal{H}$ besitze auch sein adjungierter Operator T^* einen dichten Definitionsbereich $\mathcal{D}_{T^*} \subset \mathcal{H}$. Dann ist der Operator T abschließbar, und seine minimale Abschließung $\overline{T}$ erfüllt $\overline{T} = T^{**}$.*

Beweis: In den Äquivalenzen (I.1.12) ersetzen wir die erste Zeile durch

$$[U(\{U(\mathcal{G}_T)\}^\perp)]^\perp = \overline{\mathcal{G}_T} \quad \Longleftrightarrow \quad U(\{U(\mathcal{G}_T)\}^\perp) = (\overline{\mathcal{G}_T})^\perp = (\mathcal{G}_T)^\perp \ . \tag{I.1.15}$$

Dann erhalten wir die Identität

$$\mathcal{G}_{T^{**}} = [U(\{U(\mathcal{G}_T)\}^\perp)]^\perp = \overline{\mathcal{G}_T} \,. \tag{I.1.16}$$

Somit ist T abschließbar, und es gilt $\overline{T} = T^{**}$. \hfill q.e.d.

Theorem I.1.6. *Es sei T ein abschließbarer Operator mit dem dichten Definitionsbereich $\mathcal{D}_T \subset \mathcal{H}$. Dann besitzt auch sein adjungierter Operator T^* einen dichten Definitionsbereich $\mathcal{D}_{T^*} \subset \mathcal{H}$, und die minimale Abschließung $\overline{T}$ von T erfüllt die Identität $\overline{T} = T^{**}$.*

Beweis: Für die Operatoren $T \subset \overline{T}$ liegen die zugehörigen Definitionsbereiche $\mathcal{D}_T \subset \mathcal{D}_{\overline{T}} \subset \mathcal{H}$ dicht. Nach Theorem I.1.4 liegt auch $\mathcal{D}_{(\overline{T})^*} = \mathcal{D}_{T^*} \subset \mathcal{H}$ dicht, und wir ermitteln aus $(\overline{T})^* = T^*$ die Identität $\overline{T} = (\overline{T})^{**} = T^{**}$. \hfill q.e.d.

§2 Stabile elliptische Differentialoperatoren auf beschränkten Gebieten

Wir wählen $n \in \mathbb{N}$ mit $n \geq 3$ als Raumdimension, und wir erklären auf dem beschränkten Gebiet $\Omega \subset \mathbb{R}^n$ für die Funktionen

$$u = u(x) : \Omega \to \mathbb{R} \in C^2(\Omega) \cap C^0(\overline{\Omega})$$

den *elliptischen Differentialoperator in Divergenzform*

$$\mathcal{L}u(x) := -\sum_{i,j=1}^{n} \frac{\partial}{\partial x_j}\left(a_{ij}(x)\frac{\partial}{\partial x_i}u(x)\right) + c(x)u(x)\,, \quad x \in \Omega \qquad (\text{I.2.1})$$

mit den Koeffizientenfunktionen $a_{ij} = a_{ij}(x) \in C^1(\Omega)$ für $i,j = 1,\ldots,n$ sowie $c = c(x) \in C^0(\Omega)$. Zu der rechten Seite $g \in C^0(\Omega)$ betrachten wir unter Nullrandbedingungen die Lösung der inhomogenen Differentialgleichung

$$\mathcal{L}u(x) = g(x)\,, \quad x \in \Omega \quad \text{und} \quad u(x) = 0\,, \quad x \in \partial\Omega\,. \qquad (\text{I.2.2})$$

Multiplikation mit einer beliebigen Testfunktion $\varphi \in C_0^\infty(\Omega)$ und partielle Integration liefern die schwache Differentialgleichung

$$\int_\Omega \left(\sum_{i,j=1}^{n} a_{ij}(x)u_{x_i}(x)\varphi_{x_j}(x) + c(x)u(x)\varphi(x)\right)dx$$
$$= \int_\Omega g(x)\varphi(x)dx \quad \text{für alle} \quad \varphi \in C_0^\infty(\Omega)\,. \qquad (\text{I.2.3})$$

Wir verwenden nun als Hilbertraum $\mathcal{H}(\Omega) := L^2(\Omega)$ den Lebesgueraum der quadratintegrablen Funktionen mit dem inneren Produkt

$$(f,g)_{\mathcal{H}(\Omega)} := \int_\Omega f(x)g(x)dx \quad \text{für alle} \quad f,g \in L^2(\Omega)\,.$$

Der *Raum $C_0^\infty(\Omega) \subset \mathcal{H}(\Omega)$ der Testfunktionen* liegt dicht im angegebenen Hilbertraum bezüglich der Norm

$$\|f\|_{\mathcal{H}(\Omega)} := \sqrt{(f,f)_{\mathcal{H}(\Omega)}} = \sqrt{\int_\Omega f(x)^2\,dx} \quad \text{für alle} \quad f \in \mathcal{H}(\Omega)\,.$$

Die Lebesgueräume haben wir bereits in unserem Lehrbuch zur Analysis [S1] in Kapitel VIII §8 behandelt.

Wie im Kapitel X §1 unseres Lehrbuchs zu den partiellen Differentialgleichungen [S3] führen wir nun den *Sobolevraum* $\mathcal{H}^1(\Omega) := W_0^{1,2}(\Omega)$ der 1-mal schwach differenzierbaren Funktionen aus $\mathcal{H}(\Omega)$ mit quadratintegrablen ersten partiellen Ableitungen ein. Hierzu bezeichnen wir mit D^{e_i} die schwache Ableitung von Funktionen aus $\mathcal{H}(\Omega)$ in Richtung $e_i = (\delta_{1i},\ldots,\delta_{ni})$ für

$i = 1, \ldots, n$ als beschränkte lineare Funktionale auf dem Raum $L^2(\Omega)$, welche wir mit seinem Repräsentanten aus $\mathcal{H}(\Omega)$ identifizieren. Dann erklären wir im Sobolevraum $\mathcal{H}^1(\Omega)$ das innere Produkt

$$(f,g)_{\mathcal{H}^1(\Omega)} := \int_\Omega \Big(\sum_{i=1}^n D^{e_i} f(x) D^{e_i} g(x) + f(x) g(x) \Big) dx \tag{I.2.4}$$

$$\text{für alle} \quad f, g \in W_0^{1,2}(\Omega)$$

und die Norm

$$\|f\|_{\mathcal{H}^1(\Omega)} := \sqrt{\int_\Omega \Big(\sum_{i=1}^n |D^{e_i} f(x)|^2 + |f(x)|^2 \Big) dx} \,\text{für alle} \, f \in W_0^{1,2}(\Omega).$$

$$\tag{I.2.5}$$

Der Sobolevraum $\mathcal{H}^1(\Omega)$ entsteht als Abschluss des Raums der Testfunktionen $C_0^\infty(\Omega)$ bezüglich der Norm (I.2.5). Nach dem Sobolevschen Einbettungssatz aus [S3] Kapitel X § 2 ist die Norm (I.2.5) auf dem Sobolevraum $\mathcal{H}^1(\Omega)$ äquivalent zur *Dirichletnorm*

$$\|f\|_{\mathcal{H}_0^1(\Omega)} := \sqrt{\int_\Omega |Df(x)|^2 \, dx} = \sqrt{\int_\Omega \sum_{i=1}^n |D^{e_i} f(x)|^2 \, dx}, \, f \in \mathcal{H}^1(\Omega). \tag{I.2.6}$$

Insbesondere gibt es nach dem Sobolevschen Einbettungssatz für das beschränkte Gebiet Ω eine Konstante $0 < \Lambda(\Omega) < +\infty$, so dass

$$\int_\Omega |D\varphi(x)|^2 \, dx \geq \Lambda(\Omega) \int_\Omega |\varphi(x)|^2 \, dx \quad \text{für alle} \quad \varphi \in C_0^\infty(\Omega) \tag{I.2.7}$$

richtig ist; diese Abschätzung bleibt auch für die alle $f \in \mathcal{H}^1(\Omega)$ gültig.

Definition I.2.1. *Stellen wir die folgenden Voraussetzungen an die Koeffizienten unseres Differentialoperators*

$$a_{ij}(x) \in L^\infty(\Omega) \quad \text{für} \quad i, j = 1, \ldots, n,$$

$$a_{ij}(x) = a_{ji}(x) \quad \text{f.ü. in } \Omega \quad \text{für} \quad i, j = 1, \ldots, n,$$

$$\frac{1}{M_0} |\xi|^2 \leq \sum_{i,j=1}^n a_{ij}(x) \xi_i \xi_j \leq M_0 |\xi|^2 \quad \text{f.ü. in} \quad \Omega \quad \text{für alle} \quad \xi \in \mathbb{R}^n \tag{I.2.8}$$

und

$$c(x) \in L^\infty(\Omega) \quad \text{mit} \quad c(x) \geq -M_2 \quad \text{f.ü. in} \quad \Omega \,, \tag{I.2.9}$$

so sprechen wir von einem elliptischen Differentialoperator (I.2.1) auf dem beschränkten Gebiet Ω; dabei wurden die Konstanten $M_0 \in [1, +\infty)$ und $M_2 \in [0, +\infty)$ beliebig gewählt.

Einem elliptischen Differentialoperator ordnen wir die folgende Bilinearform auf unserem Sobolevraum $\mathcal{H}^1(\Omega)$ zu:

$$B(u,v) := \int_\Omega \Big\{ \sum_{i,j=1}^n a_{ij}(x) D^{e_i} u(x) D^{e_j} v(x) + c(x)u(x)v(x) \Big\} dx \tag{I.2.10}$$

$$\text{für alle} \quad u,v \in \mathcal{H}^1(\Omega).$$

Theorem I.2.1. *Unter den Voraussetzungen (I.2.8) und (I.2.9) an seine Koeffizienten auf dem beschränkten Gebiet Ω und der Stabilitätsbedingung*

$$0 \le M_2 < \frac{\Lambda(\Omega)}{M_0} \tag{I.2.11}$$

stellt der schwache elliptische Differentialoperator

$$Lf(x) := -\sum_{i,j=1}^n D^{e_j}\Big(a_{ij}(x) D^{e_i} f(x) \Big) + c(x)f(x) \quad \text{f.ü. in} \quad \Omega \tag{I.2.12}$$

für alle $f \in \mathcal{H}^1(\Omega)$ einen abgeschlossenen Operator auf seinem dichten Definitionsbereich $\mathcal{H}^1(\Omega) \subset \mathcal{H}(\Omega)$ dar.

Beweis: 1.) Zu einem gegebenen Element $g \in \mathcal{H}(\Omega)$ betrachten wir die Linearform

$$F(v) := \int_\Omega \Big\{ g(x)v(x) \Big\} dx, \quad v \in \mathcal{H}(\Omega) \tag{I.2.13}$$

auf unserem Hilbertraum sowie die Bilinearform (I.2.10) auf dem Sobolevraum. Nun gehen wir von einer Lösung $f \in \mathcal{H}^1(\Omega)$ der schwachen Differentialgleichung wie folgt aus:

$$B(f,\varphi) = F(\varphi) \quad \text{für alle} \quad \varphi \in C_0^\infty(\Omega). \tag{I.2.14}$$

2.) In diese schwache Differentialgleichung setzen wir ihre Lösung $f \in \mathcal{H}^1(\Omega)$ als zulässige Testfunktion ein, und wir erhalten unter Berücksichtigung von (I.2.7), (I.2.8), (I.2.9), (I.2.11) die folgende Ungleichung

$$\frac{\Lambda(\Omega) - M_0 M_2}{M_0 \Lambda(\Omega)} \|f\|^2_{\mathcal{H}_0^1(\Omega)} = \frac{1}{M_0} \|f\|^2_{\mathcal{H}_0^1(\Omega)} - \frac{M_2}{\Lambda(\Omega)} \|f\|^2_{\mathcal{H}_0^1(\Omega)}$$

$$\le \frac{1}{M_0} \|f\|^2_{\mathcal{H}_0^1(\Omega)} - M_2 \|f\|^2_{\mathcal{H}(\Omega)} \le B(f,f) = F(f) = \int_\Omega \Big\{ g(x)f(x) \Big\} dx$$

$$\le \|g\|_{\mathcal{H}(\Omega)} \|f\|_{\mathcal{H}(\Omega)} \le \frac{1}{\sqrt{\Lambda(\Omega)}} \|g\|_{\mathcal{H}(\Omega)} \|f\|_{\mathcal{H}_0^1(\Omega)}.$$

$$\tag{I.2.15}$$

Somit ergibt sich die *schwache a-priori-Abschätzung*

$$\|f\|_{\mathcal{H}_0^1(\Omega)} \leq \frac{M_0\sqrt{\Lambda(\Omega)}}{\Lambda(\Omega) - M_0 M_2}\|Lf\|_{\mathcal{H}(\Omega)} \quad \text{für alle} \quad f \in \mathcal{H}^1(\Omega)\,. \qquad (\text{I.2.16})$$

3.) Da wegen (I.2.16) der Kern des schwachen Differentialoperators nur aus der Null besteht, so gibt es nach dem Satz 2 aus [S3] Kapitel X § 3 genau eine Lösung $f \in \mathcal{H}^1(\Omega)$ der schwachen Differentialgleichung (I.2.14). Somit ist die Abbildung $L : \mathcal{H}^1(\Omega) \to \mathcal{H}(\Omega)$ bijektiv, wenn wir noch die Definition der schwachen Ableitung beachten.

4.) Für eine Folge $g_k \in \mathcal{H}(\Omega)\,(k = 1, 2, \ldots)$, welche $\lim_{k\to\infty} g_k = g \in \mathcal{H}(\Omega)$ erfüllt, und ihre Urbilder

$$f_k \in \mathcal{H}^1(\Omega) \quad \text{mit} \quad L(f_k) = g_k$$

hat dann auch das Grenzelement g genau ein Urbild

$$f \in \mathcal{H}^1(\Omega) \quad \text{mit} \quad L(f) = g\,.$$

Aus der Linearität des Operators und der a-priori-Abschätzung (I.2.16) folgt die Ungleichung

$$\begin{aligned}
\|f_k - f\|_{\mathcal{H}_0^1(\Omega)} &\leq C(\Omega, M_0, M_2)\|L(f_k - f)\|_{\mathcal{H}(\Omega)} \\
&= C(\Omega, M_0, M_2)\|g_k - g\|_{\mathcal{H}(\Omega)} \quad \text{für alle} \quad k \in \mathbb{N}
\end{aligned} \qquad (\text{I.2.17})$$

mit der a-priori-Konstante

$$C(\Omega, M_0, M_2) := \frac{M_0\sqrt{\Lambda(\Omega)}}{\Lambda(\Omega) - M_0 M_2}\,.$$

Wegen (I.2.17) erhalten wir $\lim_{k\to\infty} f_k = f \in \mathcal{H}^1(\Omega)$ sowie $L(f) = g$, und der Operator L ist im Sinne von Definition I.1.3 abgeschlossen. q.e.d.

Theorem I.2.2. *Der adjungierte Operator L^* zum schwachen elliptischen Operator L im Hilbertraum $\mathcal{H}(\Omega)$ aus dem Theorem I.2.1 stimmt mit diesem gemäß $L = L^*$ überein, und folglich ist der Operator L selbstadjungiert. Dieser stellt eine selbstadjungierte Fortsetzung des elliptischen Operators in Divergenzform $\mathcal{L}$ aus (I.2.1) mit $\mathcal{D}(\Omega) := \{u \in C^2(\Omega) \cap C^0(\overline{\Omega}) : u(x) = 0, \forall x \in \partial\Omega\}$ als dichten Definitionsbereich dar.*

Beweis: Mit Hilfe der Bilinearform (I.2.10) bestimmen wir aus der Identität (I.1.7) den adjungierten Graphen zum Operator wie folgt

$$\begin{aligned}
\mathcal{G}_L^* &= \Big\{(f, g) \in \mathcal{H}(\Omega)^2 : (f, -Lh)_{\mathcal{H}(\Omega)} + (g, h)_{\mathcal{H}(\Omega)} = 0, \forall h \in \mathcal{H}^1(\Omega)\Big\} \\
&= \Big\{(f, g) \in \mathcal{H}(\Omega)^2 : B(f, h) = (g, h)_{\mathcal{H}(\Omega)}, \forall h \in \mathcal{H}^1(\Omega)\Big\} \\
&= \Big\{(f, Lf) \in \mathcal{H}(\Omega) \times \mathcal{H}(\Omega) : f \in \mathcal{H}^1(\Omega)\Big\} = \mathcal{G}_L\,.
\end{aligned}$$

$$(\text{I.2.18})$$

Somit stimmen die Graphen von L und L^* überein. Mit den Überlegungen (I.2.1) – (I.2.3) zu Beginn dieses Abschnitts sehen wir ein, dass L eine Fortsetzung des Operators $\mathcal{L}$ auf dem dichten Definitionsbereich $\mathcal{D}(\Omega)$ darstellt. q.e.d.

Wir verwenden nun geeignete Funktionen γ, um in den gewichteten Hilberträumen $\mathcal{H}(\Omega, \gamma)$ auch selbstadjungierte Fortsetzungen für *gewichtet elliptische Differentialoperatoren* zu erhalten. Wir benennen die zentrale Ungleichung (I.2.20) nach K. O. Friedrichs [F], der schon in den 1930er Jahren selbstadjungierte Fortsetzungen konstruiert hat (vergleiche § II.4 unserer Abhandlung).

Definition I.2.2. *Wir erklären als zulässige Gewichtsfunktion*

$$\gamma = \gamma(x) \in L^\infty(\Omega) \quad mit \quad \frac{1}{M_1} \le \gamma(x) \le M_1 \quad f.ü. \quad in \quad \Omega\,; \qquad (I.2.19)$$

dabei ist die Konstante $M_1 \in [1, +\infty)$ fest gewählt. Dann gilt wegen (I.2.7) die Friedrichs-Ungleichung

$$\int_\Omega |\nabla\varphi(x)|^2\, dx \ge \frac{\Lambda(\Omega)}{M_1} \int_\Omega |\varphi(x)|^2 \gamma(x)\, dx \quad für\ alle \quad \varphi \in C_0^\infty(\Omega)\,.$$
$$(I.2.20)$$

Statten wir die Menge der Testfunktionen $C_0^\infty(\Omega)$ mit dem inneren Produkt

$$(\varphi, \psi)_{\mathcal{H}(\Omega,\gamma)} := \int_\Omega \varphi(x)\psi(x)\gamma(x)\, dx \quad für\ alle \quad \varphi, \psi \in C_0^\infty(\Omega) \qquad (I.2.21)$$

aus, so erhalten wir einen Prä-Hilbertraum gemäß Definition 4 in [S2] Kap. II § 6. Wie in [S3] Kap. VIII § 3 beschrieben wurde, erweitern wir diesen Prä-Hilbertraum zum Hilbertraum $\mathcal{H}(\Omega, \gamma)$. Dabei wird das innere Produkt (I.2.21) auf den Hilbertraum fortgesetzt, und der Raum der Testfunktionen $C_0^\infty(\Omega)$ liegt dicht im Hilbertraum $\mathcal{H}(\Omega, \gamma)$ bezüglich der folgenden Norm

$$\|f\|_{\mathcal{H}(\Omega,\gamma)} := \sqrt{\int_\Omega |f(x)|^2 \gamma(x)\, dx} \quad für\ alle \quad f \in \mathcal{H}(\Omega, \gamma)\,. \qquad (I.2.22)$$

Offenbar gilt die Abschätzung

$$\frac{1}{\sqrt{M_1}} \|\varphi\|_{\mathcal{H}(\Omega)} \le \|\varphi\|_{\mathcal{H}(\Omega,\gamma)} \le \sqrt{M_1} \|\varphi\|_{\mathcal{H}(\Omega)} \quad für\ alle \quad \varphi \in C_0^\infty(\Omega).$$
$$(I.2.23)$$

Schließen wir bezüglich der $\|.\|_{\mathcal{H}(\Omega,\gamma)}$-Norm den Raum der Testfunktionen ab, so erhalten wir für alle zulässigen Gewichtsfunktionen den gleichen Banachraum mit äquivalenten Normen. Als Hilberträume $\mathcal{H}(\Omega, \gamma)$ unterscheiden sich jedoch diese Räume bei unterschiedlichen γ als Gewichtsfunktionen.

Weiter betrachten wir den Prä-Hilbertraum $C_0^\infty(\Omega)$ mit dem inneren Produkt

$$(\varphi, \psi)_{\mathcal{H}^1(\Omega,\gamma)} := \int_\Omega \Big\{ D\varphi(x) \cdot D\psi(x) + \varphi(x)\psi(x)\gamma(x) \Big\} dx, \ \varphi, \psi \in C_0^\infty(\Omega).$$
(I.2.24)

Diesen schließen wir wiederum ab bezüglich der Norm

$$\|\varphi\|_{\mathcal{H}^1(\Omega,\gamma)} = \sqrt{\int_\Omega \Big\{ |D\varphi(x)|^2 + |\varphi(x)|^2 \gamma(x) \Big\} dx}, \quad \forall\, \varphi \in C_0^\infty(\Omega). \quad \text{(I.2.25)}$$

Dann erhalten wir den *Friedrichs-Sobolev-Raum* $\mathcal{H}^1(\Omega, \gamma)$, dessen inneres Produkt wir durch Erweiterung von (I.2.24) auf diesen Hilbertraum erklären.

Aufgrund der Friedrichs-Ungleichung (I.2.20) ist auf dem Raum der Testfunktionen die $\mathcal{H}^1(\Omega, \gamma)$-Norm (I.2.25) äquivalent zur Dirichletschen $\mathcal{H}_0^1(\Omega)$-Norm (I.2.6), welche wiederum zur $\mathcal{H}^1(\Omega)$-Norm (I.2.5) auf dem beschränkten Gebiet Ω äquivalent ist. Wenn eine zulässige Gewichtsfunktion γ aus Definition I.2.2 gegeben ist, so stimmen die nachfolgenden Räume als Banachräume gemäß

$$\mathcal{H}^1(\Omega, \gamma) \equiv \mathcal{H}^1(\Omega) \qquad (\text{I.2.26})$$

überein, und ihre Normen (I.2.25) beziehungsweise (I.2.5) sind äquivalent.

Definition I.2.3. *Zu den Koeffizienten (I.2.8) sowie (I.2.9) aus Definition I.2.1 und der zulässigen Gewichtsfunktion (I.2.19) aus Definition I.2.2 betrachten wir den gewichteten elliptischen Differentialoperator*

$$\mathcal{L}_\gamma u(x) := -\frac{1}{\gamma(x)} \sum_{i,j=1}^n \frac{\partial}{\partial x_j} \Big(a_{ij}(x) \frac{\partial}{\partial x_i} u(x) \Big) + c(x)u(x), \ x \in \Omega. \quad \text{(I.2.27)}$$

Theorem I.2.3. *Für den gewichteten elliptischen Differentialoperator $\mathcal{L}_\gamma$ aus Definition I.2.3 mit der Stabilitätsbedingung*

$$0 \le M_2 < \frac{\Lambda(\Omega)}{M_0\, M_1} \qquad (\text{I.2.28})$$

stellt der zugehörige schwache Differentialoperator

$$L_\gamma f(x) := -\frac{1}{\gamma(x)} \sum_{i,j=1}^n D^{e_j} \Big(a_{ij}(x) D^{e_i} f(x) \Big) + c(x)f(x), \ f \in \mathcal{H}^1(\Omega, \gamma)$$
(I.2.29)

einen abgeschlossenen Operator auf seinem in $\mathcal{H}(\Omega, \gamma)$ dichten Definitionsbereich dar.

Beweis: 1.) Zu einem gegebenen Element $g \in \mathcal{H}(\Omega, \gamma)$ erklären wir die Linearform

$$F_\gamma(v) := \int_\Omega \Big\{ g(x)\gamma(x)v(x) \Big\}\, dx\,, \quad v \in \mathcal{H}(\Omega) \tag{I.2.30}$$

auf dem Hilbertraum $\mathcal{H}(\Omega)$, und wir definieren die Bilinearform

$$B_\gamma(u,v) := \int_\Omega \Big\{ \sum_{i,j=1}^n a_{ij}(x) D^{e_i} u(x) D^{e_j} v(x) + c(x)u(x)\gamma(x)v(x) \Big\} dx$$

$$\text{für alle} \quad u,v \in \mathcal{H}^1(\Omega) \tag{I.2.31}$$

auf dem Sobolev-Raum $\mathcal{H}^1(\Omega)$.

2.) Wir wollen nun eine Lösung $f \in H^1(\Omega)$ der Differentialgleichung $L_\gamma f = g$ in der schwachen Form

$$(L_\gamma f, \varphi)_{\mathcal{H}(\Omega,\gamma)} = (g,\varphi)_{\mathcal{H}(\Omega,\gamma)} \quad \text{für alle} \quad \varphi \in C_0^\infty(\Omega) \tag{I.2.32}$$

beziehungsweise

$$B_\gamma(f,\varphi) = F_\gamma(\varphi) \quad \text{für alle} \quad \varphi \in C_0^\infty(\Omega) \tag{I.2.33}$$

konstruieren. Wie im Teil 3 des Beweises von Theorem I.2.1 lösen wir die schwache Differentialgleichung (I.2.33) mit einer Lösung $f \in \mathcal{H}^1(\Omega) = \mathcal{H}^1(\Omega,\gamma)$. Dieses ist möglich, da auf der rechte Seite (I.2.30) die Funktion $g(x)\gamma(x) \in \mathcal{H}(\Omega)$ erfüllt und ferner die Koeffizientenfunktion $c(x)\gamma(x) \in L^\infty(\Omega)$ genügt. Weiter besteht nach der a-priori-Abschätzung (I.2.35) der Kern des Operators L_γ nur aus dem Nullelement.

3.) Setzen wir die Lösung $f \in \mathcal{H}^1(\Omega)$ in (I.2.33) ein, so erhalten wir mit Hilfe von (I.2.8), (I.2.9), (I.2.20) wie im Teil 2 des Beweises von Theorem I.2.1 die folgende Ungleichung:

$$\frac{\Lambda(\Omega) - M_0 M_1 M_2}{M_0 \Lambda(\Omega)} \|f\|_{\mathcal{H}_0^1(\Omega)}^2 = \frac{1}{M_0}\|f\|_{\mathcal{H}_0^1(\Omega)}^2 - \frac{M_1 M_2}{\Lambda(\Omega)} \|f\|_{\mathcal{H}_0^1(\Omega)}^2$$

$$\leq \frac{1}{M_0}\|f\|_{\mathcal{H}_0^1(\Omega)}^2 - M_2\|f\|_{\mathcal{H}(\Omega,\gamma)}^2 \leq B_\gamma(f,f) = F_\gamma(f) = \int_\Omega \Big\{ g(x)\gamma(x)f(x) \Big\}\, dx$$

$$\leq \|g\|_{\mathcal{H}(\Omega,\gamma)} \|f\|_{\mathcal{H}(\Omega,\gamma)} \leq \frac{\sqrt{M_1}}{\sqrt{\Lambda(\Omega)}} \|g\|_{\mathcal{H}(\Omega,\gamma)} \|f\|_{\mathcal{H}_0^1(\Omega)}\,.$$

$$\tag{I.2.34}$$

Wegen (I.2.28) ergibt sich die *schwache a-priori-Abschätzung*

$$\|f\|_{\mathcal{H}_0^1(\Omega)} \leq C(\Omega, M_0, M_1, M_2)\, \|L_\gamma f\|_{\mathcal{H}(\Omega,\gamma)} \text{ für alle } f \in \mathcal{H}^1(\Omega,\gamma)$$

$$\text{mit der Konstante} \quad C(\Omega, M_0, M_1, M_2) := \frac{M_0 \sqrt{M_1} \sqrt{\Lambda(\Omega)}}{\Lambda(\Omega) - M_0 M_1 M_2}\,. \tag{I.2.35}$$

4.) Mit der Abschätzung (I.2.35) zeigen wir die Abgeschlossenheit des bijektiven Differentialoperators $L_\gamma : \mathcal{H}^1(\Omega,\gamma) \to \mathcal{H}(\Omega,\gamma)$ wie im Teil 4 des Beweises von Theorem I.2.1 .   q.e.d.

Bemerkung: Unter der Stabilitätsbedingung (I.2.28) sind wegen (I.2.34) und (I.2.35) die Lösungen der Operatorgleichung $L_\gamma(f) = g$, $f \in \mathcal{H}^1(\Omega, \gamma)$ *stabil unter den Störungen der rechten Seite* $g \in \mathcal{H}(\Omega, \gamma)$ in den angegebenen Normen. Ferner liefern die beiden ersten Ungleichungen in (I.2.34) die Abschätzung

$$P(\Omega, M_0, M_1, M_2) \, \|f\|^2_{\mathcal{H}_0^1(\Omega)} \le B_\gamma(f, f) \quad \text{für alle} \quad f \in \mathcal{H}^1(\Omega, \gamma) \quad \text{(I.2.36)}$$

mit der positiven Konstante

$$P(\Omega, M_0, M_1, M_2) := \frac{\Lambda(\Omega) - M_0 \, M_1 \, M_2}{M_0 \, \Lambda(\Omega)} \in (0, +\infty) \,. \quad \text{(I.2.37)}$$

Somit ist die zum Operator L_γ gehörige Bilinearform $B_\gamma(.,.)$ positiv-definit auf dem Friedrichs-Sobolev-Raum $\mathcal{H}^1(\Omega, \gamma)$. Insbesondere besitzt L_γ einen *trivialen Kern*, welcher nur aus dem Nullelement besteht.

Theorem I.2.4. *Der im Hilbertraum* $\mathcal{H}(\Omega, \gamma)$ *adjungierte Operator* L_γ^* *zum schwachen elliptischen Operator* L_γ *aus Theorem I.2.3 stimmt mit diesem gemäß* $L_\gamma = L_\gamma^*$ *überein, und folglich ist der Operator* L_γ *selbstadjungiert. Dieser stellt eine selbstadjungierte Fortsetzung des gewichteten elliptischen Operators* $\mathcal{L}_\gamma$ *aus (I.2.27) mit* $\mathcal{D}(\Omega, \gamma) := C_0^\infty(\Omega)$ *als dichten Definitionsbereich dar.*

Beweis: Mit Hilfe der Bilinearform (I.2.31) bestimmen wir aus der Identität (I.1.7) den adjungierten Graphen zum Operator:

$$\begin{aligned} \mathcal{G}_{L_\gamma}^* &= \Big\{ (f, g) \in \mathcal{H}(\Omega, \gamma) \times \mathcal{H}(\Omega, \gamma) : \\ &\quad (f, -L_\gamma h)_{\mathcal{H}(\Omega, \gamma)} + (g, h)_{\mathcal{H}(\Omega, \gamma)} = 0, \, \forall h \in \mathcal{H}^1(\Omega, \gamma) \Big\} \\ &= \Big\{ (f, g) \in \mathcal{H}(\Omega, \gamma)^2 : B_\gamma(f, h) = (g, h)_{\mathcal{H}(\Omega, \gamma)}, \, \forall h \in \mathcal{H}^1(\Omega, \gamma) \Big\} \\ &= \Big\{ (f, L_\gamma f) \in \mathcal{H}(\Omega, \gamma) \times \mathcal{H}(\Omega, \gamma) : f \in \mathcal{H}^1(\Omega, \gamma) \Big\} = \mathcal{G}_{L_\gamma} \,. \end{aligned} \quad \text{(I.2.38)}$$

Somit stimmen die Graphen von L_γ und L_γ^* überein. Mittels partieller Integration sehen wir sofort ein, dass L_γ eine Fortsetzung des Operators $\mathcal{L}_\gamma$ auf $\mathcal{D}(\Omega, \gamma)$ darstellt. q.e.d.

Bemerkung: Eine wichtige Aufgabe besteht später darin, unter geeigneten Randbedingungen weitere Klassen selbstadjungierter elliptischer Differentialoperatoren zu finden – auch über unbeschränkte Gebiete Ω und für singuläre Gewichtsfunktionen γ.

§3 Ausschöpfung des Hilbertraums durch Niveauräume des Differentialoperators

Nun setzen wir die Überlegungen aus §2 fort und formulieren

Definition I.3.1. *Zum beliebigen Niveau $N \in \mathbb{R}$ erklären für den Differentialoperator $\mathcal{L}_\gamma$ aus Definition I.2.3 die N-Bilinearform*

$$B_{\gamma,N}(u,v) := B_\gamma(u,v) - N \cdot (u,v)_{\mathcal{H}(\Omega,\gamma)}$$

$$= \int_\Omega \Big\{ \sum_{i,j=1}^n a_{ij}(x) D^{e_i} u(x) D^{e_j} v(x) + \Big(c(x) - N\Big) u(x)\gamma(x)v(x) \Big\} dx \quad \text{(I.3.1)}$$

für alle $u,v \in \mathcal{H}^1(\Omega,\gamma)$.

Definition I.3.2. *Für den gewichteten elliptischen Differentialoperator $\mathcal{L}_\gamma$ aus Definition I.2.3 betrachten wir den Subdifferentialoperator $\widehat{\mathcal{L}_\gamma} \leq \mathcal{L}_\gamma$ gemäß*

$$\widehat{\mathcal{L}_\gamma} u(x) := -\frac{1}{\gamma(x)} \sum_{i,j=1}^n \frac{\partial}{\partial x_j} \Big(a_{ij}(x) \frac{\partial}{\partial x_i} u(x) \Big) - M_2\, u(x), \quad x \in \Omega. \quad \text{(I.3.2)}$$

Den zugehörigen schwachen Subdifferentialoperator $\widehat{L_\gamma} \leq L_\gamma$ erhalten wir in

$$\widehat{L_\gamma} f(x) := -\frac{1}{\gamma(x)} \sum_{i,j=1}^n D^{e_j} \Big(a_{ij}(x) D^{e_i} f(x) \Big) - M_2\, f(x), \quad f \in \mathcal{H}^1(\Omega,\gamma). \quad \text{(I.3.3)}$$

Definition I.3.3. *Zum beliebigen Niveau $N \in \mathbb{R}$ erklären wir für den Differentialoperator $\mathcal{L}_\gamma$ aus Definition I.2.3 die N-Subbilinearform*

$$\widehat{B_{\gamma,N}}(u,v) := \int_\Omega \Big\{ \sum_{i,j=1}^n a_{ij}(x) D^{e_i} u(x) D^{e_j} v(x) - \Big(M_2 + N\Big) u(x)\gamma(x)v(x) \Big\} dx$$

für alle $u,v \in \mathcal{H}^1(\Omega,\gamma)$.

$$\text{(I.3.4)}$$

Bemerkung: Auf der Diagonale erfüllen diese Bilinearformen die Abschätzung

$$\widehat{B_{\gamma,N}}(u,u) \leq B_{\gamma,N}(u,u) \quad \text{für alle} \quad u \in \mathcal{H}^1(\Omega,\gamma) \quad \text{und} \quad N \in \mathbb{R}. \quad \text{(I.3.5)}$$

Definition I.3.4. *Die Einheitssphäre im gewichteten Hilbertraum $\mathcal{H}(\Omega,\gamma)$ bezeichnen wir mit*

$$\mathcal{H}_e(\Omega,\gamma) := \Big\{ f \in \mathcal{H}(\Omega,\gamma) : (f,f)_{\mathcal{H}(\Omega,\gamma)} = 1 \Big\}. \quad \text{(I.3.6)}$$

Theorem I.3.1. *Für gewichtete elliptische Differentialoperatoren aus obiger Definition I.2.3 unter der Stabilitätsbedingung (I.2.28) genügt die N-Bilinearform aus Definition I.3.1 und N-Subbilinearform aus Definition I.3.3 auf dem Niveau $N = 0$ der folgenden Abschätzung*

$$B_{\gamma,0}(f,f) \geq \widehat{B_{\gamma,0}}(f,f) \geq \Lambda(\Omega, M_0, M_1, M_2)$$

$$\text{für alle} \quad f \in \mathcal{H}^1(\Omega, \gamma) \cap \mathcal{H}_e(\Omega, \gamma)$$

(I.3.7)

mit der Konstante

$$\Lambda(\Omega, M_0, M_1, M_2) := \frac{\Lambda(\Omega) - M_0\, M_1\, M_2}{M_0\, M_1} = \frac{\Lambda(\Omega)}{M_0\, M_1} - M_2 \in (0, +\infty)\,.$$

(I.3.8)

Beweis: Da auch der Subdifferentialoperator $\widehat{\mathcal{L}_\gamma}$ die Stabilitätsbedingung (I.2.28) erfüllt, so erhalten wir mit (I.2.36) die Abschätzung

$$\widehat{B_{\gamma,0}}(f,f) \geq P(\Omega, M_0, M_1, M_2) \, \|f\|^2_{\mathcal{H}^1_0(\Omega)} \quad \text{für alle} \quad f \in \mathcal{H}^1(\Omega, \gamma) \quad (\text{I.3.9})$$

mit der Konstante $P(\Omega, M_0, M_1, M_2)$ aus (I.2.37). Verwenden wir nun links die Ungleichung (I.3.5) und rechts die Abschätzung (I.2.20), so folgt aus (I.3.9) die Aussage

$$B_{\gamma,0}(f,f) \geq \widehat{B_{\gamma,0}}(f,f) \geq \frac{\Lambda(\Omega)}{M_1} \, P(\Omega, M_0, M_1, M_2) \, \|f\|^2_{\mathcal{H}(\Omega,\gamma)}$$

$$= \Lambda(\Omega, M_0, M_1, M_2) \quad \text{für alle} \quad f \in \mathcal{H}^1(\Omega, \gamma) \cap \mathcal{H}_e(\Omega, \gamma)\,,$$

(I.3.10)

wenn wir (I.2.37) und (I.3.8) beachten.   q.e.d.

Definition I.3.5. *Wir bezeichnen mit $E := Id_{\mathcal{H}(\Omega,\gamma)}$ den Einheitsoperator auf dem Hilbertraum $\mathcal{H}(\Omega, \gamma)$. Zu jedem Niveau $N \in \mathbb{R}$ erklären wir den Niveauraum des Subdifferentialoperators $\widehat{\mathcal{L}_\gamma}$ gemäß*

$$\mathcal{N}(\Omega, \gamma, N) := \left\{ f \in \mathcal{H}^1(\Omega, \gamma) : \widehat{B_{\gamma,N}}(f, \varphi) = 0, \, \forall \varphi \in C_0^\infty(\Omega) \right\} \quad (\text{I.3.11})$$

als Kern des Operators $\widehat{L_\gamma} - N\,E$.

Bemerkungen:

i) Für einen nichttrivialen Niveauraum $\{0\} \subsetneq \mathcal{N}(\Omega, \gamma, N)$ erhalten wir zum Eigenwert N die Eigenelemente $0 \neq f \in \mathcal{H}^1(\Omega, \gamma)$ des schwachen Subdifferentialoperators $\widehat{L_\gamma}$ mit $\widehat{L_\gamma} f = N\,f$. Der Niveauraum $\mathcal{N}(\Omega, \gamma, N)$ stellt dann gerade den Eigenraum der Dimension $n := \dim \mathcal{N}(\Omega, \gamma, N) \in \mathbb{N}$ des Operators $\widehat{L_\gamma}$ zum Eigenwert N dar.

ii) Um die Regularität der Eigenfunktionen unter entsprechenden Voraussetzungen an die Koeffizienten zu zeigen, verweisen wir auf Chap. 10 in unserem Lehrbuch [S5]. In Section 4 wird die Beschränktheit schwacher Lösungen und in Section 5 bzw. 7 wird ihre Hölderstetigkeit im Innern bzw. am Rand nachgewiesen. Durch lokale Rekonstruktion (siehe Section 6 von [S5] Chap. 9) können wir mit Hilfe der Schauderschen Theorie die höhere Regularität der Eigenfunktionen beweisen. In diesem Zusammenhang empfehlen wir auch die Abschnitte 8.5, 8.6, 8.9, 8.10 im Lehrbuch [GT] von D. Gilbarg und N. Trudinger.

Theorem I.3.2. *Die Niveauräume sind trivial gemäß* $\mathcal{N}(\Omega, \gamma, N) = \{0\}$ *für jedes* $N \leq 0$, *und deren Dimensionen erfüllen*

$$\dim \mathcal{N}(\Omega, \gamma, N) \in \mathbb{N}_0 := \{0, 1, 2, 3, \ldots\} \quad \text{für jedes} \quad N > 0.$$

Verschiedene Niveauräume sind zueinander orthogonal gemäß

$$\mathcal{N}(\Omega, \gamma, N) \perp \mathcal{N}(\Omega, \gamma, M) \quad \text{für alle} \quad M, N \in \mathbb{R} \quad \text{mit} \quad M \neq N$$

beziehungsweise

$$(f, g)_{\mathcal{H}(\Omega, \gamma)} = 0 \quad \text{für alle} \quad f \in \mathcal{N}(\Omega, \gamma, N), \quad g \in \mathcal{N}(\Omega, \gamma, M)$$
$$\text{und} \quad M, N \in \mathbb{R} \quad \text{mit} \quad M \neq N. \tag{I.3.12}$$

Beweis: 1.) Dem Satz 2 aus [S3] Kap. X § 3 entnehmen wir, dass der Niveauraum $\mathcal{N}(\Omega, \gamma, N)$ für alle $N \in \mathbb{R}$ endlich-dimensional ist. Diese Aussage können wir auch wie im Teil 1 des Beweises von Theorem I.3.4 zeigen.

2.) Für alle $N \leq 0$ folgt nach (I.3.4), (I.3.7), (I.3.8) die Ungleichung

$$\widehat{B_{\gamma, N}}(f, f) \geq \widehat{B_{\gamma, 0}}(f, f) > 0 \quad \text{für alle} \quad f \in \mathcal{H}^1(\Omega, \gamma) \setminus \{0\}. \tag{I.3.13}$$

Wäre $\mathcal{N}(\Omega, \gamma, N)$ zumindest 1-dimensional, so setzen wir in (I.3.11) ein Element $0 \neq f \in \mathcal{N}(\Omega, \gamma, N)$ ein. Wir erhalten dann mit $\widehat{B_{\gamma, N}}(f, f) = 0$ einen Widerspruch zu (I.3.13), und $\mathcal{N}(\Omega, \gamma, N) = \{0\}$ für alle $N \leq 0$ ist gezeigt.

3.) Seien $0 < M < N < +\infty$ und $f \in \mathcal{N}(\Omega, \gamma, M)$ sowie $g \in \mathcal{N}(\Omega, \gamma, N)$ beliebig gewählt, so liefert die Bemerkung zu Definition I.3.5 die folgende Aussage:

$$M \cdot (f, g)_{\mathcal{H}(\Omega, \gamma)} = (\widehat{L_\gamma f}, g)_{\mathcal{H}(\Omega, \gamma)} = \widehat{B_{\gamma, 0}}(f, g) = (f, \widehat{L_\gamma g})_{\mathcal{H}(\Omega, \gamma)}$$
$$= N \cdot (f, g)_{\mathcal{H}(\Omega, \gamma)} \Rightarrow (M - N) \cdot (f, g)_{\mathcal{H}(\Omega, \gamma)} = 0 \Rightarrow (f, g)_{\mathcal{H}(\Omega, \gamma)} = 0.$$

q.e.d.

Mit den direkten Variationsmethoden zeigen wir das zentrale

Theorem I.3.3. *i) Es existieren für alle $k \in \mathbb{N}_0$ aufsteigende Niveaus*

$$0 = N_0 < N_1 < \ldots < N_k < +\infty \,,$$

so dass die nichttrivialen Niveauräume $\{0\} \subsetneqq \mathcal{N}(\Omega, \gamma, N_l) \subsetneqq \mathcal{H}(\Omega, \gamma)$ der Dimension $n_l := \dim \mathcal{N}(\Omega, \gamma, N_l) \in \mathbb{N}$ die orthonormierten Elemente $f_{l,1}, \ldots, f_{l,n_l}$ als Basis besitzen gemäß

$$\mathcal{N}(\Omega, \gamma, N_l) = [\, f_{l,1}, \ldots, f_{l,n_l} \,] \quad mit \quad l = 1, \ldots, k \,. \tag{I.3.14}$$

Mit $[.,\ldots,.]$ bezeichnen wir hierbei denjenigen Vektorraum, welcher von den eingetragenen Elementen aufgespannt wird, und $\bigoplus_{l=1}^{k} \mathcal{N}(\Omega, \gamma, N_l)$ stellt die direkte Summe der Vektorräume $\mathcal{N}(\Omega, \gamma, N_l)$ für $l = 1, \ldots, k$ dar.

ii) Auf dem Orthogonalraum

$$
\mathcal{H}^+(\Omega, \gamma, N_k) := \left\{ \bigoplus_{l=1}^{k} \mathcal{N}(\Omega, \gamma, N_l) \right\}^{\perp} = \left\{ f \in \mathcal{H}(\Omega, \gamma) : \right.
$$
$$
\left. \left(f, \sum_{l=1}^{k} g_l \right)_{\mathcal{H}(\Omega, \gamma)} = 0, \, \forall \, g_l \in \mathcal{N}(\Omega, \gamma, N_l) \, mit \, l = 1, \ldots, k \right\} \tag{I.3.15}
$$

ist die Bilinearform $\widehat{B_{\gamma, N_k}}$ positiv-definit gemäß

$$
B_{\gamma, N_k}(f, f) \geq \widehat{B_{\gamma, N_k}}(f, f) \geq \Lambda_k (f, f)_{\mathcal{H}(\Omega, \gamma)}
$$
$$
\text{für alle} \quad f \in \mathcal{H}^1(\Omega, \gamma) \cap \mathcal{H}^+(\Omega, \gamma, N_k) \tag{I.3.16}
$$

mit einer Konstante $\Lambda_k \in (0, +\infty)$.

Beweis (durch vollständige Induktion über k):

1.) Für $k = 0$ wählen wir $N_0 = 0$ sowie $\mathcal{H}^+(\Omega, \gamma, N_0) := \mathcal{H}(\Omega, \gamma)$, und wir entnehmen die Abschätzung (I.3.16) der Ungleichung (I.3.7) aus Theorem I.3.1 mit der Konstante $\Lambda_0 =: \Lambda(\Omega, M_0, M_1, M_2) > 0$ von (I.3.8). Damit ist der Induktionsanfang gesichert.

2.) Sei die Aussage bereits für $k \in \mathbb{N}_0$ wahr, so betrachten wir die Funktion

$$
\vartheta_k(N) := \inf_{f \in \mathcal{H}_0^1(\Omega, \gamma) \cap \mathcal{H}_e(\Omega, \gamma) \cap \mathcal{H}^+(\Omega, \gamma, N_k)} \widehat{B_{\gamma, N}}(f, f), \quad N \geq N_k. \tag{I.3.17}
$$

Wegen (I.3.16) ist für die stetige Funktion $\vartheta_k(N)$, $N \geq N_k$ die folgende Bedingung erfüllt:

$$\vartheta_k(N_k) \geq \Lambda_k > 0 \,.$$

Weiter besitzt die schwach monoton fallende Funktion ϑ_k das asymptotische Verhalten:

$$\lim_{N \to \infty} \vartheta_k(N) = -\infty :$$

Nach den Zwischenwertsatz gibt eine Zahl $N_k < N_{k+1} < +\infty$ mit der folgenden Eigenschaft:

$$0 = \vartheta_k(N_{k+1}) = \inf_{f \in \mathcal{H}_0^1(\Omega,\gamma) \cap \mathcal{H}_e(\Omega,\gamma) \cap \mathcal{H}^+(\Omega,\gamma,N_k)} \widehat{B_{\gamma,N_{k+1}}}(f,f). \quad \text{(I.3.18)}$$

3.) Gemäss der Definition I.3.3 minimieren wir das nichtnegative Funktional

$$\widehat{B_{\gamma,N_{k+1}}}(f,f) =$$

$$\int_\Omega \left\{ \sum_{i,j=1}^n a_{ij}(x) D^{e_i} f(x) D^{e_j} f(x) - \left(M_2 + N_{k+1}\right) f(x) \gamma(x) f(x) \right\} dx \quad \text{(I.3.19)}$$

$$= \int_\Omega \left\{ \sum_{i,j=1}^n a_{ij}(x) D^{e_i} f(x) D^{e_j} f(x) \right\} dx - \left(M_2 + N_{k+1}\right) \geq 0,$$

$$\text{für alle} \quad f \in \mathcal{H}_0^1(\Omega,\gamma) \cap \mathcal{H}_e(\Omega,\gamma) \cap \mathcal{H}^+(\Omega,\gamma,N_k).$$

Hierzu wählen wir eine Minimalfolge

$$\{f_j\}_{j=1,2,\dots} \subset \mathcal{H}_0^1(\Omega,\gamma) \cap \mathcal{H}_e(\Omega,\gamma) \cap \mathcal{H}^+(\Omega,\gamma,N_k)$$

$$\text{mit} \quad \lim_{j \to \infty} \widehat{B_{\gamma,N_{k+1}}}(f_j,f_j) = 0. \quad \text{(I.3.20)}$$

Diese besitzt im Sobolev-Raum $\mathcal{H}_0^1(\Omega)$ eine schwach konvergente Teilfolge, weil sie dort beschränkt ist. Da das Gebiet Ω beschränkt ist, so können wir nach dem Rellichschen Auswahlsatz zu einer konvergenten Teilfolge in $\mathcal{H}(\Omega)$ übergehen; dabei verzichten wir jeweils auf eine Umbezeichnung. Wegen (I.2.23) sind die $\|.\|_{\mathcal{H}(\Omega)}$-Norm und die $\|.\|_{\mathcal{H}(\Omega,\gamma)}$-Norm äquivalent, und somit konvergiert die Teilfolge auch im Hilbertraum $\mathcal{H}(\Omega,\gamma)$. Beachten wir noch die Unterhalbstetigkeit unseres Funktionals (I.3.19) bzgl. schwacher Konvergenz der Ableitungen in $\mathcal{H}(\Omega)$, so finden wir eine Lösung

$$f_{k+1,1} \in \mathcal{H}_0^1(\Omega,\gamma) \cap \mathcal{H}_e(\Omega,\gamma) \cap \mathcal{H}^+(\Omega,\gamma,N_k)$$

mit der folgenden Minimaleigenschaft:

$$\widehat{B_{\gamma,N_{k+1}}}(f_{k+1,1}, f_{k+1,1}) =$$

$$\inf_{f \in \mathcal{H}_0^1(\Omega,\gamma) \cap \mathcal{H}_e(\Omega,\gamma) \cap \mathcal{H}^+(\Omega,\gamma,N_k)} \widehat{B_{\gamma,N_{k+1}}}(f,f) = 0. \quad \text{(I.3.21)}$$

Somit erhalten wir für beliebige $g \in \mathcal{H}_0^1(\Omega,\gamma) \cap \mathcal{H}^+(\Omega,\gamma,N_k)$ die Aussage

$$0 \leq \widehat{B_{\gamma,N_{k+1}}}(f_{k+1,1} + \epsilon g, f_{k+1,1} + \epsilon g)$$

$$= \widehat{B_{\gamma,N_{k+1}}}(f_{k+1,1}, f_{k+1,1}) + 2\epsilon \widehat{B_{\gamma,N_{k+1}}}(f_{k+1,1}, g) + \epsilon^2 \widehat{B_{\gamma,N_{k+1}}}(g, g) \quad \text{(I.3.22)}$$

$$= 2\epsilon \widehat{B_{\gamma,N_{k+1}}}(f_{k+1,1}, g) + \epsilon^2 \widehat{B_{\gamma,N_{k+1}}}(g, g) \quad \text{für alle} \quad \epsilon \in \mathbb{R}.$$

Es ergibt sich die schwache Differentialgleichung

$$\widehat{B_{\gamma,N_{k+1}}}(f_{k+1,1},g) = 0 \quad \text{für alle} \quad g \in \mathcal{H}_0^1(\Omega,\gamma) \cap \mathcal{H}^+(\Omega,\gamma,N_k). \quad \text{(I.3.23)}$$

4.) Auf dem Orthogonalraum

$$[f_{k+1,1}]^\perp := \{f \in \mathcal{H}(\Omega,\gamma) : (f,f_{k+1,1})_{\mathcal{H}(\Omega,\gamma)} = 0\}$$

betrachten wir nun die folgende Größe

$$\widetilde{\Lambda_{k+1}} := \inf_{f \in \mathcal{H}_0^1(\Omega,\gamma) \cap \mathcal{H}_e(\Omega,\gamma) \cap \mathcal{H}^+(\Omega,\gamma,N_k) \cap [f_{k+1,1}]^\perp} \widehat{B_{\gamma,N_{k+1}}}(f,f) \geq 0. \quad \text{(I.3.24)}$$

Falls $\widetilde{\Lambda_{k+1}} = 0$ eintritt, so konstruieren wir wie in 3.) eine Lösung

$$f_{k+1,2} \in \mathcal{H}_0^1(\Omega,\gamma) \cap \mathcal{H}_e(\Omega,\gamma) \cap \mathcal{H}^+(\Omega,\gamma,N_k) \cap [f_{k+1,1}]^\perp$$

der schwachen Differentialgleichung

$$\widehat{B_{\gamma,N_{k+1}}}(f_{k+1,2},g) = 0 \quad \text{für alle} \quad g \in \mathcal{H}_0^1(\Omega,\gamma) \cap \mathcal{H}^+(\Omega,\gamma,N_k). \quad \text{(I.3.25)}$$

5.) Wir setzen das Verfahren fort und erhalten das orthonormierte System

$$\left\{f_{k+1,1},\ldots,f_{k+1,n_{k+1}}\right\} \subset \mathcal{N}(\Omega,\gamma,N_{k+1}).$$

Das Theorem I.3.2 liefert die endliche Dimension

$$n_{k+1} := \dim \mathcal{N}(\Omega,\gamma,N_{k+1}) \in \mathbb{N},$$

und wir definieren den Orthogonalraum

$$[f_{k+1,1},\ldots,f_{k+1,n_{k+1}}]^\perp := \bigcap_{l=1}^{n_{k+1}} [f_{k+1,l}]^\perp.$$

Die Größe

$$\Lambda_{k+1} :=$$

$$\inf_{f \in \mathcal{H}_0^1(\Omega,\gamma) \cap \mathcal{H}_e(\Omega,\gamma) \cap \mathcal{H}^+(\Omega,\gamma,N_k) \cap [f_{k+1,1},\ldots,f_{k+1,n_{k+1}}]^\perp} \widehat{B_{\gamma,N_{k+1}}}(f,f) \quad \text{(I.3.26)}$$

muss positiv ausfallen, da wir anderenfalls ein weiteres linear unabhängiges Element in $\mathcal{N}(\Omega,\gamma,N_{k+1})$ konstruieren könnten. Das obige Verfahren bricht also nach endlich vielen Schritten ab, und wir erhalten

$$\mathcal{N}(\Omega,\gamma,N_{k+1}) = [f_{k+1,1},\ldots,f_{k+1,n_{k+1}}]. \quad \text{(I.3.27)}$$

6.) Die Abschätzung (I.3.16) für $k+1$ ist mit der Größe (I.3.26) auf dem Raum

$$\mathcal{H}^+(\Omega, \gamma, N_{k+1}) := \left\{ \bigoplus_{l=1}^{k+1} \mathcal{N}(\Omega, \gamma, N_l) \right\}^{\perp}$$

$$= \mathcal{H}^+(\Omega, \gamma, N_k) \cap [f_{k+1,1}, \ldots, f_{k+1,n_{k+1}}]^{\perp}$$

(I.3.28)

erfüllt. Somit ist auch der Induktionsschritt gesichert und das Theorem vollständig bewiesen.   q.e.d.

Die stabilen elliptischen Differentialoperatoren $\mathcal{L}_\gamma$ auf beschränkten Gebieten sind nach dem Theorem I.2.4 selbstadjungiert – und somit dem allgemeinen Spektralsatz aus § 12 zugänglich. Mittels direkter Variationsmethoden können wir für die zugehörigen Subdifferentialoperatoren $\widehat{\mathcal{L}_\gamma}$ schon jetzt eine Spektraldarstellung mit diskretem Spektrum herleiten. Genauer zeigen wir das

Theorem I.3.4. (Spektralsatz für die Operatoren $\widehat{\mathcal{L}_\gamma}$)
Die Niveaus N_k, $k = 0, 1, 2, \ldots$ aus Theorem I.3.3 besitzen das asymptotische Verhalten

$$\lim_{k \to \infty} N_k = +\infty.$$

(I.3.29)

Die Elemente $\{f_{k,1}, \ldots, f_{k,n_k}\}_{k=1,2,\ldots}$ stellen ein vollständig orthonormiertes System des Hilbertraums $\mathcal{H}(\Omega, \gamma)$ dar, und wir haben die orthogonale Zerlegung des Hilbertraums $\mathcal{H}(\Omega, \gamma)$ in die direkte Summe

$$\mathcal{H}(\Omega, \gamma) = \bigoplus_{k=1}^{\infty} \mathcal{N}(\Omega, \gamma, N_k).$$

(I.3.30)

Schließlich besitzt der Subdifferentialoperator $\widehat{L_\gamma}$ die Spektraldarstellung

$$\widehat{L_\gamma} f = \sum_{k=1}^{+\infty} N_k \left\{ (f_{k,1}, f)_{\mathcal{H}(\Omega,\gamma)} f_{k,1} + \ldots + (f_{k,n_k}, f)_{\mathcal{H}(\Omega,\gamma)} f_{k,n_k} \right\}$$

(I.3.31)

für alle $f \in \mathcal{H}^1(\Omega, \gamma)$.

Beweis: 1.) Für alle $k \in \mathbb{N}_0$ und $l = 1, \ldots, n_{k+1}$ betrachten wir die Funktionen

$$f_{k+1,l} \in \mathcal{H}_0^1(\Omega, \gamma) \cap \mathcal{H}_e(\Omega, \gamma) \cap \mathcal{H}^+(\Omega, \gamma, N_k),$$

und die Aussage (I.3.21) liefert

$$0 = \widehat{B_{\gamma, N_{k+1}}}(f_{k+1,l}, f_{k+1,l})$$

$$= \int_{\Omega} \left\{ \sum_{i,j=1}^{n} a_{ij}(x) D^{e_i} f_{k+1,l}(x) D^{e_j} f_{k+1,l}(x) \right\} dx - \left(M_2 + N_{k+1} \right).$$

(I.3.32)

Somit erhalten wir die Energiebilanz

$$\int_{\Omega} \Big\{ \sum_{i,j=1}^{n} a_{ij}(x) D^{e_i} f_{k+1,l}(x) D^{e_j} f_{k+1,l}(x) \Big\} dx = M_2 + N_{k+1} \tag{I.3.33}$$

für alle $\;k \in \mathbb{N}_0\;$ und $\;l \in \{1, \dots, n_{k+1}\}\,.$

2.) Wäre nun die asymptotische Aussage (I.3.29) falsch, so existiert eine Konstante $0 < N_\infty < +\infty$ mit der Eigenschaft

$$0 < N_{k+1} \le N_\infty \quad \text{für alle} \quad k \in \mathbb{N}_0\,.$$

Nun betrachten wir die orthonormierte Folge

$$\{ f_{k+1,1} \}_{k=0,1,2,\dots} \subset \mathcal{H}_0^1(\Omega, \gamma) \cap \mathcal{H}_e(\Omega, \gamma)\,,$$

welche wegen der Identität

$$\| f_{k+1,1} - f_{l+1,1} \|_{\mathcal{H}(\Omega,\gamma)} = \sqrt{2} \quad \text{für alle} \quad k, l \in \mathbb{N}_0 \quad \text{mit} \quad k \ne l$$

keine in $\mathcal{H}(\Omega, \gamma)$ konvergente Teilfolge besitzen kann.

3.) Aus der Bilanz (I.3.33) und der Elliptizitätsbedingung (I.2.8) ermitteln wir, dass diese Folge ein gleichmäßig beschränktes Dirichletintegral aufweist:

$$\begin{aligned}
\frac{1}{M_0} &\int_{\Omega} \Big\{ \sum_{i=1}^{n} D^{e_i} f_{k+1,1}(x) D^{e_i} f_{k+1,1}(x) \Big\} dx \\
&\le \int_{\Omega} \Big\{ \sum_{i,j=1}^{n} a_{ij}(x) D^{e_i} f_{k+1,1}(x) D^{e_j} f_{k+1,1}(x) \Big\} dx \\
&= M_2 + N_{k+1} \le M_2 + N_\infty \quad \text{für alle} \quad k \in \mathbb{N}_0\,.
\end{aligned} \tag{I.3.34}$$

Nach dem Rellichschen Auswahlsatz aus [S3] Kapitel X § 2 können wir eine in $\mathcal{H}(\Omega, \gamma)$ konvergente Teilfolge auswählen, was zum Teil 2.) einen Widerspruch ergibt. Somit ist die asymptotische Aussage (I.3.29) richtig.

4.) Für $l = 0, 1, 2, \dots$ betrachten wir die Operatoren $\widetilde{K_l} : \mathcal{H}^1(\Omega, \gamma) \to \mathcal{H}(\Omega, \gamma)$

$$\widetilde{K_l} f := \widehat{L_\gamma} f - \sum_{k=1}^{l} N_k \Big\{ (f_{k,1}, f)_{\mathcal{H}(\Omega,\gamma)} f_{k,1} + \dots + (f_{k,n_k}, f)_{\mathcal{H}(\Omega,\gamma)} f_{k,n_k} \Big\}$$

für alle $\;f \in \mathcal{H}^1(\Omega, \gamma)\,;$

$$\tag{I.3.35}$$

dabei tritt die Summe im Fall $l = 0$ nicht auf. Zunächst beachten wir

$$\widetilde{K_l} f = 0 \quad \text{für alle} \quad f \in \bigoplus_{k=1}^{l} \mathcal{N}(\Omega, \gamma, N_k)\,, \quad l \in \mathbb{N}_0\,. \tag{I.3.36}$$

Dann betrachten wir für $l = 0, 1, 2, \dots$ die Restriktionen

$$K_l := \widetilde{K_l}|_{\mathcal{H}^+(\Omega,\gamma,N_l)} : \mathcal{H}_0^1(\Omega, \gamma) \cap \mathcal{H}^+(\Omega, \gamma, N_l) \to \mathcal{H}^+(\Omega, \gamma, N_l)\,, \tag{I.3.37}$$

deren Kerne trivial sind. Bezeichnen wir durch

$$K_\infty : \{0\} \to \{0\} \quad \text{mit} \quad K_\infty(0) = 0$$

den *Nulloperator*, so erfüllen die (I.3.37) zugehörigen Graphen die Inklusionen

$$\widehat{L_\gamma} = K_0 \supsetneq K_1 \supsetneq K_2 \supsetneq \ldots \supsetneq K_\infty = \bigcap_{l=1}^{+\infty} K_l \,, \qquad (\text{I.3.38})$$

und sie weisen das angegebene asymptotische Verhalten auf.

5.) Den Aussagen (I.3.35) – (I.3.38) entnehmen wir die Zerlegung des Hilbertraums $\mathcal{H}(\Omega, \gamma)$ in die direkte Summe (I.3.30) sowie die Spektraldarstellung (I.3.31). Dann bilden wir im Hilbertraum $\mathcal{H}(\Omega, \gamma)$ den Abschluss des Vektorraums $\{f_{k,1}, \ldots, f_{k,n_k}\}_{k=1,2,\ldots}$, welcher von dem Orthonormalsystem

$$\{f_{k,1}, \ldots, f_{k,n_k}\}_{k=1,2,\ldots}$$

aufgespannt wird. Wegen der Darstellung (I.3.31) ermitteln wir den Wertebereich $\mathcal{W}(\widehat{L_\gamma}) := \widehat{L_\gamma}\Big(\mathcal{H}^1(\Omega, \gamma)\Big)$ wie folgt:

$$\mathcal{W}(\widehat{L_\gamma}) = \overline{\{f_{k,1}, \ldots, f_{k,n_k}\}}_{k=1,2,\ldots} \,. \qquad (\text{I.3.39})$$

Da die Abbildung $\widehat{L_\gamma} : \mathcal{H}^1(\Omega, \gamma) \to \mathcal{H}(\Omega, \gamma)$ surjektiv ist, folgt

$$\mathcal{W}(\widehat{L_\gamma}) = \mathcal{H}(\Omega, \gamma) \,. \qquad (\text{I.3.40})$$

Die Kombination von (I.3.39) und (I.3.40) liefert

$$\overline{\{f_{k,1}, \ldots, f_{k,n_k}\}}_{k=1,2,\ldots} = \mathcal{H}(\Omega, \gamma) \,. \qquad (\text{I.3.41})$$

Somit bildet $\{f_{k,1}, \ldots, f_{k,n_k}\}_{k=1,2,\ldots}$ im Hilbertraum $\mathcal{H}(\Omega, \gamma)$ ein vollständiges Orthonormalsystem.   q.e.d.

Bemerkung: Das Eigenwertproblem des Euklidischen Laplaceoperators Δ auf beschränkten Gebieten unter Nullrandbedingungen haben wir mit Hilfe der Greenschen Funktion auf ein Eigenwertproblem für Integraloperatoren transformiert. Wir konnten so den Spektralsatz für vollstetige Operatoren zur Anwendung bringen. Dieses Vorgehen findet ohne die Theorie der Sobolevräume im Rahmen der klassischen Funktionenräume statt. Hierzu verweisen wir auf § 1 und § 9 in [S3] Kapitel VIII.

§4 Über die Selbstadjungiertheit von Hermiteschen Operatoren

Wir kehren nun zu den abstrakten Operatoren aus §1 zurück. Mit der identischen Abbildung auf dem Hilbertraum $\mathcal{H}$ erhalten wir den *Einheitsoperator* $E := Id_{\mathcal{H}}$. Weiter sei T ein linearer Operator auf dem dichten Definitionsbereich $\mathcal{D}_T \subset \mathcal{H}$ mit dem adjungierten Operator T^*. In der Spektraltheorie betrachten wir dann zu beliebigem $z \in \mathbb{C}$ den Operator $T - zE$ auf dem Definitionsbereich $\mathcal{D}_T$ mit dem Kern als Nullraum

$$\mathcal{N}_{T-zE} := \{f \in \mathcal{D}_T : (T - zE)f = 0\}.$$

Falls die Bedingung $\mathcal{N}_{T-zE} \neq \{0\}$ erfüllt ist, so liefert z einen *Eigenwert des Operators* T. Weiter erklären wir den Bildbereich

$$\mathcal{W}_{T-zE} := \{g = Tf - zf : f \in \mathcal{D}_T\}$$

mit seinem Orthogonalraum

$$\mathcal{W}_{T-zE}^{\perp} := \left\{g \in \mathcal{H} : (g, f)_{\mathcal{H}} = 0, \quad \forall f \in \mathcal{W}_{T-zE}\right\}.$$

Zum Studium der Invertierbarkeit des Operators $T - zE$ benötigen wir das

Theorem I.4.1. *Für die obigen Operatoren gilt die Identität*

$$\mathcal{W}_{T-zE}^{\perp} = \mathcal{N}_{T^*-\overline{z}E} \tag{I.4.1}$$

zwischen dem Orthogonalraum des Bildes von $T - zE$ *und dem Nullraum*

$$\mathcal{N}_{T^*-\overline{z}E} := \{g \in \mathcal{D}_{T^*} : (T^* - \overline{z}E)g = 0\}$$

als Kern der adjungierten Abbildung $T^* - \overline{z}E$.

Beweis: Unter Benutzung der Dichtheit $\mathcal{D}_T \subset \mathcal{H}$ sowie der Identität (I.1.10) zeigen wir die folgenden Äquivalenzen:

$$g \in \mathcal{N}_{T^*-\overline{z}E} \iff g \in \mathcal{D}_{T^*} \text{ löst } (T^* - \overline{z}E)g = 0$$

$$\iff g \in \mathcal{D}_{T^*} \text{ erfüllt } (f, (T^* - \overline{z}E)g)_{\mathcal{H}} = 0 \text{ für alle } f \in \mathcal{D}_T$$

$$\iff g \in \mathcal{D}_{T^*} \text{ erfüllt } (f, T^*g)_{\mathcal{H}} - \overline{z}(f, g)_{\mathcal{H}} = 0 \text{ für alle } f \in \mathcal{D}_T$$

$$\iff g \in \mathcal{D}_{T^*} \text{ erfüllt } (Tf, g)_{\mathcal{H}} - (zf, g)_{\mathcal{H}} = 0 \text{ für alle } f \in \mathcal{D}_T \tag{I.4.2}$$

$$\iff g \in \mathcal{D}_{T^*} \text{ erfüllt } ((T - zE)f, g)_{\mathcal{H}} = 0 \text{ für alle } f \in \mathcal{D}_T$$

$$\iff g \in \mathcal{W}_{T-zE}^{\perp} .$$

Hiermit haben wir die Identität (I.4.1) bewiesen.   q.e.d.

Selbstadjungierte Operatoren T sind wegen (I.1.10) Hermitesch im Sinne von Definition I.4.1, und sie besitzen wegen Theorem I.4.2 nur reelle Eigenwerte. Nach der Formel (I.4.1) stimmen für reelle Eigenwerte der jeweilige Eigenraum mit dem Kobild überein, und damit sind die Eigenräume abgeschlossen. Nun ist $z \in \mathbb{R}$ genau dann *kein* Eigenwert von T, wenn der Operator $T - zE$ auf $\mathcal{H}$ invertierbar ist. In der Spektraltheorie selbstadjungierter Operatoren können wir also die Eigenwerte $z \in \mathbb{R}$ als diejenigen Stellen ermitteln, in welchen der Operator $T - zE$ *nicht* invertierbar ist. In den übrigen Punkten $z \in \mathbb{C}$ erhalten wir mit $R_z := (T - zE)^{-1}$ die *Resolvente* als beschränkten Operator auf $\mathcal{H}$.

Definition I.4.1. *Ein linearer Operator H heißt Hermitesch, wenn sein Definitionsbereich $\mathcal{D}_H \subset \mathcal{H}$ dicht und die folgende Identität erfüllt ist:*

$$(Hf, g)_{\mathcal{H}} = (f, Hg)_{\mathcal{H}} \quad \text{für alle} \quad f, g \in \mathcal{D}_{\mathcal{H}} \, . \tag{I.4.3}$$

Bemerkungen:

i) *Für beliebige Skalare $\alpha, \beta \in \mathbb{R}$ mit $\alpha \neq 0$ ist der Operator $\alpha H + \beta E$ genau dann Hermitesch, wenn der Operator H Hermitesch ist.*

ii) *Für beliebige Hermitesche Operatoren H gilt die Fortsetzung $H \subset H^*$.* Hierzu betrachten wir die Inklusion

$$\mathcal{G}_{H^*} = (U\mathcal{G}_H)^{\perp} =$$

$$= \left\{ (f, g) \in \mathcal{H}^2 : (f, -Hh)_{\mathcal{H}} + (g, h)_{\mathcal{H}} = 0, \quad \forall h \in \mathcal{D}_H \right\}$$

$$= \left\{ (f, g) \in \mathcal{H}^2 : -(Hf, h)_{\mathcal{H}} + (g, h)_{\mathcal{H}} = 0, \quad \forall h \in \mathcal{D}_H \right\} \tag{I.4.4}$$

$$= \left\{ (f, g) \in \mathcal{H}^2 : (g - Hf, h)_{\mathcal{H}} = 0, \quad \forall h \in \mathcal{D}_H \right\}$$

$$\supset \left\{ (f, g) \in \mathcal{H}^2 : f \in \mathcal{D}_H, g = Hf \right\} = \mathcal{G}_H .$$

iii) *Wenn T selbstadjungiert ist und $H \supset T$ Hermitesch, so folgt $H = T$.* Denn aus $T \subset H$ ergibt die Definition I.1.6 zusammen mit der Bemerkung ii) die Inklusion $T = T^* \supset H^* \supset H$; somit erhalten wir die Identität $T = H$. Die selbstadjungierten Operatoren stellen also *maximale Elemente in der Klasse der Hermiteschen Operatoren* dar.

Beispiel I.4.1. Wir erklären *lokal integrable Potentiale im $\mathbb{R}^n$* wie folgt:

$$q \in L^1_{loc}(\mathbb{R}^n) :=$$

$$\left\{ q(x) : \mathbb{R}^n \to \mathbb{R} : q\big|_{\Omega} \in L^1(\Omega) \text{ für alle Gebiete } \Omega \subset\subset \mathbb{R}^n \right\}. \tag{I.4.5}$$

Dabei bedeutet $\Omega \subset\subset \mathbb{R}^n$, dass der topologische Abschluss $\overline{\Omega}$ eine kompakte Menge im $\mathbb{R}^n$ darstellt.

Nun verwenden wir die Überlegungen zu Beginn von § II.8, wo wir den Hilbertraum $L^2(\mathbb{R}^n)$ über dem unbeschränkten Gebiet $\mathbb{R}^n$ sowie einen umfassenden *Post-Hilbertraum* $\mathcal{H}(\mathbb{R}^n) \supset L^2(\mathbb{R}^n)$ definieren. Auf dem dichten Teilraum $\mathcal{D}_{H_q} := C_0^\infty(\mathbb{R}^n) \subset \mathcal{H} := L^2(\mathbb{R}^n)$ erklären wir für alle $f \in \mathcal{D}_{H_q}$ den *Schrödingeroperator*

$$H_q f(x) := -\Delta f(x) + q(x)f(x)\,, \quad x \in \mathbb{R}^n \tag{I.4.6}$$

mit Hilfe des Laplaceoperators

$$\Delta f(x) := \sum_{j=1}^n \frac{\partial^2}{\partial x_j^2}\, f(x)\,, \quad x \in \mathbb{R}^n\,.$$

Nun berechnen wir

$$
\begin{aligned}
(H_q f, g)_{\mathcal{H}} &= \int_{\mathbb{R}^n} \Big(-\Delta f(x) + q(x)f(x) \Big) g(x)\, dx \\
&= \int_{\mathbb{R}^n} \Big(\nabla f(x) \cdot \nabla g(x) + q(x)f(x)g(x) \Big)\, dx \\
&= \int_{\mathbb{R}^n} f(x) \Big(-\Delta g(x) + q(x)g(x) \Big)\, dx = (f, H_q g)_{\mathcal{H}}
\end{aligned}
\tag{I.4.7}
$$

$$\text{für alle} \quad f, g \in \mathcal{D}_{H_q}\,,$$

und der Schrödingeroperator H_q ist Hermitesch. Wir werden in § II.8 und § II.9 die schwierige Frage beantworten, für welche Potentiale der Operator H_q im $\mathbb{R}^n$ wesentlich selbstadjungiert ist. Nach Theorem I.2.2 besitzt der Operator H_q auf beschränkten Gebieten $\Omega \subset \mathbb{R}^n$ unter Nullrandbedingungen für $L^\infty(\Omega)$-Potentiale, welche den Schrödingeroperator stabil erscheinen lassen, eine selbstadjungierte Fortsetzung.

Theorem I.4.2. (Reelle Eigenwerte)
Sei $z \in \mathbb{C}$ ein Eigenwert des Hermiteschen Operators H, so folgt $z \in \mathbb{R}$.

Beweis: Falls $z \in \mathbb{C}$ ein Eigenwert von H ist, so gibt es ein Element $f \in \mathcal{D}_H \setminus \{0\}$ mit $Hf = zf$. Aus der Identität (I.4.3) erhalten wir

$$\overline{z}(f,f)_{\mathcal{H}} = (zf,f)_{\mathcal{H}} = (Hf,f)_{\mathcal{H}} = (f,Hf)_{\mathcal{H}} = (f,zf)_{\mathcal{H}} = z(f,f)_{\mathcal{H}}\;. \tag{I.4.8}$$

Wegen $0 < (f,f)_{\mathcal{H}} < +\infty$ ergibt sich $\overline{z} = z$ und somit $z \in \mathbb{R}$.   q.e.d.

Wir zeigen die instruktive Aussage, wonach unbeschränkte Hermitesche Operatoren nur auf einem linearen Teilraum des Hilbertraums definiert sind.

Theorem I.4.3. (E. Hellinger, O. Toeplitz)
Sei der Hermitesche Operator H mit $\mathcal{D}_H = \mathcal{H}$ auf dem ganzen Hilbertraum gegeben. Dann ist der Operator H selbstadjungiert und beschränkt.

Beweis: Wegen $H \subset H^*$ ist $\mathcal{H} = \mathcal{D}_H \subset \mathcal{D}_{H^*} \subset \mathcal{H}$ und folglich $\mathcal{D}_{H^*} = \mathcal{H}$ sowie $H = H^*$ erfüllt. Also ist der Operator H selbstadjungiert, und nur die Beschränktheit von H bleibt zu zeigen. Wäre nämlich der Operator H unbeschränkt, so gäbe es eine Folge $\{f_n\}_{n=1,2,\ldots} \subset \mathcal{H}$ mit der Eigenschaft

$$\|f_n\| = 1 \quad , \quad \|Hf_n\| \geq n \quad \text{für alle} \quad n \in \mathbb{N}. \tag{I.4.9}$$

Dann betrachten wir die Folge stetiger linearer Funktionale

$$L_n(g) := (Hf_n, g)_{\mathcal{H}}, \quad g \in \mathcal{H} \quad \text{für alle} \quad n \in \mathbb{N}. \tag{I.4.10}$$

Diese sind für jedes feste $g \in \mathcal{H}$ beschränkt gemäß

$$|L_n(g)| = |(Hf_n, g)_{\mathcal{H}}| = |(f_n, Hg)_{\mathcal{H}}| \leq \|Hg\| \quad \text{für alle} \quad n \in \mathbb{N}. \tag{I.4.11}$$

Nach dem Prinzip der gleichmäßigen Beschränktheit (man vergleiche [S5], Chap. 8, Theorem 6.3 oder [S3] Kap. VIII, § 6, Satz 1) ist die Folge der Operatornormen $\|L_n\| = \|Hf_n\|$, $n = 1, 2, \ldots$ beschränkt, was im Widerspruch zur Aussage (I.4.9) steht.   q.e.d

Definition I.4.2. *Zu einem Hermiteschen Operator H mit dem dichten Definitionsbereich $\mathcal{D}_H \subset \mathcal{H}$ betrachten wir die assoziierten Operatoren*

$$H \pm iE \quad \text{erklärt durch} \quad (H \pm iE)f := Hf \pm if \quad , \quad f \in \mathcal{D}_H \tag{I.4.12}$$

mit dem Wertebereichen

$$\mathcal{W}_{H \pm iE} := (H \pm iE)(\mathcal{D}_H) = \left\{ g \in \mathcal{H} : g = Hf \pm if, f \in \mathcal{D}_H \right\} \quad . \tag{I.4.13}$$

Definition I.4.3. *Die Orthogonalräume*

$$\mathcal{W}_{H \pm iE}^{\perp} := \left\{ g \in \mathcal{H} : (g, f)_{\mathcal{H}} = 0, \quad \forall f \in \mathcal{W}_{H \pm iE} \right\} \tag{I.4.14}$$

nennen wir Defekträume, und wir erklären die Defektindizes

$$\delta_{\pm}(H) := \dim \mathcal{W}_{H \pm iE}^{\perp} \in \left\{ 0, 1, 2, \ldots \right\}. \tag{I.4.15}$$

Für die Abbildung $H \pm iE$ besteht der Kern nur aus dem Nullelement, denn nach Theorem I.4.2 stellen die Zahlen $\mp i$ keine Eigenwerte des Hermiteschen Operators dar. Folglich existieren die inversen Operatoren

$$(H \pm iE)^{-1} : \mathcal{W}_{H \pm iE} \to \mathcal{D}_H \tag{I.4.16}$$

auf den Wertebereichen $\mathcal{W}_{H \pm iE}$. Wir müssen nun die Operatoren H nach Theorem I.4.4 so wählen, dass $\mathcal{W}_{H \pm iE}$ abgeschlossen sind. Dann können wir den Hilbertraum $\mathcal{H}$ orthogonal zerlegen in die direkte Summe

$$\mathcal{H} = \mathcal{W}_{H \pm iE} \oplus \mathcal{W}_{H \pm iE}^{\perp} = \mathcal{W}_{H \pm iE} \oplus \mathcal{N}_{H^* \mp iE} \quad , \tag{I.4.17}$$

wobei wir das Theorem I.4.1 auf den Orthogonalraum anwenden.

Theorem I.4.4. *Jeder Hermitesche Operator H ist abschließbar, und es gilt*

$$\mathcal{W}_{\overline{H}\pm iE} = \overline{\mathcal{W}_{H\pm iE}} \quad . \tag{I.4.18}$$

Ferner ist der Operator H genau dann abgeschlossen, wenn die Wertebereiche $\mathcal{W}_{H\pm iE} \subset \mathcal{H}$ abgeschlossen sind.

Beweis: Wegen (I.4.4) ist der Hermitesche Operator $H \subset H^*$ abschließbar. Weiter erfüllen die Operatoren H die *Hermitesche isometrische Eigenschaft*

$$\|(H\pm iE)f\|_{\mathcal{H}}^2 = \|Hf\|_{\mathcal{H}}^2 + \|f\|_{\mathcal{H}}^2 \geq \|f\|_{\mathcal{H}}^2 \quad \text{für alle} \quad f \in \mathcal{D}_H. \tag{I.4.19}$$

Hierzu zeigen wir mit Hilfe von (I.4.3) die folgende Identität

$$\begin{aligned}
(Hf \pm if, Hf \pm if)_{\mathcal{H}} &= (Hf, Hf)_{\mathcal{H}} \mp i(f, Hf)_{\mathcal{H}} \\
\pm i(Hf, f)_{\mathcal{H}} + (f, f)_{\mathcal{H}} &= (Hf, Hf)_{\mathcal{H}} + (f, f)_{\mathcal{H}}\,.
\end{aligned} \tag{I.4.20}$$

Zwischenbehauptung I: *Es bildet $\{(f_n, Hf_n)\}_{n=1,2,...} \subset \mathcal{G}_H$ genau dann eine Cauchyfolge in $\mathcal{H}^2$, wenn $\{(H\pm iE)f_n\}_{n=1,2,...} \subset \mathcal{W}_{H\pm iE}$ beide Cauchyfolgen in $\mathcal{H}$ darstellen.*

Die Implikation $\Longrightarrow$ entnehmen wir der Identität (I.4.19), während wir zur Implikation $\Longleftarrow$ die folgenden Formeln heranziehen:

$$Hf = \frac{1}{2}[(H+iE)f + (H-iE)f],\ f = \frac{1}{2i}[(H+iE)f - (H-iE)f],\ f \in \mathcal{D}_H \tag{I.4.21}$$

heranziehen. Analog zeigen wir die

Zwischenbehauptung II: *Es konvergiert $\{(f_n, \overline{H}f_n)\}_{n=1,2,...} \subset \mathcal{G}_{\overline{H}} = \overline{\mathcal{G}_H}$ in $\mathcal{H}^2$ genau dann gegen ein Element $(f, \overline{H}f) \in \mathcal{G}_{\overline{H}}$, wenn die beiden Folgen $\{(\overline{H}\pm iE)f_n\}_{n=1,2,...} \subset \mathcal{W}_{\overline{H}\pm iE}$ jeweils in $\mathcal{H}$ gegen $(\overline{H}\pm iE)f \in \mathcal{W}_{\overline{H}\pm iE}$ konvergieren.*

Mit diesen beiden Zwischenbehauptungen sehen wir die Identität (I.4.18) und die weiteren Aussagen des Theorems ein.   q.e.d

Sehr instruktiv ist der folgende

Theorem I.4.5. (Zerlegung von $\mathcal{D}_{H^*}$) *Der abgeschlossene Hermitesche Operator $H\colon \mathcal{D}_H \to \mathcal{H}$ besitzt für den Definitionsbereich $\mathcal{D}_{H^*}$ seines adjungierten Operators $H^*\colon \mathcal{D}_{H^*} \to \mathcal{H}$ die orthogonale Zerlegung*

$$\mathcal{D}_{H^*} = \mathcal{W}_{H-iE}^{\perp} \oplus \mathcal{D}_H \oplus \mathcal{W}_{H+iE}^{\perp} \quad . \tag{I.4.22}$$

Folglich gibt es zu jedem $f \in \mathcal{D}_{H^*}$ eindeutig bestimmte Elemente $f_0 \in \mathcal{D}_H$ und $f_{\pm} \in \mathcal{W}_{H\pm iE}^{\perp}$, so dass $f = f_- + f_0 + f_+$ richtig ist.

Beweis: Sei $f \in \mathcal{D}_{H^*}$ gewählt, so erklären wir $(H^* + iE)f \in \mathcal{H}$. Da der Teilraum $\mathcal{W}_{H+iE}$ abgeschlossen ist und sein Orthogonalraum $\mathcal{W}_{H+iE}^\perp = \mathcal{N}_{H^*-iE}$ erfüllt, so gibt es nach dem Satz über die orthogonale Zerlegung eindeutig bestimmte Elemente $f_0 \in \mathcal{D}_H$ und $f_+ \in \mathcal{N}_{H^*-iE}$ mit der Eigenschaft $(H^* + iE)f = (H + iE)f_0 + 2if_+$. Beachten wir $H \subset H^*$, so erhält man

$$(H^* + iE)f = (H + iE)f_0 + 2if_+ = (H^* + iE)f_0 + if_+ + iEf_+$$
$$= (H^* + iE)f_0 + H^*f_+ + iEf_+ = (H^* + iE)f_0 + (H^* + iE)f_+ . \tag{I.4.23}$$

Somit folgt

$$0 = (H^* + iE)(f - f_0 - f_+) = (H^* + iE)f_- ,$$

wenn wir noch $f_- := f - f_0 - f_+ \in \mathcal{N}_{H^*+iE} = \mathcal{W}_{H-iE}^\perp$ setzen. Schließlich erhalten wir die Darstellung $f = f_- + f_0 + f_+$ mit den eindeutig bestimmten Elementen $f_0 \in \mathcal{D}_H$ sowie $f_\pm \in \mathcal{W}_{H\pm iE}^\perp$.   q.e.d.

Theorem I.4.6. *Ein Hermitescher Operator H ist genau dann selbstadjungiert, wenn die Wertebereiche der Bedingung $\mathcal{W}_{H\pm iE} = \mathcal{H}$ genügen. Dann sind die Operatoren $H \pm iE : \mathcal{D}_H \to \mathcal{H}$ invertierbar zu beschränkten Operatoren $(H \pm iE)^{-1} : \mathcal{H} \to \mathcal{H}$ mit der Operatornorm $\|(H \pm iE)^{-1}\| \leq 1$.*

Beweis: „$\Longrightarrow$": Sei der Hermitesche Operator H selbstadjungiert, so stimmen die Definitionsbereiche $\mathcal{D}_{H^*} = \mathcal{D}_H$ überein. Da nach Theorem I.4.2 der Kern der Abbildung $H \pm iE$ nur aus dem Nullelement besteht, so erhalten wir

$$\mathcal{N}_{H^*\pm iE} = \mathcal{N}_{H\pm iE} = \{0\} . \tag{I.4.24}$$

Da $H = H^*$ abgeschlossene Operatoren darstellen, so sind nach Theorem I.4.4 auch die Wertebereiche $\mathcal{W}_{H\pm iE}$ abgeschlossen. Die orthogonale Zerlegung (I.4.17) liefert zusammen mit (I.4.24) die Aussage $\mathcal{H} = \mathcal{W}_{H\pm iE}$. Somit sind die beiden Operatoren $H \pm iE$ auf dem Hilbertraum $\mathcal{H}$ invertierbar, und die Abschätzung (I.4.19) impliziert die Schranke an die Operatornorm.

„$\Longleftarrow$": Sei die Bedingung $\mathcal{W}_{H\pm iE} = \mathcal{H}$ erfüllt, so ist der Operator H nach Theorem I.4.4 abgeschlossen. Wegen $\mathcal{W}_{H\pm iE}^\perp = \{0\}$ liefert das Theorem I.4.5

$$\mathcal{D}_{H^*} = \mathcal{W}_{H-iE}^\perp \oplus \mathcal{D}_H \oplus \mathcal{W}_{H+iE}^\perp = \mathcal{D}_H . \tag{I.4.25}$$

Es folgt $H = H^*$, und der Operator H ist selbstadjungiert.   q.e.d.

Für die Spektraltheorie von Differentialoperatoren ist noch das folgende Ergebnis wichtig.

Theorem I.4.7. *Ein Hermitescher Operator H ist wesentlich selbstadjungiert genau dann wenn die Wertebereiche $\mathcal{W}_{H\pm iE} \subset \mathcal{H}$ dicht liegen beziehungsweise die Defektindizes $\delta_\pm(H) = 0$ verschwinden. Dann ist sein Abschluss $\overline{H}$ selbstadjungiert, und die Operatoren $\overline{H} \pm iE : \mathcal{D}_{\overline{H}} \to \mathcal{H}$ sind invertierbar zu beschränkten Operatoren $(\overline{H} \pm iE)^{-1} : \mathcal{H} \to \mathcal{H}$ mit der Operatornorm $\|(\overline{H} \pm iE)^{-1}\| \leq 1$.*

Beweis: Die Wertebereiche $\mathcal{W}_{H\pm iE}$ liegen dicht in $\mathcal{H}$ genau dann, wenn die Bedingung

$$\mathcal{H} = \overline{\mathcal{W}_{H\pm iE}} = \mathcal{W}_{\overline{H}\pm iE} \qquad (\text{I.4.26})$$

für den abgeschlossenen Operator $\overline{H}$ nach Theorem I.4.4 erfüllt ist. Gemäß Theorem I.4.6 ist die Bedingung (I.4.26) genau dann erfüllt, wenn der Operator $\overline{H}$ selbstadjungiert beziehungsweise der Operator H wesentlich selbstadjungiert ist. Alle weiteren Aussagen entnehmen wir auch dem Theorem I.4.6 sowie der Definition I.4.3.   q.e.d.

Im nächsten Abschnitt benötigen wir noch das

Theorem I.4.8. *Der Hermitesche Operator $H : \mathcal{D}_H \to \mathcal{H}$ auf dem dichten Definitionsbereich $\mathcal{D}_H \subset \mathcal{H}$ erfülle für eine Zahl $z \in \mathbb{R}$ erfülle die Ungleichung*

$$\|(H - zE)f\| \geq c \cdot \|f\| \text{ für alle } f \in \mathcal{D}_H \quad \text{mit einer Konstante} \quad c > 0\,.$$
$$(\text{I.4.27})$$

Der Operator H ist genau dann wesentlich selbstadjungiert, wenn der Wertebereich $\mathcal{W}_{H-zE}$ dicht in $\mathcal{H}$ liegt. Folglich ist sein Abschluss $\overline{H}$ selbstadjungiert, und der Operator $\overline{H} - zE : \mathcal{D}_{\overline{H}} \to \mathcal{H}$ ist invertierbar zu einem beschränkten Operator $(\overline{H} - zE)^{-1} : \mathcal{H} \to \mathcal{H}$ mit der Operatornorm $\|(\overline{H} - zE)^{-1}\| \leq c^{-1}$.

Beweis: Wir zeigen zunächst die

Zwischenbehauptung I: *Es bildet $\{(f_n, Hf_n)\}_{n=1,2,\dots} \subset \mathcal{G}_H$ genau dann eine Cauchyfolge in $\mathcal{H}^2$, wenn $\{(H - zE)f_n\}_{n=1,2,\dots} \subset \mathcal{W}_{H-zE}$ eine Cauchyfolge in $\mathcal{H}$ darstellt.*

Die Implikation $\Longrightarrow$ entnehmen wir der Abschätzung

$$\|(H - zE)f\| \leq \|Hf\| + |z|\|f\| \quad \text{für alle} \quad f \in \mathcal{D}_H \quad. \qquad (\text{I.4.28})$$

Zur Implikation $\Longleftarrow$ beachten die Ungleichung (I.4.27) und ziehen die folgende Formel heran:

$$Hf = (H - zE)f + zf\,, \quad f \in \mathcal{D}_H \quad. \qquad (\text{I.4.29})$$

Analog zeigen wir die

Zwischenbehauptung II: *Eine Folge $\{(f_n, \overline{H}f_n)\}_{n=1,2,\dots} \subset \mathcal{G}_{\overline{H}} = \overline{\mathcal{G}_H}$ konvergiert in $\mathcal{H}^2$ genau dann gegen $(f, \overline{H}f) \in \mathcal{G}_{\overline{H}}$, wenn die Bildfolge $\{(\overline{H}-zE)f_n\}_{n=1,2,\dots} \subset \mathcal{W}_{\overline{H}-zE}$ in $\mathcal{H}$ gegen $(\overline{H}-zE)f \in \mathcal{W}_{\overline{H}-zE}$ konvergiert.*

Diesen beiden Zwischenbehauptungen entnehmen wir sofort die Identität

$$\mathcal{W}_{\overline{H}-zE} = \overline{\mathcal{W}_{H-zE}}\,. \qquad (\text{I.4.30})$$

1.) Wenn H wesentlich selbstadjungiert ist, so ist dessen Abschluss $\overline{H}$ selbstadjungiert, und es folgt $\overline{H} = \overline{H}^* = H^*$. Wegen $z \in \mathbb{R}$ liefert Theorem I.4.1

$$\mathcal{W}_{\overline{H}-zE}^{\perp} = \mathcal{N}_{\overline{H}-zE} = \{0\}\,, \qquad (\text{I.4.31})$$

wobei wir mittels (I.4.27) den Nullraum auf der rechten Seite bestimmen. Schließlich erhalten mit Hilfe von (I.4.31) und (I.4.30) die Identität

$$\mathcal{H} = \mathcal{W}_{\overline{H} - zE} = \overline{\mathcal{W}_{H - zE}} \quad , \tag{I.4.32}$$

und $\mathcal{W}_{H - zE}$ liegt dicht in $\mathcal{H}$.

2.) Liegt nun umgekehrt $\mathcal{W}_{H - zE}$ dicht in $\mathcal{H}$, so erhalten wir aus (I.4.30) die Aussage $\mathcal{W}_{\overline{H} - zE} = \mathcal{H}$. Nun liefert Theorem I.4.1 die folgende Identität

$$\{0\} = \mathcal{W}^{\perp}_{\overline{H} - zE} = \mathcal{N}_{\overline{H}^* - zE} = \mathcal{N}_{H^* - zE} \quad . \tag{I.4.33}$$

Also erhalten wir $H^* = \overline{H}$, und der Operator H ist wesentlich selbstadjungiert.

In beiden Fällen 1.) und 2.) ist der Operator $H - cE$ auf $\mathcal{H}$ invertierbar, und wir entnehmen der Ungleichung (I.4.27) die Schranke an die Operatornorm. q.e.d

Bemerkung zur Ungleichung (I.4.27): In die Bedingung (I.4.27) setzen wir ein Eigenelement $f \in \mathcal{H} \setminus \{0\}$ zum Eigenwert $\zeta \in \mathbb{R}$ ein und erhalten

$$|\zeta - z| \cdot \|f\| = \|(\zeta - z)f\| = \|(H - zE)f\| \geq c \cdot \|f\|$$
$$\Longleftrightarrow \quad |\zeta - z| \geq c \quad \Longleftrightarrow \zeta \notin (z - c, c + c). \tag{I.4.34}$$

Somit beinhaltet die Ungleichung (I.4.27), dass beim Hermiteschen Operator $\overline{H}$ die Eigenwerte $\zeta \in (z - c, z + z)$ nicht auftreten.

Wir wollen Störungen wesentlich selbstadjungierter Operatoren betrachten.

Definition I.4.4. *Sei ein wesentlich selbstadjungierter Operator $T : \mathcal{D}_T \to \mathcal{H}$ auf dem dichten Definitionsbereich $\mathcal{D}_T \subset \mathcal{H}$ gegeben. Dann heißt der Hermitesche Operator $H : \mathcal{D}_T \subset \mathcal{H}$ eine zulässige Störung des Operators T, falls die Ungleichung*

$$(Hf, Hf)_{\mathcal{H}} \leq a\,(Tf, Tf)_{\mathcal{H}} + b\,(f, f)_{\mathcal{H}} \quad \text{für alle} \quad f \in \mathcal{D}_T \tag{I.4.35}$$

mit gewissen Konstanten $0 \leq a < 1$ und $0 \leq b < +\infty$ erfüllt ist. Wir erhalten mit $(T + H) : \mathcal{D}_T \subset \mathcal{H}$ einen zulässig gestörten Operator.

Theorem I.4.9. (Störung wesentlich selbstadjungierter Operatoren)
Sei ein wesentlich selbstadjungierter Operator $T : \mathcal{D}_T \to \mathcal{H}$ auf dem dichten Definitionsbereich $\mathcal{D}_T \subset \mathcal{H}$ mit der zulässigen Störung $H : \mathcal{D}_T \subset \mathcal{H}$ gegeben. Dann ist auch der Operator $(T + H) : \mathcal{D}_T \subset \mathcal{H}$ wesentlich selbstadjungiert. Falls der Operator T sogar selbstadjungiert ist, so ist auch der zulässig gestörte Operator $(T + H)$ selbstadjungiert.

Beweis: 1.) Zunächst wenden wir die Identität (I.4.20) auf den Hermiteschen Operator $(T + H)$ an und erhalten

$$\left(\left[(T + H) \pm iE\right]f, \left[(T + H) \pm iE\right]f\right)_{\mathcal{H}} =$$

$$\left((T + H)f \pm if, (T + H)f \pm if\right)_{\mathcal{H}} =$$

$$\left((T + H)f, (T + H)f\right)_{\mathcal{H}} + \left(f, f\right)_{\mathcal{H}} =$$

$$\left(Tf, Tf\right)_{\mathcal{H}} + \left(Hf, Hf\right)_{\mathcal{H}} + 2\mathrm{Re}\left(Tf, Hf\right)_{\mathcal{H}} + \left(f, f\right)_{\mathcal{H}}, \forall f \in \mathcal{D}_T.$$

$$(I.4.36)$$

Nun beachten wir für alle $\epsilon > 0$ die elementare Abschätzung

$$2\left|\mathrm{Re}\left(Tf, Hf\right)_{\mathcal{H}}\right| = 2\left|\mathrm{Re}\left(\sqrt{\epsilon}Tf, \frac{1}{\sqrt{\epsilon}}Hf\right)_{\mathcal{H}}\right| \leq 2\left|\left(\sqrt{\epsilon}Tf, \frac{1}{\sqrt{\epsilon}}Hf\right)_{\mathcal{H}}\right|$$

$$\leq \epsilon\left(Tf, Tf\right)_{\mathcal{H}} + \frac{1}{\epsilon}\left(Hf, Hf\right)_{\mathcal{H}} \quad \text{für alle} \quad f \in \mathcal{D}_T.$$

$$(I.4.37)$$

2.) Der Identität (I.4.36) und den Abschätzungen (I.4.37) sowie (I.4.35) entnehmen wir für alle $0 < \epsilon \leq 1$ nach unten die folgende Abschätzung:

$$\left(\left[(T + H) \pm iE\right]f, \left[(T + H) \pm iE\right]f\right)_{\mathcal{H}}$$

$$\geq [1 - \epsilon]\left(Tf, Tf\right)_{\mathcal{H}} + \left[1 - \frac{1}{\epsilon}\right]\left(Hf, Hf\right)_{\mathcal{H}} + \left(f, f\right)_{\mathcal{H}} \qquad (I.4.38)$$

$$\geq \left[1 - \epsilon + a - \frac{a}{\epsilon}\right]\left(Tf, Tf\right)_{\mathcal{H}} + \left[1 + b - \frac{b}{\epsilon}\right] \cdot \left(f, f\right)_{\mathcal{H}}, \forall f \in \mathcal{D}_T.$$

Wir betrachten nun die Hilfsfunktion

$$\chi(\epsilon) := 1 - \epsilon + a - \frac{a}{\epsilon}, \quad 0 < \epsilon \leq 1 \quad \text{mit}$$

$$\chi(1) = 0 \quad \text{und} \quad \chi'(1) = \left(-1 + \frac{a}{\epsilon^2}\right)\Big|_{\epsilon=1} = -1 + a < 0.$$

$$(I.4.39)$$

Somit können wir eine Zahl $0 < \epsilon_0 < 1$ wählen, so dass die Bedingungen

$$1 - \epsilon_0 + a - \frac{a}{\epsilon_0} > 0 \quad \text{und} \quad 1 + b - \frac{b}{\epsilon_0} > 0 \qquad (I.4.40)$$

erfüllt sind. Wir erklären jetzt die positive Zahl

$$m_0 := \min\left\{1 - \epsilon_0 + a - \frac{a}{\epsilon_0}, 1 + b - \frac{b}{\epsilon_0}\right\} > 0 \qquad (I.4.41)$$

Die Abschätzung (I.4.38) liefert dann die folgende Ungleichung

$$\left(\left[(T+H) \pm iE \right] f, \left[(T+H) \pm iE \right] f \right)_{\mathcal{H}}$$

$$\geq m_0 \cdot \left[\left(Tf, Tf \right)_{\mathcal{H}} + \left(f, f \right)_{\mathcal{H}} \right] \tag{I.4.42}$$

$$= m_0 \cdot \left((T \pm iE)f, (T \pm iE)f \right)_{\mathcal{H}} \quad \text{für alle} \quad f \in \mathcal{D}_T \, ;$$

hierbei verwenden wir noch die Identität (I.4.20) für den Operator T.

3.) Ferner liefern die Identität (I.4.36) und die Ungleichung (I.4.37) für unser $0 < \epsilon_0 < 1$ sowie die Ungleichung (I.4.35) nach oben die Abschätzung

$$\left(\left[(T+H) \pm iE \right] f, \left[(T+H) \pm iE \right] f \right)_{\mathcal{H}}$$

$$\leq [1 + \epsilon_0] \left(Tf, Tf \right)_{\mathcal{H}} + \left[1 + \frac{1}{\epsilon_0} \right] \cdot \left(Hf, Hf \right)_{\mathcal{H}} + \left(f, f \right)_{\mathcal{H}}$$

$$\leq \left[1 + \epsilon_0 + a + \frac{a}{\epsilon_0} \right] \cdot \left(Tf, Tf \right)_{\mathcal{H}} + \left[1 + b + \frac{b}{\epsilon_0} \right] \left(f, f \right)_{\mathcal{H}} \tag{I.4.43}$$

$$\leq M_0 \cdot \left[\left(Tf, Tf \right)_{\mathcal{H}} + \left(f, f \right)_{\mathcal{H}} \right]$$

$$= M_0 \left((T \pm iE)f, (T \pm iE)f \right)_{\mathcal{H}}, \, \forall \, f \in \mathcal{D}_T$$

mit der Konstante

$$M_0 := \max \left\{ 1 + \epsilon_0 + a + \frac{a}{\epsilon_0}, \, 1 + b + \frac{b}{\epsilon_0} \right\} < +\infty. \tag{I.4.44}$$

Hier benutzen wir wieder die Identität (I.4.20) für den Operator T.

4.) Auf dem Wertebereich $\mathcal{W}_{T \pm iE} = (T \pm iE)(\mathcal{D}_T)$ erklären wir den Operator

$$\left[(T+H) \pm iE \right] \circ (T \pm iE)^{-1} g^{\pm}, \quad g^{\pm} = (T \pm iE)f^{\pm} \in \mathcal{W}_{T \pm iE} \tag{I.4.45}$$

mit dem eindeutig bestimmten Element $f^{\pm} \in \mathcal{D}_T$.

Setzen wir nun das Element $f^{\pm} = (T \pm iE)^{-1} g^{\pm} \in \mathcal{D}_T$ mit $g^{\pm} \in \mathcal{W}_{T \pm iE}$ in die Ungleichung (I.4.42) ein, so erhalten wir die Ungleichung

$$\left(\left[(T+H) \pm iE \right] \circ (T \pm iE)^{-1} g^{\pm}, \left[(T+H) \pm iE \right] \circ (T \pm iE)^{-1} g^{\pm} \right)_{\mathcal{H}}$$

$$\geq m_0 \cdot \left(g^{\pm}, g^{\pm} \right)_{\mathcal{H}} \quad \text{für alle} \quad g^{\pm} \in \mathcal{W}_{T \pm iE}.$$

$$\tag{I.4.46}$$

Setzen wir das Element $f^{\pm} = (T \pm iE)^{-1} g^{\pm} \in \mathcal{D}_T$ mit $g^{\pm} \in \mathcal{W}_{T \pm iE}$ in die Ungleichung (I.4.43) ein, so erhalten wir die Abschätzung

$$\left(\left[(T+H) \pm iE \right] \circ (T \pm iE)^{-1} g^{\pm}, \left[(T+H) \pm iE \right] \circ (T \pm iE)^{-1} g^{\pm} \right)_{\mathcal{H}}$$

$$\leq M_0 \cdot \left(g^{\pm}, g^{\pm} \right)_{\mathcal{H}} \quad \text{für alle} \quad g^{\pm} \in \mathcal{W}_{T \pm iE} \,. \tag{I.4.47}$$

5.) Der Operator (I.4.45) stellt wegen (I.4.46) und (I.4.47) einen beschränkten und invertierbaren Hermiteschen Operator dar, welchen wir zu einem beschränkten Operator $B \colon \mathcal{H} \to \mathcal{H}$ auf den ganzen Hilbertraum fortsetzen können. Hierbei können wir zur beschränkten, koerziven Bilinearform aus (I.4.46) und (I.4.47) mit dem Satz von Lax-Milgram (siehe das Theorem 4.20 in Chap. 8 des Lehrbuchs [S5] oder [S3], Kap. VIII, § 4, Satz 10) den Operator B konstruieren. Wir erhalten somit die folgende Identität

$$\left[(T+H) \pm iE \right] f = B \circ (T \pm iE) f, \, f \in \mathcal{D}_T \,. \tag{I.4.48}$$

6.) Ist nun der Operator T wesentlich selbstadjungiert, so liegt $\mathcal{W}_{T \pm iE} \subset \mathcal{H}$ dicht. Nach (I.4.48) liegt dann auch $\mathcal{W}_{T+H \pm iE} \subset \mathcal{H}$ dicht im Hilbertraum $\mathcal{H}$. Also ist dann der Operator $T+H$ wesentlich selbstadjungiert.

Wenn T selbstadjungiert ist, so haben wir die Identität $\mathcal{W}_{T \pm iE} = \mathcal{H}$, und die Relation (I.4.48) liefert die Übereinstimmung $\mathcal{W}_{T+H \pm iE} = \mathcal{H}$. Folglich ist dann auch $T+H$ selbstadjungiert.   q.e.d.

§5 Die Resolvente eines selbstadjungierten Operators

Definition I.5.1. *Sei T ein linearer Operator mit dem dichten Definitionsbereich $\mathcal{D}_T \subset \mathcal{H}$. Dann heißt die Punktmenge*

$$\varrho(T) := \left\{ z \in \mathbb{C} \,\middle|\, T - zE \quad \text{besitzt auf } \mathcal{H} \text{ eine beschränkte Inverse} \right\} \tag{I.5.1}$$

die Resolventenmenge von T. Wir erklären durch

$$R_z := (T - zE)^{-1} : \mathcal{H} \to \mathcal{H} \quad , \quad z \in \varrho(T) \tag{I.5.2}$$

die Resolvente von T. Unter $\sigma(T) := \mathbb{C} \setminus \varrho(T)$ verstehen wir das Spektrum von T.

Theorem I.5.1. *Sei T ein in $\mathcal{D}_T$ erklärter selbstadjungierter Operator. Dann ist $\mathbb{C} \setminus \mathbb{R} \subset \varrho(T)$ oder äquivalent $\sigma(T) \subset \mathbb{R}$ erfüllt, und es gilt die folgende Resolventenabschätzung*

$$\|(T - zE)^{-1}\| \le \frac{1}{|\operatorname{Im} z|} \quad \text{für alle} \quad z \in \mathbb{C} \setminus \mathbb{R}. \tag{I.5.3}$$

Beweis: Sei $z = x + iy \in \mathbb{C}$ mit $y \ne 0$ beliebig gewählt. Dann betrachten wir die Operatoridentität

$$T - zE = T - (x+iy)E = (T - xE) - iyE = y\left(\frac{1}{y}(T - xE) - iE\right) = y(S - iE). \tag{I.5.4}$$

Dabei ist der Operator $S := \dfrac{1}{y}(T - xE)$ selbstadjungiert gemäß

$$S^* = \frac{1}{y}(T - xE)^* = \frac{1}{y}(T^* - xE) = \frac{1}{y}(T - xE) = S.$$

Nach Theorem I.4.6 ist der Operator $S - iE$ auf $\mathcal{H}$ invertierbar mit der Schranke $\|(S - iE)^{-1}\| \le 1$. Wegen (I.5.4) existiert für alle $z = x + iy \in \mathbb{C} \setminus \mathbb{R}$ der inverse Operator

$$(T - zE)^{-1} = \frac{1}{y}(S - iE)^{-1} : \mathcal{H} \to \mathcal{H} \quad \text{mit der Schranke}$$

$$\|(T - zE)^{-1}\| = \left\|\frac{1}{y}(S - iE)^{-1}\right\| = \frac{1}{|y|}\,\|(S - iE)^{-1}\| \le \frac{1}{|\operatorname{Im} z|}. \tag{I.5.5}$$

Hieraus ersehen wir die die Inklusion $\mathbb{C} \setminus \mathbb{R} \subset \varrho(T)$ sowie die Resolventenabschätzung (I.5.3).   q.e.d.

In Verallgemeinerung eines Satzes von O. Toeplitz (siehe Theorem 4.14 in [S5] Chap. 8 oder Satz 6 in [S3] Kap. VIII, § 4) auf unbeschränkte Operatoren erhalten wir

Theorem I.5.2. (Toeplitz-Kriterium) *Seien der selbstadjungierte Operator T in $\mathcal{D}_T$ und der Punkt $z \in \mathbb{R}$ gegeben. Dann ist $z \in \varrho(A)$ gültig genau dann, wenn für ein $c > 0$ die folgende Bedingung erfüllt ist*

$$\|(T - zE)f\| \geq c \cdot \|f\| \quad \text{für alle} \quad f \in \mathcal{D}_T. \tag{I.5.6}$$

Beweis: „$\Longrightarrow$": Sei $z \in \varrho(T)$ gegeben. Dann existiert der Operator

$$(T - zE)^{-1} : \mathcal{H} \to \mathcal{H} \quad \text{mit} \quad \|(T - zE)^{-1}\| \leq \frac{1}{c} \quad \text{für ein} \quad c > 0. \tag{I.5.7}$$

Somit folgt

$$\|(T - zE)^{-1}g\| \leq \frac{1}{c}\|g\| \quad \text{für alle} \quad g \in \mathcal{H}. \tag{I.5.8}$$

Setzen wir nun $g := (T - zE)f$ mit $f \in \mathcal{D}_T$ in (I.5.8) ein, so erhalten wir

$$c \cdot \|f\| \leq \|(T - zE)f\| \quad \text{für alle} \quad f \in \mathcal{D}_T. \tag{I.5.9}$$

„$\Longleftarrow$": Sei für den Punkt z die Bedingung (I.5.6) erfüllt. Da der Operator T selbstadjungiert ist, liefert Theorem I.4.8 für den Wertebereich $\mathcal{W}_{T-zE} = \mathcal{H}$. Weiter ist $T - zE : \mathcal{D}_T \to \mathcal{H}$ invertierbar zum beschränkten Operator $(T - zE)^{-1} : \mathcal{H} \to \mathcal{H}$ mit der Schranke $\|(T - zE)^{-1}\| \leq c^{-1}$.   q.e.d.

Wir werden im §11 die folgenden Aussagen benötigen:

Theorem I.5.3. (Resolventenformeln)
Für beliebige Punkte $z_1, z_2 \in \varrho(T)$ gelten die Identitäten

$$R_{z_1} - R_{z_2} = (z_1 - z_2) \cdot R_{z_1} \circ R_{z_2} \quad \text{und} \quad R_{z_1} \circ R_{z_2} = R_{z_2} \circ R_{z_1}. \tag{I.5.10}$$

Weiter haben wir die Ableitung $\quad \dfrac{d}{dz}R_z = R_z^2, \quad z \in \varrho(T).$

Beweis: Zum Nachweis der linken Identität in (I.5.10) berechnen wir

$$R_{z_1} - R_{z_2} = (T - z_1 E)^{-1} - (T - z_2 E)^{-1} =$$
$$(T - z_1 E)^{-1} \circ \Big((T - z_2 E) - (T - z_1 E)\Big) \circ (T - z_2 E)^{-1} =$$
$$(T - z_1 E)^{-1} \circ \Big((z_1 - z_2) \cdot E\Big) \circ (T - z_2 E)^{-1} = \tag{I.5.11}$$
$$(z_1 - z_2) \cdot (T - z_1 E)^{-1} \circ (T - z_2 E)^{-1} = (z_1 - z_2) \cdot R_{z_1} \circ R_{z_2}.$$

Vertauschen wir z_1 und z_2 in der linken Identität, so erhalten wir die Kommutator-Relation von (I.5.10). Verwenden wir schließlich die Stetigkeit der Resolventenfunktion R_z, $z \in \varrho(T)$ bezüglich der Operatornorm, so ergibt sich die angegebene Differentiationsregel.   q.e.d.

Theorem I.5.4. *Sei* $C : \mathcal{H} \to \mathcal{H}$ *ein linearer Operator im Hilbertraum mit der Norm* $\|C\| < 1$. *Dann existiert der inverse Operator*

$$(E - C)^{-1} : \mathcal{H} \to \mathcal{H} \text{ mit der Schranke } \|(E - C)^{-1}\| \le \frac{1}{1 - \|C\|}. \quad (I.5.12)$$

Beweis: Wir betrachten die geometrische Reihe

$$T = \sum_{k=0}^{\infty} C^k \quad \text{mit den Partialsummen} \quad T_n := \sum_{k=0}^{n} C^k, \, n = 0, 1, \dots, \quad (I.5.13)$$

deren Konvergenz wir in der Operatornorm kontrollieren. Wir schätzen gemäß

$$\|T\| \le \sum_{k=0}^{\infty} \|C\|^k = \frac{1}{1 - \|C\|} \quad (I.5.14)$$

ab und ermitteln

$$(E - C) \circ T = (E - C) \circ \left(\sum_{k=0}^{\infty} C^k \right) = \sum_{k=0}^{\infty} C^k - \sum_{k=1}^{\infty} C^k = E = T \circ (E - C).$$

Somit existiert der inverse Operator $T = (E - C)^{-1} : \mathcal{H} \to \mathcal{H}$ mit der oben angegebenen Schranke.   q.e.d.

Die geometrische Reihe (I.5.13) bezeichnet man als *von Neumann-Reihe*.

Theorem I.5.5. *Für* $z_0 \in \varrho(T)$ *haben wir die nachfolgende Inklusion* $\{z \in \mathbb{C} : |z - z_0| < \|R_{z_0}\|^{-1}\} \subset \varrho(T)$ *sowie die Entwicklung*

$$R_z = \sum_{k=0}^{\infty} (z - z_0)^k R_{z_0}^{k+1}, \quad z \in \mathbb{C} \quad mit \quad |z - z_0| < \|R_{z_0}\|^{-1}. \quad (I.5.15)$$

Also ist $\varrho(T)$ *eine offene Menge in* $\mathbb{C}$ *und* $\sigma(T)$ *abgeschlossen.*

Beweis: Sei $z_0 \in \varrho(T)$ gegeben, so ermitteln wir die Identität

$$(T - z_0 E) \circ \left(E - (z - z_0) R_{z_0} \right) = T - z_0 E - (z - z_0) E = T - z E. \quad (I.5.16)$$

Für alle $z \in \mathbb{C}$ mit $|z - z_0| < \|R_{z_0}\|^{-1}$ gilt $\|(z - z_0) R_{z_0}\| = |z - z_0| \|R_{z_0}\| < 1$. Die Formel (I.5.16) zusammen mit dem Theorem I.5.4 liefern die Entwicklung

$$R_z = (T - zE)^{-1} = \left(E - (z - z_0) R_{z_0} \right)^{-1} \circ (T - z_0 E)^{-1}$$

$$= \left(\sum_{k=0}^{\infty} (z - z_0)^k R_{z_0}^k \right) \circ R_{z_0} = \sum_{k=0}^{\infty} (z - z_0)^k R_{z_0}^{k+1}. \quad (I.5.17)$$

Hieraus ergeben sich obige Behauptungen.   q.e.d.

Bemerkung: Die Funktion $\Phi(z) := (g, R_z f)_{\mathcal{H}}$, $z \in \varrho(T)$ ist holomorph für beliebige, fest gewählte Elemente $f, g \in \mathcal{H}$ im Hilbertraum. Hierzu betrachten wir die Entwicklung

$$\Phi(z) = \left(g, R_z f\right)_{\mathcal{H}} = \sum_{k=0}^{\infty} (z - z_0)^k \left(g, R_{z_0}^{k+1} f\right)_{\mathcal{H}} \tag{I.5.18}$$

$$\text{für alle} \quad z \in \mathbb{C} \quad \text{mit} \quad |z - z_0| < \|R_{z_0}\|^{-1}.$$

Theorem I.5.6. *Für $z \in \varrho(T)$ ist auch $\overline{z} \in \varrho(T)$ erfüllt, und es gilt $R_{\overline{z}} = R_z^*$.*

Beweis: Wir gehen aus von der Aussage

$$\left((T - zE)f, g\right)_{\mathcal{H}} = \left(f, (T - \overline{z}E)g\right)_{\mathcal{H}} \quad \text{für alle} \quad f, g \in \mathcal{D}_T. \tag{I.5.19}$$

Hier setzen wir $f = R_z \varphi$ sowie $g = R_{\overline{z}} \psi$ mit $\varphi, \psi \in \mathcal{H}$ ein und erhalten

$$\left(\varphi, R_{\overline{z}} \psi\right)_{\mathcal{H}} = \left(R_z \varphi, \psi\right)_{\mathcal{H}} = \left(\varphi, R_z^* \psi\right)_{\mathcal{H}} \quad \text{für alle} \quad \varphi, \psi \in \mathcal{H}. \tag{I.5.20}$$

Somit folgt $R_{\overline{z}} = R_z^*$. \hfill q.e.d.

Für die folgenden Operatoren wollen wir die Resolvente über ihre explizite Spektralschar bestimmen.

Definition I.5.2. *Wir nennen den Hermiteschen Operator $H_n : \mathcal{H} \to \mathcal{H}$ einen n-dimensionen Hermiteschen Operator zur Dimension $n \in \mathbb{N}$, wenn es einen n-dimensionalen linearen Teilraum $\mathcal{M}_n \subset \mathcal{H}$ gibt, so dass*

$$H_n f \in \mathcal{M}_n \text{ für alle } f \in \mathcal{M}_n, \quad H_n f = 0 \text{ für alle } f \in \mathcal{M}_n^{\perp} \quad \text{gilt.} \tag{I.5.21}$$

Weiter verwenden wir den Projektor $E_n : \mathcal{H} \to \mathcal{H}$ auf den abgeschlossenen linearen Teilraum $\mathcal{M}_n$ mit der folgenden Eigenschaft:

$$E_n f = f \quad \text{für alle} \quad f \in \mathcal{M}_n \quad, \quad E_n f = 0 \quad \text{für alle} \quad f \in \mathcal{M}_n^{\perp}. \tag{I.5.22}$$

Wir verwenden nun die Diagonalisierung Hermitescher Matrizen im $\mathbb{C}^n$ gemäß dem Satz 10 von Kap. 3, § 4 im Skriptum von H. Grauert [G] *Lineare Algebra und Analytische Geometrie II.* Diese Hauptachsentransformation beruht auf dem Fundamentalsatz der Algebra, für welchen wir in [S1] Kap. III, § 8 einen elementaren Beweis angegeben haben. Alternativ können wir auch mittels direkter Variationsmethoden aus dem § II.11 für den Spektralsatz kompakter, Hermitescher Operatoren diese Diagonalisierung durchführen.

Aufgrund der *Hauptachsentransformation im Komplexen* gibt es eine ortho-normierte Basis $\left\{ \varphi_j^{(n)} \in \mathcal{M}_n : j = 1, \ldots, n \right\}$ mit der Eigenschaft

$$H_n \varphi_j^{(n)} = \lambda_j^{(n)} \varphi_j^{(n)} \quad \text{für} \quad j = 1, \ldots, n \tag{I.5.23}$$

zu den reellen Eigenwerten

$$\lambda_1^{(n)} \le \lambda_2^{(n)} \le \ldots \le \lambda_n^{(n)}. \tag{I.5.24}$$

Dann folgt für alle $f = \sum\limits_{j=1}^{n} c_j^{(n)} \varphi_j^{(n)} + \psi_n \in \mathcal{H}$, wobei $c_j^{(n)} = \left(\varphi_j^{(n)}, f \right)_{\mathcal{H}}$ für $j = 1, \ldots, n$ und $\psi_n \in \mathcal{M}_n^{\perp}$ erfüllt ist, die folgende Identität

$$H_n f = \sum_{j=1}^{n} c_j^{(n)} \lambda_j^{(n)} \varphi_j^{(n)} = \sum_{j=1}^{n} \lambda_j^{(n)} \left(\varphi_j^{(n)}, f \right)_{\mathcal{H}} \varphi_j^{(n)}. \tag{I.5.25}$$

Nun verwenden wir die *Sprungfunktion*

$$\chi : \mathbb{R} \to \mathbb{R} \quad \text{mit} \quad \chi(\lambda) := \begin{cases} 0 & , \quad -\infty < \lambda < 0 \\ 1 & , \quad 0 \le \lambda < +\infty \end{cases} \tag{I.5.26}$$

und den Projektor $(E - E_n) : \mathcal{H} \to \mathcal{H}$ auf den Orthogonalraum $\mathcal{M}_n^{\perp}$. Dann definieren wir die *Spektralschar* $E_n(\lambda)$, $-\infty < \lambda < +\infty$ *des n-dimensionalen Hermiteschen Operators* H_n wie folgt:

$$E_n(\lambda) f := \sum_{j \in \{1, \ldots, n\} : \lambda_j^{(n)} \le \lambda} \left(\varphi_j^{(n)}, f \right)_{\mathcal{H}} \varphi_j^{(n)} + \chi(\lambda)(E - E_n) f, \tag{I.5.27}$$
$$\text{für alle} \quad -\infty < \lambda < +\infty.$$

Die abgeschlossenen Teilräume $\mathcal{M}_n(\lambda) := \{ E_n(\lambda) f : f \in \mathcal{H} \}$ erfüllen die folgende *Monotoniebedingung*:

$$\{0\} \subset \mathcal{M}_n(\lambda) \subset \mathcal{M}_n(\mu) \subset \mathcal{H} \quad \text{für alle} \quad \lambda \le \mu. \tag{I.5.28}$$

Es ist $\lambda_0 \ne 0$ ein Eigenwert von H_n genau dann, wenn $E_n(\lambda_0 - \epsilon) \ne E_n(\lambda_0)$ für alle $\epsilon > 0$ erfüllt ist. Damit erhalten wir die *Spektraldarstellung für den n-dimensionalen Hermiteschen Operator* H_n

$$H_n f = \int_{-\infty}^{+\infty} \lambda \, dE_n(\lambda) f \quad \text{für alle} \quad f \in \mathcal{H}. \tag{I.5.29}$$

Weiter ermitteln wir aus (I.5.25) für beliebiges $z \in \mathbb{C} \setminus \mathbb{R}$ und alle $f \in \mathcal{H}$ die folgenden Identitäten:

$$(H_n - zE) f = \sum_{j=1}^{n} (\lambda_j^{(n)} - z) \left(\varphi_j^{(n)}, f \right)_{\mathcal{H}} \varphi_j^{(n)} - z(E - E_n) f \quad \text{und}$$

$$(H_n - zE_n)^{-1} f = \sum_{j=1}^{n} (\lambda_j^{(n)} - z)^{-1} \left(\varphi_j^{(n)}, f \right)_{\mathcal{H}} \varphi_j^{(n)} - \frac{1}{z}(E - E_n) f. \tag{I.5.30}$$

Verwenden wir nun die Spektralschar (I.5.27), so erhalten wir für die *Resolvente des n-dimensionalen Hermiteschen Operators H_n* den Ausdruck

$$R_z^{(n)} f := (H_n - zE)^{-1} f = \int_{-\infty}^{+\infty} \frac{1}{\lambda - z} dE_n(\lambda) f, \ f \in \mathcal{H}, \ z \in \mathbb{C} \setminus \mathbb{R}. \quad (I.5.31)$$

Wir fassen unser Ergebnis zusammen im folgenden

Theorem I.5.7. *Für die Resolvente $R_z^{(n)} f := (H_n - zE)^{-1} f$, $f \in \mathcal{H}$ des n-dimensionalen Hermiteschen Operators H_n haben wir die Darstellung*

$$\left(g, R_z^{(n)} f \right)_{\mathcal{H}} = \int_{-\infty}^{+\infty} \frac{1}{\lambda - z} d \left(g, E_n(\lambda) f \right)_{\mathcal{H}}, \quad f, g \in \mathcal{H}, \quad z \in \mathbb{C} \setminus \mathbb{R}$$
$$(I.5.32)$$

als Sesquilinearform auf $\mathcal{H} \times \mathcal{H}$.

Bemerkung: Obiges Theorem I.5.7 wird uns in § 9 − § 11 die Grundlage liefern, um die Spektralschar selbstadjungierter Operatoren durch Approximation zu konstruieren.

§6 Die Spektralschar mit ihrem Riemann-Stieltjes -Integral

Wir benutzen *Projektoren* gemäß dem Lehrbuch [S5] Chap. 8, Definition 4.16 sowie Theorem 4.17 oder [S3] Kap. VIII § 4, Definition 8 sowie Satz 8, und wir überlassen unseren Lesern den Beweis von

Theorem I.6.1. *Seien $\mathcal{M}_j$ abgeschlossene Teilräume des Hilbertraums $\mathcal{H}$ mit den zugehörigen Projektoren $P_j : \mathcal{H} \to \mathcal{H}$, welche $P_j(\mathcal{H}) = \mathcal{M}_j$ für $j = 1, 2$ erfüllen. Dann sind die folgenden Aussagen äquivalent:*

i) $\mathcal{M}_1 \subset \mathcal{M}_2$,

ii) $P_1 \circ P_2 = P_2 \circ P_1 = P_1$,

iii) $P_1 \leq P_2$ *beziehungsweise* $\left(f, P_1 f \right)_{\mathcal{H}} \leq \left(f, P_2 f \right)_{\mathcal{H}}$ *für alle $f \in \mathcal{H}$.*

Definition I.6.1. *Es sei die Schar der Projektoren $E(\lambda) : \mathcal{H} \to \mathcal{H}$, $\lambda \in \mathbb{R}$ gegeben mit den Projektionsräumen $\mathcal{M}(\lambda) := \{E(\lambda)f : f \in \mathcal{H}\}$, welche im Hilbertraum $\mathcal{H}$ abgeschlossen sind. Weiterhin gelten die Monotoniebedingung*

$$\mathcal{M}(\lambda) \subset \mathcal{M}(\mu) \quad \text{für alle} \quad -\infty < \lambda \leq \mu < +\infty, \tag{I.6.1}$$

die asymptotische Bedingung

$$\bigcap_{\lambda \in \mathbb{R}} \mathcal{M}(\lambda) = \{0\} \quad \text{sowie} \quad \bigcup_{\lambda \in \mathbb{R}} \mathcal{M}(\lambda) = \mathcal{H}, \tag{I.6.2}$$

und die rechtsseitige Stetigkeit

$$\bigcap_{\epsilon > 0} \mathcal{M}(\lambda + \epsilon) = \mathcal{M}(\lambda) \quad \text{für alle} \quad \lambda \in \mathbb{R}. \tag{I.6.3}$$

Dann nennen wir $\{E(\lambda)\}_{\lambda \in \mathbb{R}}$ eine Spektralschar. Wir setzen $E(-\infty) := 0$ sowie $E(+\infty) := E$ mit dem Nulloperator 0 beziehungsweise dem Einheitsoperator E auf dem Hilbertraum $\mathcal{H}$.

Bemerkungen:

i) Die Monotoniebedingung (I.6.1) ist nach Theorem I.6.1 äquivalent zu

$$E(\lambda) \circ E(\mu) = E(\lambda) = E(\mu) \circ E(\lambda), \quad -\infty \leq \lambda \leq \mu \leq +\infty.$$

Insbesondere sind die Projektionsoperatoren vertauschbar gemäß

$$E(\lambda) \circ E(\mu) = E(\mu) \circ E(\lambda), \quad \lambda, \mu \in \overline{\mathbb{R}} := \{-\infty\} \cup \mathbb{R} \cup \{+\infty\}.$$

Weiter ist die Monotoniebedingung (I.6.1) äquivalent zu $E(\lambda) \leq E(\mu)$ für alle $-\infty \leq \lambda \leq \mu \leq +\infty$ im Sinne von

$$\left(f, E(\lambda)f \right)_{\mathcal{H}} \leq \left(f, E(\mu)f \right)_{\mathcal{H}} \quad \text{für alle} \quad f \in \mathcal{H}.$$

ii) Die asymptotische Bedingung (I.6.2) ist äquivalent zur schwachen Konvergenz

$$\widetilde{\lim_{\lambda \to -\infty}} E(\lambda) = 0 = E(-\infty) \quad \text{beziehungsweise}$$

$$E(\lambda)f \rightharpoonup 0 = E(-\infty)f \quad (\lambda \to -\infty) \quad \text{für alle} \quad f \in \mathcal{H}$$

und zur schwachen Konvergenz

$$\widetilde{\lim_{\lambda \to +\infty}} E(\lambda) = E \quad \text{beziehungsweise}$$

$$E(\lambda)f \rightharpoonup f = Ef \quad (\lambda \to +\infty) \quad \text{für alle} \quad f \in \mathcal{H}.$$

Die rechtsseitige Stetigkeit (I.6.3) ist äquivalent zur schwachen Konvergenz:

$$\widetilde{\lim_{\epsilon \to 0+}} E(\lambda + \epsilon) = E(\lambda) \quad \text{für alle} \quad \lambda \in \mathbb{R} \quad \text{beziehungsweise}$$

$$E(\lambda + \epsilon)f \rightharpoonup E(\lambda)f \quad (\epsilon \to 0+) \quad \text{für alle} \quad f \in \mathcal{H} \quad \text{und für alle} \quad \lambda \in \mathbb{R}.$$

iii) Mit der Projektorenschar (I.5.27) haben wir eine Spektralschar für die n-dimensionalen Hermiteschen Operatoren H_n angegeben.

Definition I.6.2. *Sei das rechtsseitig halboffene Intervall $\Delta_0 := [a, b)$ mit den Grenzen $-\infty \leq a < b \leq +\infty$ gegeben. Dann erklären wir den Operator $E(\Delta_0) := E(b) - E(a) : \mathcal{H} \to \mathcal{H}$ mit seinem Bildraum $\mathcal{M}(\Delta_0) := E(\Delta_0)\mathcal{H}$.*

Theorem I.6.2. *Zunächst stellt $E(\Delta_0)$ für alle Intervalle $\Delta_0 := [a, b)$ mit den Grenzen $-\infty \leq a < b \leq +\infty$ einen Projektor dar. Weiter erhalten wir für die beiden disjunkten Intervalle $\Delta_j = [a_j, b_j)$, $j = 1, 2$ mit den nachfolgenden Grenzen $-\infty \leq a_1 < b_1 \leq a_2 < b_2 \leq +\infty$ die Identität*

$$E(\Delta_1) \circ E(\Delta_2) = 0 = E(\Delta_2) \circ E(\Delta_1). \tag{I.6.4}$$

Insbesondere gilt dann die Aussage

$$\Big(E(\Delta_1)f, E(\Delta_2)g\Big)_{\mathcal{H}} = \Big(E(\Delta_2) \circ E(\Delta_1)f, g\Big)_{\mathcal{H}} = 0 \,\text{für alle}\, f, g \in \mathcal{H}, \tag{I.6.5}$$

welche die Orthogonalitätsbedingung $\mathcal{M}(\Delta_1) \perp \mathcal{M}(\Delta_2)$ beinhaltet.

Beweis: Der Operator $E(\Delta_0) := E(b) - E(a) : \mathcal{H} \to \mathcal{H}$ ist beschränkt und Hermitesch gemäß

$$E(\Delta_0)^* = E(b)^* - E(a)^* = E(b) - E(a) = E(\Delta_0),$$

denn $E(a)$ und $E(b)$ besitzen diese Eigenschaften. Dann berechnen wir

$$E(\Delta_0)^2 = (E(b) - E(a))^2 = (E(b) - E(a)) \circ (E(b) - E(a))$$

$$= E(b)^2 - E(b) \circ E(a) - E(a) \circ E(b) + E(a)^2$$

$$= E(b) - 2E(a) + E(a) = E(b) - E(a) = E(\Delta_0),$$

und $E(\Delta_0)$ stellt somit einen Projektor dar. Weiter ermitteln wir

$$E(\Delta_1) \circ E(\Delta_2) = (E(b_1) - E(a_1)) \circ (E(b_2) - E(a_2))$$

$$= E(b_1) \circ E(b_2) - E(b_1) \circ E(a_2) - E(a_1) \circ E(b_2) + E(a_1) \circ E(a_2)$$

$$= E(b_1) - E(b_1) - E(a_1) + E(a_1) = 0 = E(b_1) - E(a_1) - E(b_1) + E(a_1)$$

$$= E(b_2) \circ E(b_1) - E(b_2) \circ E(a_1) - E(a_2) \circ E(b_1) + E(a_2) \circ E(a_1)$$

$$= (E(b_2) - E(a_2)) \circ (E(b_1) - E(a_1)) = E(\Delta_2) \circ E(\Delta_1).$$

Somit sind alle obigen Aussagen gezeigt.   q.e.d.

Definition I.6.3. *Es heißt* $\tau = \tau(\lambda) = \varrho(\lambda) + i\sigma(\lambda)$, $\lambda \in \mathbb{R}$ *komplexe Funktion beschränkter Variation oder kurz* $\tau \in BV(\mathbb{R}, \mathbb{C})$, *wenn alle Zerlegungen in* $\mathbb{R}$

$$\mathcal{Z}: -\infty < a_0 < a_1 \ldots < a_{n-1} < a_n < +\infty, \quad n := n(\mathcal{Z}) \in \mathbb{N} \qquad \text{(I.6.6)}$$

mit den Teilintervallen $\Delta_j := [a_{j-1}, a_j)$ *der Längen* $|\Delta_j| := a_j - a_{j-1}$ *und Bildgrößen* $\tau(\Delta_j) := \tau(a_j) - \tau(a_{j-1}) \in \mathbb{C}$ *für* $j = 1, \ldots, n$ *die Abschätzung*

$$\sum_{j=1}^{n} |\tau(\Delta_j)| = \sum_{j=1}^{n} |\tau(a_j) - \tau(a_{j-1})| \leq M \qquad \text{(I.6.7)}$$

für eine gewisse Konstante $M < +\infty$ *erfüllen. Für Funktionen* $\tau \in BV(\mathbb{R}, \mathbb{C})$ *erklären wir ihre Totalvariation*

$$\int_{-\infty}^{+\infty} |d\tau(\lambda)| := \sup_{\mathcal{Z}} \sum_{j=1}^{n} |\tau(\Delta_j)| = \sup_{\mathcal{Z}} \sum_{j=1}^{n} |\tau(a_j) - \tau(a_{j-1})| \in [0, +\infty).$$

$$\text{(I.6.8)}$$

Theorem I.6.3. *Zur Spektralschar* $\{E(\lambda)\}_{\lambda \in \mathbb{R}}$ *ist die Funktion* $\tau \colon \mathbb{R} \to \mathbb{C}$ *erklärt durch*

$$\tau(\lambda) = \varrho(\lambda) + i\sigma(\lambda) := \Big(E(\lambda)f, g \Big)_{\mathcal{H}}, \quad \lambda \in \mathbb{R} \qquad \text{(I.6.9)}$$

von beschränkter Variation und erfüllt die Abschätzung

$$\int_{-\infty}^{+\infty} \Big| d \Big(E(\lambda)f, g \Big)_{\mathcal{H}} \Big| \leq \|f\| \cdot \|g\| \qquad \text{(I.6.10)}$$

für alle Elemente $f, g \in \mathcal{H}$ *im Hilbertraum.*

Beweis: Für ein beliebiges beschränktes Intervall $\Delta_0 := [a, b)$ mit den Grenzen $-\infty < a < b < +\infty$ betrachten wir die Zerlegung

$$\mathcal{Z} : a = a_0 < a_1 < a_2 < \ldots < a_{n-1} < a_n = b \quad \text{mit} \quad n = n(\mathcal{Z}) \in \mathbb{N} \quad \text{(I.6.11)}$$

in die disjunkten Teilintervalle $\Delta_j := [a_{j-1}, a_j)$ für $j = 1, \ldots, n(\mathcal{Z})$. Mit Hilfe von Theorem I.6.2 berechnen wir

$$\sum_{j=1}^{n} \left| \left(E(\Delta_j)f, g \right)_{\mathcal{H}} \right| = \sum_{j=1}^{n} \left| \left(E(\Delta_j)f, E(\Delta_j)g \right)_{\mathcal{H}} \right|$$

$$\leq \sum_{j=1}^{n} \|E(\Delta_j)f\| \cdot \|E(\Delta_j)g\| \leq \sqrt{\sum_{j=1}^{n} \|E(\Delta_j)f\|^2} \cdot \sqrt{\sum_{j=1}^{n} \|E(\Delta_j)g\|^2}$$

$$= \sqrt{\left(E\Big(\sum_{j=1}^{n}\Delta_j\Big)f, E\Big(\sum_{k=1}^{n}\Delta_k\Big)f \right)_{\mathcal{H}}} \cdot \sqrt{\left(E\Big(\sum_{j=1}^{n}\Delta_j\Big)g, E\Big(\sum_{k=1}^{n}\Delta_k\Big)g \right)_{\mathcal{H}}}$$

$$= \|E(\Delta_0)f\| \cdot \|E(\Delta_0)g\| \leq \|f\| \cdot \|g\| \quad \text{für alle} \quad f, g \in \mathcal{H}.$$

Diese Abschätzung gilt für jedes Intervall $\Delta_0 = [a, b) \subset\subset \mathbb{R}$ mit all seinen Zerlegungen $\mathcal{Z}$, und somit ist für die Totalvariation (I.6.8) die obige Ungleichung (I.6.10) gezeigt.   q.e.d.

Wir betrachten nun den Funktionenraum

$$C^0(\overline{\mathbb{R}}, \mathbb{C}) := \left\{ \varphi \in C^0(\mathbb{R}, \mathbb{C}) \,\middle|\, \lim_{\lambda \to \pm\infty} \varphi(\lambda) \text{ existieren in } \mathbb{C} \right\}.$$

Die Elemente von $C^0(\overline{\mathbb{R}}, \mathbb{C})$ können stetig als komplexwertige Funktionen fortgesetzt werden auf die *erweiterte reelle Achse* $\overline{\mathbb{R}}$, welche einen kompakten topologischen Raum darstellt. Statten wir den obigen Vektorraum mit der *Supremumsnorm*

$$\|\varphi\|_0 := \sup_{\lambda \in \mathbb{R}} |\varphi(\lambda)| \quad , \quad \varphi \in C^0(\overline{\mathbb{R}}, \mathbb{C})$$

aus, so wird dieser zu einem Banachraum. Eine beliebige *Zerlegung von* $\overline{\mathbb{R}}$

$$\mathcal{Z} : -\infty = a_0 < a_1 < a_2 < \ldots < a_{n-1} < a_n = +\infty \text{ mit } n = n(\mathcal{Z}) \in \mathbb{N}$$
$$\text{(I.6.12)}$$

teilt die reelle Achse $\{-\infty\} \cup \mathbb{R}$ in die disjunkten Intervalle

$$\Delta_j := [a_{j-1}, a_j) \quad \text{für} \quad j = 1, \ldots, n(\mathcal{Z})$$

auf, und die zugehörigen Projektoren $E(\Delta_j) = E(a_j) - E(a_{j-1})$ bilden gemäß

$$\sum_{j=1}^{n(\mathcal{Z})} E(\Delta_j) = E$$

eine Teleskopsumme. Wir wählen nun beliebige *Zwischenwerte* $\lambda_j \in \Delta_j$ für $j = 1, \ldots, n(\mathcal{Z})$, welche wir zum Vektor $\Lambda := \{\lambda_j\}_{j=1,\ldots,n(\mathcal{Z})}$ zusammenfassen, und vereinbaren die

Definition I.6.4. *Bei gegebener Spektralschar* $\{E(\lambda)\}_{\lambda \in \mathbb{R}}$ *erklären wir für beliebige Zerlegungen* $\mathcal{Z}$ *von* $\overline{\mathbb{R}}$ *und entsprechende Zwischenwerte* Λ *die Riemann-Stieltjes-Operatorsumme*

$$R = R(E(.), \varphi, \mathcal{Z}, \Lambda) := \sum_{j=1}^{n(\mathcal{Z})} \varphi(\lambda_j) E(\Delta_j) \qquad (\text{I.6.13})$$

zu den Funktionen $\varphi \in C^0(\overline{\mathbb{R}}, \mathbb{C})$.

Definition I.6.5. *Wir betrachten eine Folge von Zerlegungen der erweiterten reellen Achse* $\overline{\mathbb{R}}$ *in der Form*

$$\mathcal{Z}^{(k)} : -\infty = a_0^{(k)} < a_1^{(k)} \ldots < a_{n^{(k)}-1}^{(k)} < a_{n^{(k)}}^{(k)} = +\infty$$

$$\text{mit} \quad n^{(k)} := n(\mathcal{Z}^{(k)}) \in \mathbb{N} \quad \text{für} \quad k = 1, 2, 3, \ldots. \qquad (\text{I.6.14})$$

Weiter erfüllen die Längen $|\Delta_j^{(k)}| := a_j^{(k)} - a_{j-1}^{(k)}$ *der beschränkten Teilintervalle* $\Delta_j^{(k)} := [a_{j-1}^{(k)}, a_j^{(k)})$ *für* $j = 2, \ldots, n^{(k)} - 1$ *die Feinheitsbedingung*

$$\max\left\{ |\Delta_j^{(k)}| : j = 2, \ldots, n^{(k)} - 1 \right\} \quad \to \quad 0 \quad \text{für} \quad k \to \infty. \qquad (\text{I.6.15})$$

Schließlich fordern wir die Ausschöpfungsbedingung

$$\lim_{k \to \infty} a_1^{(k)} = -\infty \quad \text{und} \quad \lim_{k \to \infty} a_{n^{(k)}-1}^{(k)} = +\infty. \qquad (\text{I.6.16})$$

Dann nennen wir $\mathcal{Z}^{(k)}, k = 1, 2, \ldots$ *ausgezeichnete Zerlegungsfolge von* $\overline{\mathbb{R}}$.

Theorem I.6.4. *Sei eine Funktion* $\varphi \in C^0(\overline{\mathbb{R}}, \mathbb{C})$ *gegeben. Dann konvergiert für jede ausgezeichnete Zerlegungsfolge* $\mathcal{Z}^{(k)}, k = 1, 2, \ldots$ *von* $\overline{\mathbb{R}}$ *mit den entsprechenden Zwischenwerten* $\Lambda^{(k)} := \{\lambda_j^{(k)}\}_{j=1,\ldots,n^{(k)}}, k = 1, 2, \ldots$ *die Folge der Operatoren*

$$R^{(k)} = R(E(.), \varphi, \mathcal{Z}^{(k)}, \Lambda^{(k)}) := \sum_{j=1}^{n^{(k)}} \varphi(\lambda_j^{(k)}) E(\Delta_j^{(k)}), \quad k = 1, 2, \ldots \qquad (\text{I.6.17})$$

gegen den beschränkten linearen Operator

$$\lim_{k \to \infty} R(E(.), \varphi, \mathcal{Z}^{(k)}, \Lambda^{(k)}) =: \int_{-\infty}^{+\infty} \varphi(\lambda) d\, E(\lambda) \qquad (\text{I.6.18})$$

in der Operatornorm. Weiter gilt die folgende Abschätzung

$$\left\| \int_{-\infty}^{+\infty} \varphi(\lambda) d\, E(\lambda) \right\| \leq \|\varphi\|_0. \qquad (\text{I.6.19})$$

Beweis: 1.) Sei die Funktion $\varphi \in C^0(\overline{\mathbb{R}}, \mathbb{C})$ fest gewählt. Zunächst schätzen wir mittels Theorem I.6.2 und Darstellung (I.6.17) für alle $k \in \mathbb{N}$ wie folgt ab:

$$\|R^{(k)}f\|^2 = \left(R^{(k)}f, R^{(k)}f\right)_{\mathcal{H}}$$

$$= \left(\sum_{j=1}^{n^{(k)}} \varphi(\lambda_j^{(k)}) E(\Delta_j^{(k)})f, \sum_{l=1}^{n^{(k)}} \varphi(\lambda_l^{(k)}) E(\Delta_l^{(k)})f\right)_{\mathcal{H}}$$

$$= \sum_{j=1}^{n^{(k)}} \sum_{l=1}^{n^{(k)}} \overline{\varphi(\lambda_j^{(k)})}\, \varphi(\lambda_l^{(k)}) \left(E(\Delta_j^{(k)})f, E(\Delta_l^{(k)})f\right)_{\mathcal{H}}$$

$$= \sum_{j=1}^{n^{(k)}} \sum_{l=1}^{n^{(k)}} \overline{\varphi(\lambda_j^{(k)})}\, \varphi(\lambda_l^{(k)}) \left(E(\Delta_l^{(k)}) \circ E(\Delta_j^{(k)})f, f\right)_{\mathcal{H}} \qquad \text{(I.6.20)}$$

$$= \sum_{j=1}^{n^{(k)}} |\varphi(\lambda_j^{(k)})|^2 \left(E(\Delta_j^{(k)})f, f\right)_{\mathcal{H}} \leq \|\varphi\|_0^2 \sum_{j=1}^{n^{(k)}} \left(E(\Delta_j^{(k)})f, f\right)_{\mathcal{H}}$$

$$= \|\varphi\|_0^2 \left(\sum_{j=1}^{n^{(k)}} E(\Delta_j^{(k)})f, f\right)_{\mathcal{H}} = \|\varphi\|_0^2 \left(Ef, f\right)_{\mathcal{H}}$$

$$= \|\varphi\|_0^2 \left(f, f\right)_{\mathcal{H}}, \quad f \in \mathcal{H}.$$

Wir erhalten in der Operatornorm von $R^{(k)}$ die Abschätzung

$$\|R^{(k)}\| \leq \|\varphi\|_0 \quad \text{für} \quad k = 1, 2, 3, \ldots \qquad \text{(I.6.21)}$$

2.) Weiter gibt es für unsere Funktion φ zu vorgegebenem $\epsilon > 0$ gewisse Zahlen $-\infty < a < b < +\infty$, so dass die Bedingung

$$|\varphi(t) - \varphi(s)| < \epsilon \text{ für alle Paare } (s, t) \in (-\infty, a]^2 \text{ und } (s, t) \in [b, +\infty)^2 \quad \text{(I.6.22)}$$

erfüllt ist. Nun ist die Funktion $\varphi : [a-1, b+1] \to \mathbb{C}$ gleichmäßig stetig, und wir finden ein $\delta = \delta(\epsilon) \in (0, \frac{1}{2}]$, so dass die Abschätzung

$$|\varphi(t) - \varphi(s)| < \epsilon \quad \text{für alle} \quad s, t \in [a-1, b+1] \quad \text{mit} \quad |t - s| < 2\delta \quad \text{(I.6.23)}$$

richtig ist. Da $\mathcal{Z}^{(k)}, k = 1, 2, \ldots$ eine ausgezeichnete Zerlegungsfolge von $\overline{\mathbb{R}}$ darstellt, so können wir ein $N = N(\epsilon) \in \mathbb{N}$ finden, derart dass die folgenden Bedingungen erfüllt sind:

$$[a, b) \subset [a_1^{(k)}, a_{n^{(k)}-1}^{(k)}) \quad \text{und} \quad \max\left\{|\Delta_j^{(k)}| : j = 2, \ldots, n^{(k)} - 1\right\} < \delta$$

$$\text{für alle} \quad k \geq N(\epsilon).$$
$$\text{(I.6.24)}$$

3.) Für beliebige Indizes $k, l \geq N(\epsilon)$ vergleichen wir die Riemann-Stieltjes-Operatorsumme

$$R^{(k)} = R(E(.), \varphi, \mathcal{Z}^{(k)}, \Lambda^{(k)}) := \sum_{j'=1}^{n^{(k)}} \varphi(\lambda_{j'}^{(k)}) E(\Delta_{j'}^{(k)})$$

mit der entsprechenden Summe

$$R^{(l)} = R(E(.), \varphi, \mathcal{Z}^{(l)}, \Lambda^{(l)}) := \sum_{j''=1}^{n^{(l)}} \varphi(\lambda_{j''}^{(l)}) E(\Delta_{j''}^{(l)}).$$

Hier verfeinern wir die Zerlegungen $\mathcal{Z}^{(k)}$ und $\mathcal{Z}^{(l)}$ zur gemeinsamen Zerlegung

$$\mathcal{Z} := \mathcal{Z}^{(k)} \cup \mathcal{Z}^{(l)} : -\infty = a_0 < a_1 < a_2 < \ldots < a_{n-1} < a_n = +\infty, \quad (I.6.25)$$

welche aus den $n = n(\mathcal{Z}) = n(\mathcal{Z}^{(k)}, \mathcal{Z}^{(l)}) \in \mathbb{N}$ Teilungspunkten beider Zerlegungen besteht. Auf den Teilintervallen $\Delta_j := [a_{j-1}, a_j)$ können wir konstante Funktionswerte

$$z_j^{(k)} = \varphi(\lambda_{j'(j)}^{(k)}) \in \mathbb{C} \quad \text{und} \quad z_j^{(l)} = \varphi(\lambda_{j''(j)}^{(l)}) \in \mathbb{C} \quad \text{für} \quad j = 1, \ldots, n(\mathcal{Z})$$

so angeben, dass die folgenden Darstellungen gelten:

$$R^{(k)} = \sum_{j=1}^{n(\mathcal{Z})} z_j^{(k)} E(\Delta_j) \quad \text{und} \quad R^{(l)} = \sum_{j=1}^{n(\mathcal{Z})} z_j^{(l)} E(\Delta_j). \quad (I.6.26)$$

4.) Unter Berücksichtigung von (I.6.22) – (I.6.24) zeigt man leicht

$$\left| z_j^{(k)} - z_j^{(l)} \right| < \epsilon \quad \text{für} \quad j = 1, 2, \ldots, n(\mathcal{Z}) \quad \text{und alle} \quad k, l \geq N(\varepsilon). \quad (I.6.27)$$

Eine genaue Ausführung ist dem Beweis des Satzes 1 in §4 von Kapitel 2 des Lehrbuchs [S1] zu entnehmen. Aus (I.6.26) berechnen wir

$$R^{(k)} - R^{(l)} = \sum_{j=1}^{n(\mathcal{Z})} \left(z_j^{(k)} - z_j^{(l)} \right) E(\Delta_j), \quad (I.6.28)$$

und die Ungleichungen (I.6.27) liefern mit den Argumenten (I.6.20) die folgende Abschätzung

$$\|R^{(k)} - R^{(l)}\| \leq \epsilon \quad \text{für alle} \quad k, l \geq N(\epsilon) \quad (I.6.29)$$

in der Operatornorm. Somit existiert der Grenzwert (I.6.18) bezüglich der Operatornorm. Schließlich können wir den Ungleichungen (I.6.21) die Abschätzung (I.6.19) entnehmen.   q.e.d.

Definition I.6.6. *Das in der Formel (I.6.18) von Theorem I.6.4 auftretende Integral sprechen wir als Riemann-Stieltjes-Integral der Funktion $\varphi \in C^0(\overline{\mathbb{R}}, \mathbb{C})$ über die Spektralschar $\{E(\lambda)\}_{\lambda \in \mathbb{R}}$ an.*

Addition, Skalarmultiplikation, Multiplikation und Konjugation im Funktionenraum $C^0(\overline{\mathbb{R}}, \mathbb{C})$ besitzen entsprechende Verknüpfungen für ihre Riemann-Stieltjes-Integrale über eine Spektralschar $\{E(\lambda)\}_{\lambda \in \mathbb{R}}$ nach dem folgenden

Theorem I.6.5. *Für beliebige Funktionen $\varphi, \psi \in C^0(\overline{\mathbb{R}}, \mathbb{C})$ und Skalare $c \in \mathbb{C}$ haben wir*

i) die Additivität des Integrals

$$\int_{-\infty}^{+\infty} \varphi(\lambda) dE(\lambda) + \int_{-\infty}^{+\infty} \psi(\lambda) dE(\lambda) = \int_{-\infty}^{+\infty} \Big(\varphi(\lambda) + \psi(\lambda) \Big) dE(\lambda).$$
$$(I.6.30)$$

ii) die Produkteigenschaft des Integrals

$$\Big(\int_{-\infty}^{+\infty} \varphi(\lambda) dE(\lambda) \Big) \circ \Big(\int_{-\infty}^{+\infty} \psi(\lambda) dE(\lambda) \Big) = \int_{-\infty}^{+\infty} \Big(\varphi(\lambda) \cdot \psi(\lambda) \Big) dE(\lambda).$$
$$(I.6.31)$$

iii) die Skalarprodukteigenschaft des Integrals

$$c \cdot \Big(\int_{-\infty}^{+\infty} \psi(\lambda) d\, E(\lambda) \Big) = \int_{-\infty}^{+\infty} \Big(c \cdot \psi(\lambda) \Big) d\, E(\lambda). \qquad (I.6.32)$$

iv) den adjungierten Operator

$$\Big(\int_{-\infty}^{+\infty} \varphi(\lambda) d\, E(\lambda) \Big)^* = \int_{-\infty}^{+\infty} \overline{\varphi(\lambda)} d\, E(\lambda). \qquad (I.6.33)$$

Beweis: 1.) Mit den Identitäten (I.6.17) und (I.6.18) ermitteln wir zunächst die Additivität (I.6.30):

$$\int_{-\infty}^{+\infty} \varphi(\lambda) dE(\lambda) + \int_{-\infty}^{+\infty} \psi(\lambda) dE(\lambda)$$

$$= \lim_{k \to \infty} \sum_{j=1}^{n^{(k)}} \varphi(\lambda_j^{(k)}) E(\Delta_j^{(k)}) + \lim_{k \to \infty} \sum_{j=1}^{n^{(k)}} \psi(\lambda_j^{(k)}) E(\Delta_j^{(k)})$$

$$= \lim_{k \to \infty} \sum_{j=1}^{n^{(k)}} \Big(\varphi + \psi \Big)(\lambda_j^{(k)}) E(\Delta_j^{(k)}) = \int_{-\infty}^{+\infty} \Big(\varphi(\lambda) + \psi(\lambda) \Big) dE(\lambda).$$

2.) Dann berechnen wir die Identität (I.6.31) ähnlich, indem wir Theorem I.6.2 und die Konvergenz der auftretenden Doppelreihen im Banachraum beachten:

$$\left(\int_{-\infty}^{+\infty} \varphi(\lambda)dE(\lambda) \right) \circ \left(\int_{-\infty}^{+\infty} \psi(\lambda)dE(\lambda) \right)$$

$$= \left(\lim_{k\to\infty} \sum_{j=1}^{n^{(k)}} \varphi(\lambda_j^{(k)})E(\Delta_j^{(k)}) \right) \circ \left(\lim_{m\to\infty} \sum_{l=1}^{n^{(m)}} \psi(\lambda_l^{(m)})E(\Delta_l^{(m)}) \right)$$

$$= \lim_{k\to\infty} \left[\left(\sum_{j=1}^{n^{(k)}} \varphi(\lambda_j^{(k)})E(\Delta_j^{(k)}) \right) \circ \left(\sum_{l=1}^{n^{(k)}} \psi(\lambda_l^{(k)})E(\Delta_l^{(k)}) \right) \right]$$

$$= \lim_{k\to\infty} \left[\sum_{j=1}^{n^{(k)}} \sum_{l=1}^{n^{(k)}} \left(\varphi(\lambda_j^{(k)})\psi(\lambda_l^{(k)})E(\Delta_j^{(k)}) \circ E(\Delta_l^{(k)}) \right) \right]$$

$$= \lim_{k\to\infty} \left[\sum_{j=1}^{n^{(k)}} \left(\varphi(\lambda_j^{(k)})\psi(\lambda_j^{(k)})\, E(\Delta_j^{(k)}) \right) \right] = \int_{-\infty}^{+\infty} \left(\varphi(\lambda) \cdot \psi(\lambda) \right) dE(\lambda).$$

3.) Indem wir die Funktion $\varphi(\lambda) := c$, $\lambda \in \mathbb{R}$ in (I.6.31) einsetzen, erhalten wir die Identität (I.6.32) wie folgt:

$$c \cdot \left(\int_{-\infty}^{+\infty} \psi(\lambda)d\,E(\lambda) \right) = \left(\int_{-\infty}^{+\infty} \varphi(\lambda)dE(\lambda) \right) \circ \left(\int_{-\infty}^{+\infty} \psi(\lambda)dE(\lambda) \right)$$

$$= \int_{-\infty}^{+\infty} \left(\varphi(\lambda) \cdot \psi(\lambda) \right) dE(\lambda) = \int_{-\infty}^{+\infty} \left(c \cdot \psi(\lambda) \right) dE(\lambda).$$

4.) Zum Nachweis von (I.6.33) berechnen wir folgende Identität, wobei wir die Konvergenz in der Operatornorm benutzen:

$$\left(\int_{-\infty}^{+\infty} \varphi(\lambda)dE(\lambda) \right)^* = \left(\lim_{k\to\infty} \sum_{j=1}^{n^{(k)}} \varphi(\lambda_j^{(k)})E(\Delta_j^{(k)}) \right)^*$$

$$= \lim_{k\to\infty} \left(\sum_{j=1}^{n^{(k)}} \varphi(\lambda_j^{(k)})E(\Delta_j^{(k)}) \right)^* = \lim_{k\to\infty} \left(\sum_{j=1}^{n^{(k)}} \overline{\varphi(\lambda_j^{(k)})}\, E(\Delta_j^{(k)}) \right)$$

$$= \int_{-\infty}^{+\infty} \overline{\varphi(\lambda)}\, dE(\lambda).$$
$$\text{q.e.d.}$$

Theorem I.6.6. *Für beliebige Funktionen $\psi \in C^0(\overline{\mathbb{R}}, \mathbb{C})$ haben wir auf dem Hilbertraum $\mathcal{H}$ die Sesquilinearform*

$$\left(\left[\int_{-\infty}^{+\infty} \overline{\psi(\lambda)}dE(\lambda) \right]f\, ,\, g \right)_{\mathcal{H}} = \left(f\, ,\, \left[\int_{-\infty}^{+\infty} \psi(\lambda)dE(\lambda) \right]g \right)_{\mathcal{H}}$$

$$= \int_{-\infty}^{+\infty} \psi(\lambda)\, d\left(E(\lambda)f\, ,\, g \right)_{\mathcal{H}} \quad \text{für alle} \quad f, g \in \mathcal{H}. \tag{I.6.34}$$

Dabei besitzt die Belegungsfunktion im obigen Stieltjes-Integral gemäß (I.6.10) eine beschränkte Variation.

Beweis: Zum Nachweis von (I.6.34) beachten wir (I.6.33) und berechnen

$$
\left(f, \left[\int_{-\infty}^{+\infty} \psi(\lambda) dE(\lambda) \right] g \right)_{\mathcal{H}} = \left(f, \left[\lim_{k \to \infty} \sum_{j=1}^{n^{(k)}} \psi(\lambda_j^{(k)}) E(\Delta_j^{(k)}) \right] g \right)_{\mathcal{H}}
$$

$$
= \lim_{k \to \infty} \sum_{j=1}^{n^{(k)}} \psi(\lambda_j^{(k)}) \left(f, E(\Delta_j^{(k)}) g \right)_{\mathcal{H}} = \lim_{k \to \infty} \sum_{j=1}^{n^{(k)}} \psi(\lambda_j^{(k)}) \left(E(\Delta_j^{(k)}) f, g \right)_{\mathcal{H}}
$$

$$
= \int_{-\infty}^{+\infty} \psi(\lambda) \, d \left(E(\lambda) f, g \right)_{\mathcal{H}} \quad \text{für alle} \quad f, g \in \mathcal{H}. \qquad\qquad q.e.d.
$$

Theorem I.6.7. *Für beliebige Funktionen $\varphi \in C^0(\overline{\mathbb{R}}, \mathbb{C})$ haben wir auf dem Hilbertraum $\mathcal{H}$ die nichtnegative, Hermitesche Sesquilinearform*

$$
\left(\left[\int_{-\infty}^{+\infty} \varphi(\lambda) dE(\lambda) \right] f, \left[\int_{-\infty}^{+\infty} \varphi(\lambda) dE(\lambda) \right] g \right)_{\mathcal{H}} \tag{I.6.35}
$$
$$
= \int_{-\infty}^{+\infty} |\varphi(\lambda)|^2 \, d \left(E(\lambda) f, g \right)_{\mathcal{H}} \quad \text{für alle} \quad f, g \in \mathcal{H}.
$$

Beweis: Mit Hilfe der Identitäten (I.6.31), (I.6.33) und dem Theorem I.6.6 ermitteln wir die Aussage (I.6.35) wie folgt:

$$
\left(\left[\int_{-\infty}^{+\infty} \varphi(\lambda) dE(\lambda) \right] f, \left[\int_{-\infty}^{+\infty} \varphi(\lambda) dE(\lambda) \right] g \right)_{\mathcal{H}}
$$

$$
= \left(f, \left[\int_{-\infty}^{+\infty} \overline{\varphi(\lambda)} dE(\lambda) \right] \circ \left[\int_{-\infty}^{+\infty} \varphi(\lambda) dE(\lambda) \right] g \right)_{\mathcal{H}}
$$

$$
= \left(f, \left[\int_{-\infty}^{+\infty} \overline{\varphi(\lambda)} \cdot \varphi(\lambda) \, dE(\lambda) \right] g \right)_{\mathcal{H}} = \left(f, \left[\int_{-\infty}^{+\infty} |\varphi(\lambda)|^2 \, dE(\lambda) \right] g \right)_{\mathcal{H}}
$$

$$
= \int_{-\infty}^{+\infty} |\varphi(\lambda)|^2 \, d \left(E(\lambda) f, g \right)_{\mathcal{H}} \quad \text{für alle} \quad f, g \in \mathcal{H}. \qquad\qquad q.e.d.
$$

Bemerkung: Die in (I.6.34) und (I.6.35) auftretenden Riemann-Stieltjes-Integrale über die komplexe Belegungsfunktion $\left(E(\lambda) f, g \right)_{\mathcal{H}}, \lambda \in \mathbb{R}$ beschränkter Variation werden in Definition I.9.4 genau erklärt. Hierzu zerlegen wir die Belegungsfunktion mit den Gleichungen (I.7.7) – (I.7.9) in schwach monotone Funktionen und setzen gemäß der Formel (I.7.12) das Integral über die obige komplexe Belegungsfunktion aus vier Riemann-Stieltjes-Integralen über schwach monoton steigende Belegungsfunktionen zusammen.

§7 Lebesgue-Stieltjes-Integrale bezüglich der Spektralschar

Wir betrachten zu vorgegebener Spektralschar $\{E(\lambda)\}_{\lambda \in \mathbb{R}}$ die schwach monoton steigende *Belegungsfunktion*

$$\varrho_h(\lambda) := \Big(E(\lambda)h, h\Big)_{\mathcal{H}}, \quad \lambda \in \mathbb{R} \tag{I.7.1}$$

für beliebige $h \in \mathcal{H}$. Wir erklären hierzu das Riemann-Stieltjes-Integral

$$\widehat{I_h}(\varphi) := \int_{-\infty}^{+\infty} \varphi(\lambda)\, d\varrho_h(\lambda) \quad, \quad \varphi \in C^0(\overline{\mathbb{R}}, \mathbb{R}), \tag{I.7.2}$$

welches wir im Sinne von Definition 1 aus dem Lehrbuch [S1] Kap. VIII §1 als ein *Daniellsches Integral* auf dem reellen Funktionenraum

$$C^0(\overline{\mathbb{R}}, \mathbb{R}) := \Big\{ \varphi \in C^0(\mathbb{R}, \mathbb{R}) \Big| \lim_{\lambda \to \pm\infty} \varphi(\lambda) \text{ existieren in } \mathbb{R} \Big\}$$

auffassen können. Durch ein Fortsetzungsverfahren in [S1] Kap. VIII §2 können wir das Daniellsche Integral $\widehat{I_f}$ fortsetzen zum **Lebesgue-Stieltjes-Integral** I_h, dessen integrierbare Funktionen die Klasse

$$L(\varrho_h) := \Big\{ \varphi \colon \mathbb{R} \to \overline{\mathbb{R}} \colon I_h(\varphi) \text{ existiert in } \mathbb{R} \Big\} \tag{I.7.3}$$

bilden. Nach Satz 2 und Satz 5 aus [S1] Kap. VIII §2 haben wir in $L(\varrho_h)$ für Funktionenfolgen $\varphi_k \colon \mathbb{R} \to \overline{\mathbb{R}}\,(k = 1, 2, 3, \ldots)$ den *Satz über monotone Konvergenz von B. Levi* und den *Satz über majorisierte Konvergenz von H. Lebesgue* zur Verfügung.

Wenn wir nun eine beliebige Funktion $\varphi \colon \mathbb{R} \to \overline{\mathbb{R}}$ zerlegen in ihren *Positiv*- und *Negativteil* $\varphi^{\pm} \colon \mathbb{R} \to [0, +\infty]$ gemäß $\varphi(x) = \varphi^+(x) - \varphi^-(x)$, $x \in \mathbb{R}$, so gilt die folgende Aussage:

$$\varphi \in L(\varrho_h) \quad \Longleftrightarrow \quad \varphi^{\pm} \in L(\varrho_h). \tag{I.7.4}$$

Zu beliebigem Exponenten $p \in [1, +\infty)$ erklären wir den *Lebesgueraum der p-fach integrierbaren Funktionen über die Belegungsfunktion* ϱ_h durch

$$L^p(\varrho_h) := \Big\{ \varphi \colon \mathbb{R} \to \overline{\mathbb{R}} \colon |\varphi|^p \in L(\varrho_h) \Big\}. \tag{I.7.5}$$

Wir wenden das Theorem I.6.7 auf die Funktion $\widehat{\varphi}(\lambda) = 1$, $\lambda \in \overline{\mathbb{R}}$ und die Elemente $f = g = h \in \mathcal{H}$ wie folgt an:

$$\int_{-\infty}^{+\infty} \widehat{\varphi}(\lambda) d\varrho_h(\lambda) = \int_{-\infty}^{+\infty} |\widehat{\varphi}(\lambda)|^2 d\varrho_h(\lambda) = \int_{-\infty}^{+\infty} |\widehat{\varphi}(\lambda)|^2 d\Big(E(\lambda)h, h\Big)_{\mathcal{H}}$$

$$= \Big(\Big[\int_{-\infty}^{+\infty} \widehat{\varphi}(\lambda) dE(\lambda)\Big]h, \Big[\int_{-\infty}^{+\infty} \widehat{\varphi}(\lambda) dE(\lambda)\Big]h \Big)_{\mathcal{H}} = \Big(Eh, Eh\Big)_{\mathcal{H}} = \|h\|^2.$$

Folglich gehört die Funktion $\widehat{\varphi}(\lambda) = 1$, $\lambda \in \overline{\mathbb{R}}$ zur Klasse $L^1(\varrho_h)$, und die Höldersche Ungleichung liefert die Inklusion

$$L(\varrho_h) = L^1(\varrho_h) \supset L^p(\varrho_h) \quad \text{für alle Exponenten} \quad 1 \leq p < +\infty. \quad \text{(I.7.6)}$$

Wir zerlegen die komplexe Belegungsfunktion beschränkter Variation aus Theorem I.6.3, um ein komplexes Lebesgue-Stieltjes-Integral zu definieren. Zu beliebigen Elementen $f, g \in \mathcal{H}$ betrachten wir die komplexe Funktion

$$\tau_{f,g}(\lambda) = \varrho_{f,g}(\lambda) + i\sigma_{f,g}(\lambda) := \Big(E(\lambda)f, g \Big)_{\mathcal{H}}, \quad \lambda \in \mathbb{R} \quad \text{(I.7.7)}$$

mit dem Realteil

$$\varrho_{f,g}(\lambda) := \frac{1}{2}\Big[\Big(E(\lambda)f, g \Big)_{\mathcal{H}} + \Big(E(\lambda)g, f \Big)_{\mathcal{H}} \Big]$$

$$= \frac{1}{4}\Big[\Big(E(\lambda)(f+g), (f+g) \Big)_{\mathcal{H}} - \Big(E(\lambda)(f-g), (f-g) \Big)_{\mathcal{H}} \Big] \quad \text{(I.7.8)}$$

$$= \frac{1}{4}\varrho_{f+g}(\lambda) - \frac{1}{4}\varrho_{f-g}(\lambda) =: \varrho_{f,g}^{(+)}(\lambda) - \varrho_{f,g}^{(-)}(\lambda), \quad \lambda \in \mathbb{R}$$

und dem Imaginärteil

$$\sigma_{f,g}(\lambda) := \frac{1}{2i}\Big[\Big(E(\lambda)f, g \Big)_{\mathcal{H}} - \Big(E(\lambda)g, f \Big)_{\mathcal{H}} \Big]$$

$$= \frac{1}{4}\Big[\Big(E(\lambda)(f-ig), (f-ig) \Big)_{\mathcal{H}} - \Big(E(\lambda)(f+ig), (f+ig) \Big)_{\mathcal{H}} \Big] \quad \text{(I.7.9)}$$

$$= \frac{1}{4}\varrho_{f-ig}(\lambda) - \frac{1}{4}\varrho_{f+ig}(\lambda) =: \sigma_{f,g}^{(+)}(\lambda) - \sigma_{f,g}^{(-)}(\lambda), \quad \lambda \in \mathbb{R}.$$

Dabei sind $\varrho_{f,g}^{(\pm)} \colon \mathbb{R} \to \mathbb{R}$ und $\sigma_{f,g}^{(\pm)} \colon \mathbb{R} \to \mathbb{R}$ monoton nichtfallende Funktionen der beschränkten Totalvariation $\|f\| \cdot \|g\|$ mit den Eigenschaften:

$$\varrho_{f,g}(\lambda) = \varrho_{g,f}(\lambda) \quad \text{und} \quad \sigma_{f,g}(\lambda) = -\sigma_{g,f}(\lambda), \quad \lambda \in \mathbb{R}. \quad \text{(I.7.10)}$$

Wie in den Formeln (I.7.1) – (I.7.5) beschrieben, so können wir das Riemann-Stieltjes-Integral über die Belegungsfunktionen $\varrho_{f,g}^{(\pm)}$ und $\sigma_{f,g}^{(\pm)}$ von $C^0(\overline{\mathbb{R}}, \mathbb{R})$ fortsetzen auf die Klasse $L(\varrho_{f,g}^{(\pm)})$ und $L(\sigma_{f,g}^{(\pm)})$ der Funktionen mit endlichem Lebesgue-Stieltjes-Integral. Wegen der Gleichungen (I.7.7) – (I.7.9) setzen wir

Definition I.7.1. *Die Klasse reeller Lebesgue-integrabler Funktionen über die komplexe Belegungsfunktion $\tau_{f,g} = \varrho_{f,g} + i\sigma_{f,g}$ wird gegeben durch*

$$L(\tau_{f,g}) := \Big\{ \varphi \colon \overline{\mathbb{R}} \to \overline{\mathbb{R}} \, \Big| \, \varphi \in L(\varrho_{f,g}^{(\pm)}) \quad \text{und} \quad \varphi \in L(\sigma_{f,g}^{(\pm)}) \Big\}. \quad \text{(I.7.11)}$$

Definition I.7.2. *Für reelle Lebesgue-integrable Funktionen $\varphi \in L(\tau_{f,g})$ über die komplexe Belegungsfunktion $\tau_{f,g} = \varrho_{f,g} + i\sigma_{f,g}$ erklären wir das Lebesgue-Stieltjes-Integral durch die folgenden Integrale*

$$\int_{-\infty}^{+\infty} \varphi(\lambda)d\tau_{f,g}(\lambda) :=$$

$$\int_{-\infty}^{+\infty} \varphi(\lambda)d\varrho_{f,g}^{(+)}(\lambda) - \int_{-\infty}^{+\infty} \varphi(\lambda)d\varrho_{f,g}^{(-)}(\lambda) \qquad (\text{I.7.12})$$

$$+i\int_{-\infty}^{+\infty} \varphi(\lambda)d\sigma_{f,g}^{(+)}(\lambda) - i\int_{-\infty}^{+\infty} \varphi(\lambda)d\sigma_{f,g}^{(-)}(\lambda).$$

Definition I.7.3. *Für Funktionen der Klasse*

$$L(\tau_{f,g}, \mathbb{C}) := \left\{ \psi = \varphi + i\chi \,\Big|\, \varphi \in L(\tau_{f,g}) \quad und \quad \chi \in L(\tau_{f,g}) \right\} \qquad (\text{I.7.13})$$

erklären wir mittels (I.7.12) *das komplexe Lebesgue-Stieltjes-Integral*

$$\int_{-\infty}^{+\infty} \psi(\lambda)d\tau_{f,g}(\lambda) := \int_{-\infty}^{+\infty} \varphi(\lambda)d\tau_{f,g}(\lambda) + i\int_{-\infty}^{+\infty} \chi(\lambda)d\tau_{f,g}(\lambda). \quad (\text{I.7.14})$$

Wir wollen nun das Lebesgue-Stieljes-Integral über die Spektralschar auf rechts abgeschlossenen Intervallen Θ_0 einführen. Hierzu verwenden wir

Definition I.7.4. *Seien die Grenzen $-\infty \leq a < b \leq +\infty$ beliebig gewählt, so erklären wir die charakteristische Funktion über das rechts abgeschlossene Intervall $\Theta_0 := (a, b]$ durch*

$$\omega_{a,b,\infty}(\lambda) := \begin{cases} 0 &, \quad -\infty \leq \lambda \leq a \\ 1 &, \quad a < \lambda \leq b \\ 0 &, \quad b < \lambda \leq +\infty. \end{cases} \qquad (\text{I.7.15})$$

Für hinreichend großes $k_0 \in \mathbb{N}$ und $k = k_0, k_0 + 1, k_0 + 2, \ldots$ erklären wir die approximativen Funktionen der Klasse $C^0(\overline{\mathbb{R}}, \mathbb{R})$ folgendermaßen

$$\omega_{a,b,k}(\lambda) := \begin{cases} 0 &, \quad -\infty \leq \lambda \leq a \\ k(\lambda - a) &, \quad a < \lambda \leq a + k^{-1} \\ 1 &, \quad a + k^{-1} < \lambda \leq b \\ 1 - k(\lambda - b) &, \quad b < \lambda \leq b + k^{-1} \\ 0 &, \quad b + k^{-1} \leq \lambda \leq +\infty \end{cases} \qquad (\text{I.7.16})$$

welche $\lim\limits_{k \to \infty} \omega_{a,b,k}(\lambda) = \omega_{a,b,\infty}(\lambda)$ für alle $\lambda \in \overline{\mathbb{R}}$ erfüllen.

Definition I.7.5. *Zu den Grenzen* $-\infty \leq a < b \leq +\infty$ *nennen wir*

$$\int_{\Theta_0} \psi(\lambda)\, d\, E(\lambda) = \int_a^b \psi(\lambda)\, d\, E(\lambda)$$

$$:= \lim_{k \to \infty} \int_{-\infty}^{+\infty} \psi(\lambda)\, \omega_{a,b,k}(\lambda)\, d\, E(\lambda) \tag{I.7.17}$$

das Riemann-Stieltjes-Integral der Funktion $\psi \in C^0(\overline{\mathbb{R}}, \mathbb{C})$ *über das rechts abgeschlossene Intervall* $\Theta_0 := (a, b]$ *der Spektralschar* $\{E(\lambda)\}_{\lambda \in \mathbb{R}}$.

Theorem I.7.1. *Die Sesquilinearform zum Riemann-Stieltjes-Integral* (I.7.17) *mit den Grenzen* $-\infty \leq a < b \leq +\infty$ *erfüllt die Identität*

$$\left(f\,,\, \left[\int_a^b \psi(\lambda)\, d\, E(\lambda) \right] g \right)_{\mathcal{H}} =$$

$$\int_{-\infty}^{+\infty} \psi(\lambda) \cdot \omega_{a,b,\infty}(\lambda)\, d\left(E(\lambda) f,\, g \right)_{\mathcal{H}} =: \int_a^b \psi(\lambda)\, d\left(E(\lambda) f,\, g \right)_{\mathcal{H}},\ \forall f, g \in \mathcal{H}.$$

Dabei erscheint das Lebesgue-Stieltjes-Integral gemäß Definition I.7.3 von der Funktion $\psi \cdot \omega_{a,b,\infty} \in L(\tau_{f,g}, \mathbb{C})$ *über die komplexe Belegungsfunktion mit beschränkter Variation* $\tau_{f,g}(\lambda) := \left(E(\lambda) f,\, g \right)_{\mathcal{H}},\ \lambda \in \mathbb{R}.$

Beweis: Die Definitionen I.7.2 und I.7.3 liefern, dass in der Funktionenklasse $L(\tau_{f,g}, \mathbb{C})$ der Lebesguesche Konvergenzsatz gilt. Mittels Theorem I.6.6 berechnen wir dann

$$\left(f\,,\, \left[\int_a^b \psi(\lambda)\, d\, E(\lambda) \right] g \right)_{\mathcal{H}}$$

$$= \left(f\,,\, \lim_{k \to \infty} \left[\int_{-\infty}^{+\infty} \psi(\lambda) \cdot \omega_{a,b,k}(\lambda)\, d\, E(\lambda) \right] g \right)_{\mathcal{H}}$$

$$= \lim_{k \to \infty} \left(f\,,\, \left[\int_{-\infty}^{+\infty} \psi(\lambda) \cdot \omega_{a,b,k}(\lambda)\, d\, E(\lambda) \right] g \right)_{\mathcal{H}}$$

$$= \lim_{k \to \infty} \int_{-\infty}^{+\infty} \psi(\lambda) \cdot \omega_{a,b,k}(\lambda)\, d\left(E(\lambda) f,\, g \right)_{\mathcal{H}}$$

$$= \int_{-\infty}^{+\infty} \psi(\lambda) \cdot \omega_{a,b,\infty}(\lambda)\, d\left(E(\lambda) f,\, g \right)_{\mathcal{H}}$$

$$=: \int_a^b \psi(\lambda)\, d\left(E(\lambda) f,\, g \right)_{\mathcal{H}},\quad \forall f, g \in \mathcal{H}.$$

q.e.d.

Proposition I.7.1. (Integrationsregel für die Spektralschar)
Für beliebige Grenzen $-\infty \le a < b \le +\infty$ mit dem rechts abgeschlossenen Intervall $\Theta_0 := (a, b]$ gilt die folgende Integrationsregel:

$$\int_{\Theta_0} dE(\lambda) = \int_a^b dE(\lambda) = E(b) - E(a+) = E(b) - E(a).$$

Beweis: 1.) Zunächst setzen wir $-\infty < a < b < +\infty$ voraus. Dann benutzen wir die Funktion

$$\omega_{a,b,k}^{\centerdot}(\lambda) := \begin{cases} 0 & , \quad -\infty \le \lambda \le a \\ k\,(\lambda - a) & , \quad a < \lambda < a + k^{-1} \\ 0 & , \quad a + k^{-1} \le \lambda \le +\infty \end{cases}$$

mit $\lim\limits_{k\to\infty} \omega_{a,b,k}^{\centerdot}(\lambda) = 0, \forall \lambda \in \overline{\mathbb{R}}$ sowie die Funktion

$$\omega_{a,b,k}^{\centerdot\centerdot}(\lambda) := \begin{cases} 0 & , \quad -\infty \le \lambda \le b \\ 1 - k\,(\lambda - b) & , \quad b < \lambda < b + k^{-1} \\ 0 & , \quad b \le \lambda \le +\infty \end{cases}$$

mit $\lim\limits_{k\to\infty} \omega_{a,b,k}^{\centerdot\centerdot}(\lambda) = 0, \forall \lambda \in \overline{\mathbb{R}}$. Unter Berücksichtigung von (I.7.16) berechnen wir für $k = k_0, k_0 + 1, \ldots$ die nachfolgenden Integrale

$$\int_{-\infty}^{+\infty} \omega_{a,b,k}(\lambda) dE(\lambda) =$$

$$\int_{-\infty}^{+\infty} \omega_{a,b,k}^{\centerdot}(\lambda) dE(\lambda) + \int_{a+k^{-1}}^b dE(\lambda) + \int_{-\infty}^{+\infty} \omega_{a,b,k}^{\centerdot\centerdot}(\lambda) dE(\lambda) =$$

$$\int_{-\infty}^{+\infty} \omega_{a,b,k}^{\centerdot}(\lambda) dE(\lambda) + E(b) - E(a + k^{-1}) + \int_{-\infty}^{+\infty} \omega_{a,b,k}^{\centerdot\centerdot}(\lambda) dE(\lambda).$$

$$\text{(I.7.18)}$$

2.) Leicht ermitteln wir hierin die Limites

$$\lim_{k\to\infty} \int_{-\infty}^{+\infty} \omega_{a,b,k}^{\centerdot}(\lambda) dE(\lambda) = 0 = \lim_{k\to\infty} \int_{-\infty}^{+\infty} \omega_{a,b,k}^{\centerdot\centerdot}(\lambda) dE(\lambda),$$

wenn wir mit dem Lebesgueschen Konvergenzsatz in der zugehörigen Sesquilinearform den Grenzübergang vollziehen:

$$\lim_{k\to\infty} \left(f, \int_{-\infty}^{+\infty} \omega_{a,b,k}^{\centerdot}(\lambda) dE(\lambda)\,g \right)_{\mathcal{H}} =$$

$$\lim_{k\to\infty} \int_{-\infty}^{+\infty} \omega_{a,b,k}^{\centerdot}(\lambda)\, d\left(f, dE(\lambda)g \right)_{\mathcal{H}} = 0 \quad \text{für alle} \quad f, g \in \mathcal{H}.$$

3.) Nun liefert der Grenzübergang $k \to \infty$ in (I.7.18) wegen der rechtsseitigen Stetigkeit der Spektralschar $E(\lambda)$, $\lambda \in \mathbb{R}$ die folgende Identität

$$
\int_{\Theta_0} d\,E(\lambda) = \int_a^b d\,E(\lambda) := \lim_{k \to \infty} \int_{-\infty}^{+\infty} \omega_{a,b,k}(\lambda)dE(\lambda)
$$

$$
= \lim_{k \to \infty} \int_{-\infty}^{+\infty} \omega'_{a,b,k}(\lambda)dE(\lambda) + \lim_{k \to \infty} \Big(E(b) - E(a + k^{-1}) \Big)
$$

$$
+ \lim_{k \to \infty} \int_{-\infty}^{+\infty} \omega''_{a,b,k}(\lambda)dE(\lambda) = 0 + E(b) - E(a) + 0 = E(b) - E(a)\,.
$$

Damit ist die obige Identität für alle $-\infty < a < b < +\infty$ gezeigt. Wir erreichen durch die Grenzübergänge $a \to -\infty$ und $b \to +\infty$ den vollständigen Nachweis dieser Proposition.   q.e.d.

Proposition I.7.2. (Additionsregel für die Spektralschar)
Mit den Grenzen $-\infty \le a < b < c \le +\infty$ und den rechts abgeschlossenen Intervallen $\Theta_0 := (a, c], \Theta_1 := (a, b]$ sowie $\Theta_2 := (b, c]$ gilt für alle Funktionen $\psi \in C^0(\mathbb{R}, \mathbb{C})$ die Additionsregel

$$
\int_{\Theta_0} \psi(\lambda)dE(\lambda) =: \int_a^c \psi(\lambda)dE(\lambda)
$$

$$
= \int_a^b \psi(\lambda)dE(\lambda) + \int_b^c \psi(\lambda)dE(\lambda) \qquad\qquad (I.7.19)
$$

$$
:= \int_{\Theta_1} \psi(\lambda)dE(\lambda) + \int_{\Theta_2} \psi(\lambda)dE(\lambda)\,.
$$

Beweis: Mit Hilfe von Theorem I.7.1 berechnen wir die Identiät

$$
\left(f\,, \left[\int_a^b \psi(\lambda)d\,E(\lambda) + \int_b^c \psi(\lambda)d\,E(\lambda) \right] g \right)_{\mathcal{H}}
$$

$$
= \left(f\,, \left[\int_a^b \psi(\lambda)d\,E(\lambda) \right] g \right)_{\mathcal{H}} + \left(f\,, \left[\int_b^c \psi(\lambda)d\,E(\lambda) \right] g \right)_{\mathcal{H}}
$$

$$
= \int_{-\infty}^{+\infty} \psi(\lambda) \cdot \omega_{a,b,\infty}(\lambda)d\,\tau_{f,g}(\lambda) + \int_{-\infty}^{+\infty} \psi(\lambda) \cdot \omega_{b,c,\infty}(\lambda)d\,\tau_{f,g}(\lambda)
$$

$$
= \int_{-\infty}^{+\infty} \psi(\lambda) \cdot \Big(\omega_{a,b,\infty}(\lambda) + \omega_{b,c,\infty}(\lambda) \Big) d\,\tau_{f,g}(\lambda)
$$

$$
= \int_{-\infty}^{+\infty} \psi(\lambda) \cdot \omega_{a,c,\infty}(\lambda)d\,\Big(E(\lambda)f, g \Big)_{\mathcal{H}}
$$

$$
= \left(f\,, \left[\int_a^c \psi(\lambda)d\,E(\lambda) \right] g \right)_{\mathcal{H}} \qquad \text{für alle}\quad f, g \in \mathcal{H}. \qquad \text{q.e.d.}
$$

Proposition I.7.3. (Orthogonalitätsregel für die Spektralschar)
Für die beliebigen Funktionen $\psi, \widetilde{\psi} \in C^0(\overline{\mathbb{R}}, \mathbb{C})$ *und die gewählten Grenzen* $-\infty \leq a < b \leq c < d \leq +\infty$ *gilt die Orthogonalitätsregel*

$$\left(\int_a^b \psi(\lambda)\, d\, E(\lambda) \right) \circ \left(\int_c^d \widetilde{\psi}(\lambda)\, d\, E(\lambda) \right) = 0 . \tag{I.7.20}$$

Beweis: Mit der Definition I.7.5 und dem Theorem I.6.5 ii) ersehen wir die Operatoridentität

$$\left(\int_a^b \psi(\lambda)\, d\, E(\lambda) \right) \circ \left(\int_c^d \widetilde{\psi}(\lambda)\, d\, E(\lambda) \right)$$

$$= \left(\lim_{k \to \infty} \int_{-\infty}^{+\infty} \psi(\lambda)\, \omega_{a,b,k}(\lambda)\, d\, E(\lambda) \right) \circ \left(\lim_{l \to \infty} \int_{-\infty}^{+\infty} \widetilde{\psi}(\lambda)\, \omega_{c,d,l}(\lambda)\, d\, E(\lambda) \right)$$

$$= \lim_{k,\, l \to \infty} \left[\left(\int_{-\infty}^{+\infty} \psi(\lambda)\, \omega_{a,b,k}(\lambda)\, d\, E(\lambda) \right) \circ \left(\int_{-\infty}^{+\infty} \widetilde{\psi}(\lambda)\, \omega_{c,d,l}(\lambda)\, d\, E(\lambda) \right) \right]$$

$$= \lim_{k,\, l \to \infty} \left(\int_{-\infty}^{+\infty} \psi(\lambda) \cdot \widetilde{\psi}(\lambda) \cdot \omega_{a,b,k}(\lambda) \cdot \omega_{c,d,l}(\lambda)\, d\, E(\lambda) \right) . \tag{I.7.21}$$

Nun ermitteln wir über das Theorem I.6.6 mit dem Lebesgueschen Konvergenzsatz den Grenzwert folgender Sesquilinearform:

$$\lim_{k,\, l \to \infty} \left(f, \left[\int_{-\infty}^{+\infty} \psi(\lambda) \cdot \widetilde{\psi}(\lambda) \cdot \omega_{a,b,k}(\lambda) \cdot \omega_{c,d,l}(\lambda)\, d\, E(\lambda) \right] g \right)_{\mathcal{H}}$$

$$= \lim_{k,\, l \to \infty} \left[\int_{-\infty}^{+\infty} \psi(\lambda) \cdot \widetilde{\psi}(\lambda) \cdot \omega_{a,b,k}(\lambda) \cdot \omega_{c,d,l}(\lambda)\, d\, \Big(E(\lambda) f, g \Big)_{\mathcal{H}} \right] \tag{I.7.22}$$

$$= \int_{-\infty}^{+\infty} \psi(\lambda) \cdot \widetilde{\psi}(\lambda) \cdot \omega_{a,b,\infty}(\lambda) \cdot \omega_{c,d,\infty}(\lambda)\, d\, \Big(E(\lambda) f, g \Big)_{\mathcal{H}}$$

$$= \int_{-\infty}^{+\infty} \psi(\lambda) \cdot \widetilde{\psi}(\lambda) \cdot 0 \; d\, \Big(E(\lambda) f, g \Big)_{\mathcal{H}} = 0 \quad \text{für alle} \quad f, g \in \mathcal{H} .$$

Eine Kombination von (I.7.21) und (I.7.22) liefert die Behauptung.   q.e.d.

Proposition I.7.4. (Produktregel für die Spektralschar)
Mit den Grenzen $-\infty \leq a < b \leq +\infty$ *gilt für Funktionen* $\psi, \widetilde{\psi} \in C^0(\overline{\mathbb{R}}, \mathbb{C})$ *die Produktregel*

$$\left(\int_a^b \psi(\lambda)\, d\, E(\lambda) \right) \circ \left(\int_a^b \widetilde{\psi}(\lambda)\, d\, E(\lambda) \right) = \int_a^b \Big(\psi(\lambda) \cdot \widetilde{\psi}(\lambda) \Big)\, d\, E(\lambda) . \tag{I.7.23}$$

Beweis: Definition I.7.5 und Theorem I.6.5 ii) liefern diese Identität wie folgt:

$$\left(\int_a^b \psi(\lambda) dE(\lambda) \right) \circ \left(\int_a^b \widetilde{\psi}(\lambda) dE(\lambda) \right)$$

$$= \left(\lim_{k \to \infty} \int_{-\infty}^{+\infty} \psi(\lambda)\, \omega_{a,b,k}(\lambda)\, dE(\lambda) \right) \circ \left(\lim_{l \to \infty} \int_{-\infty}^{+\infty} \widetilde{\psi}(\lambda)\, \omega_{a,b,l}(\lambda)\, dE(\lambda) \right)$$

$$= \lim_{k,\,l \to \infty} \left[\left(\int_{-\infty}^{+\infty} \psi(\lambda)\, \omega_{a,b,k}(\lambda)\, dE(\lambda) \right) \circ \left(\int_{-\infty}^{+\infty} \widetilde{\psi}(\lambda)\, \omega_{a,b,l}(\lambda)\, dE(\lambda) \right) \right]$$

$$= \lim_{k,\,l \to \infty} \left(\int_{-\infty}^{+\infty} \psi(\lambda) \cdot \widetilde{\psi}(\lambda) \cdot \omega_{a,b,k}(\lambda) \cdot \omega_{a,b,l}(\lambda)\, dE(\lambda) \right)$$

$$= \int_{-\infty}^{+\infty} \psi(\lambda) \cdot \widetilde{\psi}(\lambda) \cdot \omega_{a,b,\infty}(\lambda)\, dE(\lambda) = \int_a^b \left(\psi(\lambda) \cdot \widetilde{\psi}(\lambda) \right) dE(\lambda).$$

In der obigen Identität vollziehen wir den Grenzübergang mit dem Lebesgue-schen Konvergenzsatz bezüglich der zugehörigen Sesquilinearform gemäß

$$\lim_{k,\,l \to \infty} \left(f, \left[\int_{-\infty}^{+\infty} \psi(\lambda) \cdot \widetilde{\psi}(\lambda) \cdot \omega_{a,b,k}(\lambda) \cdot \omega_{a,b,l}(\lambda)\, dE(\lambda) \right] g \right)_{\mathcal{H}}$$

$$= \lim_{k,\,l \to \infty} \left[\int_{-\infty}^{+\infty} \psi(\lambda) \cdot \widetilde{\psi}(\lambda) \cdot \omega_{a,b,k}(\lambda) \cdot \omega_{a,b,l}(\lambda)\, d \left(E(\lambda) f, g \right)_{\mathcal{H}} \right]$$

$$= \int_{-\infty}^{+\infty} \psi(\lambda) \cdot \widetilde{\psi}(\lambda) \cdot \omega_{a,b,\infty}(\lambda)\, d \left(E(\lambda) f, g \right)_{\mathcal{H}}$$

$$= \left(f, \left[\int_a^b \left(\psi(\lambda) \cdot \widetilde{\psi}(\lambda) \right) dE(\lambda) \right] g \right)_{\mathcal{H}}, \quad \forall f, g \in \mathcal{H}.$$

Dabei verwenden wir das Theorem I.7.1.   q.e.d.

Proposition I.7.5. (Spektralidentität)
*Bei beliebigen Grenzen $-\infty \le a < b \le +\infty$ haben wir für alle Funktionen
$\psi \in C^0(\mathbb{R}, \mathbb{C})$ die Spektralidentität*

$$\left\| \left(\int_a^b \psi(\lambda) dE(\lambda) \right) f \right\|^2 = \int_a^b |\psi(\lambda)|^2\, d \left(E(\lambda) f, f \right)_{\mathcal{H}}, \quad f \in \mathcal{H}. \quad (I.7.24)$$

Beweis: Wir beachten die Definition I.7.5 und wenden das Theorem I.6.7 für die Funktionen

$$\varphi := \psi \cdot \omega_{a,b,k}, \quad k = k_0, k_0 + 1, k_0 + 2, \dots$$

auf der Diagonalen in $\mathcal{H}$ an.

Dann erhalten wir für alle $f \in \mathcal{H}$ die Identität

$$\left\| \left(\int_a^b \psi(\lambda) d\,E(\lambda) \right) f \right\|^2 = \left(\left[\int_a^b \psi(\lambda) dE(\lambda) \right] f, \left[\int_a^b \psi(\lambda) dE(\lambda) \right] f \right)_{\mathcal{H}} =$$

$$\left(\lim_{k \to \infty} \left[\int_{-\infty}^{+\infty} \psi(\lambda) \omega_{a,b,k}(\lambda) dE(\lambda) \right] f, \lim_{l \to \infty} \left[\int_{-\infty}^{+\infty} \psi(\lambda) \omega_{a,b,l}(\lambda) dE(\lambda) \right] f \right)_{\mathcal{H}}$$

$$= \lim_{k,l \to \infty} \left(\left[\int_{-\infty}^{+\infty} \psi(\lambda)\, \omega_{a,b,k}(\lambda)\, d\,E(\lambda) \right] f, \left[\int_{-\infty}^{+\infty} \psi(\lambda)\, \omega_{a,b,l}(\lambda)\, d\,E(\lambda) \right] f \right)_{\mathcal{H}}$$

$$= \lim_{k \to \infty} \left(\left[\int_{-\infty}^{+\infty} \psi(\lambda) \cdot \omega_{a,b,k}(\lambda)\, dE(\lambda) \right] f, \left[\int_{-\infty}^{+\infty} \psi(\lambda) \cdot \omega_{a,b,k}(\lambda)\, dE(\lambda) \right] f \right)_{\mathcal{H}}$$

$$= \lim_{k \to \infty} \int_{-\infty}^{+\infty} |\psi(\lambda)|^2 \cdot \omega_{a,b,k}(\lambda)^2\, d\left(E(\lambda)f, f \right)_{\mathcal{H}}$$

$$= \int_{-\infty}^{+\infty} |\psi(\lambda)|^2 \cdot \omega_{a,b,\infty}(\lambda)\, d\left(E(\lambda)f, f \right)_{\mathcal{H}} = \int_a^b |\psi(\lambda)|^2\, d\left(E(\lambda)f, f \right)_{\mathcal{H}},$$

womit die Spektralidentität gezeigt worden ist.   q.e.d.

Definition I.7.6. *Für die endlichen Grenzen* $-\infty < a < b < +\infty$ *erklären wir zu jeder Funktion* $\psi \in C^0(\mathbb{R}, \mathbb{C})$ *die regularisierte Funktion*

$$\psi_{a,b}(\lambda) := \begin{cases} \psi(a) & , \quad -\infty \leq \lambda < a \\ \psi(\lambda) & , \quad a \leq \lambda < b \\ \psi(b) & , \quad b \leq \lambda \leq +\infty \end{cases} \qquad \text{der Klasse} \quad C^0(\overline{\mathbb{R}}, \mathbb{C}). \qquad (I.7.25)$$

Dann setzen wir das Riemann-Stieltjes-Integral der Funktion $\psi \in C^0(\mathbb{R}, \mathbb{C})$ *über das beschränkte, rechts abgeschlossene Intervall* $\Theta_0 := (a, b]$ *der Spektralschar* $\{E(\lambda)\}_{\lambda \in \mathbb{R}}$ *als*

$$\int_{\Theta_0} \psi(\lambda)\, d\,E(\lambda) = \int_a^b \psi(\lambda)\, d\,E(\lambda) := \int_a^b \psi_{a,b}(\lambda)\, d\,E(\lambda). \qquad (I.7.26)$$

Bemerkung: Für beliebige Funktionen $\psi, \widetilde{\psi} \in C^0(\mathbb{R}, \mathbb{C})$ bleiben die Additionsregel (I.7.19), die Orthogonalitätsregel (I.7.20), die Produktregel (I.7.23) und die Spektralidentität (I.7.24) gültig, insofern wir beschränkte, rechts abgeschlossene Intervalle $\Theta_0 := (a, b]$ mit den endlichen Grenzen $-\infty < a < b < +\infty$ betrachten.

§8 Unbeschränkte Spektraloperatoren

Wir betrachten nun den Funktionenraum

$$C^0(\overline{\mathbb{R}}, \overline{\mathbb{R}}) := \left\{ \varphi \in C^0(\mathbb{R}, \mathbb{R}) \,\middle|\, \text{Es existieren } \lim_{\lambda \to \pm\infty} \varphi(\lambda) \text{ in } \overline{\mathbb{R}} \right\}. \quad (\text{I.8.1})$$

Dieser Vektorraum besteht aus den reellwertigen stetigen Funktionen auf $\mathbb{R}$, welche an den Randpunkten $\pm\infty$ von rechts bzw. links gegen ein Element aus $\overline{\mathbb{R}} = \{-\infty\} \cup \mathbb{R} \cup \{+\infty\}$ konvergieren. Wir wollen nun über solche Funktionen, welche an den Randpunkten $\pm\infty$ unbeschränkt werden können, ein Lebesgue-Stieltjes-Integral bezüglich der Spektralschar $\{E(\lambda)\}_{\lambda \in \mathbb{R}}$ erklären. Dieses Integral wird einen Operator auf dem Hilbertraum $\mathcal{H}$ darstellen, der möglicherweise unbeschränkt und folglich nur auf einem echten Teilraum von $\mathcal{H}$ definiert ist (man vergleiche hierzu das Theorem I.4.3). Diesen Definitionsbereich werden wir explizit angeben. In der Klasse $C^0(\overline{\mathbb{R}}, \overline{\mathbb{R}})$ sind insbesondere die Potenzfunktionen $\varphi(\lambda) := \lambda^m$, $\lambda \in \overline{\mathbb{R}}$ mit $m \in \mathbb{N}$ enthalten.

Definition I.8.1. *Zur Funktion $\varphi \in C^0(\overline{\mathbb{R}}, \overline{\mathbb{R}})$ betrachten wir den formalen Spektraloperator*

$$S = S_\varphi := \int_{-\infty}^{+\infty} \varphi(\lambda) d\, E(\lambda)$$

mit der Zerlegung in die nichtnegativen Spektraloperatoren

$$S^\pm = S_\varphi^\pm := \int_{-\infty}^{+\infty} \varphi^\pm(\lambda) d\, E(\lambda).$$

Insbesondere erhalten wir die Identität $S = S^+ - S^-$ formal. Dabei ist die Zerlegung $\varphi(\lambda) = \varphi^+(\lambda) - \varphi^-(\lambda)$, $\lambda \in \mathbb{R}$ der Funktion φ in ihren Positivteil $\varphi^+(\lambda) \geq 0$, $\lambda \in \mathbb{R}$ und ihren Negativteil $\varphi^-(\lambda) \geq 0$, $\lambda \in \mathbb{R}$ verwendet worden.

Wir wollen die Operatoren $S_\varphi^\pm$ mittels Approximation durch beschränkte Operatoren definieren und deren Definitionsbereiche im Hilbertraum ermitteln. Hierzu benötigen wir die folgende Definition sowie die Proposition I.8.1.

Definition I.8.2. *Zu der Funktion $\varphi \in C^0(\overline{\mathbb{R}}, \overline{\mathbb{R}})$ erklären wir für alle Punkte $-\infty \leq a < b \leq +\infty$ die modifizierte Funktion $\varphi_{a,b}$ durch*

$$\varphi_{a,b}(\lambda) := \begin{cases} \varphi(a) & , \quad -\infty \leq \lambda < a \\ \varphi(\lambda) & , \quad a \leq \lambda < b \\ \varphi(b) & , \quad b \leq \lambda \leq +\infty \end{cases} \quad . \qquad (\text{I.8.2})$$

Bemerkung: Die modifizierte Funktion $\varphi_{a,b}$ gehört zur Klasse $C^0(\overline{\mathbb{R}}, \mathbb{R})$ für alle $-\infty < a < b < +\infty$ und stellt eine regularisierte Funktion gemäß der Definition I.7.6 dar. Für $a = -\infty$ und $b = +\infty$ ($a = -\infty$ oder $b = +\infty$) ist die Aussage $\varphi_{a,b} \in C^0(\overline{\mathbb{R}}, \mathbb{R})$ genau dann erfüllt, wenn $\varphi(a) \in \mathbb{R}$ und $\varphi(b) \in \mathbb{R}$ ($\varphi(a) \in \mathbb{R}$ oder $\varphi(b) \in \mathbb{R}$) richtig ist.

Proposition I.8.1. (Monotone Approximation)
Zu einer beliebig vorgegebenen Funktion $\varphi \in C^0(\overline{\mathbb{R}}, \overline{\mathbb{R}})$ gibt es eine absteigende Folge reeller Zahlen

$$-1 \geq a_1 \geq a_2 \geq a_3 \geq \ldots \geq -\infty \quad mit \quad \lim_{k \to \infty} a_k = -\infty$$

und eine aufsteigende Folge reeller Zahlen

$$+1 \leq b_1 \leq b_2 \leq b_3 \leq \ldots \leq +\infty \quad mit \quad \lim_{k \to \infty} b_k = +\infty,$$

so dass die modifizierte Funktion $\varphi_k := \varphi_{a_k, b_k}$ für alle $k \in \mathbb{N}$ in der Klasse $C^0(\overline{\mathbb{R}}, \mathbb{R})$ liegt. Deren Positiv-/Negativteil $\varphi_k^\pm := \varphi_{a_k, b_k}^\pm$ ($k \in \mathbb{N}$) konvergiert schwach monoton steigend auf $\overline{\mathbb{R}}$ gegen den der Positiv-/Negativteil $\varphi^\pm$ der Funktion φ, das heißt

$$0 \leq \varphi_k^\pm(\lambda) = \varphi_{a_k, b_k}^\pm(\lambda) \uparrow \varphi^\pm(\lambda), \quad \lambda \in \overline{\mathbb{R}} \quad \text{für} \quad k \to \infty$$
$$mit \quad \varphi_k(\lambda) = \varphi_k^+(\lambda) - \varphi_k^-(\lambda), \quad \lambda \in \overline{\mathbb{R}}, \quad \forall\, k \in \mathbb{N}. \tag{I.8.3}$$

Weiterhin besteht für die Betragsfunktionen die schwach monoton steigende Konvergenz

$$|\varphi_k(\lambda)| \uparrow |\varphi(\lambda)|, \quad \lambda \in \overline{\mathbb{R}} \quad \text{für} \quad k \to \infty$$
$$mit \quad |\varphi_k(\lambda)| = \varphi_k^+(\lambda) + \varphi_k^-(\lambda), \quad \lambda \in \overline{\mathbb{R}}, \quad \forall\, k \in \mathbb{N}. \tag{I.8.4}$$

Beweis: 1.) Wenn $\varphi(-\infty) \in \mathbb{R}$ und $\varphi(+\infty) \in \mathbb{R}$ gelten, so verwenden wir die konstanten Zahlenfolgen $a_k := -\infty$ und $b_k := +\infty$ für $k = 1, 2, \ldots$. Die konstante Funktionenfolge

$$\varphi_k := \varphi_{a_k, b_k} = \varphi \in C^0(\overline{\mathbb{R}}, \mathbb{R}), \quad k \in \mathbb{N}$$

besitzt dann die behaupteten Eigenschaften.

2.) Wenn $|\varphi(+\infty)| = +\infty$ gilt, so können wir durch die *Spiegelung an der reellen Achse*

$$\varphi(\lambda) \mapsto \widetilde{\varphi}(\lambda) : -\varphi(\lambda), \quad \lambda \in \overline{\mathbb{R}}$$

die folgende Situation erreichen:

$$\varphi(+\infty) = +\infty. \tag{I.8.5}$$

Wir wählen zunächst $1 \leq b_1 < +\infty$, so dass

$$\inf_{b_1 \leq \lambda < +\infty} \varphi(\lambda) = \varphi(b_1)$$

gilt. Dann wählen wir für $k = 2, 3, \ldots$ sukzessiv reelle Zahlen $k \leq b_k < +\infty$ und $b_{k-1} \leq b_k$, so dass

$$\inf_{b_k \leq \lambda < +\infty} \varphi(\lambda) = \varphi(b_k)$$

erfüllt ist. Setzen wir nun wie in 1.) diese b_k, $k = 1, 2, \ldots$ ein, so erhalten wir mit $\varphi_k := \varphi_{a_k, b_k}$, $k \in \mathbb{N}$ eine schwach monoton steigende Folge der Positiv-/Negativteile. Die Spiegelung vertauscht zwar den Positiv- mit dem Negativteil, aber deren monotone Konvergenz gegen den entsprechenden Teil der Grenzfunktion bleibt erhalten.

3.) Wenn $|\varphi(-\infty)| = +\infty$ gilt, so verwenden wir jetzt die *Spiegelung an der imaginären Achse*

$$\varphi(\lambda) \mapsto \widehat{\varphi}(\lambda) := \varphi(-\lambda), \quad \lambda \in \overline{\mathbb{R}}.$$

Wie in 2.) können wir dann eine monoton fallende Zahlenfolge $\{a_k\}_{k \in \mathbb{N}}$ auswählen und erhalten in den regularisierten Funktionen

$$\varphi_k := \varphi_{a_k, b_k} \in C^0(\overline{\mathbb{R}}, \mathbb{R}), \quad k \in \mathbb{N}$$

eine Folge mit den oben angegebenen Eigenschaften.

4.) Zum Nachweis von (I.8.4) berechnen wir

$$|\varphi_k(\lambda)|^2 = [\varphi_k^+(\lambda) - \varphi_k^-(\lambda)]^2 = [\varphi_k^+(\lambda)]^2 + [\varphi_k^-(\lambda)]^2$$

$$\uparrow [\varphi^+(\lambda)]^2 + [\varphi^-(\lambda)]^2 = [\varphi^+(\lambda) + \varphi^-(\lambda)]^2$$

$$= |\varphi(\lambda)|^2, \quad \lambda \in \overline{\mathbb{R}} \quad \text{für} \quad k \to \infty.$$

q.e.d.

Wir verwenden das Lebesgue-Stieltjes-Integral, welches wir in (I.7.1) – (I.7.6) eingeführt haben, und wir wählen einen Exponenten $p \in [1, +\infty)$. Zu einer beliebigen Funktionen $\varphi \in C^0(\overline{\mathbb{R}}, \mathbb{R})$ mit den approximierenden Funktionen $\varphi_k^{\pm}$, $k = 1, 2, 2, \ldots$ aus Proposition I.8.1 betrachten wir zu festem $h \in \mathcal{H}$ die monoton steigenden Folgen von Riemann-Stieltjes-Integralen

$$\left\{ \int_{-\infty}^{+\infty} [\varphi_k^{\pm}(\lambda)]^p \, d\varrho_h(\lambda) \right\}_{k=1,2,3,\ldots} \quad \text{mit den Grenzwerten}$$

$$\lim_{k \to \infty} \int_{-\infty}^{+\infty} [\varphi_k^{\pm}(\lambda)]^p \, d\varrho_h(\lambda) \quad \in \quad [0, +\infty] \quad .$$

(I.8.6)

Eine Funktion $\varphi \in C^0(\overline{\mathbb{R}}, \mathbb{R})$ gehört genau dann zu $L^p(\varrho_h)$, wenn beide Grenzwerte in (I.8.6) endlich sind. Weiter sehen wir mit dem Satz von B. Levi über monotone Konvergenz leicht die nachfolgende Aussage ein:

$$C^0(\overline{\mathbb{R}}, \mathbb{R}) \cap L^p(\varrho_h) = \Big\{ \varphi \in C^0(\overline{\mathbb{R}}, \mathbb{R}) :$$

$$\sup_{-\infty < a < b < +\infty} \int_{-\infty}^{+\infty} |\varphi_{a,b}(\lambda)|^p d\varrho_h(\lambda) < +\infty \Big\}.$$

(I.8.7)

Für Funktionen $\varphi \in C^0(\mathbb{R}, \overline{\mathbb{R}}) \cap L^1(\varrho_h)$ liefert der Satz von B. Levi die Identität

$$\lim_{k \to \infty} \int_{-\infty}^{+\infty} \varphi_k(\lambda) d\,\varrho_h(\lambda) = \lim_{k \to \infty} \int_{-\infty}^{+\infty} \varphi_k^+(\lambda) d\,\varrho_h(\lambda)$$

$$- \lim_{k \to \infty} \int_{-\infty}^{+\infty} \varphi_k^-(\lambda) d\,\varrho_h(\lambda) = I_h(\varphi^+) - I_h(\varphi^-) = I_h(\varphi). \tag{I.8.8}$$

Definition I.8.3. *Zur Funktion* $\varphi \in C^0(\overline{\mathbb{R}}, \overline{\mathbb{R}})$ *mit dem formalen Spektral-operator* $S = S_\varphi = \displaystyle\int_{-\infty}^{+\infty} \varphi(\lambda) d\,E(\lambda)$ *aus Definition I.8.1 wählen wir eine Funktionenfolge* $\left\{ \varphi_k = \varphi_k^+ - \varphi_k^- \right\}_{k=1,2,\ldots}$ *in der Klasse* $C^0(\overline{\mathbb{R}}, \mathbb{R})$ *gemäß Proposition I.8.1 und assoziieren die Approximationsoperatoren*

$$S_k := S_{\varphi_k} = \int_{-\infty}^{+\infty} \varphi_k(\lambda) d\,E(\lambda) \quad , \quad k = 1, 2, \ldots .$$

Wir zerlegen S_k *in die nichtnegativen Approximationsoperatoren*

$$S_k^\pm := S_{\varphi_k^\pm} = \int_{-\infty}^{+\infty} \varphi_k^\pm(\lambda) d\,E(\lambda) \quad ,$$

gemäß $S_k = S_k^+ - S_k^-$, $k = 1, 2, \ldots .$

Proposition I.8.2. *Für jedes feste* $k \in \mathbb{N}$ *stellen die beiden Approximations-operatoren* $S_k^\pm : \mathcal{H} \to \mathcal{H}$ *beschränkte lineare Operatoren auf dem Hilbertraum* $\mathcal{H}$ *mit der folgenden Schranke dar:*

$$\|S_k^\pm h\| \leq \sup_{\lambda \in \mathbb{R}} |\varphi_k(\lambda)| \cdot \|h\| \quad \text{für alle} \quad h \in \mathcal{H}. \tag{I.8.9}$$

Beweis: Wenden wir das Theorem I.6.7 auf der Diagonalen an, so erhalten wir für beliebige $k \in \mathbb{N}$ die folgende Identität:

$$\|S_k^\pm h\|^2 = \left\| \left(\int_{-\infty}^{+\infty} \varphi_k^\pm(\lambda) d\,E(\lambda) \right) h \right\|^2 = \int_{-\infty}^{+\infty} [\varphi_k^\pm(\lambda)]^2 d\left(E(\lambda)h, h \right)_{\mathcal{H}}$$

$$\leq \sup_{\lambda \in \mathbb{R}} |\varphi_k(\lambda)|^2 \cdot \int_{-\infty}^{+\infty} d\left(E(\lambda)h, h \right)_{\mathcal{H}} = \sup_{\lambda \in \mathbb{R}} |\varphi_k(\lambda)|^2 \cdot \left(h, h \right)_{\mathcal{H}}$$

$$= \left(\sup_{\lambda \in \mathbb{R}} |\varphi_k(\lambda)| \right)^2 \cdot \|h\|^2 \quad \text{für alle} \quad h \in \mathcal{H}.$$

Hieraus folgt die Ungleichung (I.8.9) sofort.   q.e.d.

Definition I.8.4. *Wir setzen die folgenden Mengen*

$$\mathcal{D}(E(.),\varphi^{\pm}) := \left\{ h \in \mathcal{H} \colon \varphi^{\pm} \in L^2(\varrho_h) \right\}$$

$$= \left\{ h \in \mathcal{H} \colon \int_{-\infty}^{+\infty} [\varphi^{\pm}(\lambda)]^2 \, d\left(E(\lambda)h, h \right)_{\mathcal{H}} < +\infty \right\}$$

als Definitionsbereiche der nichtnegativen Spektraloperatoren $S_\varphi^\pm$ fest.

Diese Definition wird gerechtfertigt durch die

Proposition I.8.3. *Es existiert für ein Element $h \in \mathcal{H}$ der Grenzwert der Folge*

$$\left(\int_{-\infty}^{+\infty} \varphi_k^\pm(\lambda) d\, E(\lambda) \right) h, \quad k = 1, 2, 3, \ldots \tag{I.8.10}$$

bezüglich der starken Konvergenz im Hilbertraum $\mathcal{H}$ genau dann wenn die Bedingung $h \in \mathcal{D}(E(.),\varphi^{\pm})$ erfüllt ist.

Beweis: „$\Longrightarrow$": Wenn die Folge (I.8.10) im Hilbertraum $\mathcal{H}$ konvergiert, so ist sie auch dort beschränkt. Entnehmen wir wiederum dem Theorem I.6.7 die Identitäten

$$\left\| \left(\int_{-\infty}^{+\infty} \varphi_k^\pm(\lambda) d\, E(\lambda) \right) h \right\|^2 = \int_{-\infty}^{+\infty} [\varphi_k^\pm(\lambda)]^2 \, d\left(E(\lambda)h, h \right)_{\mathcal{H}}, \ \forall k \in \mathbb{N},$$
$$\tag{I.8.11}$$

so erhalten wir eine schwach monoton steigende Folge von Funktionen, deren Integrale nach oben gleichmäßig beschränkt sind. Nach dem Satz von B. Levi können wir den Grenzübergang $k \to \infty$ in (I.8.11) ausführen und erhalten

$$\int_{-\infty}^{+\infty} [\varphi^{\pm}(\lambda)]^2 d\left(E(\lambda)h, h \right)_{\mathcal{H}} = \lim_{k \to \infty} \left\| \left(\int_{-\infty}^{+\infty} \varphi_k^\pm(\lambda) dE(\lambda) \right) h \right\|^2 \in [0, +\infty).$$

Somit folgt $\varphi^{\pm} \in L^2(\varrho_h)$ und schließlich $h \in \mathcal{D}(E(.),\varphi^{\pm})$.

„$\Longleftarrow$": Sei nun ein Element $h \in \mathcal{D}(E(.),\varphi^{\pm})$ gegeben. Wie in (I.8.11) berechnen wir mittels Theorem I.6.7 die Identitäten

$$\left\| \left(\int_{-\infty}^{+\infty} [\varphi_k^\pm(\lambda) - \varphi_l^\pm(\lambda)] d\, E(\lambda) \right) h \right\|^2$$

$$= \int_{-\infty}^{+\infty} [\varphi_k^\pm(\lambda) - \varphi_l^\pm(\lambda)]^2 \, d\left(E(\lambda)h, h \right)_{\mathcal{H}}$$

$$= \int_{-\infty}^{+\infty} [\varphi_k^\pm(\lambda)]^2 \, d\left(E(\lambda)h, h \right)_{\mathcal{H}}$$

$$-2 \int_{-\infty}^{+\infty} [\varphi_k^\pm(\lambda) \cdot \varphi_l^\pm(\lambda)] \, d\left(E(\lambda)h, h \right)_{\mathcal{H}}$$

$$+ \int_{-\infty}^{+\infty} [\varphi_l^\pm(\lambda)]^2 \, d\left(E(\lambda)h, h \right)_{\mathcal{H}} \quad \text{für alle} \quad k, l \in \mathbb{N}.$$

Wegen $\varphi^\pm \in L^2(\varrho_h)$ können wir den Grenzübergang $k, l \to \infty$ mit dem Satz von B. Levi vollziehen:

$$\lim_{k,l\to\infty} \left\| \left(\int_{-\infty}^{+\infty} [\varphi_k^\pm(\lambda) - \varphi_l^\pm(\lambda)] d\, E(\lambda) \right) h \right\|^2 = \int_{-\infty}^{+\infty} [\varphi^\pm(\lambda)]^2 \, d\left(E(\lambda)h, h \right)_\mathcal{H}$$

$$-2 \int_{-\infty}^{+\infty} [\varphi^\pm(\lambda) \cdot \varphi^\pm(\lambda)] d\left(E(\lambda)h, h \right)_\mathcal{H} + \int_{-\infty}^{+\infty} [\varphi^\pm(\lambda)]^2 d\left(E(\lambda)h, h \right)_\mathcal{H} = 0.$$

Folglich konvergiert die Folge (I.8.10) stark im Hilbertraum $\mathcal{H}$.   q.e.d.

Definition I.8.5. *Wir setzen die Menge*

$$\mathcal{D}(E(.), \varphi) := \mathcal{D}(E(.), \varphi^+) \cap \mathcal{D}(E(.), \varphi^-) = \left\{ h \in \mathcal{H} \colon \varphi \in L^2(\varrho_h) \right\}$$

$$= \left\{ h \in \mathcal{H} \colon \int_{-\infty}^{+\infty} |\varphi(\lambda)|^2 \, d\left(E(\lambda)h, h \right)_\mathcal{H} < +\infty \right\}$$

als Definitionsbereich des Spektraloperators S_φ fest.

Wegen Proposition I.8.3 ist die folgende Definition sinnvoll:

Definition I.8.6. *Auf dem Definitionsbereich $\mathcal{D}(E(.), \varphi)$ wird der Spektraloperator gegeben durch*

$$S\,h = S_\varphi h = \left(\int_{-\infty}^{+\infty} \varphi(\lambda) d\, E(\lambda) \right) h := \lim_{k\to\infty} S_k h$$

$$= \lim_{k\to\infty} \left(\int_{-\infty}^{+\infty} \varphi_k(\lambda) d\, E(\lambda) \right) h = \lim_{k\to\infty} S_k^+ h - \lim_{k\to\infty} S_k^- h$$

$$= \lim_{k\to\infty} \left(\int_{-\infty}^{+\infty} \varphi_k^+(\lambda) d\, E(\lambda) \right) h - \lim_{k\to\infty} \left(\int_{-\infty}^{+\infty} \varphi_k^-(\lambda) d\, E(\lambda) \right) h$$

(I.8.12)

für alle $h \in \mathcal{D}(E(.), \varphi) = \mathcal{D}(E(.), \varphi^+) \cap \mathcal{D}(E(.), \varphi^-)$.

Theorem I.8.1. *Der Definitionsbereich $\mathcal{D}(E(.), \varphi)$ bildet einen linearen und dichten Teilraum im Hilbertraum $\mathcal{H}$.*

Beweis: 1.) Wir wählen $f, g \in \mathcal{D}(E(.), \varphi) = \mathcal{D}(E(.), \varphi^+) \cap \mathcal{D}(E(.), \varphi^-)$ und $\alpha, \beta \in \mathbb{C}$. Dann existieren nach Proposition I.8.3 in $\mathcal{H}$ die folgenden Grenzwerte:

$$\lim_{k\to\infty} S_k^+ f, \ \lim_{k\to\infty} S_k^+ g, \ \lim_{k\to\infty} S_k^- f, \ \lim_{k\to\infty} S_k^- g.$$

(I.8.13)

Folglich existieren im Hilbertraum $\mathcal{H}$ auch die Grenzwerte

$$\lim_{k\to\infty} S_k^+ (\alpha f + \beta g) = \alpha \lim_{k\to\infty} S_k^+ f + \beta \lim_{k\to\infty} S_k^+ g \,,$$

$$\lim_{k\to\infty} S_k^- (\alpha f + \beta g) = \alpha \lim_{k\to\infty} S_k^- f + \beta \lim_{k\to\infty} S_k^- g \,. \tag{I.8.14}$$

Wiederum nach Proposition I.8.3 liegt jetzt $\alpha f + \beta g$ sowohl in $\mathcal{D}(E(.), \varphi^+)$ als auch in $\mathcal{D}(E(.), \varphi^-)$ und somit in $\mathcal{D}(E(.), \varphi)$. Also bildet der Definitionsbereich $\mathcal{D}(E(.), \varphi)$ einen linearen Teilraum des Hilbertraums $\mathcal{H}$.

2.) Wir verwenden die Folge der Projektoren

$$P_k := E(+k) - E(-k) : \mathcal{H} \to \mathcal{H} \quad (k = 1, 2, \ldots) \quad \text{mit} \quad \widetilde{\lim_{k\to\infty}} P_k = E \,,$$

welche mit $E(\lambda)$ für jedes $\lambda \in \mathbb{R}$ vertauschbar sind. Zu einem beliebigen Element $h \in \mathcal{H}$ betrachten wir die Folge

$$h_k := P_k h \quad \text{für} \quad k = 1, 2, \ldots \quad \text{mit} \quad \lim_{k\to\infty} h_k = h \,.$$

Dann berechnen wir für alle $k \in \mathbb{N}$ die Ungleichung

$$\begin{aligned}
&\int_{-\infty}^{+\infty} |\varphi(\lambda)|^2 \, d \left(E(\lambda) h_k, h_k \right)_{\mathcal{H}} \\
&= \int_{-\infty}^{+\infty} |\varphi(\lambda)|^2 \, d \left(E(\lambda) P_k h, P_k h \right)_{\mathcal{H}} \\
&= \int_{-\infty}^{+\infty} |\varphi(\lambda)|^2 \, d \left(E(\lambda) P_k h, h \right)_{\mathcal{H}} \\
&= \int_{-k}^{+k} |\varphi(\lambda)|^2 \, d \left(E(\lambda) h, h \right)_{\mathcal{H}} \\
&\leq \sup_{-k \leq \lambda \leq k} |\varphi(\lambda)|^2 \cdot \int_{-\infty}^{+\infty} d \left(E(\lambda) h, h \right)_{\mathcal{H}} \\
&\leq \sup_{-k \leq \lambda \leq k} |\varphi(\lambda)|^2 \cdot \|h\|^2 < +\infty \,.
\end{aligned} \tag{I.8.15}$$

Somit ist $h_k \in \mathcal{D}(E(.), \varphi)$ für alle $k \in \mathbb{N}$ erfüllt, und $\mathcal{D}(E(.), \varphi)$ liegt dicht im Hilbertraum $\mathcal{H}$.   q.e.d.

Theorem I.8.2. *Zur vorgegebenen Funktion $\varphi \in C^0(\overline{\mathbb{R}}, \overline{\mathbb{R}})$ betrachten wir den Spektraloperator $S_\varphi = \int_{-\infty}^{+\infty} \varphi(\lambda) d E(\lambda)$. Dann gehört für alle $f, g \in \mathcal{D}(E(.), \varphi)$ die Funktion φ zur Klasse $L(\varrho_{f,g} + i \sigma_{f,g})$ aus Definition I.7.1 mit den Belegungsfunktionen (I.7.7) – (I.7.9). Weiter haben wir die Sesquilinearform*

$$\left(f, S_\varphi g \right)_{\mathcal{H}} = \int_{-\infty}^{+\infty} \varphi(\lambda) \, d \left(E(\lambda) f, g \right)_{\mathcal{H}} = \left(S_\varphi f, g \right)_{\mathcal{H}}, \; \forall f, g \in \mathcal{D}(E(.), \varphi) \tag{I.8.16}$$

auf dem Unterraum $\mathcal{D}(E(.), \varphi) \times \mathcal{D}(E(.), \varphi) \subset \mathcal{H} \times \mathcal{H}$. Insbesondere ist der Operator S_φ Hermitesch.

Beweis: 1.) Mit $f, g \in \mathcal{D}(E(.), \varphi)$ gehören nach dem Theorem I.8.1 auch die Elemente $f+g$, $f-g$, $f-ig$, $f+ig$ zum Definitionsbereich $\mathcal{D}(E(.), \varphi)$. Gemäß den Formeln (I.7.8) und (I.7.9) erfüllen dann die Funktionen $\varrho_{f,g}^{(\pm)}$ und $\sigma_{f,g}^{(\pm)}$ die folgenden Bedingungen:

$$\varphi \in L(\varrho_{f,g}^{(+)}), \quad \varphi \in L(\varrho_{f,g}^{(-)}), \quad \varphi \in L(\sigma_{f,g}^{(+)}), \quad \varphi \in L(\sigma_{f,g}^{(-)}). \tag{I.8.17}$$

Nach Definition I.7.1 gehört dann für die komplexe Belegungsfunktion

$$\tau_{f,g}(\lambda) = \Big(E(\lambda)f, g \Big)_{\mathcal{H}} = \varrho_{f,g} + i\sigma_{f,g}$$
$$= \Big[\varrho_{f,g}^{(+)}(\lambda) - \varrho_{f,g}^{(-)}(\lambda) \Big] + i \Big[\sigma_{f,g}^{(+)}(\lambda) - \sigma_{f,g}^{(-)}(\lambda) \Big], \quad \lambda \in \mathbb{R} \tag{I.8.18}$$

die Funktion φ zur Klasse $L(\varrho_{f,g} + i\sigma_{f,g})$. Folglich existiert das Lebesgue-Stieltjes-Integral aus (I.8.16) gemäß der Definition I.7.2.

2.) Dem Theorem I.6.6 entnehmen wir für alle $f, g \in \mathcal{D}(E(.), \varphi) \subset \mathcal{H}$ die Identitäten

$$\Big(f, \Big(\int_{-\infty}^{+\infty} \varphi_k(\lambda) d\, E(\lambda) \Big) g \Big)_{\mathcal{H}} = \int_{-\infty}^{+\infty} \varphi_k(\lambda) d \Big(E(\lambda)f, g \Big)_{\mathcal{H}}, \; k \in \mathbb{N}. \tag{I.8.19}$$

Wegen Proposition I.8.3 und der Definition I.8.6 können wir für $g \in \mathcal{D}(E(.), \varphi)$ den Grenzwert auf der linken Seite von (I.8.19) wie folgt bilden:

$$\lim_{k \to \infty} \Big(\int_{-\infty}^{+\infty} \varphi_k(\lambda) d\, E(\lambda) \Big) g =: \Big(\int_{-\infty}^{+\infty} \varphi(\lambda) d\, E(\lambda) \Big) g = S_\varphi g. \tag{I.8.20}$$

Auf der rechten Seite von (I.8.19) können wir wegen (I.8.17) und (I.8.18) den Grenzübergang $k \to \infty$ im Integral (I.7.12) aus der Definition I.7.2 mit B. Levi's Satz über die monotone Konvergenz gemäß (I.8.8) ausführen. Dann erhalten wir für $k \to \infty$ aus (I.8.19) die folgende Aussage:

$$\Big(f, S_\varphi g \Big)_{\mathcal{H}} = \int_{-\infty}^{+\infty} \varphi(\lambda) d \Big(E(\lambda)f, g \Big)_{\mathcal{H}}, \quad \forall f, g \in \mathcal{D}(E(.), \varphi). \tag{I.8.21}$$

3.) Die Approximationsoperatoren S_k sind auf dem Hilbertraum $\mathcal{H}$ wegen (I.6.34) Hermitesch für alle $k \in \mathbb{N}$. Mit der Konvergenz (I.8.12) überträgt sich der Hermitesche Charakter auf den Spektraloperator S_φ im Definitionsbereich $\mathcal{D}(E(.), \varphi)$. Somit haben wir die Identität (I.8.16) vollständig gezeigt. q.e.d.

Theorem I.8.3. *Zu* $\widehat{\varphi} = \widehat{\varphi}(\lambda) := \lambda$, $\lambda \in \mathbb{R}$ *ist der Spektraloperator*

$$H := S_{\widehat{\varphi}} = \int_{-\infty}^{+\infty} \lambda\, d\, E(\lambda)$$

selbstadjungiert und besitzt den in $\mathcal{H}$ *dichten Definitionsbereich*

$$\mathcal{D}(E(.), \widehat{\varphi}) := \Big\{ h \in \mathcal{H} : \int_{-\infty}^{+\infty} \lambda^2 d \Big(E(\lambda)h, h \Big)_{\mathcal{H}} < +\infty \Big\}.$$

Beweis: Nach dem Theorem I.4.6 haben wir nur zu zeigen, dass die Abbildungen $H \pm iE \colon \mathcal{D}(E(.), \widehat{\varphi}) \to \mathcal{H}$ surjektiv sind. Hierzu berechnen wir mit Hilfe von Proposition I.7.1 und Proposition I.7.3 sowie Proposition I.7.4 die Operatoridentität

$$\left(\int_{-k}^{+k} (\lambda \pm i) \, dE(\lambda) \right) \circ \left(\int_{-\infty}^{+\infty} \frac{1}{\lambda \pm i} \, dE(\lambda) \right) = \int_{-k}^{+k} dE(\lambda)$$

$$= E(+k) - E(-k) =: P_k \quad \text{für alle} \quad k \in \mathbb{N}.$$

$$(\text{I.8.22})$$

Dabei erscheint der Projektor P_k mit $\widetilde{\lim_{k \to \infty}} P_k = E$ bereits im Beweis zu Theorem I.8.3. Da es sich um eine monotone Konvergenz handelt, so können wir den Grenzübergang $k \to \infty$ in (I.8.22) durchführen und erhalten

$$\left(H \pm iE \right) \circ \left(\int_{-\infty}^{+\infty} \frac{1}{\lambda \pm i} \, dE(\lambda) \right) h = Eh = h \quad \text{für alle} \quad h \in \mathcal{H}. \quad (\text{I.8.23})$$

Also können wir zu jedem $h \in \mathcal{H}$ das Urbild $\left(\int_{-\infty}^{+\infty} \frac{1}{\lambda \pm i} \, dE(\lambda) \right) h$ unter der Abbildung $H \pm iE$ angeben. Somit ist $H \pm iE$ surjektiv, und der Spektraloperator H selbstadjungiert.   q.e.d.

§9 Auswahl- und Konvergenzsatz von E. Helly

Wir untersuchen nun die Riemann-Stieltjes-Integrale, welche in Theorem I.5.7 bei der Darstellung der Resolvente von n-dimensionalen Hermiteschen Operatoren aus Definition I.5.2 mit Hilfe der Spektralschar $\{E_n(\lambda)\}_{\lambda \in \mathbb{R}}$ aus (I.5.27) auftreten, bei ihrem Grenzübergang $n \to \infty$. Hierzu betrachten wir Integrale über komplexwertige Funktionen aus der Menge

$$C_0^0(\overline{\mathbb{R}}, \mathbb{C}) := \left\{ \psi \in C^0(\mathbb{R}, \mathbb{C}) \middle| \lim_{\lambda \to \pm\infty} \psi(\lambda) = 0 \right\} \subset C^0(\overline{\mathbb{R}}, \mathbb{C}),$$

nämlich die *Klasse stetigen Funktionen auf $\overline{\mathbb{R}}$ unter Nullrandbedingungen.*

In Theorem I.5.7 erscheinen Belegungsfunktionen der Klasse $BV(\mathbb{R}, \mathbb{C})$ beschränkter Variation gemäß Definition I.6.3. Mittels (I.7.7) – (I.7.9) zerlegen wir diese explizit in schwach monoton steigende bzw. fallende Funktionen. Hierzu verwenden wir die schwach monoton steigende Funktion

$$\varrho_{h;n}(\lambda) := \Big(E_n(\lambda)h,\, h \Big)_{\mathcal{H}}, \quad \lambda \in \mathbb{R} \tag{I.9.1}$$

für beliebige $h \in \mathcal{H}$ und alle $n \in \mathbb{N}$. Zu beliebigen Elementen $f, g \in \mathcal{H}$ und allen $n \in \mathbb{N}$ betrachten wir nun die komplexe Funktion

$$\tau_{f,g;n}(\lambda) = \varrho_{f,g;n}(\lambda) + i\sigma_{f,g;n}(\lambda) := \Big(E_n(\lambda)f,\, g \Big)_{\mathcal{H}}, \quad \lambda \in \mathbb{R} \tag{I.9.2}$$

mit dem Realteil

$$\varrho_{f,g;n}(\lambda) := \frac{1}{2}\left[\Big(E_n(\lambda)f,\, g \Big)_{\mathcal{H}} + \Big(E_n(\lambda)g,\, f \Big)_{\mathcal{H}} \right]$$

$$= \frac{1}{4}\left[\Big(E_n(\lambda)(f+g),\, (f+g) \Big)_{\mathcal{H}} - \Big(E_n(\lambda)(f-g),\, (f-g) \Big)_{\mathcal{H}} \right] \tag{I.9.3}$$

$$= \frac{1}{4}\varrho_{f+g;n}(\lambda) - \frac{1}{4}\varrho_{f-g;n}(\lambda) =: \varrho_{f,g;n}^{(+)}(\lambda) - \varrho_{f,g;n}^{(-)}(\lambda), \quad \lambda \in \mathbb{R}$$

und dem Imaginärteil

$$\sigma_{f,g;n}(\lambda) := \frac{1}{2i}\left[\Big(E_n(\lambda)f,\, g \Big)_{\mathcal{H}} - \Big(E_n(\lambda)g,\, f \Big)_{\mathcal{H}} \right]$$

$$= \frac{1}{4}\left[\Big(E_n(\lambda)(f-ig),\, (f-ig) \Big)_{\mathcal{H}} - \Big(E_n(\lambda)(f+ig),\, (f+ig) \Big)_{\mathcal{H}} \right] \tag{I.9.4}$$

$$= \frac{1}{4}\varrho_{f-ig;n}(\lambda) - \frac{1}{4}\varrho_{f+ig;n}(\lambda) =: \sigma_{f,g;n}^{(+)}(\lambda) - \sigma_{f,g;n}^{(-)}(\lambda), \quad \lambda \in \mathbb{R}.$$

Definition I.9.1. *Wir bezeichnen mit $BV_0^+(\mathbb{R}; M)$ die Menge der schwach monoton steigenden und rechtsseitig stetigen Funktionen $\varrho = \varrho(\lambda)\colon \mathbb{R} \to \mathbb{R}$ mit verschwindendem Anfangswert $\lim\limits_{\lambda \to -\infty} \varrho(\lambda) = 0$ und der Totalvariation*

$$\int_{-\infty}^{+\infty} |d\varrho(\lambda)| \le M\,.$$

Dabei ist die Schranke $M \in [0, +\infty)$ vorgegeben, und die rechtsseitige Stetigkeit bedeutet $\lim\limits_{\mu \to \lambda, \mu > \lambda} \varrho(\mu) = \varrho(\lambda)$ für alle $\lambda \in \mathbb{R}$.

Proposition I.9.1. *Es gehören die Zerlegungsfunktionen* (I.9.3) *und* (I.9.4) *für beliebige $f, g \in \mathcal{H}$ und alle $n \in \mathbb{N}$ den folgenden Regularitätsklassen an:*

$$\varrho_{f,g;n}^{(+)} \in BV_0^+\left(\mathbb{R}; \frac{1}{4}\|f + g\|^2\right)\,, \quad \varrho_{f,g;n}^{(-)} \in BV_0^+\left(\mathbb{R}; \frac{1}{4}\|f - g\|^2\right)$$

$$\sigma_{f,g;n}^{(+)} \in BV_0^+\left(\mathbb{R}; \frac{1}{4}\|f - ig\|^2\right)\,, \quad \sigma_{f,g;n}^{(-)} \in BV_0^+\left(\mathbb{R}; \frac{1}{4}\|f + ig\|^2\right)\,.$$

Beweis: Wir beschränken unsere Untersuchungen auf die Funktion

$$\varrho_{f,g;n}^{(+)}(\lambda) = \frac{1}{4}\varrho_{f+g;n}(\lambda) = \frac{1}{4}\Big(E_n(\lambda)(f + g),\, (f + g)\Big)_{\mathcal{H}}\,, \quad \lambda \in \mathbb{R} \qquad (\text{I.9.5})$$

und überlassen dem Leser die Kontrolle der weiteren Regularitätsaussagen. Zunächst entnehmen wir der Darstellung (I.5.27) für die Spektralschar, dass die Funktion (I.9.5) schwach monoton steigend ist und folgende Konvergenzaussagen erfüllt:

$$\lim_{\lambda \to -\infty} \varrho_{f,g;n}^{(+)}(\lambda) = 0 \quad \text{sowie} \quad \lim_{\mu \to \lambda,\, \mu > \lambda} \varrho_{f,g;n}^{(+)}(\mu) = \varrho_{f,g;n}^{(+)}(\lambda)\,, \,\forall\, \lambda \in \mathbb{R}\,.$$

Die Abschätzung (I.6.10) im Theorem I.6.3 liefert wegen (I.9.5) die Totalvariation

$$\int_{-\infty}^{+\infty} \left|d\,\varrho_{f,g;n}^{(+)}(\lambda)\right| \le \frac{1}{4}\|f + g\|^2\,.$$

Somit folgt die Regularitätsaussage $\varrho_{f,g;n}^{(+)} \in BV_0^+\left(\mathbb{R}; \frac{1}{4}\|f + g\|^2\right)$. \qquad q.e.d.

Proposition I.9.2. (Regularität monotoner Funktionen)
Sei $\varrho = \varrho(\lambda) : \mathbb{R} \to \mathbb{R}$ eine schwach monoton steigende Funktion beschränkter Totalvariation. Dann gelten die folgenden Aussagen:

i) *Die Funktion ϱ ist genau dann in einem Punkt $\lambda \in \mathbb{R}$ unstetig, wenn die Sprunghöhe $\delta(\lambda)$ positiv ist gemäß*

$$\delta(\lambda) := \varrho(\lambda+) - \varrho(\lambda-) > 0 \quad \text{mit} \quad \varrho(\lambda\pm) := \lim_{\mu \to 0, \pm\mu > 0} \varrho(\lambda + \mu)\,. \quad (\text{I.9.6})$$

ii) *Die Funktion ϱ besitzt höchstens abzählbar viele Unstetigkeitsstellen.*

Beweis: 1.) Wegen der Monotonie von ϱ existieren die links- und rechsseitigen Grenzwerte $\varrho(\lambda\pm)$ in jedem Punkt $\lambda \in \mathbb{R}$, und die Aussage i) folgt.

2.) Wir betrachten die Punkte $-\infty < \lambda_1 < \lambda_2 < \ldots < \lambda_m < +\infty$ für beliebiges $m \in \mathbb{N}$. Wegen der Monotonie von ϱ und der Beschränkung ihrer Totalvariation durch ein geeignetes $M \in [0, +\infty)$ können wir folgendermaßen abschätzen:

$$\sum_{k=1}^{n} \delta(\lambda_k) = \sum_{k=1}^{m} \Big(\varrho(\lambda_k+) - \varrho(\lambda_k-) \Big) \leq \int_{-\infty}^{+\infty} |d\varrho(\lambda)| \leq M < +\infty. \quad \text{(I.9.7)}$$

Die Mengen

$$\Omega_k := \Big\{ \lambda \in \mathbb{R} \colon \delta(\lambda) \geq 2^{-k}\, M \Big\}$$

können für $k = 0, 1, 2, \ldots$ höchstens 2^k Elemente enthalten. Aufgrund von

$$\Big\{ \lambda \in \mathbb{R} \colon \varrho \ \text{ ist unstetig in} \ \ \lambda \Big\} = \bigcup_{k=0}^{\infty} \Omega_k$$

ist die Menge der Unstetigkeitsstellen abzählbar. \hfill q.e.d.

Definition I.9.2. *Wir führen die Menge der Stetigkeitspunkte*

$$\mathbb{R}'(\varrho) := \Big\{ \lambda \in \mathbb{R} \colon \varrho \ \ \text{ist stetig im Punkt} \ \ \lambda \Big\} \quad \text{(I.9.8)}$$

von der schwach monoton steigenden Funktion $\varrho \in BV(\mathbb{R}, \mathbb{R})$ ein.

Wir zeigen nun die zentrale Kompaktheitsaussage im

Theorem I.9.1. (Hellyscher Auswahlsatz)
Sei $\varrho_n = \varrho_n(x) \in BV_0^+(\mathbb{R}; M)$, $n = 1, 2, \ldots$ eine Funktionenfolge mit der Schranke $M \in [0, +\infty)$ an die Totalvariation. Dann gibt es eine Teilfolge $\{\varrho_{n_k}\}_{k \in \mathbb{N}}$ und eine Grenzfunktion $\varrho = \varrho(x) \in BV_0^+(\mathbb{R}; M)$, so dass

$$\lim_{k \to \infty} \varrho_{n_k}(x) = \varrho(x) \quad \text{für alle} \ \ x \in \mathbb{R} \quad \text{(I.9.9)}$$

richtig ist.

Beweis: 1.) In jedem festen Punkt $x \in \mathbb{Q}$ können wir eine konvergente Teilfolge aus der Punktfolge $\{\varrho_n(x)\}_{n \in \mathbb{N}}$ auswählen. Mit dem Cantorschen Diagonalverfahren erhalten wir eine aufsteigende Indexfolge $\{n_k\}_{k \in \mathbb{N}}$, so dass die Grenzwerte

$$\lim_{k \to \infty} \varrho_{n_k}(x) \in \mathbb{R} \quad \text{für alle} \ \ x \in \mathbb{Q} \quad \text{(I.9.10)}$$

existieren. Wir betrachten jetzt die schwach monoton steigende Hilfsfunktion mit verschwindendem Anfangswert

$$\hat{\varrho}(x) := \sup_{\xi \in \mathbb{Q}, \, \xi \le x} \left(\lim_{k \to \infty} \varrho_{n_k}(\xi) \right) \in [0, M], \quad x \in \mathbb{R}. \tag{I.9.11}$$

Nachdem wir

$$\lim_{k \to \infty} \varrho_{n_k}(x) = \hat{\varrho}(x) \quad \text{für alle} \quad x \in \mathbb{Q} \tag{I.9.12}$$

sofort erkennen, weisen wir nun die Gültigkeit von (I.9.12) in allen Stetigkeitspunkten von $\hat{\varrho}$ nach.

2.) Wenn also $\hat{\varrho}$ im Punkt $x^{\scriptscriptstyle\cdot} \in \mathbb{R}$ stetig ist, so gibt es zu vorgegebenem $\epsilon > 0$ Zahlen $x^{\pm} \in \mathbb{Q}$ mit $x^{-} < x^{\scriptscriptstyle\cdot} < x^{+}$ und

$$\hat{\varrho}(x^{\scriptscriptstyle\cdot}) - \epsilon \le \hat{\varrho}(x^{-}) \le \hat{\varrho}(x^{\scriptscriptstyle\cdot}) \le \hat{\varrho}(x^{+}) \le \hat{\varrho}(x^{\scriptscriptstyle\cdot}) + \epsilon. \tag{I.9.13}$$

Wegen $\lim\limits_{k \to \infty} \varrho_{n_k}(x^{\pm}) = \hat{\varrho}(x^{\pm})$ folgt

$$\hat{\varrho}(x^{\scriptscriptstyle\cdot}) - 2\epsilon \le \varrho_{n_k}(x^{-}) \le \varrho_{n_k}(x^{+}) \le \hat{\varrho}(x^{\scriptscriptstyle\cdot}) + 2\epsilon \quad \text{für alle} \quad k \ge k_0. \tag{I.9.14}$$

Da die Funktionen ϱ_{n_k} schwach monoton steigend sind, so erhalten wir

$$\hat{\varrho}(x^{\scriptscriptstyle\cdot}) - 2\epsilon \le \varrho_{n_k}(x^{\scriptscriptstyle\cdot}) \le \hat{\varrho}(x^{\scriptscriptstyle\cdot}) + 2\epsilon \quad \text{für alle} \quad k \ge k_0 \tag{I.9.15}$$

beziehungsweise

$$\lim_{k \to \infty} \varrho_{n_k}(x^{\scriptscriptstyle\cdot}) = \hat{\varrho}(x^{\scriptscriptstyle\cdot}). \tag{I.9.16}$$

3.) Nun setzen wir die Funktion $\hat{\varrho}$ rechtsseitig stetig in ihre abzählbar vielen Unstetigkeitsstellen gemäß Proposition I.9.2 fort. Eine erneute Anwendung des Cantorschen Diagonalverfahrens an diesen Stellen liefert die in (I.9.9) behauptete Konvergenz gegen die Grenzfunktion ϱ. Die Totalvariationen ermitteln wir nur mit Zerlegungen $\mathcal{Z}$ in $\mathbb{R}'(\varrho)$, und die Approximation (I.9.9) zusammen mit $\varrho_{n_k} \in BV_0^{+}(\mathbb{R}; M)$ für alle $k \in \mathbb{N}$ liefert $\int_{-\infty}^{+\infty} |\varrho(\lambda)| \le M$. Also liegt die Grenzfunktion ϱ wieder in der Klasse $BV(\mathbb{R}; M)$, wie oben behauptet wurde.

q.e.d.

Wir geben uns nun eine Belegungsfunktion $\varrho \in BV_0^{+}(\mathbb{R}; M)$ mit der Schranke $M \in [0, +\infty)$ an ihre Totalvariation vor. Zu einer Zerlegung von $\overline{\mathbb{R}}$ aus (I.6.12) mit den zugehörigen Intervallen $\Delta_j := [a_{j-1}, a_j]$ für $j = 1, \dots, n(\mathcal{Z})$ wählen wir beliebige *Zwischenwerte* $\lambda_j \in \Delta_j$ für $j = 1, \dots, n(\mathcal{Z})$, welche wir zum Vektor $\Lambda := \{\lambda_j\}_{j=1, \dots, n(\mathcal{Z})}$ zusammenfassen. Dann vereinbaren wir

Definition I.9.3. *Zu der Belegungsfunktion $\varrho \in BV_0^{+}(\mathbb{R}; M)$ erklären wir für beliebige Zerlegungen $\mathcal{Z}$ von $\overline{\mathbb{R}}$ und entsprechenden Zwischenwerten Λ die Riemann-Stieltjes-Summe*

$$R(\varrho, \psi, \mathcal{Z}, \Lambda) := \sum_{j=1}^{n(\mathcal{Z})} \psi(\lambda_j) \Big(\varrho(a_j) - \varrho(a_{j-1}) \Big) \tag{I.9.17}$$

mit den Funktionen $\psi \in C^0(\overline{\mathbb{R}}, \mathbb{C})$.

Wir betrachten nun eine ausgezeichnete Folge von Zerlegungen von $\overline{\mathbb{R}}$ gemäß der Definition I.6.5 in der Form

$$\mathcal{Z}^{(k)} : -\infty = a_0^{(k)} < a_1^{(k)} \ldots < a_{n^{(k)}-1}^{(k)} < a_{n^{(k)}}^{(k)} = +\infty$$
$$\text{mit}\quad n^{(k)} := n(\mathcal{Z}^{(k)}) \in \mathbb{N} \quad\text{für}\quad k = 1, 2, 3, \ldots. \tag{I.9.18}$$

Dabei erfüllen die Längen $|\Delta_j^{(k)}| := a_j^{(k)} - a_{j-1}^{(k)}$ der Teilintervalle $\Delta_j^{(k)} := [a_{j-1}^{(k)}, a_j^{(k)})$ für $j = 1, \ldots, n^{(k)}$ die *Feinheitsbedingung*

$$\max\left\{ |\Delta_j^{(k)}| : j = 2, \ldots, n^{(k)} - 1 \right\} \quad\to\quad 0 \quad\text{für}\quad k \to \infty. \tag{I.9.19}$$

Weiter gilt die *Ausschöpfungsbedingung*

$$\lim_{k \to \infty} a_1^{(k)} = -\infty \quad\text{und}\quad \lim_{k \to \infty} a_{n^{(k)}-1}^{(k)} = +\infty. \tag{I.9.20}$$

Ähnlich wie das Theorem I.6.4 beweist man die folgende

Proposition I.9.3. *Sei eine Funktion $\psi \in C^0(\overline{\mathbb{R}}, \mathbb{C})$ sowie eine Belegungsfunktion $\varrho \in BV_0^+(\mathbb{R}; M)$ mit der Schranke $M \in [0, +\infty)$ gegeben. Dann konvergiert für jede ausgezeichnete Zerlegungsfolge $\mathcal{Z}^{(k)}, k = 1, 2, \ldots$ von $\overline{\mathbb{R}}$ mit entsprechenden Zwischenwerten $\Lambda^{(k)} := \{\lambda_j^{(k)}\}_{j=1,\ldots,n^{(k)}}, k = 1, 2, \ldots$ die Folge der Riemann-Stieltjes-Summen*

$$R(\varrho, \psi, \mathcal{Z}^{(k)}, \Lambda^{(k)}) := \sum_{j=1}^{n^{(k)}} \psi(\lambda_j^{(k)}) \Big(\varrho(a_j^{(k)}) - \varrho(a_{j-1}^{(k)}) \Big), \; k = 1, 2, \ldots \tag{I.9.21}$$

gegen den Grenzwert

$$\lim_{k \to \infty} R(\varrho, \psi, \mathcal{Z}^{(k)}, \Lambda^{(k)}) =: \int_{-\infty}^{+\infty} \psi(\lambda) d\varrho(\lambda) \quad\in\quad \mathbb{C}. \tag{I.9.22}$$

Definition I.9.4. *Es heißt* $\displaystyle\int_{-\infty}^{+\infty} \psi(\lambda) d\varrho(\lambda)$ *in (I.9.22) das Riemann-Stieltjes-Integral von der Funktion* $\psi \in C^0(\overline{\mathbb{R}}, \mathbb{C})$ *über die Belegungsfunktion* $\varrho \in BV_0^+(\mathbb{R}; M)$.

Bemerkung: Wenn $\varrho \in BV_0^+(\mathbb{R}; M)$ mit der Schranke $M \in [0, +\infty)$ gewählt wird, so liefert obige Konstruktion die Abschätzung

$$\left| \int_{-\infty}^{+\infty} \psi(\lambda) d\varrho(\lambda) \right| \leq M \cdot \sup_{\lambda \in \mathbb{R}} |\psi(\lambda)| \quad\text{für alle}\quad \psi \in C^0(\overline{\mathbb{R}}, \mathbb{C}). \tag{I.9.23}$$

Theorem I.9.2. (Hellyscher Konvergenzsatz)
Mit der Schranke $M \in [0, +\infty)$ besitze die Funktionenfolge $\varrho_l \in BV_0^+(\mathbb{R}; M)$
für $l = 1, 2, \ldots$ und die Funktion $\varrho_\infty \in BV_0^+(\mathbb{R}; M)$ folgende Eigenschaft:

$$\lim_{l \to \infty} \varrho_l(\lambda) = \varrho_\infty(\lambda) \quad \text{für alle} \quad \lambda \in \mathbb{R}.$$

Weiter sei eine Funktion $\psi \in C_0^0(\overline{\mathbb{R}}, \mathbb{C})$ mit Nullrandbedingungen gegeben.
Dann haben wir die Konvergenzaussage

$$\lim_{l \to \infty} \int_{-\infty}^{+\infty} \psi(\lambda) d\,\varrho_l(\lambda) = \int_{-\infty}^{+\infty} \psi(\lambda) d\,\varrho_\infty(\lambda) \tag{I.9.24}$$

für ihre Riemann-Stieltjes-Integrale.

Beweis: 1.) Wegen $\psi \in C_0^0(\overline{\mathbb{R}}, \mathbb{C})$ und (I.9.20) existiert zu vorgegebenem $\varepsilon > 0$
ein Index $k_0 = k_0(\varepsilon)$, so dass für alle $k \geq k_0$ die Zerlegungen $\mathcal{Z}^{(k)}$ von $\overline{\mathbb{R}}$
gemäß (I.9.18) und (I.9.19) die folgenden Eigenschaften besitzen:

$$\sup\left\{|\psi(\lambda)|\colon \lambda \in \Delta_1^{(k)}\right\} \leq \varepsilon, \quad \sup\left\{|\psi(\lambda)|\colon \lambda \in \Delta_{n^{(k)}}^{(k)}\right\} \leq \varepsilon. \tag{I.9.25}$$

Wir wählen nun beliebige Zwischenwerte $\lambda_j^{(k)} \in \Delta_j^{(k)}$ für $j = 1, \ldots, n^{(k)}$ aus
und fassen diese zu $\Lambda^{(k)} := \{\lambda_j^{(k)}\}_{j=1,\ldots,n^{(k)}}$ zusammen. Mit $l = 1, 2, 3, \ldots$
und $l = \infty$ betrachten wir aus (I.9.17) sowie (I.9.21) die Riemann-Stieltjes-
Summen

$$R(\varrho_l, \psi, \mathcal{Z}^{(k)}, \Lambda^{(k)}) = \sum_{j=1}^{n^{(k)}} \psi(\lambda_j^{(k)})\Big(\varrho_l(a_j^{(k)}) - \varrho_l(a_{j-1}^{(k)})\Big), \tag{I.9.26}$$
$$\text{für} \quad k = k_0, k_0 + 1, \ldots$$

2.) Die Riemann-Stieltjes-Summen (I.9.26) vergleichen wir mit den *inneren*
Riemann-Stieltjes-Summen

$$\widehat{R}(\varrho_l, \psi, \mathcal{Z}^{(k)}, \Lambda^{(k)}) := \sum_{j=2}^{n^{(k)}-1} \psi(\lambda_j^{(k)})\Big(\varrho_l(a_j^{(k)}) - \varrho_l(a_{j-1}^{(k)})\Big) \tag{I.9.27}$$
$$\text{für alle} \quad l \in \mathbb{N} \cup \{\infty\} \quad \text{und} \quad k \geq k_0.$$

Wegen (I.9.25) und $\varrho_l \in BV_0^+(\mathbb{R}; M)$ für alle $l \in \mathbb{N} \cup \{\infty\}$ ermitteln wir

$$|\psi(\lambda_j^{(k)})|\Big|\varrho_l(a_j^{(k)}) - \varrho_l(a_{j-1}^{(k)})\Big| \leq M \cdot \varepsilon \quad \text{für} \quad j = 1 \quad \text{und} \quad j = n^{(k)}$$
$$\text{für alle} \quad l \in \mathbb{N} \cup \{\infty\} \quad \text{und} \quad k \geq k_0. \tag{I.9.28}$$

Somit folgen die Ungleichungen

$$\left| R(\varrho_l, \psi, \mathcal{Z}^{(k)}, \Lambda^{(k)}) - \widehat{R}(\varrho_l, \psi, \mathcal{Z}^{(k)}, \Lambda^{(k)}) \right| \le 2M \cdot \varepsilon$$

$$\text{(I.9.29)}$$

$$\text{für alle} \quad l \in \mathbb{N} \cup \{\infty\} \quad \text{und} \quad k \ge k_0.$$

3.) Aufgrund von Definition I.9.4 können wir $k_1 = k_1(\varepsilon) \in \mathbb{N}$ mit $k_1(\varepsilon) \ge k_0(\varepsilon)$ so groß wählen, dass

$$\left| \int_{-\infty}^{+\infty} \psi(\lambda) d\varrho_l(\lambda) - R(\varrho_l, \psi, \mathcal{Z}^{(k_1)}, \Lambda^{(k_1)}) \right| \le \varepsilon \quad \text{für alle} \quad l \in \mathbb{N} \cup \{\infty\}$$

$$\text{(I.9.30)}$$

erfüllt ist. Hierbei benutzen wir, dass die Totalvariationen der Funktionen ϱ_l, $l \in \mathbb{N} \cup \{\infty\}$ gleichmäßig durch die Konstante M beschränkt sind, und dass die Funktion $\psi : \overline{\mathbb{R}} \to \mathbb{C}$ gleichmäßig stetig ist.
Weiter impliziert die Konvergenz der Funktionenfolge $\{\varrho_l\}_{l=1,2,\dots}$ auf $\mathbb{R}$ die Aussage

$$\lim_{l \to \infty} \widehat{R}(\varrho_l, \psi, \mathcal{Z}^{(k_1)}, \Lambda^{(k_1)}) = \widehat{R}(\varrho_\infty, \psi, \mathcal{Z}^{(k_1)}, \Lambda^{(k_1)}). \qquad \text{(I.9.31)}$$

Somit finden wir ein $l_0 = l_0(\varepsilon) \in \mathbb{N}$, so dass die folgende Abschätzung gilt:

$$\left| \widehat{R}(\varrho_l, \psi, \mathcal{Z}^{(k_1)}, \Lambda^{(k_1)}) - \widehat{R}(\varrho_\infty, \psi, \mathcal{Z}^{(k_1)}, \Lambda^{(k_1)}) \right| \le \epsilon, \forall l \in \mathbb{N} \text{ mit } l \ge l_0.$$

$$\text{(I.9.32)}$$

4.) Kombinieren wir die Abschätzungen (I.9.29), (I.9.30) und (I.9.32), so erhalten wir für alle $l \in \mathbb{N}$ mit $l \ge l_0(\varepsilon)$ die Ungleichungen

$$\left| \int_{-\infty}^{+\infty} \psi(\lambda) d\varrho_\infty(\lambda) - \int_{-\infty}^{+\infty} \psi(\lambda) d\varrho_l(\lambda) \right|$$

$$\le \left| \int_{-\infty}^{+\infty} \psi(\lambda) d\varrho_\infty(\lambda) - R(\varrho_\infty, \psi, \mathcal{Z}^{(k_1)}, \Lambda^{(k_1)}) \right|$$

$$+ \left| R(\varrho_\infty, \psi, \mathcal{Z}^{(k_1)}, \Lambda^{(k_1)}) - \widehat{R}(\varrho_\infty, \psi, \mathcal{Z}^{(k_1)}, \Lambda^{(k_1)}) \right|$$

$$+ \left| \widehat{R}(\varrho_\infty, \psi, \mathcal{Z}^{(k_1)}, \Lambda^{(k_1)}) - \widehat{R}(\varrho_l, \psi, \mathcal{Z}^{(k_1)}, \Lambda^{(k_1)}) \right| \qquad \text{(I.9.33)}$$

$$+ \left| \widehat{R}(\varrho_l, \psi, \mathcal{Z}^{(k_1)}, \Lambda^{(k_1)}) - R(\varrho_l, \psi, \mathcal{Z}^{(k_1)}, \Lambda^{(k_1)}) \right|$$

$$+ \left| R(\varrho_l, \psi, \mathcal{Z}^{(k_1)}, \Lambda^{(k_1)}) - \int_{-\infty}^{+\infty} \psi(\lambda) d\varrho_l(\lambda) \right|$$

$$\le \varepsilon + 2M \cdot \varepsilon + \varepsilon + 2M \cdot \varepsilon + \varepsilon = (4M + 3) \cdot \varepsilon.$$

Da diese Abschätzung für beliebig vorgegebenes $\varepsilon > 0$ gültig ist, so erhalten wir die Konvergenzaussage (I.9.24) für die Riemann-Stieltjes-Integrale.

q.e.d.

Wir können nun im Theorem I.5.7 geeignet einen Grenzübergang durchführen.

Theorem I.9.3. *Für alle $n \in \mathbb{N}$ betrachten wir zum n-dimensionalen Hermiteschen Operators H_n gemäß Definition I.5.2 die zugehörige Spektralschar $\{E_n(\lambda)\}_{\lambda \in \mathbb{R}}$ aus (I.5.27). Dann gibt es eine Teilfolge $\{n_k\}_{k=1,2,\ldots}$ der natürlichen Zahlen mit $1 \le n_1 < n_2 < n_3 < \ldots$, so dass die assoziierten Belegungsfunktionen aus (I.9.3) und (I.9.4) für die Elemente $f, g \in \mathcal{H}$ punktweise in ganz $\mathbb{R}$ wie folgt konvergieren:*

$$\lim_{k \to \infty} \varrho_{f,g;n_k}^{(+)}(\lambda) = \varrho_{f,g;\infty}^{(+)}(\lambda) \in BV_0^+\left(\mathbb{R}; \frac{1}{4}\|f + g\|^2\right),$$

$$\lim_{k \to \infty} \varrho_{f,g;n_k}^{(-)}(\lambda) = \varrho_{f,g;\infty}^{(-)}(\lambda) \in BV_0^+\left(\mathbb{R}; \frac{1}{4}\|f - g\|^2\right),$$

$$\lim_{k \to \infty} \sigma_{f,g;n_k}^{(+)}(\lambda) = \sigma_{f,g;\infty}^{(+)}(\lambda) \in BV_0^+\left(\mathbb{R}; \frac{1}{4}\|f - ig\|^2\right), \qquad \text{(I.9.34)}$$

$$\lim_{k \to \infty} \sigma_{f,g;n_k}^{(-)}(\lambda) = \sigma_{f,g;\infty}^{(-)}(\lambda) \in BV_0^+\left(\mathbb{R}; \frac{1}{4}\|f + ig\|^2\right).$$

Hierbei liegen die Grenzfunktionen $\varrho_{f,g;\infty}^{(\pm)}$ sowie $\sigma_{f,g;\infty}^{(\pm)}$ in den angegebenen Regularitätsklassen. Die komplexe Grenzfunktion

$$\tau_{f,g;\infty}(\lambda) := \varrho_{f,g;\infty}(\lambda) + i\sigma_{f,g;\infty}(\lambda) :=$$
$$\left[\varrho_{f,g;\infty}^{(+)}(\lambda) - \varrho_{f,g;\infty}^{(-)}(\lambda)\right] + i\left[\sigma_{f,g;\infty}^{(+)}(\lambda) - \sigma_{f,g;\infty}^{(-)}(\lambda)\right], \lambda \in \mathbb{R} \qquad \text{(I.9.35)}$$

besitzt die Totalvariation $\int_{-\infty}^{+\infty} |d\,\tau_{f,g;\infty}(\lambda)| \le \|f\|^2 + \|g\|^2$ mit der Supremumschranke $\sup_{\lambda \in \mathbb{R}} |\tau_{f,g;\infty}(\lambda)| \le \|f\| \cdot \|g\|$ und gehört der Klasse $\widehat{BV}(\mathbb{R}, \mathbb{C})$ aus der Definition I.9.5 an. Die Resolventen obiger Teilfolge

$$R_z^{(n_k)} h := (H_{n_k} - zE)^{-1} h, \quad h \in \mathcal{H} \quad \text{und} \quad z \in \mathbb{C}' \quad \text{für} \quad k = 1, 2, \ldots$$

besitzen das folgende asymptotische Verhalten

$$\lim_{k \to \infty} \left(f, R_z^{(n_k)} g\right)_{\mathcal{H}} = \int_{-\infty}^{+\infty} \frac{1}{\lambda - z} d\,\tau_{f,g;\infty}(\lambda) \quad, \quad z \in \mathbb{C}' \qquad \text{(I.9.36)}$$

auf der imaginären Ebene $\mathbb{C}' := \mathbb{C} \setminus \mathbb{R}$.

Beweis: 1.) Wir zeigen zunächst die erste Zeile von (I.9.34) und weisen die weiteren Zeilen entsprechend nach. Proposition I.9.1 entnehmen wir die Folge

$$\varrho_{f,g;n}^{(+)} \in BV_0^+\left(\mathbb{R}; \frac{1}{4}\|f+g\|^2\right) \quad \text{für} \quad n = 1, 2, 3, \ldots \tag{I.9.37}$$

Nach dem Hellyschen Auswahlsatz aus dem Theorem I.9.1 können wir innerhalb der Klasse $BV_0^+\left(\mathbb{R}; \frac{1}{4}\|f+g\|^2\right)$ zu einer geeigneten Teilfolge übergehen:

$$\varrho_{f,g;\infty}^{(+)}(\lambda) := \lim_{k \to \infty} \varrho_{f,g;n_k}^{(+)}(\lambda), \ \lambda \in \mathbb{R} \text{ mit } \varrho_{f,g;\infty}^{(+)} \in BV_0^+\left(\mathbb{R}; \frac{1}{4}\|f+g\|^2\right).$$
$$\tag{I.9.38}$$

2.) Den Regularitäten der Funktionen $\varrho_{f,g;\infty}^{(\pm)}$ und $\sigma_{f,g;\infty}^{(\pm)}$ in (I.9.34) entnehmen wir sofort die Abschätzung der Totalvariation. Zur Ermittlung der Supremumschranke greifen wir auf die Formel (I.9.2) zurück und betrachten die Teilfolge der komplexen Funktionenfolge

$$\tau_{f,g;n_k}(\lambda) := \left(E_{n_k}(\lambda)f, g\right)_{\mathcal{H}} = \varrho_{f,g;n_k}(\lambda) + i\sigma_{f,g;n_k}(\lambda)$$

$$= \left[\varrho_{f,g;n_k}^{(+)}(\lambda) - \varrho_{f,g;n_k}^{(-)}(\lambda)\right] + i\left[\sigma_{f,g;n_k}^{(+)}(\lambda) - \sigma_{f,g;n_k}^{(-)}(\lambda)\right]$$

$$\to \left[\varrho_{f,g;\infty}^{(+)}(\lambda) - \varrho_{f,g;\infty}^{(-)}(\lambda)\right] + i\left[\sigma_{f,g;\infty}^{(+)}(\lambda) - \sigma_{f,g;\infty}^{(-)}(\lambda)\right] = \tau_{f,g;\infty}(\lambda)$$

$$\text{für} \quad k \to \infty \quad \text{in jedem Punkt} \quad \lambda \in \mathbb{R}.$$
$$\tag{I.9.39}$$

Mit dem Theorem I.6.3 beschränken wir die Totalvariationen:

$$\int_{-\infty}^{+\infty}\left|d\,\tau_{f,g;n_k}(\lambda)\right| = \int_{-\infty}^{+\infty}\left|d\left(E_{n_k}(\lambda)f, g\right)_{\mathcal{H}}\right| \le \|f\| \cdot \|g\|, \, \forall\, k \in \mathbb{N}.$$
$$\tag{I.9.40}$$

Somit erhalten wir die Supremumschranke

$$\sup_{\lambda \in \mathbb{R}}|\tau_{f,g;n_k}(\lambda)| \le \|f\| \cdot \|g\| \quad \text{für alle} \quad k \in \mathbb{N}, \tag{I.9.41}$$

und die punktweise Konvergenz (I.9.39) liefert die gewünschte Abschätzung

$$\sup_{\lambda \in \mathbb{R}}|\tau_{f,g;\infty}(\lambda)| \le \|f\| \cdot \|g\| \quad \text{für alle} \quad f, g \in \mathcal{H}. \tag{I.9.42}$$

3.) Wir wenden Theorem I.5.7 an und erhalten für alle $k \in \mathbb{N}$ folgende Identität:

$$\left(f, R_z^{(n_k)}g\right)_{\mathcal{H}} = \int_{-\infty}^{+\infty} \frac{1}{\lambda - z} d\left(E_{n_k}(\lambda)f, g\right)_{\mathcal{H}}$$

$$= \int_{-\infty}^{+\infty} \frac{1}{\lambda - z} d\tau_{f,g;n_k}(\lambda)$$

$$= \int_{-\infty}^{+\infty} \frac{1}{\lambda - z} d\varrho_{f,g;n_k}^{(+)}(\lambda) - \int_{-\infty}^{+\infty} \frac{1}{\lambda - z} d\varrho_{f,g;n_k}^{(-)}(\lambda) \qquad (\text{I.9.43})$$

$$+i \int_{-\infty}^{+\infty} \frac{1}{\lambda - z} d\sigma_{f,g;n_k}^{(+)}(\lambda) - i \int_{-\infty}^{+\infty} \frac{1}{\lambda - z} d\sigma_{f,g;n_k}^{(-)}(\lambda), \quad z \in \mathbb{C}'.$$

Wir evaluieren den Limes $k \to \infty$ in den letzten vier Integralen von (I.9.43) mittels Theorem I.9.2, welches wir auf die Funktion $\psi(\lambda) := \dfrac{1}{\lambda - z}, \lambda \in \mathbb{R}$ der Klasse $C_0^0(\overline{\mathbb{R}}, \mathbb{C})$ und die gemäß (I.9.34) konvergenten Belegungsfunktionen aus der Proposition I.9.1 anwenden. Dann ergibt sich das asymptotische Verhalten

$$\lim_{k \to \infty} \left(f, R_z^{(n_k)}g\right)_{\mathcal{H}}$$

$$= \int_{-\infty}^{+\infty} \frac{1}{\lambda - z} d\varrho_{f,g;\infty}^{(+)}(\lambda) - \int_{-\infty}^{+\infty} \frac{1}{\lambda - z} d\varrho_{f,g;\infty}^{(-)}(\lambda)$$

$$+i \int_{-\infty}^{+\infty} \frac{1}{\lambda - z} d\sigma_{f,g;\infty}^{(+)}(\lambda) - i \int_{-\infty}^{+\infty} \frac{1}{\lambda - z} d\sigma_{f,g;\infty}^{(-)}(\lambda) \qquad (\text{I.9.44})$$

$$= \int_{-\infty}^{+\infty} \frac{1}{\lambda - z} d\tau_{f,g;\infty}(\lambda) \quad \text{für alle} \quad z \in \mathbb{C}'.$$

Damit sind alle Aussagen des Theorems gezeigt.   q.e.d.

Wir führen einen geeigneten Unterraum des Vektorraums $BV(\mathbb{R}, \mathbb{C})$ der Funktionen beschränkter Variation wie folgt ein.

Definition I.9.5. *Wir erklären den Repräsentantenraum*

$$\widehat{BV}(\mathbb{R}, \mathbb{C}) := \Big\{\tau \colon [-\infty, +\infty) \to \mathbb{C} \Big| \quad \tau \in BV(\mathbb{R}, \mathbb{C}) \quad \text{ist rechtsseitig stetig}$$

$$\text{für alle Punkte} \quad \lambda \in [-\infty, +\infty) \quad \text{und} \quad \tau(-\infty) = 0 \quad \text{gilt}\Big\}$$

für die Funktionen beschränkter Variation.

Bemerkung: Man kann leicht zeigen, dass für jede Funktion $\tau \in BV(\mathbb{R}, \mathbb{C})$ der rechtsseitige Grenzwert $\tau(-\infty) := \lim\limits_{\lambda \in \mathbb{R},\, \lambda \to -\infty} \tau(\lambda) \in \mathbb{C}$ existiert. Gehen wir nun beim Riemann-Stieltjes-Integral für $\psi \in C^0(\overline{\mathbb{R}}, \mathbb{C})$ mit der Belegungsfunktion $\tau \in BV(\mathbb{R}, \mathbb{C})$ über zur Belegungsfunktion $\widehat{\tau}(\lambda) := \tau(\lambda) - \tau(-\infty)$, $\lambda \in \mathbb{R}$ unter verschwindender Anfangsbedingung, so ermitteln wir sofort

$$\int_{-\infty}^{+\infty} \psi(\lambda) d\,\tau(\lambda) = \int_{-\infty}^{+\infty} \psi(\lambda) d\,\widehat{\tau}(\lambda)\,. \tag{I.9.45}$$

§10 Cauchy-Stieltjes-Integrale und die Stieltjes-Umkehrformel

Zum Verständnis des Repräsentantenraums von Funktionen mit beschränkter Variation benötigen wir das

Theorem I.10.1. (Zerlegungssatz für $\widehat{BV}$-Funktionen)
Jede komplexe Funktion $\tau = \varrho + i\sigma \in \widehat{BV}(\mathbb{R}, \mathbb{C})$ der beschränkten Total-variation $M := \int_{-\infty}^{+\infty} |d\tau(\lambda)| \in [0, +\infty)$ lässt sich eindeutig in der Form

$$\tau(\lambda) = \varrho(\lambda) + i\sigma(\lambda) = \left[\varrho^{(+)}(\lambda) - \varrho^{(-)}(\lambda)\right] + i\left[\sigma^{(+)}(\lambda) - \sigma^{(-)}(\lambda)\right] \tag{I.10.1}$$
$$\text{für alle}\quad \lambda \in \mathbb{R}$$

durch die Setzungen (I.10.4) und (I.10.8) mit den folgenden Funktionen zer-legen:

$$\varrho^{(+)},\ \sigma^{(+)} \in BV_0^+(\mathbb{R}; M) \quad \text{und} \quad \varrho^{(-)},\ \sigma^{(-)} \in BV_0^+(\mathbb{R}; 2M).$$

Beweis: 1.) Wir betrachten den Realteil $\varrho \in \widehat{BV}(\mathbb{R}, \mathbb{R})$ der Funktion τ mit der Totalvariation $\int_{-\infty}^{+\infty} |d\varrho(\lambda)| \leq M$, woraus die Einschließung

$$-M \leq \varrho(\lambda) \leq +M, \quad \forall \lambda \in \mathbb{R}$$

folgt. Als Weiterentwicklung der Definition I.6.3 definieren wir für beliebiges $-\infty < \mu < +\infty$ im halboffenen Intervall $(-\infty, \mu]$ die Zerlegungen

$$\mathcal{Z}(\mu): \ -\infty < a_0 < a_1 \ldots < a_{n-1} < a_n \leq \mu, \quad n := n(\mathcal{Z}) \in \mathbb{N}. \tag{I.10.2}$$

Mit den Teilintervallen $\Delta_j' := (a_{j-1}, a_j]$ für $j = 1, \ldots, n$ und den Bildgrößen $\varrho(\Delta_j') := \varrho(a_j) - \varrho(a_{j-1})$ gilt die Abschätzung

$$\sum_{j=1}^{n} |\varrho(\Delta_j')| = \sum_{j=1}^{n} |\varrho(a_j) - \varrho(a_{j-1})| \leq M. \tag{I.10.3}$$

Dann erklären wir die *unbestimmte Totalvariation von der Funktion ϱ* durch

$$\varrho^{(+)}(\mu) := \int_{-\infty}^{\mu} |d\varrho(\lambda)| := \sup_{\mathcal{Z}(\mu)} \sum_{j=1}^{n} |\varrho(\Delta_j')|$$
$$= \sup_{\mathcal{Z}(\mu)} \sum_{j=1}^{n} |\varrho(a_j) - \varrho(a_{j-1})|, \quad -\infty < \mu \leq +\infty. \tag{I.10.4}$$

Nach Konstruktion ist die Funktion $0 \leq \varrho^{(+)}(\mu) \leq M$, $\mu \in \mathbb{R}$ schwach mono-ton steigend und erfüllt die asymptotische Bedingung $\lim_{\mu \to -\infty} \varrho^{(+)}(\mu) = 0$.

2.) Für alle $-\infty < \mu < \nu < +\infty$ erklären wir die *bestimmte Totalvariation der Funktion* ϱ durch

$$\int_{\mu}^{\nu} |d\varrho(\lambda)| := \sup_{\mathcal{Z}(\mu,\nu)} \sum_{j=1}^{n} |\varrho(a_j) - \varrho(a_{j-1})| \text{ mit sup über alle Zerle-}$$

gungen $\mathcal{Z}(\mu,\nu)\colon \mu < a_0 < a_1 \ldots < a_{n-1} < a_n \le \nu,\ n := n(\mathcal{Z}) \in \mathbb{N}.$ (I.10.5)

Leicht zeigen wir die *Additivität der Totalvariation*

$$\int_{-\infty}^{\nu} |d\varrho(\lambda)| = \int_{-\infty}^{\mu} |d\varrho(\lambda)| + \int_{\mu}^{\nu} |d\varrho(\lambda)| \text{ für alle } -\infty < \mu < \nu < +\infty.$$

(I.10.6)

Weiter ersehen sofort die BV-*Abschätzung:*

$$|\varrho(\nu) - \varrho(\mu)| \le \int_{\mu}^{\nu} |d\varrho(\lambda)| \text{ für alle } -\infty < \mu < \nu < +\infty, \quad \text{wobei}$$

Gleichheit genau dann eintritt, falls $\varrho : (\mu,\nu]$ schwach monoton ist. (I.10.7)

Der Additivität der Totalvariation (I.10.6) entnehmen wir

$$\lim_{\nu\to\mu,\,\nu>\mu} \varrho^{(+)}(\nu) = \lim_{\nu\to\mu,\,\nu>\mu} \int_{-\infty}^{\nu} |d\varrho(\lambda)| = \varrho^{(+)}(\mu) \quad \text{für alle} \quad \mu \in \mathbb{R}.$$

Somit ist die Funktion $\varrho^{(+)}\colon [-\infty,+\infty) \to [0,M]$ rechtsseitig stetig.

3.) Zusätzlich betrachten wir die rechtsseitig stetige Funktion

$$\varrho^{(-)}(\mu) := \int_{-\infty}^{\mu} |d\varrho(\lambda)| - \varrho(\mu) = \varrho^{(+)}(\mu) - \varrho(\mu), \quad \mu \in \mathbb{R}. \quad \text{(I.10.8)}$$

Dann haben wir die Identität $\varrho(\mu) = \varrho^{(+)}(\mu) - \varrho^{(-)}(\mu),\ \mu \in \mathbb{R}$ sofort. Die Additivität der Totalvariation (I.10.6) und die BV-Abschätzung (I.10.7) liefern die folgende Ungleichung

$$\varrho^{(-)}(\nu) - \varrho^{(-)}(\mu) = \int_{\mu}^{\nu} |d\varrho(\lambda)| - \Big(\varrho(\nu) - \varrho(\mu)\Big)$$

$$\ge \int_{\mu}^{\nu} |d\varrho(\lambda)| - |\varrho(\nu) - \varrho(\mu)| \ge 0, \quad -\infty < \mu < \nu < +\infty.$$

(I.10.9)

Somit ist die Funktion $\varrho^{(-)}$ schwach monoton steigend und genügt der asymptotischen Bedingung $\varrho^{(-)}(-\infty) = 0$. Wegen der Identität (I.10.8) erhalten wir $0 \le \varrho^{(-)}(\mu) \le 2M, \forall \mu \in \mathbb{R}$. Also ist $\varrho^{(+)} \in BV_0^+(\mathbb{R};M)$ und $\varrho^{(-)} \in BV_0^+(\mathbb{R};2M)$ erfüllt.

4.) Verfahren wir ebenso mit dem Imaginärteil σ der Funktion τ, so haben wir die behauptete Zerlegung gefunden. q.e.d.

Proposition I.10.1. (Regularität von $\widehat{BV}$-Funktionen)
Die Funktion $\tau \in \widehat{BV}(\mathbb{R}, \mathbb{C})$ besitzt höchstens abzählbar viele Unstetigkeits-stellen, und wir führen die Menge der Stetigkeitspunkte von τ wie folgt ein:

$$\mathbb{R}'(\tau) := \left\{ \lambda \in \mathbb{R} : \tau \quad \text{ist stetig im Punkt} \quad \lambda \right\}. \tag{I.10.10}$$

Für alle Punkte λ der Sprungmenge $\mathbb{R}''(\tau) := \mathbb{R} \setminus \mathbb{R}'(\tau)$ besitzt die Funktion τ einen komplexen Sprung der Größe

$$\begin{aligned}
\delta\tau(\lambda) &:= \tau(\lambda) - \tau(\lambda-) \\
&= \left[\left(\varrho^{(+)}(\lambda) - \varrho^{(+)}(\lambda-) \right) - \left(\varrho^{(-)}(\lambda) - \varrho^{(-)}(\lambda-) \right) \right] \\
&\quad + i\left[\left(\sigma^{(+)}(\lambda) - \sigma^{(+)}(\lambda-) \right) - \left(\sigma^{(-)}(\lambda) - \sigma^{(-)}(\lambda-) \right) \right] \in \mathbb{C} \setminus \{0\}.
\end{aligned} \tag{I.10.11}$$

Beweis: Man kombiniere das Theorem I.10.1 mit der Proposition I.9.2. q.e.d.

Für alle Punkte $z \in \mathbb{C}' := \mathbb{C} \setminus \mathbb{R}$ verwenden wir das Riemann-Stieltjes-Integral aus der Definition I.9.4 für die Funktion $\psi(\lambda) := \dfrac{1}{\lambda - z}$, $\lambda \in \mathbb{R}$ in der Regularitätsklasse $C_0^0(\overline{\mathbb{R}}, \mathbb{C})$ über schwach monoton steigende Funktionen $\varrho \in BV_0^+(\mathbb{R}, M)$ beschränkter Variation $M \in [0, +\infty)$ und formulieren

Definition I.10.1. *Sei eine Funktion $\tau = \varrho + i\sigma \in \widehat{BV}(\mathbb{R}, \mathbb{C})$ in der Darstellung*

$$\tau(\lambda) = \varrho(\lambda) + i\sigma(\lambda) = \left[\varrho^{(+)}(\lambda) - \varrho^{(-)}(\lambda) \right] + i\left[\sigma^{(+)}(\lambda) - \sigma^{(-)}(\lambda) \right], \lambda \in \mathbb{R}$$

aus Theorem I.10.1 gegeben. Dann nennen wir

$$\begin{aligned}
F_\tau(z) &:= \int_{-\infty}^{+\infty} \frac{d\,\tau(\lambda)}{\lambda - z} := \int_{-\infty}^{+\infty} \frac{d\,\varrho^{(+)}(\lambda)}{\lambda - z} - \int_{-\infty}^{+\infty} \frac{d\,\varrho^{(-)}(\lambda)}{\lambda - z} \\
&\quad + i \int_{-\infty}^{+\infty} \frac{d\,\sigma^{(+)}(\lambda)}{\lambda - z} - i \int_{-\infty}^{+\infty} \frac{d\,\sigma^{(-)}(\lambda)}{\lambda - z}, \quad z \in \mathbb{C}'
\end{aligned} \tag{I.10.12}$$

das Cauchy-Stieltjes-Integral von der komplexen Funktion τ.

Es zerfällt das Cauchy-Stieltjes-Integral (I.10.12) über komplexe Funktionen τ in die folgenden Cauchy-Stieltjes-Integrale über die monotonen Funktionen $\varrho^{(\pm)}$ und $\sigma^{(\pm)}$:

$$F_\tau(z) = F_{\varrho^{(+)}}(z) - F_{\varrho^{(-)}}(z) + iF_{\sigma^{(+)}}(z) - iF_{\sigma^{(-)}}(z), \quad z \in \mathbb{C}'. \tag{I.10.13}$$

Darum genügt es, Cauchy-Stieltjes-Integrale über Funktionen der Klasse $BV_0^+(\mathbb{R}; M)$ gemäß der Definition I.9.4 mit einer geeigneten Schranke $M \in [0, +\infty)$ an die Totalvariation zu betrachten. Für die Teilklasse der Treppen-funktionen können wir das Cauchy-Stieltjes-Integral explizit angeben.

Definition I.10.2. *Wir nennen eine Funktion $\varrho = \varrho(\lambda)\colon \mathbb{R} \to [0, M]$ in der Klasse $BV_0^+(\mathbb{R}; M)$ mit $M \in [0, +\infty)$ einfach, wenn es Zahlen*

$$-\infty < \lambda_1 < \ldots < \lambda_N < +\infty$$

und die zugehörige Menge $\mathbb{R}'(\varrho) := \mathbb{R} \setminus \{\lambda_1, \ldots, \lambda_N\}$ mit einem $N \in \mathbb{N}_0$ so gibt, dass die Eigenschaften

$$\varrho \in C^1(\mathbb{R}'(\varrho), \mathbb{R}) \quad \text{mit} \quad \frac{d}{d\lambda}\varrho(\lambda) = 0 \quad \text{für alle} \quad \lambda \in \mathbb{R}'(\varrho)$$

richtig sind, und die folgenden positiven Sprünge existieren:

$$\delta\varrho(\lambda_j) := \varrho(\lambda_j) - \varrho(\lambda_j-) > 0 \quad \text{für} \quad j = 1, \ldots, N.$$

Wir erklären die Menge der einfachen Funktionen beschränkter Totalvariation $M \in [0, +\infty)$ durch

$$\widetilde{BV}_0^+(\mathbb{R}; M) := \left\{ \varrho \in BV_0^+(\mathbb{R}; M)\colon \varrho \quad \text{ist einfach} \right\}.$$

Bemerkung: Die einfachen Funktionen sind konstant auf den Intervallen außerhalb der Sprungstellen und dort rechtsseitig stetig. Für eine einfache Funktion $\varrho_* \in \widetilde{BV}_0^+(\mathbb{R}; M)$ berechnen wir sofort das Cauchy-Stieltjes-Integral

$$F_{\varrho_*}(z) = \int_{-\infty}^{+\infty} \frac{d\,\varrho_*(\lambda)}{\lambda - z} = \sum_{j=1}^{N} \frac{\delta\varrho_*(\lambda_j)}{\lambda_j - z} = \sum_{j=1}^{N} \frac{-\delta\varrho_*(\lambda_j)}{z - \lambda_j}, \quad z \in \mathbb{C}' \quad \text{(I.10.14)}$$

mit den Sprüngen $\delta\varrho_*(\lambda_j) := \varrho_*(\lambda_j) - \varrho_*(\lambda_j-) > 0$ für $j = 1, \ldots, N$. Dieses Integral stellt eine Polfunktion im Sinne von Definition I.10.3 mit der Wachstumsschranke M dar.

Definition I.10.3. *Die holomorphe Funktion $F(z) := \displaystyle\sum_{j=1}^{N} \frac{\delta_j}{z - \lambda_j}, \quad z \in \mathbb{C}'$*

mit den Polstellen $-\infty < \lambda_1 < \ldots < \lambda_N < +\infty$ erster Ordnung und den zugehörigen negativen Residuen $\delta_1, \ldots, \delta_N \in (-\infty, 0)$, welche $\displaystyle\sum_{j=1}^{N} |\delta_j| \leq M$

erfüllen, nennen wir eine einfache Polfunktion mit der Wachstumsschranke $M \in [0, +\infty)$; dabei ist $N \in \mathbb{N}_0$ gewählt worden.

Bemerkung: Für eine einfache Polfunktion F mit der Wachstumsschranke M ermitteln wir sofort die Abschätzung

$$|F(z)| \leq \sum_{j=1}^{N} \frac{|\delta_j|}{|\lambda_j - z|} \leq \frac{1}{|\mathrm{Im}\, z|} \sum_{j=1}^{N} |\delta_j| \leq \frac{M}{|\mathrm{Im}\, z|}, \quad z \in \mathbb{C}'. \quad \text{(I.10.15)}$$

Somit gehört F und folglich auch F_{ϱ_*} aus (I.10.14) zur Klasse $HW(\mathbb{C}'; M)$ in der Definition I.10.4.

Definition I.10.4. *Zu einer Schranke* $M \in [0, +\infty)$ *erklären wir mit*

$$HW(\mathbb{C}'; M) := \Big\{ F(z) : \mathbb{C}' \to \mathbb{C} \,\Big|\, F \quad ist\ holomorph\ in \quad \mathbb{C}'$$

$$und\ erfüllt \quad |F(z)| \leq \frac{M}{|Im\,z|} \quad für\ alle \quad z \in \mathbb{C}' \Big\}$$

die Menge holomorpher Funktionen auf $\mathbb{C}'$ *beschränkten Wachstums* M *bei Annäherung an die reelle Achse. Weiter erklären wir durch*

$$HW(\mathbb{C}') := \bigcup_{M \in [0, +\infty)} HW(\mathbb{C}'; M)$$

den linearen Raum holomorpher Funktionen auf $\mathbb{C}'$ *unter einer Wachstums-beschränkung bei Annäherung an die reelle Achse.*

Theorem I.10.2. *Sei* $\varrho \in BV_0^+(\mathbb{R}; M)$ *eine Funktion beschränkter Variation* $M \in [0, +\infty)$ *und seien* $\mu, \nu \in \mathbb{R}'(\varrho)$ *mit* $-\infty < \mu < \nu < +\infty$ *zwei Stetigkeitspunkte von* ϱ. *Dann stellt das Cauchy-Stieltjes-Integral*

$$F(z) := \int_{-\infty}^{+\infty} \frac{d\,\varrho(\lambda)}{\lambda - z}, \quad z \in \mathbb{C}' \tag{I.10.16}$$

eine holomorphe Funktion der Klasse $HW(\mathbb{C}'; M)$ *dar. Es kann* F *unter der Wachstumsschranke* M *durch einfache Polfunktionen* $\{F_k\}_{k=1,2,\ldots}$ *gemäß der Definition I.10.3, für welche* μ *und* ν *nicht als Pole auftreten, in jeder kompakten Teilmenge von* $\mathbb{C}'$ *gleichmäßig approximiert werden. Dabei werden die Funktionen* F_k *durch die Formeln (I.10.20) und (I.10.18) sowie (I.10.14) erzeugt.*

Beweis: 1.) Für alle $n \in \mathbb{N}$ wählen wir die äquidistante Zerlegung des Intervalls

$$\Big[\mu - \frac{1}{2} \frac{\nu - \mu}{2^n} - 2^n(\nu - \mu), \mu - \frac{1}{2} \frac{\nu - \mu}{2^n} + 2^n(\nu - \mu) \Big)$$

mit der Schrittweite $\dfrac{\nu - \mu}{2^n}$ durch dieTeilungspunkte

$$\lambda_j^{(n)} := \mu - \frac{1}{2} \frac{\nu - \mu}{2^n} + j \frac{\nu - \mu}{2^n}, \quad j = -2^{2n}, -2^{2n} + 1, \ldots, 0, \ldots, 2^{2n} - 1, 2^{2n}.$$

Diese Teilungspunkte sind von ν und μ verschieden, und wir wählen zusätzlich den Punkt $\lambda_{2^{2n}+1}^{(n)} := +\infty$.

2.) Zu den Grenzen $-\infty < a < b \leq +\infty$ erklären wir die charakteristische Funktion des Intervalls $[a, b) \subset \overline{\mathbb{R}}$ durch

$$X_{[a,b)}(\lambda) := \begin{cases} 0 & , \quad -\infty \le \lambda < a \\ 1 & , \quad a \le \lambda < b \\ 0 & , \quad b \le \lambda < +\infty \end{cases} \qquad (\text{I}.10.17)$$

Dann betrachten wir die Folge einfacher Funktionen der Klasse $\widetilde{BV}_0^+(\mathbb{R}; M)$:

$$\varrho_n(\lambda) := \sum_{j=-2^{2n}}^{2^{2n}} \varrho(\lambda_j^{(n)}) X_{[\lambda_j^{(n)}, \lambda_{j+1}^{(n)})}(\lambda), \ \lambda \in \mathbb{R} \quad \text{für} \quad n = 1, 2, \dots . \quad (\text{I}.10.18)$$

Mittels Theorem I.9.1 können wir zu einer konvergenten Teilfolge übergehen:

$$\lim_{k \to \infty} \varrho_{n_k}(\lambda) = \widetilde{\varrho}(\lambda), \forall \lambda \in \mathbb{R} \quad \text{mit der Grenzfunktion} \quad \widetilde{\varrho} \in BV_0^+(\mathbb{R}; M).$$

Der Beweis vom Hellyschen Auswahlsatz zeigt, dass $\widetilde{\varrho}$ in den Stetigkeitspunkten von ϱ mit dieser wie folgt übereinstimmt:

$$\widetilde{\varrho}(\lambda) = \varrho(\lambda), \forall \lambda \in \mathbb{R}'(\varrho).$$

Da ϱ und $\widetilde{\varrho}$ rechtsseitig stetig sind, so stimmen diese Funktionen auf ganz $\mathbb{R}$ überein. Somit erhalten wir die asymptotische Beziehung

$$\lim_{k \to \infty} \varrho_{n_k}(\lambda) = \varrho(\lambda) \quad \text{für alle} \quad \lambda \in \mathbb{R}. \qquad (\text{I}.10.19)$$

3.) Wegen der Formel (I.10.14) erhalten mit den Integralen

$$F_k(z) := \int_{-\infty}^{+\infty} \frac{d\,\varrho_{n_k}(\lambda)}{\lambda - z}, \quad z \in \mathbb{C}' \quad \text{für} \quad k = 1, 2, \dots \qquad (\text{I}.10.20)$$

eine Folge einfacher Polfunktionen gemäß der Definition I.10.3 mit der Wachstumsschranke M. Da μ und ν oben nicht als Teilungspunkte auftreten, so stellen diese Punkte auch keine Sprungstellen der Funktion ϱ_{n_k} dar. Folglich besitzen die Funktionen F_k für alle $k \in \mathbb{N}$ weder in μ noch in ν einen Pol. Wegen (I.10.19) liefert das Theorem I.9.2 die punktweise Konvergenz

$$\lim_{k \to \infty} F_k(z) = \lim_{k \to \infty} \int_{-\infty}^{+\infty} \frac{d\,\varrho_{n_k}(\lambda)}{\lambda - z} = \int_{-\infty}^{+\infty} \frac{d\,\varrho(\lambda)}{\lambda - z} = F(z), z \in \mathbb{C}'. \quad (\text{I}.10.21)$$

Aus (I.10.21) folgt die kompakt gleichmäßige Konvergenz der holomorphen Funktionen in $\mathbb{C}'$ zur holomorphen Grenzfunktion $F \in HW(\mathbb{C}'; M)$ unter der Wachstumsschranke M. Hierzu ist wiederum ein Übergang zu einer Teilfolge notwendig, welchen wir ohne Umbezeichnung durchführen.

$$\text{q.e.d.}$$

Wir kommen nun zu der zentralen Aussage, welche wir in § 11 auf dem Weg zum Beweis des Spektralsatzes für selbstadjungierte Operatoren im Hilbertraum verwenden.

Theorem I.10.3. (Stieltjes-Umkehrformel)

Sei die $\widehat{BV}(\mathbb{R},\mathbb{C})$-Funktion

$$\tau(\lambda) = \left[\varrho^{(+)}(\lambda) - \varrho^{(-)}(\lambda)\right] + i\left[\sigma^{(+)}(\lambda) - \sigma^{(-)}(\lambda)\right], \ \lambda \in \mathbb{R}$$

in der Zerlegung von Theorem I.10.1 gegeben. Dann stellt das Cauchy-Stieltjes-Integral $F_\tau(z) := \displaystyle\int_{-\infty}^{+\infty} \frac{d\tau(\lambda)}{\lambda - z}, \ z \in \mathbb{C}'$ eine holomorphe Funktion dar. Zu hinreichend kleinem $\epsilon > 0$ und zu den Parametern $-\infty < \mu < \nu < +\infty$ betrachten wir die geradlinigen, orientierten Wege

$$\Gamma_{\pm}(\mu, \nu; \epsilon) := \left\{ z = \zeta_{\pm}(x) := x \pm i\epsilon \in \mathbb{C}' : \mu \leq x \leq \nu \right\}.$$

Dann erfüllen ihre Wegintegrale die folgende Grenzwertaussage

$$\lim_{\epsilon \to 0+} \left\{ \frac{1}{2\pi i} \int_{\Gamma_+(\mu,\nu;\epsilon)} F_\tau(z)dz - \frac{1}{2\pi i} \int_{\Gamma_-(\mu,\nu;\epsilon)} F_\tau(z)dz \right\}$$

$$= \tau(\nu) - \tau(\mu) \qquad \textit{für alle} \quad \mu, \nu \in \mathbb{R}'(\tau) \quad \textit{mit} \quad \mu < \nu. \qquad (I.10.22)$$

Dabei haben wir mit

$$\mathbb{R}'(\tau) := \mathbb{R}'(\varrho^{(+)}) \cap \mathbb{R}'(\varrho^{(-)}) \cap \mathbb{R}'(\sigma^{(+)}) \cap \mathbb{R}'(\sigma^{(-)})$$

die Menge der Stetigkeitspunkte der Funktion τ gegeben.

Beweis: 1.) Das Cauchy-Stieltjes-Integral $F_\tau(z)$, $z \in \mathbb{C}'$ zerfällt wegen (I.10.13) in vier Cauchy-Stieltjes Integrale über schwach monoton wachsende Funktionen. Darum reicht es aus, die Aussagen dieses Theorems für alle Funktionen $\varrho \in BV_0^+(\mathbb{R}; M)$ mit einem $M \in [0, +\infty)$ zu beweisen. Nach Theorem I.10.2 ist die Funktion

$$F(z) := F_\varrho(z) = \int_{-\infty}^{+\infty} \frac{d\varrho(\lambda)}{\lambda - z}, \quad z \in \mathbb{C}'$$

holomorph. Nach dem Beweis von Theorem I.10.2 gibt es eine Folge einfacher Funktionen

$$\varrho_k \in \widetilde{BV}_0^+(\mathbb{R}; M), \ k = 1, 2, \ldots \quad \text{mit} \quad \lim_{k \to \infty} \varrho_k(\lambda) = \varrho(\lambda), \ \forall \lambda \in \mathbb{R}, \ (I.10.23)$$

welche in den Punkten μ und ν keinen Sprung aufweisen.

2.) Wegen (I.10.14) besitzen die zugehörigen einfachen Polfunktionen

$$F_k(z) := F_{\varrho_k}(z) = \int_{-\infty}^{+\infty} \frac{d\varrho_k(\lambda)}{\lambda - z}$$

$$= \sum_{j=1}^{N_k} \frac{\delta_j^{(k)}}{z - \lambda_j^{(k)}}, \ z \in \mathbb{C}' \quad \text{für} \quad k = 1, 2, \ldots \qquad (I.10.24)$$

die Polstellen

$$-\infty < \lambda_1^{(k)} < \ldots < \lambda_{N_k}^{(k)} < +\infty \quad \text{zu geeignetem} \quad N_k \in \mathbb{N}_0\,, \quad \text{(I.10.25)}$$

welche von μ und ν verschieden sind. Es lauten

$$\delta_j^{(k)} := -\delta\varrho_k(\lambda_j^{(k)}) = \varrho_k(\lambda_j^{(k)}-) - \varrho_k(\lambda_j^{(k)}) < 0 \quad \text{für} \quad j = 1, \ldots, N_k \quad \text{(I.10.26)}$$

die zugehörigen negativen Residuen.

3.) Wir erklären nun das Rechteck

$$\Omega(\mu, \nu; \epsilon) := \left\{ z = x + iy \in \mathbb{C} : \mu < x < \nu, \, -\epsilon < y < +\epsilon \right\}$$

mit dem negativ orientierten Rand

$$\partial\Omega(\mu, \nu; \epsilon)^- := \Gamma_+(\mu, \nu; \epsilon) \cup [\nu + i\epsilon, \nu - i\epsilon] \cup -\Gamma_-(\mu, \nu; \epsilon) \cup [\mu - i\epsilon, \mu + i\epsilon]\,.$$

Dabei bezeichnet $[z_1, z_2]$ die geradlinige Verbindung innerhalb von $\mathbb{C}$ vom Punkt z_1 zum Punkt z_2. Ferner deutet das $-$Zeichen vor $\Gamma_-(\mu, \nu; \epsilon)$ den umgekehrten Durchlauf dieses Weges an. Da in Theorem I.10.2 nun μ und ν keine Sprungstellen der Funktion ϱ_k für alle $k \in \mathbb{N}$ sind, so fällt kein Pol der Funktion F_k auf die Randkurve $\partial\Omega(\mu, \nu; \epsilon)$. Dann wählen wir die ganzen Zahlen L_k und M_k geeignet, so dass die folgenden Inklusionen gelten:

$$\left\{ \lambda_1^{(k)}, \ldots, \lambda_{L_k-1}^{(k)} \right\} \subset \mathbb{C} \setminus \overline{\Omega(\mu, \nu; \epsilon)}\,,$$

$$\left\{ \lambda_{L_k}^{(k)}, \ldots, \lambda_{M_k}^{(k)} \right\} \subset \Omega(\mu, \nu; \epsilon)\,, \quad \text{(I.10.27)}$$

$$\left\{ \lambda_{M_k+1}^{(k)}, \ldots, \lambda_{N_k}^{(k)} \right\} \subset \mathbb{C} \setminus \overline{\Omega(\mu, \nu; \epsilon)}\,.$$

Wir wenden den Residuensatz (siehe [S4] Chap. 4, Theorem 4.1 oder [S2], Kap. IV, §4, Satz 1 und die Bemerkungen) auf die Funktion (I.10.24) mit den Residuen (I.10.26) an. Dann erhalten wir für alle $k \in \mathbb{N}$ die Identität

$$\frac{1}{2\pi i} \oint_{\partial\Omega(\mu, \nu; \epsilon)^-} F_{\varrho_k}(z)\, dz = \sum_{j=L_k}^{M_k} \left(-\delta_j^{(k)} \right) = \sum_{j=L_k}^{M_k} \delta\varrho_k(\lambda_j^{(k)})$$

$$= \sum_{j=L_k}^{M_k} \left(\varrho_k(\lambda_j^{(k)}) - \varrho_k(\lambda_j^{(k)}-) \right) = \varrho_k(\lambda_{M_k}^{(k)}) - \varrho_k(\lambda_{L_k}^{(k)}-)\,. \quad \text{(I.10.28)}$$

Hieraus ermitteln wir den Grenzwert

$$\lim_{\epsilon \to 0+} \left\{ \frac{1}{2\pi i} \int_{\Gamma_+(\mu, \nu; \epsilon)} F_{\varrho_k}(z)\, dz - \frac{1}{2\pi i} \int_{\Gamma_-(\mu, \nu; \epsilon)} F_{\varrho_k}(z)\, dz \right\}$$

$$= \varrho_k(\lambda_{M_k}^{(k)}) - \varrho_k(\lambda_{L_k}^{(k)}-) \quad \text{für alle} \quad k \in \mathbb{N}\,. \quad \text{(I.10.29)}$$

4.) Der Hellysche Konvergenzsatz aus Theorem I.9.2 liefert

$$\lim_{k \to \infty} F_{\varrho_k}(z) = F_\varrho(z) = F(z) \quad \text{für alle} \quad z \in \Gamma_\pm(\mu, \nu; \epsilon), \tag{I.10.30}$$

und wir haben die Majorante

$$\left| F_{\varrho_k}(z) \right| \leq \frac{M}{\epsilon}, \quad z \in \Gamma_\pm(\mu, \nu; \epsilon) \quad (k = 1, 2, \ldots). \tag{I.10.31}$$

Wir führen nun den Grenzübergang $k \to \infty$ in (I.10.29) durch, und wir erhalten zusammen mit (I.10.30) sowie (I.10.31) die folgende Identität

$$\varrho(\nu) - \varrho(\mu) = \lim_{k \to \infty} \left(\varrho_k(\lambda_{M_k}^{(k)}) - \varrho_k(\lambda_{L_k}^{(k)}-) \right)$$

$$= \lim_{k \to \infty} \lim_{\epsilon \to 0+} \left\{ \frac{1}{2\pi i} \int_{\Gamma_+(\mu, \nu; \epsilon)} F_{\varrho_k}(z) dz - \frac{1}{2\pi i} \int_{\Gamma_-(\mu, \nu; \epsilon)} F_{\varrho_k}(z) dz \right\}$$

$$= \lim_{\epsilon \to 0+} \lim_{k \to \infty} \left\{ \frac{1}{2\pi i} \int_{\Gamma_+(\mu, \nu; \epsilon)} F_{\varrho_k}(z) dz - \frac{1}{2\pi i} \int_{\Gamma_-(\mu, \nu; \epsilon)} F_{\varrho_k}(z) dz \right\} \tag{I.10.32}$$

$$= \lim_{\epsilon \to 0+} \left\{ \frac{1}{2\pi i} \int_{\Gamma_+(\mu, \nu; \epsilon)} F_\varrho(z) dz - \frac{1}{2\pi i} \int_{\Gamma_-(\mu, \nu; \epsilon)} F_\varrho(z) dz \right\}.$$

Damit ist die Grenzwertaussage (I.10.22) unseres Theorems gezeigt.   q.e.d

Definition I.10.5. *Wir nennen den linearen Funktionenraum*

$$\widehat{HW}(\mathbb{C}') := \left\{ F_\tau : \tau \in \widehat{BV}(\mathbb{R}; \mathbb{C}) \right\} \subset HW(\mathbb{C}') \tag{I.10.33}$$

den Cauchy-Stieltjes-Raum.

Theorem I.10.4. *Wir betrachten die lineare Abbildung*

$$\widehat{F} : \widehat{BV}(\mathbb{R}, \mathbb{C}) \to \widehat{HW}(\mathbb{C}') \quad \text{mit} \quad \widehat{F}(\tau) := F_\tau, \, \tau \in \widehat{BV}(\mathbb{R}, \mathbb{C}). \tag{I.10.34}$$

Diese Abbildung ist injektiv sowie surjektiv und stellt einen Vektorraum-Isomorphismus zwischen den Funktionenräumen $\widehat{BV}(\mathbb{R}, \mathbb{C})$ und $\widehat{HW}(\mathbb{C}')$ dar.

Beweis: Wir brauchen nur zu zeigen, dass der Kern der linearen Abbildung $\widehat{F}$ aus der Nullfunktion besteht. Falls für ein $\tau \in \widehat{BV}(\mathbb{R}, \mathbb{C})$ die Identität $0 = \widehat{F}(\tau) = F_\tau$ erfüllt ist, so liefert die Stieltjes-Umkehrformel (I.10.22) aus Theorem I.10.3 die folgende Aussage:

$$\tau(\nu) - \tau(\mu) = 0 \quad \text{für alle Stetigkeitspunkte} \quad \mu, \nu \in \mathbb{R}'(\tau) \text{ mit } \nu > \mu. \tag{I.10.35}$$

Beim Grenzübergang $\mu \to -\infty$ erhalten wir $\tau(\nu) = 0, \forall \nu \in \mathbb{R}'(\tau)$, und es folgt $\tau(\nu) = 0, \forall \nu \in \mathbb{R}$ wegen der rechtsseitigen Stetigkeit der Funktion ϱ. Somit haben wir die Injektivität der Abbildung $\widehat{F}$ gezeigt.   q.e.d.

Definition I.10.6. *Wir nennen den Vektorraum-Isomorphismus aus (I.10.34) die Cauchy-Stieltjes-Transformation.*

§11 Approximation der Spektralschar selbstadjungierter Operatoren

Wir schränken nun unsere Betrachtungen auf separable Hilberträume ein und zeigen das folgende

Theorem I.11.1. *Im separablen Hilbertraum $\mathcal{H}$ sei auf dem dichten Definitionsbereich $\mathcal{D}_H \subset \mathcal{H}$ ein Hermitescher Operator $H: \mathcal{D}_H \to \mathcal{H}$ mit dem Graphen $\mathcal{G}_H := \left\{ (f,g) \in \mathcal{H}^2 : f \in \mathcal{D}_H, g = Hf \right\}$ gegeben. Dann gibt es für $n = 1, 2, \ldots$ einen n-dimensionalen Hermiteschen Operator $H_n : \mathcal{H} \to \mathcal{H}$ mit dem n-dimensionalen Teilraum $\mathcal{M}_n \subset \mathcal{D}_H$ wie in Definition I.5.2, so dass folgende Aussagen richtig sind:*

i) Es gilt $\mathcal{M}_n \subset \mathcal{M}_{n+1}$ für alle $n \in \mathbb{N}$.

ii) Zum n-dimensionalen Hermiteschen Operator H_n gibt es eine Spektralschar $\{E_n(\lambda) : \lambda \in \mathbb{R}\}$ gemäß den Formeln (I.5.23) – (I.5.27), so dass

$$ H_n f = \int_{-\infty}^{+\infty} \lambda \, dE_n(\lambda) f, \quad f \in \mathcal{H} \quad \text{für alle} \quad n \in \mathbb{N} \tag{I.11.1} $$

erfüllt ist.

iii) Erklären wir die Teilmenge $\mathcal{M} := \bigcup_{n=1}^{\infty} \mathcal{M}_n \subset \mathcal{D}_H$, so liegt der Teilraum

$$ \mathcal{G}_{\mathcal{M}} := \left\{ (f, Hf) \in \mathcal{H} \times \mathcal{H} : f \in \mathcal{M} \right\} = $$
$$ \bigcup_{n=1}^{\infty} \left\{ (f,g) \in \mathcal{H} \times \mathcal{H} : f \in \mathcal{M}_n, g = H_n f \right\} \tag{I.11.2} $$

dicht im Graphen $\mathcal{G}_H$.

iv) Weiter haben wir die starke Konvergenz $\lim_{n \to \infty} H_n f = Hf$ für alle $f \in \mathcal{M}$.

Beweis: 1.) Da der Hilbertraum $\mathcal{H}$ separabel ist, gibt es eine Folge linear unabhängiger Elemente $\{g_n\}_{n=1,2,\ldots} \subset \mathcal{W}_{H \pm iE}$, welche dicht in den folgenden Wertebereichen liegt:

$$ \mathcal{W}_{H \pm iE} := (H \pm iE)(\mathcal{D}_H) = \left\{ g \in \mathcal{H} : g = Hf \pm iEf, f \in \mathcal{D}_H \right\}. \tag{I.11.3} $$

Die linearen Abbildungen $H \pm iE: \mathcal{D}_H \to \mathcal{W}_{H \pm iE}$ sind injektiv, da nach Theorem I.4.2 der Kern dieses Operators nur aus dem Nullelement besteht. Folglich gibt es einen n-dimensionalen linearen Teilraum $\mathcal{M}_n \subset \mathcal{D}_H$ mit der Eigenschaft

$$ (H \pm iE)\mathcal{M}_n = [g_1, \ldots, g_n]. \tag{I.11.4} $$

Hierbei bezeichnet $[g_1, \ldots, g_n] \subset \mathcal{W}_{H \pm iE}$ den $\mathbb{C}$-linearen Teilraum, welcher von den Elementen $g_1, \ldots, g_n$ aufgespannt wird, und $(H \pm iE)\mathcal{M}_n$ den

Bildraum von $\mathcal{M}_n$ unter der $\mathbb{C}$-linearen Abbildung $H \pm iE$. Offenbar ist die behauptete Eigenschaft i) erfüllt.

2.) Wir verwenden die Projektoren $E_n \colon \mathcal{H} \to \mathcal{H}$ gemäß der Formel (I.5.22) auf die abgeschlossenen linearen Teilräume $\mathcal{M}_n$ für alle $n \in \mathbb{N}$. Wir erhalten mit

$$H_n := E_n \circ H \circ E_n \colon \mathcal{H} \to \mathcal{H} \quad \text{für} \quad n = 1, 2, 3, \ldots \qquad (I.11.5)$$

n-dimensionale Hermitesche Operatoren im Sinne von Definition I.5.2 zu den linearen Teilräumen $\mathcal{M}_n$. Gemäß den Formeln (I.5.23) – (I.5.27) können wir über die Hauptachsentransformation im Komplexen die Spektraldarstellungen in der Behauptung ii) mit den entsprechenden Spektralscharen $\{E_n(\lambda)\}_{\lambda \in \mathbb{R}}$ aus (I.5.27) gewinnen.

3.) Für $n = 1, 2, \ldots$ betrachten wir die Abbildungen

$$(H_n \pm iE_n) \colon \mathcal{H} \to \mathcal{H} \quad \text{mit} \quad (H_n \pm iE_n)\mathcal{M}_n = [g_1, \ldots, g_n] \qquad (I.11.6)$$

sowie die Graphen

$$\mathcal{G}_n := \left\{ (f, g) \in \mathcal{H}^2 : f \in \mathcal{M}_n, \ g = H_n f \right\}. \qquad (I.11.7)$$

Die Überlegungen im Beweis zu Theorem I.4.4 liefern die folgende Äquivalenz:

$$(H_n \pm iE_n)\mathcal{M}_n \uparrow \mathcal{W}_{H \pm iE} \ (n \to \infty) \quad \Longleftrightarrow \quad \mathcal{G}_n \uparrow \mathcal{G}_H \ (n \to \infty). \quad (I.11.8)$$

Da die linke Seite in (I.11.8) wegen (I.11.4) wahr ist, so liegt $\mathcal{G}_\mathcal{M} = \bigcup_{n=1}^{\infty} \mathcal{G}_n$ dicht in $\mathcal{G}_H$, und die Aussage iii) ist bewiesen.

4.) Schließlich ermitteln wir die Konvergenzaussage

$$\lim_{n \to \infty} H_n f = \lim_{n \to \infty} (E_n \circ H \circ E_n) f = H f \quad \text{für alle} \quad f \in \mathcal{M} \qquad (I.11.9)$$

unter Benutzung von iii), woraus die Aussage iv) folgt. q.e.d.

Wir betrachten nun selbstadjungierte Operatoren im

Theorem I.11.2. *Im separablen Hilbertraum $\mathcal{H}$ sei auf dem dichten Definitionsbereich $\mathcal{D}_H \subset \mathcal{H}$ ein selbstadjungierter Operator $H \colon \mathcal{D}_H \to \mathcal{H}$ mit der Resolvente*

$$R_z f := (H - zE)^{-1} f, \quad f \in \mathcal{H}, \quad z \in \mathbb{C} \setminus \mathbb{R}$$

gegeben. Dann erfüllen auf der imaginären Ebene $\mathbb{C}' := \mathbb{C} \setminus \mathbb{R}$ die Resolventen

$$R_z^{(n)} f := (H_n - zE)^{-1} f, \quad f \in \mathcal{H}, \quad z \in \mathbb{C}'$$

der approximierenden Hermiteschen Operatoren $H_n \colon \mathcal{H} \to \mathcal{H} \, (n \in \mathbb{N})$ aus obigem Theorem I.11.1 die starke Konvergenzaussage

$$\lim_{n \to \infty} R_z^{(n)} f = R_z f \quad \text{für alle} \quad f \in \mathcal{H} \quad \text{und} \quad z \in \mathbb{C}'. \qquad (I.11.10)$$

Diese impliziert gemäß $R_z^{(n)} f \rightharpoonup R_z f\, (n \to \infty)$ für alle $f \in \mathcal{H}$ die schwache Konvergenz, was der folgenden Aussage entspricht:

$$\lim_{n \to \infty} \left(g\, , R_z^{(n)} f \right)_{\mathcal{H}} = \left(g\, , R_z f \right)_{\mathcal{H}} \quad \text{für alle} \quad f, g \in \mathcal{H} \quad \text{und} \quad z \in \mathbb{C}'.$$
$$(\mathrm{I.11.11})$$

Beweis: 1.) Da der Operator $H \colon \mathcal{D}_H \to \mathcal{H}$ selbstadjungiert ist, so existieren nach dem Theorem I.4.6 die Resolventen $R_z := (H - zE)^{-1} \colon \mathcal{H} \to \mathcal{H}$ für alle $z \in \mathbb{C}'$ als beschränkte lineare Operatoren. Weiter haben wir wegen dem Theorem I.5.1 die Resolventenabschätzung

$$\|R_z\| \le \frac{1}{|\mathrm{Im}\, z|}, \quad z \in \mathbb{C}'.$$
$$(\mathrm{I.11.12})$$

Für die Resolventen

$$R_z^{(n)} := (H_n - zE)^{-1} \colon \mathcal{H} \to \mathcal{H}, \quad z \in \mathbb{C}', \quad n = 1, 2, \dots$$

der approximierenden Hermiteschen Operatoren $H^{(n)}$ ermitteln wir aus der unteren Identität in (I.5.30) sofort Abschätzung

$$\|R_z^{(n)} f\| \le \frac{1}{|\mathrm{Im}\, z|} \|f\|, \, \forall f \in \mathcal{H} \quad \text{und für alle} \quad z \in \mathbb{C}', n \in \mathbb{N}.$$

Hieraus folgen die Ungleichungen:

$$\|R_z^{(n)}\| \le \frac{1}{|\mathrm{Im}\, z|}, \quad z \in \mathbb{C}' \quad \text{für alle} \quad n \in \mathbb{N}.$$
$$(\mathrm{I.11.13})$$

2.) Wir berechnen für alle $z \in \mathbb{C}'$ und $n \in \mathbb{N}$ die folgende Operatoridentität:

$$\begin{aligned}
R_z^{(n)} - R_z &= (H_n - zE)^{-1} - (H - zE)^{-1} \\
&= (H_n - zE)^{-1} \circ (H - zE) \circ (H - zE)^{-1} \\
&\quad - (H_n - zE)^{-1} \circ (H_n - zE) \circ (H - zE)^{-1} \\
&= (H_n - zE)^{-1} \circ (H - H_n) \circ (H - zE)^{-1}.
\end{aligned}$$
$$(\mathrm{I.11.14})$$

3.) Wegen der Aussage iii) im Theorem I.11.1 liegt für alle $z \in \mathbb{C}'$ der Teilraum

$$[H - zE](\mathcal{M}) \subset [H - zE](\mathcal{D}_H) = \mathcal{H}$$

dicht im Hilbertraum, welches die wesentliche Selbstadjungiertheit der Einschränkung unseres Operators $H \colon \mathcal{M} \to \mathcal{H}$ auf diesen Teilraum bedeutet. Für ein beliebiges $\hat{f} \in [H - zE](\mathcal{M})$ betrachten wir das Element

$$(H - zE)^{-1} \hat{f} =: \hat{g} \in \mathcal{M}.$$

Mit Hilfe der Identität (I.11.14) und den Ungleichungen (I.11.13) schätzen wir folgendermaßen ab:

$$\|R_z^{(n)}\hat{f} - R_z\hat{f}\| = \|(R_z^{(n)} - R_z)\circ(H-zE)\hat{g}\| =$$

$$\|(H_n - zE)^{-1}\circ(H-H_n)\,\hat{g}\| \leq \frac{1}{|\mathrm{Im}\,z|}\,\|H\,\hat{g} - H_n\,\hat{g}\|\,.$$

Zusammen mit der Aussage iv) aus dem Theorem I.11.1 entnehmen dieser Ungleichung die Konvergenzaussage

$$\lim_{n\to\infty}\|R_z^{(n)}\hat{f} - R_z\hat{f}\| = 0 \quad\text{für alle}\quad \hat{f}\in[H-zE](\mathcal{M})\,. \tag{I.11.15}$$

4.) Zu vorgegebenem $\varepsilon > 0$ wählen wir für ein beliebiges Element $f\in\mathcal{H}$ ein

$$\hat{f}\in[H-zE](\mathcal{M}) \quad\text{mit}\quad \|f-\hat{f}\|\leq\varepsilon\,.$$

Weiter wählen wir gemäß (I.11.15) ein $n_\varepsilon\in\mathbb{N}$ so groß, dass

$$\|R_z^{(n)}\hat{f} - R_z\hat{f}\| \leq\varepsilon \quad\text{für alle}\quad n\geq n_\varepsilon$$

erfüllt ist. Mit Hilfe von (I.11.12) und (I.11.13) schätzen wir für alle $n\geq n_\varepsilon$ ab:

$$\|R_z^{(n)}f - R_z f\| \leq$$

$$\|R_z^{(n)}f - R_z^{(n)}\hat{f}\| + \|R_z^{(n)}\hat{f} - R_z\hat{f}\| + \|R_z\hat{f} - R_z f\|$$

$$\leq \|R_z^{(n)}\|\cdot\|f-\hat{f}\| + \varepsilon + \|R_z\|\cdot\|\hat{f}-f\| \tag{I.11.16}$$

$$\leq \frac{1}{|z|}\cdot\|f-\hat{f}\| + \varepsilon + \frac{1}{|z|}\cdot\|\hat{f}-f\| \leq \left(\frac{2}{|z|}+1\right)\cdot\varepsilon\,.$$

Da $\varepsilon > 0$ beliebig gewählt wurde, ist damit die Konvergenzaussage (I.11.10) vollständig bewiesen.   q.e.d.

Mit Hilfe von Theorem I.9.3 erhalten wir nun eine Integraldarstellung für die Resolvente eines selbstadjungierten Operators im

Theorem I.11.3. *Im separablen Hilbertraum $\mathcal{H}$ sei auf dem dichten Definitionsbereich $\mathcal{D}_H\subset\mathcal{H}$ ein selbstadjungierter Operator $H\colon\mathcal{D}_H\to\mathcal{H}$ mit der Resolvente $R_z f := (H-zE)^{-1}f$, $z\in\mathbb{C}'$, $f\in\mathcal{H}$ gegeben. Dann gibt es für alle $f, g\in\mathcal{H}$ eine Funktion $\tau_{g,f} = \tau(\lambda; g, f)\in\widehat{BV}(\mathbb{R},\mathbb{C})$ mit der Supremumschranke $\sup_{\lambda\in\mathbb{R}}|\tau_{g,f}(\lambda)| = \sup_{\lambda\in\mathbb{R}}|\tau(\lambda; g, f)| \leq \|f\|\cdot\|g\|$, so dass die Resolvente die Darstellung*

$$\left(g\,,R_z f\right)_{\mathcal{H}} = \int_{-\infty}^{+\infty}\frac{d\,\tau(\lambda; g, f)}{\lambda - z} = \widehat{F}(\tau_{g,f})|_z \quad,\quad z\in\mathbb{C}' \tag{I.11.17}$$

besitzt. Insbesondere gehört die holomorphe Funktion $\left(g\,,R_z f\right)_{\mathcal{H}}$, $z\in\mathbb{C}'$ dem Cauchy-Stieltjes-Raum $\widehat{HW}(\mathbb{C}')$ aus der Definition I.10.5 an.

Beweis: Gemäß Theorem I.11.1 approximieren wir den selbstadjungierten Operator H durch n-dimensionale Hermitesche Operatoren H_n für $n = 1, 2, \ldots$. Deren Resolventen $R_z^{(n)} f := (H_n - zE)^{-1} f$, $f \in \mathcal{H}$, $n = 1, 2, \ldots$ in der Darstellung

$$\left(g, R_z^{(n)} f \right)_{\mathcal{H}} = \int_{-\infty}^{+\infty} \frac{1}{\lambda - z} d \left(g, E_n(\lambda) f \right)_{\mathcal{H}}, \quad z \in \mathbb{C}', \quad f, g \in \mathcal{H} \quad (I.11.18)$$

erlauben nach Theorem I.9.3 die Auswahl einer Teilfolge, so dass

$$\lim_{k \to \infty} \left(g, R_z^{(n_k)} f \right)_{\mathcal{H}} = \int_{-\infty}^{+\infty} \frac{d\tau(\lambda; g, f)}{\lambda - z}, \quad z \in \mathbb{C}' \quad (I.11.19)$$

richtig ist. Dabei besteht die Grenzfunktion

$$\tau(\lambda; g, f) := \left[\varrho_{g,f;\infty}^{(+)}(\lambda) - \varrho_{g,f;\infty}^{(-)}(\lambda) \right] + i \left[\sigma_{g,f;\infty}^{(+)}(\lambda) - \sigma_{g,f;\infty}^{(-)}(\lambda) \right], \lambda \in \mathbb{R}$$
$$(I.11.20)$$

aus den vier schwach monoton wachsenden Funktionen in (I.9.34)

$$\varrho_{g,f;\infty}^{(+)} \in BV_0^+ \left(\mathbb{R}; \frac{1}{4} \|g + f\|^2 \right), \quad \varrho_{g,f;\infty}^{(-)} \in BV_0^+ \left(\mathbb{R}; \frac{1}{4} \|g - f\|^2 \right),$$
$$(I.11.21)$$
$$\sigma_{g,f;\infty}^{(+)} \in BV_0^+ \left(\mathbb{R}; \frac{1}{4} \|g - if\|^2 \right), \quad \sigma_{g,f;\infty}^{(-)} \in BV_0^+ \left(\mathbb{R}; \frac{1}{4} \|g + if\|^2 \right).$$

Aus (I.11.20) und (I.11.21) folgt $\tau_{g,f} = \tau(.; g, f) \in \widehat{BV}(\mathbb{R}, \mathbb{C})$; ferner entnehmen wir dem Theorem I.9.3 die angegebene Supremumschranke. Verknüpfen wir die Grenzwertaussagen (I.11.11) aus dem Theorem I.11.2 und (I.11.19) von oben, so erhalten wir

$$\left(g, R_z f \right)_{\mathcal{H}} = \lim_{n \to \infty} \left(g, R_z^{(n)} f \right)_{\mathcal{H}} = \lim_{k \to \infty} \left(g, R_z^{(n_k)} f \right)_{\mathcal{H}} =$$
$$\int_{-\infty}^{+\infty} \frac{d\tau(\lambda; g, f)}{\lambda - z} = \widehat{F}(\tau_{g,f})|_z, z \in \mathbb{C}' \quad \text{für alle} \quad f, g \in \mathcal{H}.$$

Damit ist unser Theorem vollständig bewiesen.   q.e.d.

Wir wollen nun eine Spektralschar $E(\lambda)$ zu selbstadjungierten Operatoren H in separablen Hilberträumen $\mathcal{H}$ konstruieren. Hierbei verwenden wir die schwachen Grenzwerte aus der Bemerkung ii) zur Definition I.6.1.

Proposition I.11.1. *Es gibt eine Schar von Hermiteschen Operatoren*

$$E(\lambda) \colon \mathcal{H} \to \mathcal{H} \text{ mit } \|E(\lambda)\| \le 1 \text{ und } \widetilde{\lim_{\epsilon \to 0+}} E(\lambda + \epsilon) = E(\lambda) \text{ für alle } \lambda \in \mathbb{R},$$

so dass die Funktion $\tau_{g,f}(\lambda) = \tau(\lambda; g, f) \in \widehat{BV}(\mathbb{R}, \mathbb{C})$ aus Theorem I.11.3 die folgende Darstellung besitzt:

$$\tau(\lambda; g, f) = \left(g, E(\lambda) f \right)_{\mathcal{H}} \quad \text{für alle} \quad f, g \in \mathcal{H}. \quad (I.11.22)$$

Weiter haben wir $\widetilde{\lim_{\lambda \to -\infty}} E(\lambda) = 0 =: E(-\infty)$ als asymptotische Eigenschaft.

Beweis: 1.) Für die Adjungierte der Resolvente verwenden wir Theorem I.5.6, und wir erhalten mit der Darstellung (I.11.17) die folgende Gleichung:

$$\widehat{F}\Big(\tau(\lambda;g,f)\Big) = \int_{-\infty}^{+\infty} \frac{d\tau(\lambda;g,f)}{\lambda - z} = \Big(g,R_z f\Big)_{\mathcal{H}} = \overline{\Big(R_z f, g\Big)_{\mathcal{H}}} = \overline{\Big(f, R_{\overline{z}} g\Big)_{\mathcal{H}}}$$

$$= \overline{\int_{-\infty}^{+\infty} \frac{d\tau(\lambda;f,g)}{\lambda - \overline{z}}} = \int_{-\infty}^{+\infty} \frac{d\overline{\tau(\lambda;f,g)}}{\lambda - z} = \widehat{F}\Big(\overline{\tau(\lambda;f,g)}\Big), \ z \in \mathbb{C}', \ \forall \, f,g \in \mathcal{H}.$$

Da die Cauchy-Stieltjes-Transformation $\widehat{F}$ nach Theorem I.10.4 injektiv ist, so folgt die Identität

$$\tau(\lambda;g,f) = \overline{\tau(\lambda;f,g)} \quad \text{für alle} \quad f,g \in \mathcal{H} \quad \text{und} \quad \lambda \in \mathbb{R}. \tag{I.11.23}$$

2.) Wiederum mit obiger Darstellung (I.11.17) der Resolvente zeigen wir für alle $f,g,h \in \mathcal{H}$ sowie $\alpha, \beta \in \mathbb{C}$ und für alle Punkte $z \in \mathbb{C}'$ die folgende Identität:

$$\widehat{F}\Big(\tau(\lambda;\alpha g + \beta h, f)\Big) = \int_{-\infty}^{+\infty} \frac{d\tau(\lambda;\alpha g + \beta h, f)}{\lambda - z} = \Big(\alpha g + \beta h, R_z f\Big)_{\mathcal{H}}$$

$$= \overline{\alpha}\Big(g, R_z f\Big)_{\mathcal{H}} + \overline{\beta}\Big(h, R_z f\Big)_{\mathcal{H}} = \overline{\alpha}\int_{-\infty}^{+\infty} \frac{d\tau(\lambda;g,f)}{\lambda - z} + \overline{\beta}\int_{-\infty}^{+\infty} \frac{d\tau(\lambda;h,f)}{\lambda - z}$$

$$= \int_{-\infty}^{+\infty} \frac{d\big(\overline{\alpha}\,\tau(\lambda;g,f) + \overline{\beta}\,\tau(\lambda;h,f)\big)}{\lambda - z} = \widehat{F}\Big(\overline{\alpha}\,\tau(\lambda;g,f) + \overline{\beta}\,\tau(\lambda;h,f)\Big).$$

Da die Cauchy-Stieltjes-Transformation $\widehat{F}$ nach Theorem I.10.4 injektiv ist, so folgt die Gleichung

$$\tau(\lambda;\alpha g + \beta h, f) = \overline{\alpha}\tau(\lambda;g,f) + \overline{\beta}\tau(\lambda;h,f)$$

$$\text{für alle} \quad f,g,h \in \mathcal{H}, \quad \alpha, \beta \in \mathbb{C}, \quad \lambda \in \mathbb{R}. \tag{I.11.24}$$

3.) Für jedes feste $\lambda \in \mathbb{R}$ ist somit die Funktion $\tau(\lambda;.,.)$ wegen (I.11.24) antilinear in der zweiten Komponente und wegen (I.11.23) Hermitesch bezüglich der beiden letzten Komponenten, woraus insbesondere die Linearität in der dritten Komponente folgt. Wegen der Supremumschranke haben wir die Abschätzung

$$|\tau(\lambda;g,f)| \leq \|f\| \cdot \|g\| \quad \text{für alle} \quad f,g \in \mathcal{H}, \lambda \in \mathbb{R}. \tag{I.11.25}$$

Folglich stellt $\tau(\lambda;.,.)$ für alle $\lambda \in \mathbb{R}$ eine Hermitesche Sesquilinearform mit der Schranke 1 dar. Die Darstellungssätze aus Theorem 4.19 und 4.20 in [S5] Chap. 8 oder den Sätzen 9 und 10 in [S3] Kap. VIII § 4 für Sesquilinearformen liefern die Existenz eines Hermiteschen Operators $E(\lambda) \colon \mathcal{H} \to \mathcal{H}$ mit der Schranke $\|E(\lambda)\| \leq 1$, so dass die Identität (I.11.22) erfüllt ist.

4.) Wegen $\tau_{g,f} \in \widehat{BV}(\mathbb{R}, \mathbb{C})$ liefert die Darstellungsformel (I.11.22) für alle $\lambda \in \mathbb{R}$ die rechtsseitige Stetigkeit

$$\lim_{\epsilon \to 0+} \Big(g, E(\lambda + \epsilon)f\Big)_{\mathcal{H}} = \lim_{\epsilon \to 0+} \tau(\lambda + \epsilon; g, f) =$$

$$\tau(\lambda; g, f) = \Big(g, E(\lambda)f\Big)_{\mathcal{H}} \quad \text{für alle} \quad f, g \in \mathcal{H}.$$

Schließlich haben wir die asymptotische Aussage

$$\lim_{\lambda \to -\infty} \Big(g, E(\lambda)f\Big)_{\mathcal{H}} = \lim_{\lambda \to -\infty} \tau(\lambda; g, f) = 0 \quad \text{für alle} \quad f, g \in \mathcal{H}.$$

Somit sind alle Aussagen gezeigt.

q.e.d.

Zum Nachweis, dass die Operatoren $\{E(\lambda) : \lambda \in \mathbb{R}\}$ eine Spektralschar im Sinne von Definition I.6.1 bilden, benötigen wir nun unbestimmte Riemann-Stieltjes-Integrale, für welche wir zentrale Eigenschaften in den nachfolgenden Propositionen I.11.2 und I.11.3 ermitteln.

Definition I.11.1. *Wir nennen*

$$\Psi(\mu) := \int_{-\infty}^{\mu} \psi(\lambda) d\,\tau(\lambda) = \int_{-\infty}^{+\infty} \psi(\lambda) d\,\tau_{|\mu}(\lambda), \quad \mu \in \mathbb{R}$$

$$\text{mit der Hilfsfunktion} \quad \tau_{|\mu}(\lambda) := \begin{cases} \tau(\lambda), & -\infty < \lambda < \mu \\ \tau(\mu), & \mu \le \lambda < +\infty \end{cases}$$

(I.11.26)

das unbestimmte Riemann-Stieltjes-Integral der Funktion $\psi \in C_0^0(\overline{\mathbb{R}}, \mathbb{C})$ über die Belegungsfunktion $\tau \in \widehat{BV}(\mathbb{R}, \mathbb{C})$. Weiter setzen wir $\Psi(-\infty) := 0$ fest.

Proposition I.11.2. (Regularität des unbestimmten R.-S.-Integrals)
Seien die Belegungsfunktion $\tau \in \widehat{BV}(\mathbb{R}, \mathbb{C})$ der Totalvariation

$$M := \int_{-\infty}^{+\infty} |d\tau(\lambda)| \in [0, +\infty)$$

und die Funktion $\psi \in C_0^0(\overline{\mathbb{R}}, \mathbb{C})$ gegeben mit dem unbestimmten Riemann-Stieltjes-Integral $\Psi(\mu), \mu \in \mathbb{R} \cup \{-\infty\}$ aus der Definition I.11.1. Dann gehört diese Funktion gemäß $\Psi \in \widehat{BV}(\mathbb{R}, \mathbb{C})$ wieder zum Repräsentantenraum, und es gelten die folgenden Abschätzungen:

$$\int_{-\infty}^{+\infty} |d\Psi(\mu)| \le 6M \cdot \sup_{\lambda \in \mathbb{R}} |\psi(\lambda)|, \quad \sup_{\lambda \in \mathbb{R}} |\Psi(\lambda)| \le 6M \cdot \sup_{\lambda \in \mathbb{R}} |\psi(\lambda)|. \quad \text{(I.11.27)}$$

Beweis: 1.) Mit dem Theorem I.10.1 zerlegen wir die Belegungsfunktion τ in die schwach monoton steigenden Belegungsfunktionen $\varrho^{(+)}, \sigma^{(+)} \in BV_0^+(\mathbb{R}; M)$ und $\varrho^{(-)}, \sigma^{(-)} \in BV_0^+(\mathbb{R}; 2M)$. Damit zerfällt das unbestimmte Integral über τ in vier unbestimmte Integrale:

$$
\Psi(\mu) = \int_{-\infty}^{+\infty} \psi(\lambda) d\,\tau_{|\mu}(\lambda)
$$

$$
= \int_{-\infty}^{+\infty} \psi(\lambda) d\,\varrho_{|\mu}^{(+)}(\lambda) - \int_{-\infty}^{+\infty} \psi(\lambda) d\,\varrho_{|\mu}^{(-)}(\lambda) \tag{I.11.28}
$$

$$
+ i \int_{-\infty}^{+\infty} \psi(\lambda) d\,\sigma_{|\mu}^{(+)}(\lambda) - i \int_{-\infty}^{+\infty} \psi(\lambda) d\,\sigma_{|\mu}^{(-)}(\lambda)
$$

$$
=: \Psi^{(1)}(\mu) - \Psi^{(2)}(\mu) + i\Psi^{(3)}(\mu) - i\Psi^{(4)}(\mu), \quad \mu \in \mathbb{R}.
$$

2.) Zur Belegungsfunktion $\varrho \in BV_0^+(\mathbb{R}; M)$ untersuchen wir das unbestimmte Integral

$$
\Psi^{(\cdot)}(\mu) := \int_{-\infty}^{\mu} \psi(\lambda) d\,\varrho(\lambda), \quad \mu \in \mathbb{R} \cup \{-\infty\}.
$$

Für beliebige $-\infty \le \mu < \nu < +\infty$ betrachten wir nun eine ausgezeichnete Folge von Zerlegungen im Intervall $(\mu, \nu]$ der Form

$$
\mathcal{Z}^{(k)}(\mu, \nu) : \mu < a_0^{(k)} < a_1^{(k)} \ldots < a_{n^{(k)}-1}^{(k)} < a_{n^{(k)}}^{(k)} = \nu
$$

$$
\text{mit} \quad n^{(k)} := n(\mathcal{Z}^{(k)}(\mu, \nu)) \in \mathbb{N} \quad \text{für} \quad k = 1, 2, 3, \ldots. \tag{I.11.29}
$$

Dabei erfüllen die Längen $|\Delta_j^{(k)}| := a_j^{(k)} - a_{j-1}^{(k)}$ der Teilintervalle $\Delta_j^{(k)} := (a_{j-1}^{(k)}, a_j^{(k)}]$ für $j = 1, \ldots, n^{(k)}$ die *Feinheitsbedingung*

$$
\max\left\{|\Delta_j^{(k)}| : j = 1, \ldots, n^{(k)}\right\} \quad \to \quad 0 \quad \text{für} \quad k \to \infty,
$$

und es gilt die *Ausschöpfungsbedingung* $\lim_{k \to \infty} a_0^{(k)} = \mu$.

Wie in der Definition I.9.3 mit der Formel (I.9.17) bilden wir zu den beliebigen Zwischenwerten $\Lambda^{(k)} = \{\lambda_1^{(k)}, \ldots, \lambda_{n^{(k)}}^{(k)}\}$ mit $\lambda_j^{(k)} \in \Delta_j^{(k)}$ für $j = 1, \ldots n^{(k)}$ die Riemann-Stieltjes-Summen

$$
R(\varrho, \psi, \mathcal{Z}^{(k)}(\mu, \nu), \Lambda^{(k)}) \quad \text{für} \quad k = 1, 2, \ldots.
$$

Dann erklären wir gemäß der Proposition I.9.3 das Riemann-Stieltjes-Integral

$$
\int_{\mu}^{\nu} \psi(\lambda) d\,\varrho(\lambda) := \lim_{k \to \infty} R(\varrho, \psi, \mathcal{Z}^{(k)}(\mu, \nu), \Lambda^{(k)}) \quad \in \quad \mathbb{C}. \tag{I.11.30}
$$

über das halboffene Intervall $(\mu, \nu]$. Durch Abschätzung der Riemann-Stieltjes-Summen (I.9.17) ersehen wir die folgende Ungleichung:

$$\left| \int_{\mu}^{\nu} \psi(\lambda) d\,\varrho(\lambda) \right| \leq \Big(\varrho(\nu) - \varrho(\mu+) \Big) \cdot \sup_{\mu < \lambda \leq \nu} |\psi(\lambda)| \tag{I.11.31}$$

$$\text{für alle} \quad -\infty \leq \mu < \nu < +\infty.$$

Die Additivität des Riemann-Stieltjes-Integrals impliziert

$$\Psi^{(\cdot)}(\nu) - \Psi^{(\cdot)}(\mu) = \int_{\mu}^{\nu} \psi(\lambda) d\,\varrho(\lambda) \quad \text{für alle} \quad -\infty \leq \mu < \nu < +\infty. \tag{I.11.32}$$

Die Kombination von (I.11.31) und (I.11.32) liefert die Abschätzung

$$\left| \Psi^{(\cdot)}(\nu) - \Psi^{(\cdot)}(\mu) \right| \leq \Big(\varrho(\nu) - \varrho(\mu+) \Big) \cdot \sup_{\mu < \lambda \leq \nu} |\psi(\lambda)| \tag{I.11.33}$$

$$\text{für alle} \quad -\infty \leq \mu < \nu < +\infty.$$

3.) Wir wenden nun diese Abschätzung (I.11.33) auf die unbestimmten Integrale $\Psi^{(j)}(\mu)$, $\mu \in \mathbb{R} \cup \{-\infty\}$ für $j = 1, 2, 3, 4$ aus der Zerlegung (I.11.28) an. Dann erhalten wir die rechtsseitige Stetigkeit der Funktion $\Psi(\mu)$, $\mu \in \mathbb{R}$ und die asymptotische Eigenschaft $\Psi(\mu) \to 0$, $\mu \in \mathbb{R}$, $\mu \to -\infty$ wegen $\psi \in C_0^0(\overline{\mathbb{R}}, \mathbb{C})$. Schließlich liefert die Abschätzung (I.11.33) für $\mu = -\infty$ und $\nu \to +\infty$ die Ungleichung

$$\sup_{\lambda \in \mathbb{R}} |\Psi(\lambda)| \leq 6M \cdot \sup_{\lambda \in \mathbb{R}} |\psi(\lambda)|.$$

4.) Wie im Beweis von Theorem I.10.2 konstruieren wir zu der Funktion $\varrho \in BV_0^+(\mathbb{R}; M)$ beschränkter Variation $M \in [0, +\infty)$ eine Folge einfacher Funktionen $\varrho_k \in \widetilde{BV}_0^+(\mathbb{R}; M)$ $(k = 1, 2, \ldots)$ gemäß unserer Definition I.10.2 mit den folgenden Eigenschaften:

$$\lim_{k \to \infty} \varrho_k(\lambda) = \varrho(\lambda) \quad \text{für alle} \quad \lambda \in \mathbb{R} \quad \text{und} \quad \int_{-\infty}^{+\infty} |d\varrho_k(\lambda)| \leq M \, (k \in \mathbb{N}).$$

Wir betrachten für $k = 1, 2, \ldots$ die Hilfsfunktionen der Klasse $\widetilde{BV}_0^+(\mathbb{R}; M)$:

$$\varrho_{k|\mu}(\lambda) := \begin{cases} \varrho_k(\lambda), & -\infty < \lambda < \mu \\ \varrho_k(\mu), & \mu \leq \lambda < +\infty \end{cases}, \quad \mu \in \mathbb{R}. \tag{I.11.34}$$

Mit dem Hellyschen Konvergenzsatz aus Theorem I.9.2 gehen wir in

$$\Psi_k^{(\cdot)}(\mu) := \int_{-\infty}^{+\infty} \psi(\lambda) d\,\varrho_{k|\mu}(\lambda), \quad \mu \in \mathbb{R} \quad (k \in \mathbb{N}) \tag{I.11.35}$$

zur Grenze $k \to \infty$ über, und wir erhalten

$$\lim_{k \to \infty} \Psi_k^{(\cdot)}(\mu) = \int_{-\infty}^{+\infty} \psi(\lambda) d\,\varrho_{|\mu}(\lambda) = \Psi^{(\cdot)}(\mu), \quad \mu \in \mathbb{R}. \tag{I.11.36}$$

5.) Für die einfachen Belegungsfunktionen $\varrho_k \in \widetilde{BV}_0^+(\mathbb{R}; M)$ mit $N^{(k)} \in \mathbb{N}_0$ Sprungstellen $-\infty < \lambda_1^{(k)} < \ldots < \lambda_{N^{(k)}}^{(k)} < +\infty$ und den positiven Sprüngen

$$\delta \varrho_k(\lambda_j^{(k)}) := \varrho_k(\lambda_j^{(k)}) - \varrho_k(\lambda_j^{(k)}-) > 0 \quad \text{für} \quad j = 1, \ldots, N^{(k)}$$

ermitteln wir aus (I.11.35) die Identität

$$\Psi_k^{(\cdot)}(\mu) = \sum_{j=1,\ldots,N^{(k)}\,:\,\lambda_j^{(k)} \leq \mu} \psi(\lambda_j^{(k)}) \cdot \delta \varrho_k(\lambda_j^{(k)}), \quad \mu \in \mathbb{R}. \qquad \text{(I.11.37)}$$

Wir ersehen $\dfrac{d}{d\mu} \Psi_k^{(\cdot)}(\mu) = 0$ für alle $\mu \in \mathbb{R}'(\varrho_k) := \mathbb{R} \setminus \{\lambda_1^{(k)}, \ldots, \lambda_{N^{(k)}}^{(k)}\}$. Bei der Funktion $\Psi_k^{(\cdot)}$ ermitteln wir die komplexen Sprünge

$$\delta \Psi_k^{(\cdot)}(\lambda_j^{(k)}) = \psi(\lambda_j^{(k)}) \delta \varrho_k(\lambda_j^{(k)}) \in \mathbb{C} \setminus \{0\} \quad \text{für} \quad j = 1, \ldots, N^{(k)} \qquad \text{(I.11.38)}$$

genau an denjenigen Sprungstellen $\lambda_j^{(k)}$ der Funktion ϱ_k, für welche

$$\psi(\lambda_j^{(k)}) \in \mathbb{C} \setminus \{0\} \quad \text{mit} \quad j \in \{1, \ldots, N^{(k)}\}$$

erfüllt ist. Somit ist $\Psi_k^{(\cdot)}$ eine rechtsseitig stetige, stückweise konstante, komplexwertige Funktion. Ihre Totalvariation erfüllt wegen (I.11.37) die folgende Ungleichung

$$\int_{-\infty}^{+\infty} |d\Psi_k^{(\cdot)}(\mu)| = \sum_{j=1,\ldots,N^{(k)}} |\psi(\lambda_j^{(k)})| \, |\delta \varrho_k(\lambda_j^{(k)})|$$

$$\leq \sup_{\lambda \in \mathbb{R}} |\psi(\lambda)| \cdot \sum_{j=1,\ldots,N^{(k)}} |\delta \varrho_k(\lambda_j^{(k)})| = \sup_{\lambda \in \mathbb{R}} |\psi(\lambda)| \cdot \int_{-\infty}^{+\infty} |d\varrho_k(\lambda)| \qquad \text{(I.11.39)}$$

$$\leq M \cdot \sup_{\lambda \in \mathbb{R}} |\psi(\lambda)| \quad \text{für alle} \quad k \in \mathbb{N}.$$

In dieser Ungleichung vollziehen wir mit Hilfe von (I.11.36) den Grenzübergang $k \to \infty$, und wir erhalten die Abschätzung

$$\int_{-\infty}^{+\infty} |d\Psi^{(\cdot)}(\mu)| \leq M \cdot \sup_{\lambda \in \mathbb{R}} |\psi(\lambda)|. \qquad \text{(I.11.40)}$$

6.) Dann verwenden wir diese Ungleichung (I.11.40) für die unbestimmten Integrale $\Psi^{(j)}(\mu)$, $\mu \in \mathbb{R}$ ($j = 1, 2, 3, 4$) aus (I.11.28), und es ergibt sich auch die Abschätzung der Totalvariation in (I.11.27) für die Funktion Ψ.
Insgesamt gehört folglich die Funktion Ψ der Klasse $\widehat{BV}(\mathbb{R}, \mathbb{C})$ an.   q.e.d.

Proposition I.11.3. (Iteration von Riemann-Stieltjes-Integralen)
Die Belegungsfunktion $\tau \in \widehat{BV}(\mathbb{R}, \mathbb{C})$ *und die Funktion* $\psi \in C_0^0(\mathbb{R}, \mathbb{C})$
mit dem unbestimmten Integral $\Psi(\mu) := \int_{-\infty}^{\mu} \psi(\lambda)d\tau(\lambda)$, $\mu \in \mathbb{R}$ *sowie die*
Funktion $\gamma(\mu) = \alpha(\mu) + i\beta(\mu) \in C_0^0(\mathbb{R}, \mathbb{C})$ *seien gegeben. Mit der Belegungs-*
funktion $\Psi \in \widehat{BV}(\mathbb{R}, \mathbb{C})$ *gilt dann die folgende Identität:*

$$\int_{-\infty}^{+\infty} \gamma(\lambda) \cdot \psi(\lambda)d\tau(\lambda) = \int_{-\infty}^{+\infty} \gamma(\mu)\, d\Psi(\mu)\,. \tag{I.11.41}$$

Beweis: 1.) Mit dem Theorem I.10.1 zerlegen wir die Belegungsfunktion τ in die schwach monoton steigenden Belegungsfunktionen $\varrho^{(+)}, \sigma^{(+)} \in BV_0^+(\mathbb{R}; M)$ und $\varrho^{(-)}, \sigma^{(-)} \in BV_0^+(\mathbb{R}; 2M)$. Damit zerfällt das unbestimmte Integral Ψ der Regularitätsklasse $\widehat{BV}(\mathbb{R}, \mathbb{C})$ in die vier unbestimmte Integrale aus (I.11.28), und ebenso zerfällt das Integral auf der linken Seite von (I.11.41) in vier Integrale über diese schwach monotonen Belegungsfunktionen. Darum reicht es aus, die Identität (I.11.41) für die Belegungsfunktionen $\varrho \in BV_0^+(\mathbb{R}; M)$ mit geeignetem $M \in [0, +\infty)$ zu zeigen.

2.) Eine gegebenene Belegungsfunktion $\varrho \in BV_0^+(\mathbb{R}; M)$ approximieren wir wie im Beweis von Proposition I.11.2 durch einfache Funktionen

$$\varrho_k \in \widetilde{BV}_0^+(\mathbb{R}; M) \quad (k = 1, 2, \ldots) \quad \text{mit} \quad \lim_{k \to \infty} \varrho_k(\lambda) = \varrho(\lambda), \forall \lambda \in \mathbb{R}\,.$$

Diese einfachen Belegungsfunktionen $\varrho_k \in \widetilde{BV}_0^+(\mathbb{R}; M)$ besitzen $N^{(k)} \in \mathbb{N}_0$ Sprungstellen $-\infty < \lambda_1^{(k)} < \ldots < \lambda_{N^{(k)}}^{(k)} < +\infty$ mit den positiven Sprüngen

$$\delta\varrho_k(\lambda_j^{(k)}) := \varrho_k(\lambda_j^{(k)}) - \varrho_k(\lambda_j^{(k)}-) > 0 \quad \text{für} \quad j = 1, \ldots, N^{(k)}\,.$$

Damit berechnen wir

$$\int_{-\infty}^{+\infty} \gamma(\lambda) \cdot \psi(\lambda)d\varrho_k(\lambda) = \sum_{j=1}^{N^{(k)}} \gamma(\lambda_j^{(k)}) \cdot \psi(\lambda_j^{(k)}) \cdot \delta\varrho_k(\lambda_j^{(k)})\,. \tag{I.11.42}$$

Wegen der Formeln (I.11.37) und (I.11.38) erfüllen die unbestimmten Integrale

$$\Psi_k^{(\cdot)}(\mu) := \int_{-\infty}^{+\infty} \psi(\lambda)d\,\varrho_{k|\mu}(\lambda) = \int_{-\infty}^{\mu} \psi(\lambda)d\varrho_k(\lambda)\,, \quad \mu \in \mathbb{R}$$

für alle $k \in \mathbb{N}$ die Identität

$$\begin{aligned}
\int_{-\infty}^{+\infty} \gamma(\mu)d\Psi_k^{(\cdot)}(\mu) &= \sum_{j=1}^{N^{(k)}} \gamma(\lambda_j^{(k)})\delta\Psi_k^{(\cdot)}(\lambda_j^{(k)}) \\
&= \sum_{j=1}^{N^{(k)}} \gamma(\lambda_j^{(k)})\psi(\lambda_j^{(k)})\delta\varrho_k(\lambda_j^{(k)})\,.
\end{aligned} \tag{I.11.43}$$

Der Vergleich von (I.11.42) und (I.11.43) liefert die Aussage

$$\int_{-\infty}^{+\infty} \gamma(\lambda) \cdot \psi(\lambda) d\varrho_k(\lambda) = \int_{-\infty}^{+\infty} \gamma(\mu) \, d\Psi_k^{(\cdot)}(\mu) \quad \text{für alle} \quad k \in \mathbb{N}. \quad \text{(I.11.44)}$$

3.) Mit dem Hellyschen Konvergenzsatz aus Theorem I.9.2 können wir auf der linken Seite von (I.11.44) sofort zur Grenze $k \to \infty$ übergehen. Nach der Formel (I.11.36) konvergiert die Folge $\{\Psi_k^{(\cdot)}\}_{k=1,2,\ldots}$ gegen die Funktion

$$\Psi^{(\cdot)}(\mu) := \int_{-\infty}^{+\infty} \psi(\lambda) d\,\varrho_{|\mu}(\lambda) = \int_{-\infty}^{\mu} \psi(\lambda) d\varrho(\lambda)\,, \quad \mu \in \mathbb{R}$$

unter der gemeinsamen Schranke (I.11.39) an die Totalvariation. Darum können wir auch auf der rechten Seite von (I.11.44) mit dem Hellyschen Konvergenzsatz zur Grenze $k \to \infty$ übergehen. Wir erhalten insgesamt die Aussage

$$\int_{-\infty}^{+\infty} \gamma(\lambda) \cdot \psi(\lambda) d\varrho(\lambda) = \int_{-\infty}^{+\infty} \gamma(\mu) \, d\Psi^{(\cdot)}(\lambda) \quad \text{für alle} \quad \varrho \in BV_0^+(\mathbb{R}; M)\,.$$

Mit obigen Vorbemerkungen ist die Identität (I.11.41) gezeigt.   q.e.d.

Wir können in den nachfolgenden Propositionen I.11.4 und I.11.5 den Nachweis erbringen, dass die Operatoren $\{E(\lambda) : \lambda \in \mathbb{R}\}$ aus der Proposition I.11.1 eine Spektralschar bilden.

Proposition I.11.4. *Die Schar der Operatoren $\{E(\lambda) \colon \mathcal{H} \to \mathcal{H}, \lambda \in \mathbb{R}\}$ aus der Proposition I.11.1 besitzt die folgende Eigenschaft:*

$$E(\lambda) \circ E(\mu) = \begin{cases} E(\lambda) & \text{falls} \quad -\infty < \lambda < \mu < +\infty \\ E(\mu) & \text{falls} \quad -\infty < \mu \leq \lambda < +\infty \end{cases}. \quad \text{(I.11.45)}$$

Insbesondere stellt $E(\lambda)$ einen Projektor für alle $\lambda \in \mathbb{R}$ dar.

Beweis: 1.) Wir ziehen die Resolventenformeln (I.5.10) aus dem Theorem I.5.3 heran und erhalten

$$\frac{R_{z_1} - R_{z_2}}{z_1 - z_2} = R_{z_1} \circ R_{z_2} \quad \text{für alle} \quad z_1, z_2 \in \mathbb{C}' \quad \text{mit} \quad z_1 \neq z_2\,.$$

Hieraus ermitteln wir mit Hilfe von Theorem I.5.6 die Aussage

$$\left(g, \frac{R_{z_1} - R_{z_2}}{z_1 - z_2} f\right)_{\mathcal{H}} = \left(g, R_{z_1} \circ R_{z_2} f\right)_{\mathcal{H}} = \left(R_{\bar{z}_1} g, R_{z_2} f\right)_{\mathcal{H}} \text{ für alle } f, g \in \mathcal{H}.$$

Mit der Darstellung (I.11.17) der Resolvente im Theorem I.11.3 folgt für die Operatoren $\{E(\lambda)\}_{\lambda \in \mathbb{R}}$ in (I.11.22) von Proposition I.11.1 die Identität:

$$\int_{-\infty}^{+\infty} \left(\frac{1}{\lambda - z_1} - \frac{1}{\lambda - z_2} \right) \frac{d\left(g, E(\lambda)f\right)_{\mathcal{H}}}{z_1 - z_2} = \int_{-\infty}^{+\infty} \frac{d\left(R_{\overline{z}_1}g, E(\lambda)f\right)_{\mathcal{H}}}{\lambda - z_2}.$$

Dann erhalten wir die folgende Aussage:

$$\int_{-\infty}^{+\infty} \frac{d\left(g, E(\lambda)f\right)_{\mathcal{H}}}{(\lambda - z_1)(\lambda - z_2)} = \int_{-\infty}^{+\infty} \frac{d\left(R_{\overline{z}_1}g, E(\mu)f\right)_{\mathcal{H}}}{\mu - z_2} \qquad (I.11.46)$$

für alle $z_1, z_2 \in \mathbb{C}'$ mit $z_1 \neq z_2$ und alle $f, g \in \mathcal{H}$.

Dabei haben wir auf der rechten Seite einen Parameterwechsel $\lambda \to \mu$ vorgenommen.

2.) Für festes $z_1 \in \mathbb{C}'$ betrachten wir die Funktion

$$\psi_{z_1}(\lambda) := \frac{1}{\lambda - z_1}, \lambda \in \mathbb{R} \quad \text{aus der Klasse} \quad C_0^0(\overline{\mathbb{R}}, \mathbb{C}).$$

Zur Belegungsfunktion (I.11.22)

$$\tau_{g,f}(\lambda) = \left(g, E(\lambda)f\right)_{\mathcal{H}}, \lambda \in \mathbb{R} \quad \text{in der Klasse} \quad \widehat{BV}(\mathbb{R}, \mathbb{C})$$

betrachten wir das unbestimmte Riemann-Stieltjes-Integral

$$\Psi_{z_1}(\mu) := \int_{-\infty}^{\mu} \frac{d\left(g, E(\lambda)f\right)_{\mathcal{H}}}{\lambda - z_1}, \quad \mu \in \mathbb{R}. \qquad (I.11.47)$$

Nach Proposition I.11.3 gehört die Funktion $\Psi_{z_1}(\mu)$, $\mu \in \mathbb{R}$ der Regularitätsklasse $\widehat{BV}(\mathbb{R}, \mathbb{C})$ an. Auf der linken Seite von (I.11.46) setzen wir über die Identität (I.11.41) aus Proposition I.11.3 die Funktion (I.11.47) ein und erhalten

$$\int_{-\infty}^{+\infty} \frac{d\Psi_{z_1}(\mu)}{\mu - z_2} = \int_{-\infty}^{+\infty} \frac{d\left(R_{\overline{z}_1}g, E(\mu)f\right)_{\mathcal{H}}}{\mu - z_2} \qquad (I.11.48)$$

für alle $z_1, z_2 \in \mathbb{C}'$ mit $z_1 \neq z_2$ und alle $f, g \in \mathcal{H}$.

Die Injektivität der Cauchy-Stieltjes-Transformation gemäß dem Theorem I.10.4 liefert

$$\Psi_{z_1}(\mu) = \left(R_{\overline{z}_1}g, E(\mu)f\right)_{\mathcal{H}} \quad \text{für alle} \quad \mu \in \mathbb{R} \quad \text{und} \quad z_1 \in \mathbb{C}'. \qquad (I.11.49)$$

3.) Nun verwenden wir für alle $\mu \in \mathbb{R}$ die Hilfsfunktion

$$\tau_{g,f|\mu}(\lambda) := \begin{cases} \left(g, E(\lambda)f\right)_{\mathcal{H}} & , \quad -\infty < \lambda < \mu \\ \left(g, E(\mu)f\right)_{\mathcal{H}} & , \quad \mu \leq \lambda < +\infty \end{cases} , \qquad (I.11.50)$$

welche durch die konstante Fortsetzung ab dem Parameter μ entsteht. Dann ermitteln wir aus (I.11.47), (I.11.50) und (I.11.49) die Identität

$$\int_{-\infty}^{+\infty} \frac{d\,\tau_{g,f|\mu}(\lambda)}{\lambda - z_1} = \Psi_{z_1}(\mu) = \left(R_{\overline{z}_1} g, E(\mu) f \right)_{\mathcal{H}} = \overline{\left(E(\mu) f, R_{\overline{z}_1} g \right)_{\mathcal{H}}}$$

$$= \overline{\int_{-\infty}^{+\infty} \frac{d\left(E(\mu) f, E(\lambda) g \right)_{\mathcal{H}}}{\lambda - \overline{z}_1}} = \int_{-\infty}^{+\infty} \frac{\overline{d\left(E(\mu) f, E(\lambda) g \right)_{\mathcal{H}}}}{\lambda - z_1}$$

$$= \int_{-\infty}^{+\infty} \frac{d\left(E(\lambda) g, E(\mu) f \right)_{\mathcal{H}}}{\lambda - z_1} \quad \text{für alle} \quad \mu \in \mathbb{R} \quad \text{und} \quad z_1 \in \mathbb{C}'.$$

$$\text{(I.11.51)}$$

Dabei verwenden wir zu Beginn der zweiten Zeile die Darstellung (I.11.17) mit der Belegungsfunktion (I.11.22). Wegen der Injektivität der Cauchy-Stieltjes-Transformation liefert die Identität (I.11.51) die folgende Aussage:

$$\tau_{g,f|\mu}(\lambda) = \left(E(\lambda) g, E(\mu) f \right)_{\mathcal{H}} = \left(g, E(\lambda) \circ E(\mu) f \right)_{\mathcal{H}}, \, \forall \lambda, \mu \in \mathbb{R}; \, \forall f, g \in \mathcal{H}.$$

Kombinieren wir diese Aussage mit der Setzung (I.11.50), so erhalten wir die obige Behauptung.

q.e.d.

Schließlich zeigen wir

Proposition I.11.5. *Die Schar der Operatoren* $\{E(\lambda) \colon \mathcal{H} \to \mathcal{H}, \, \lambda \in \mathbb{R}\}$ *aus der Proposition I.11.1 besitzt die folgende asymptotische Eigenschaft:*

$$E(+\infty) := \widetilde{\lim_{\lambda \to +\infty}} \, E(\lambda) = E \quad \text{beziehungsweise}$$

$$E(\lambda) f \rightharpoonup E f = f \quad (\lambda \to +\infty) \quad \text{für alle} \quad f \in \mathcal{H}.$$

$$\text{(I.11.52)}$$

Beweis: Zu beliebigem $f \in \mathcal{H}$ betrachten wir $g := [f - E(+\infty) f]$. Mit Hilfe der Proposition I.11.4 berechnen wir

$$E(\lambda) g = E(\lambda) f - E(\lambda) \circ E(+\infty) f = E(\lambda) f - E(\lambda) f = 0 \quad \text{für alle} \quad \lambda \in \mathbb{R}.$$

Somit erhalten wir die Aussage

$$\left(h, R_z[f - E(+\infty) f] \right)_{\mathcal{H}} = \int_{-\infty}^{+\infty} \frac{d\left(h, E(\lambda)[f - E(+\infty) f] \right)_{\mathcal{H}}}{\lambda - z} = 0$$

$$\text{für alle} \quad z \in \mathbb{C}' \quad \text{und alle} \quad h \in \mathcal{H}.$$

$$\text{(I.11.53)}$$

Damit folgt $R_z[f - E(+\infty) f] = 0$, und die Injektivität der linearen Abbildung $R_z \colon \mathcal{H} \to \mathcal{H}$ liefert

$$Ef = f = E(+\infty)f \quad \text{für alle} \quad f \in \mathcal{H}$$

beziehungsweise $E(+\infty) = E$.

q.e.d.

Wir fassen unsere Ergebnisse zusammen zu dem

Theorem I.11.4. (Spektralschar selbstadjungierter Operatoren)
Im separablen Hilbertraum $\mathcal{H}$ sei auf dem dichten Definitionsbereich $\mathcal{D}_H \subset \mathcal{H}$ ein selbstadjungierter Operator $H\colon \mathcal{D}_H \to \mathcal{H}$ mit der Resolvente

$$R_z f := (H - zE)^{-1}f, \quad f \in \mathcal{H}, \quad z \in \mathbb{C}' := \mathbb{C} \setminus \mathbb{R}$$

gegeben. Dann gibt es genau eine Spektralschar $\{E(\lambda)\colon \lambda \in \mathbb{R}\}$, so dass die Resolvente die Darstellung

$$R_z = \int_{-\infty}^{+\infty} \frac{d\,E(\lambda)}{\lambda - z} \quad , \quad z \in \mathbb{C}' \tag{I.11.54}$$

besitzt.

Beweis: 1.) Existenz: Auf der Grundlage einer Approximation in den obigen Theoremen I.11.1 – I.11.3 haben wir mit der Proposition I.11.1 die Operatorenschar $\{E(\lambda)\colon \lambda \in \mathbb{R}\}$ konstruiert. In den Propositionen I.11.1, I.11.4, I.11.5 ist diese Familie als Spektralschar erkannt worden. Mit den Identitäten (I.11.17) und (I.11.22) erhalten wir die Darstellung (I.11.54).

2.) Eindeutigkeit: Seien die beiden Spektralscharen $\{E^{(1)}(\lambda)\colon \lambda \in \mathbb{R}\}$ und $\{E^{(2)}(\lambda)\colon \lambda \in \mathbb{R}\}$ zum selbstadjungierten Operator H gegeben. Dann liefert die Resolventendarstellung (I.11.54) die Operatoridentität

$$\int_{-\infty}^{+\infty} \frac{d\,E^{(1)}(\lambda)}{\lambda - z} = R_z = \int_{-\infty}^{+\infty} \frac{d\,E^{(2)}(\lambda)}{\lambda - z} \quad , \quad z \in \mathbb{C}'. \tag{I.11.55}$$

Hieraus ermitteln wir komponentenweise die Identität

$$\int_{-\infty}^{+\infty} \frac{d\left(g\,, E^{(1)}(\lambda)f\right)_{\mathcal{H}}}{\lambda - z} = \int_{-\infty}^{+\infty} \frac{d\left(g\,, E^{(2)}(\lambda)f\right)_{\mathcal{H}}}{\lambda - z}, \, z \in \mathbb{C}', \, \forall\, f, g \in \mathcal{H}.$$

Die Injektivität der Cauchy-Stieltjes-Transformation im Theorem I.10.4 liefert

$$\left(g\,, E^{(1)}(\lambda)f\right)_{\mathcal{H}} = \left(g\,, E^{(2)}(\lambda)f\right)_{\mathcal{H}} \quad \text{für alle} \quad \lambda \in \mathbb{R} \quad \text{und} \quad f, g \in \mathcal{H}.$$

Somit folgen die Gleichungen

$$E^{(1)}(\lambda) = E^{(2)}(\lambda) \quad \text{für alle} \quad \lambda \in \mathbb{R}$$

und damit $E^{(1)} = E^{(2)}$. Also ist die Spektralschar $\{E(\lambda)\colon \lambda \in \mathbb{R}\}$ eindeutig bestimmt.

q.e.d.

§12 Der Spektralsatz selbstadjungierter Operatoren und ihr Spektrum

Wir formulieren nun das zentrale Ergebnis unserer Abhandlung im

Theorem I.12.1. (Spektralsatz für selbstadjungierte Operatoren)
Im separablen Hilbertraum $\mathcal{H}$ sei auf dem dichten Definitionsbereich $\mathcal{D}_H \subset \mathcal{H}$ ein selbstadjungierter Operator $H: \mathcal{D}_H \to \mathcal{H}$ mit $\{E(\lambda): \lambda \in \mathbb{R}\}$ als Spektralschar gemäß Theorem I.11.4 gegeben. Nun betrachten wir den Spektraloperator

$$S_{\widehat{\varphi}} = \int_{-\infty}^{+\infty} \lambda \, d\,E(\lambda) \quad \text{zur Funktion } \widehat{\varphi}(\lambda) := \lambda, \ \lambda \in \mathbb{R} \ \text{aus dem Theorem I.8.3}$$

mit dem Definitionsbereich $\mathcal{D}(E(.), \widehat{\varphi})$ aus der Definition I.8.5. Dann besitzen diese Operatoren den gleichen Definitionsbereich

$$\mathcal{D}_H = \mathcal{D}(E(.), \widehat{\varphi}) = \left\{ f \in \mathcal{H}: \int_{-\infty}^{+\infty} \lambda^2 d\left(f, E(\lambda)f\right)_{\mathcal{H}} < +\infty \right\} \quad (\text{I.12.1})$$

und erfüllen die Operatoridentität

$$H f = \int_{-\infty}^{+\infty} \lambda \, d\,E(\lambda)\, f \quad \text{für alle} \quad f \in \mathcal{D}_H\,. \quad (\text{I.12.2})$$

Beweis: Wir verwenden Theorem I.11.4 mit der Spektralschar $\{E(\lambda): \lambda \in \mathbb{R}\}$, welche die Resolventendarstellung (I.11.54) besitzt. Mit Hilfe der Additionsregel aus Proposition I.7.2, der Orthogonalitätsregel aus Proposition I.7.3, der Produktregel aus Proposition I.7.4 und der Integrationsregel aus Proposition I.7.1 für die Spektralschar berechnen wir die folgende Identität (I.12.3), indem wir bei diesen Hilfssätzen noch die Bemerkung zur Definition I.7.6 beachten:

$$\left(\int_{-k}^{+k} (\lambda - z) \, d\,E(\lambda) \right) \circ \left(H - zE \right)^{-1} = \left(\int_{-k}^{+k} (\lambda - z) \, d\,E(\lambda) \right) \circ R_z$$

$$= \left(\int_{-k}^{+k} (\lambda - z) \, d\,E(\lambda) \right) \circ \left(\int_{-\infty}^{+\infty} \frac{d\,E(\lambda)}{\lambda - z} \right) = \int_{-k}^{+k} d\,E(\lambda)$$

$$= E(k-) - E(-k) =: P_k \quad \text{für alle} \quad z \in \mathbb{C}' := \mathbb{C} \setminus \mathbb{R} \quad \text{und} \quad k \in \mathbb{N}. \quad (\text{I.12.3})$$

Ähnlich wie im Beweis von Theorem I.8.3 erhalten wir für alle $z \in \mathbb{C}'$ im Grenzübergang $k \to \infty$ die folgende Identität:

$$\left(S_{\widehat{\varphi}} - zE \right) \circ \left(H - zE \right)^{-1} = \left(\int_{-\infty}^{+\infty} (\lambda - z) \, d\,E(\lambda) \right) \circ \left(H - zE \right)^{-1} = E. \quad (\text{I.12.4})$$

Hieraus ermitteln wir für die Definitionsbereiche mit beliebigem $z \in \mathbb{C}'$ die folgende Inklusion

$$\mathcal{D}_{S_{\widehat{\varphi}}} = \mathcal{D}_{S_{\widehat{\varphi}} - zE} \supset \mathcal{D}_{H-zE} = \mathcal{D}_H\,. \quad (\text{I.12.5})$$

Aus (I.12.4) und (I.12.5) folgt

$$\left(S_{\widehat{\varphi}} - zE\right)f = \left(H - zE\right)f \quad \text{für alle} \quad f \in \mathcal{D}_H \quad \text{und} \quad z \in \mathbb{C}'. \qquad \text{(I.12.6)}$$

Somit ersehen wir

$$S_{\widehat{\varphi}}\, f = H\, f \quad \text{für alle} \quad f \in \mathcal{D}_H\,. \qquad \text{(I.12.7)}$$

Für die unbeschränkten Operatoren erhalten wir $H \subset S_{\widehat{\varphi}}$ mit dem selbstadjungierten Operator H und dem Hermiteschen Operator $S_{\widehat{\varphi}}$. Die Bemerkung iii) zur Definition I.4.1 liefert $H = S_{\widehat{\varphi}}$ und insbesondere folgt $\mathcal{D}_H = \mathcal{D}_{S_{\widehat{\varphi}}}$. Damit sind die Identitäten (I.12.1) sowie (I.12.2) gezeigt, und der Spektralsatz ist vollständig bewiesen.   q.e.d.

Zu einem selbstadjungierten Operator $H \colon \mathcal{D}_H \to \mathcal{H}$ betrachten wir die nach Theorem I.5.5 offene *Resolventenmenge* $\mathbb{C} \backslash \mathbb{R} \subset \varrho(H) \subset \mathbb{C}$ aus Definition I.5.1 und das abgeschlossene *Spektrum* $\sigma(H) := \mathbb{C} \backslash \varrho(H) \subset \mathbb{R}$ als ihr Komplement. Nach dem Toeplitz-Kriterium in Theorem I.5.2 gehört der Punkt $z \in \mathbb{R}$ zur Resolventenmenge $\varrho(H)$ genau dann, wenn

$$\|(H - zE)f\| \geq c \quad \text{für alle} \quad f \in \mathcal{D}_H \quad \text{mit} \quad \|f\| = 1 \quad \text{für ein} \quad c > 0$$
$$\text{(I.12.8)}$$

erfüllt ist. Durch Negation dieser Aussage (I.12.8) erhalten wir die

Proposition I.12.1. *Der Punkt $\lambda_0 \in \mathbb{R}$ gehört zum Spektrum $\sigma(H)$ genau dann, wenn die folgende Bedingung erfüllt ist:*

$$\textit{Es gibt eine Folge} \quad f_k \in \mathcal{D}_H \quad \textit{mit} \quad \|f_k\| = 1 \quad (k \in \mathbb{N})$$
$$\textit{der folgenden Eigenschaft:} \quad \lim_{k \to \infty} \|(H - \lambda_0 E)f_k\| = 0. \qquad \text{(I.12.9)}$$

Bemerkung: Falls $\lambda_0 \in \sigma(H)$ einen Eigenwert darstellt, d. h. es existiert ein

$$f_0 \in \mathcal{H} \quad \text{mit} \quad H f_0 = \lambda_0 f_0 \quad \text{und} \quad \|f_0\| = 1\,,$$

so wird das Approximationsproblem (I.12.9) durch ein Variationsproblem in $\mathcal{H}$ gelöst. Es kann jedoch auch der Fall eintreten, dass wir dieses Variationsproblem in $\mathcal{H}$ nicht lösen können, aber die Approximationsfolge (I.12.9) zum Spektralwert $\lambda_0 \in \sigma(H)$ existiert. Wir sprechen dann von einem Spektralwert aus dem wesentlichen Spektrum des Operators H. Physikalisch werden die Eigenfunktionen als *gebundene Zustände* des Systems interpretiert, während die wesentlichen Spektralwerte den sogenannten *Streuzuständen* entsprechen; diese führen über den Hilbertraum $\mathcal{H}$ hinaus. Hierzu verweisen wir auf das Kapitel V im Skriptum zur Quantenmechanik [B] von H. J. Borchers.

Definition I.12.1. *Zu den Grenzen* $-\infty \le a < b \le +\infty$ *betrachten wir das halboffene, rechts abgeschlossene Intervall* $\Theta_0 := (a, b] \subset \overline{\mathbb{R}}$ *und den Projektor*

$$E(\Theta_0) := \int_{\Theta_0} dE(\lambda) = \int_a^b dE(\lambda) = E(b) - E(a) : \mathcal{H} \to \mathcal{H}$$

gemäß der Proposition I.7.1 sowie den linearen Spektralraum

$$\mathcal{M}(\Theta_0) := \Big\{ f \in \mathcal{H} \colon E(\Theta_0) f = f \Big\} = \Big\{ f \in \mathcal{H} \colon \big(E(\Theta_0) - E \big) f = 0 \Big\}.$$

Theorem I.12.2. (Spektrum selbstadjungierter Operatoren)
Für selbstadjungierte Operatoren $H \colon \mathcal{D}_H \to \mathcal{H}$ *auf dem dichten Definitionsbereich* $\mathcal{D}_H$ *im separablen Hilbertraum* $\mathcal{H}$ *gilt:*

i) *Die reelle Zahl* λ_0 *gehört genau dann zum Spektrum* $\sigma(H)$, *wenn für jedes halboffene, rechts abgeschlossene Intervall* $\Theta_0 = (a, b]$ *mit* $\lambda_0 \in (a, b) = \overset{\circ}{\Theta}_0$ *die Aussage* $\dim \mathcal{M}(\Theta_0) > 0$ *erfüllt ist.*

ii) *Die reelle Zahl* λ_0 *gehört genau der Resolventenmenge* $\varrho(H)$ *an, wenn die lokalisierte Spektralschar* $\{ E(\lambda) \colon \lambda \in (\lambda_0 - \epsilon, \lambda_0 + \epsilon] \}$ *für ein hinreichend kleines* $\epsilon > 0$ *konstant ist.*

iii) *Die reelle Zahl* λ_0 *ist genau dann ein Eigenwert des Operators* H, *wenn die folgende Bedingung erfüllt ist:*

$$E(\lambda_0) \ne E(\lambda_0-) := \widetilde{\lim_{\epsilon \to 0+}} E(\lambda_0 - \epsilon) \,.$$

Beweis: Zu beliebigen Punkten $\lambda_0 \in \mathbb{R}$ und $\epsilon > 0$ betrachten wir die halboffenen, rechts abgeschlossenen Intervalle $\Theta_\epsilon := (\lambda_0 - \epsilon, \lambda_0 + \epsilon]$ mit den zugehörigen Projektoren $E(\Theta_\epsilon) = E(\lambda_0 + \epsilon) - E(\lambda_0 - \epsilon)$. Die nachfolgenden Implikationen (I.12.10) und (I.12.11) sehen wir über das Theorem I.12.1 durch Berechnung mit den Propositionen I.7.2, I.7.3, I.7.5 einschließlich der Bemerkung zur Definition I.7.6 leicht ein:

$$\dim \mathcal{M}(\Theta_\epsilon) = 0 \implies \Big(E(\lambda_0 + \epsilon) - E(\lambda_0 - \epsilon) \Big) f = 0, \ \forall f \in \mathcal{H}$$

$$\implies E(\lambda_0 + \epsilon) = E(\lambda_0 - \epsilon) \implies \quad \text{Für alle} \quad f \in \mathcal{D}_H \quad \text{gilt:}$$

$$(H - \lambda_0 E) f = \Big(\int_{-\infty}^{\lambda_0 - \epsilon} + \int_{\lambda_0 + \epsilon}^{+\infty} \Big) (\lambda - \lambda_0) dE(\lambda) \, f$$

$$\implies \| (H - \lambda_0 E) f \|^2 = \Big(\int_{-\infty}^{\lambda_0 - \epsilon} + \int_{\lambda_0 + \epsilon}^{+\infty} \Big) (\lambda - \lambda_0)^2 d \, \| E(\lambda) f \|^2$$

$$\ge \epsilon^2 \int_{-\infty}^{+\infty} d \| E(\lambda) f \|^2 = \epsilon^2 \| f \|^2 \quad \text{für alle} \quad f \in \mathcal{D}_H$$

$$\implies \| (H - \lambda_0 E) f \| \ge \epsilon \quad \text{für alle} \quad f \in \mathcal{D}_H \quad \text{mit} \quad \| f \| = 1 \,.$$

(I.12.10)

$$\dim \mathcal{M}(\Theta_\epsilon) > 0 \Longrightarrow \text{Es gibt ein } f_\epsilon \in \mathcal{M}(\Theta_\epsilon) \text{ mit } E(\Theta_\epsilon)f_\epsilon = f_\epsilon \neq 0$$

$$\Longrightarrow (H - \lambda_0 E)f_\epsilon = \int_{\lambda_0 - \epsilon}^{\lambda_0 + \epsilon} (\lambda - \lambda_0) dE(\lambda)f_\epsilon$$

$$\Longrightarrow \|(H - \lambda_0 E)f_\epsilon\|^2 = \int_{\lambda_0 - \epsilon}^{\lambda_0 + \epsilon} (\lambda - \lambda_0)^2 d\|E(\lambda)f_\epsilon\|^2 \qquad (\text{I.12.11})$$

$$\leq \epsilon^2 \int_{\lambda_0 - \epsilon}^{\lambda_0 + \epsilon} d\|E(\lambda)f_\epsilon\|^2 = \epsilon^2 \|f_\epsilon\|^2$$

$$\Longrightarrow \|(H - \lambda_0 E)f_\epsilon\| \leq \epsilon \quad \text{für ein} \quad f_\epsilon \in \mathcal{M}(\Theta_\epsilon) \quad \text{mit} \quad \|f_\epsilon\| = 1.$$

i) „$\Longrightarrow$": Wenn die reelle Zahl λ_0 zum Spektrum $\sigma(H)$ gehört, so ist die Eigenschaft (I.12.9) erfüllt. Wegen der Implikation (I.12.10) ist damit

$$\dim \mathcal{M}(\Theta_\epsilon) > 0 \quad \text{für alle} \quad \epsilon > 0$$

richtig. Für jedes halboffene, rechts abgeschlossene Intervall Θ_0 mit $\lambda_0 \in \overset{\circ}{\Theta_0}$ folgt die Aussage $\dim \mathcal{M}(\Theta_0) > 0$ unmittelbar.

i) „$\Longleftarrow$": Jedes halboffene, rechts abgeschlossene Intervall Θ_0 mit $\lambda_0 \in \overset{\circ}{\Theta_0}$ erfülle $\dim \mathcal{M}(\Theta_0) > 0$. Dann folgt $\dim \mathcal{M}(\Theta_\epsilon) > 0$ für alle $\epsilon > 0$, und die Implikation (I.12.11) liefert uns eine Folge gemäß (I.12.9). Somit gehört λ_0 zum Spektrum $\sigma(H)$, und die Aussage i) ist vollständig gezeigt.

ii) „$\Longrightarrow$": Sei $\lambda_0 \in \varrho(H)$ gelegen. Wäre die Spektralschar $E(\lambda)$ in diesem Punkt λ_0 nicht lokal konstant, so folgt $\dim E(\Theta_\epsilon) > 0$ für alle $\epsilon > 0$. Die Implikation (I.12.11) liefert uns eine Folge, wie sie in (I.12.9) beschrieben wurde. Damit gehört λ_0 zum Spektrum $\sigma(H)$ – im Widerspruch zur Annahme.

ii) „$\Longleftarrow$": Die lokalisierte Spektralschar $\{E(\lambda): \lambda \in (\lambda_0 - \epsilon, \lambda_0 + \epsilon]\}$ sei für ein hinreichend kleines $\epsilon > 0$ konstant. Somit folgt $\dim \mathcal{M}(\Theta_\epsilon) = 0$ für ein hinreichend kleines $\epsilon > 0$, und die Implikation (I.12.10) liefert

$$\|(H - \lambda_0 E)f\| \geq \epsilon \quad \text{für alle} \quad f \in \mathcal{D}_H \quad \text{mit} \quad \|f\| = 1.$$

Folglich ist die Eigenschaft (I.12.8) für $z_0 = \lambda_0$ mit $c = \epsilon$ richtig, und der Punkt λ_0 gehört zu $\varrho(H)$. Damit ist die Aussage ii) vollständig gezeigt.

iii) „$\Longrightarrow$": Sei $\lambda_0 \in \mathbb{R}$ Eigenwert des Operators H, so gibt es ein $f_0 \in \mathcal{D}_H$ mit

$$H f_0 = \int_{-\infty}^{+\infty} \lambda \, dE(\lambda) \, f_0 = \lambda_0 f_0 \quad \text{und} \quad \|f_0\| = 1.$$

Es folgt

$$0 = \|(H - \lambda_0 E)f_0\|^2 = \int_{-\infty}^{+\infty} (\lambda - \lambda_0)^2 d\|E(\lambda)f_0\|^2$$

und somit

$$\|E(\lambda)f_0\| = \text{const} \quad \text{für alle} \quad \lambda \in (-\infty, \lambda_0) \cup (\lambda_0, +\infty).$$

Damit erhalten wir die Aussage

$$0 \neq f_0 = \int_{-\infty}^{+\infty} \lambda \, d\, E(\lambda)\, f_0 = \Big(E(\lambda_0) - E(\lambda_0-) \Big) f_0 \,,$$

woraus $E(\lambda_0) \neq E(\lambda_0-)$ resultiert.

iii) „$\Longleftarrow$": Wenn die Bedingung $E(\lambda_0) \neq E(\lambda_0-)$ erfüllt ist, so gibt es ein $f_0 \in \mathcal{H}$ mit $\Big(E(\lambda_0) - E(\lambda_0-) \Big) f_0 = f_0$ und $\|f_0\| = 1$. Für alle $\epsilon > 0$ ist somit $E(\Theta_\epsilon) f_0 = f_0$ richtig, und die Implikation (I.12.11) liefert

$$\|(H - \lambda_0 E)f_0\| \leq \epsilon \quad \text{für alle} \quad \epsilon > 0 \,.$$

Somit folgt $H f_0 = \lambda_0 f_0$ mit $f_0 \in \mathcal{D}_H$ und $\|f_0\| = 1$. Daher ist λ_0 ein Eigenwert des Operators H, und auch die Aussage iii) ist vollständig gezeigt.   q.e.d.

Theorem I.12.3. *Zum halboffenen, rechts abgeschlossenen Intervall $\Theta_0 := (a, b] \subset \overline{\mathbb{R}}$ mit den Grenzen $-\infty \leq a < b \leq +\infty$ betrachten wir den Spektralraum $\mathcal{M}(\Theta_0)$ der endlichen Dimension $n := \dim \mathcal{M}(\Theta_0) \in \mathbb{N}$. Dann gibt es für $k = 1, \dots, n$ orthonormierte Eigenelemente $f_k \in \mathcal{M}(\Theta_0)$ von H zu den Eigenwerten $\lambda_k \in \Theta_0$, welche die Eigenschaften*

$$H f_k = \lambda_k f_k \quad \text{sowie} \quad \Big(f_k, f_l \Big)_{\mathcal{H}} = \delta_{kl} \quad \text{für} \quad k, l = 1, \dots, n \qquad \text{(I.12.12)}$$

besitzen und den Raum $\mathcal{M}(\Theta_0)$ aufspannen.

Beweis: Wegen $H(\mathcal{M}(\Theta_0)) \subset \mathcal{M}(\Theta_0)$ und $\dim \mathcal{M}(\Theta_0) < +\infty$ gibt es mit den Methoden der *Linearen Algebra* Eigenelemente $f_1, \dots, f_n \in \mathcal{M}(\Theta_0)$, welche die Eigenschaften (I.12.12) besitzen und den Raum $\mathcal{M}(\Theta_0)$ aufspannen. Hier empfehlen wir wiederum das Skriptum von H. Grauert [G] *Lineare Algebra und Analytische Geometrie II.* Darin wird die Diagonalisierung Hermitescher Matrizen im Satz 10 von Kap. 3 § 4 behandelt. Somit folgt

$$\lambda_k = \Big(f_k, H f_k \Big)_{\mathcal{H}} = \int_a^b \lambda \, d\|E(\lambda)f_k\|^2 \in (a, b] = \Theta_0 \quad \text{für} \quad k = 1, \dots, n \,,$$

und alle Aussagen sind gezeigt.   q.e.d.

Definition I.12.2. *Der Punkt $\lambda_0 \in \mathbb{R}$ gehört zum Häufungsspektrum oder gleichwertig zum essentiellen Spektrum $\Big($ in Zeichen $\lambda_0 \in \sigma_{ess}(H)\Big)$, wenn für jedes halboffene, rechts abgeschlossene Intervall $\Theta_0 := (a, b] \subset \overline{\mathbb{R}}$ mit $-\infty \leq a < \lambda_0 < b \leq +\infty$ der Spektralraum gemäß $\dim \mathcal{M}(\Theta_0) = +\infty$ unendlichdimensional ist.*

Bemerkung: Der Punkt $\lambda_0 \in \mathbb{R}$ gehört insbesondere dann zum Häufungsspektrum $\sigma_{ess}(H)$, wenn es eine Folge von Eigenwerten $\{\lambda_k\}_{k \in \mathbb{N}} \subset \sigma(H) \setminus \{\lambda_0\}$ mit der Eigenschaft $\lambda_k \to \lambda_0 \, (k \to \infty)$ gibt.

Proposition I.12.2. *Der Punkt $\lambda_0 \in \mathbb{R}$ gehört genau dann zum Häufungsspektrum $\sigma_{ess}(H)$, wenn es eine Folge $\{f_k\}_{k=1,2,\ldots} \subset \mathcal{D}_H$ gibt, so dass*

$$\|(H - \lambda_0 E)f_k\| \to 0 \, (k \to \infty), \, \|f_k\| = 1 \, (k \in \mathbb{N}), \, f_k \rightharpoonup 0 \, (k \to \infty) \quad \text{(I.12.13)}$$

erfüllt ist.

Beweis: „$\Longrightarrow$": Sei $\lambda_0 \in \sigma_{ess}(H)$ gegeben, so betrachten wir für $k = 1, 2, \ldots$ die halboffenen, rechts abgeschlossenen Intervalle $\Theta_{\frac{1}{k}} := \left(\lambda_0 - \frac{1}{k}, \lambda_0 + \frac{1}{k} \right]$. Die zugehörigen Spektralräume $\mathcal{M}(\Theta_{\frac{1}{k}})$ erfüllen $\dim \mathcal{M}(\Theta_{\frac{1}{k}}) = \infty$ für alle $k \in \mathbb{N}$. Nach obigem Theorem I.12.3 und der Implikation (I.12.11) gibt es eine orthonormierte Folge $f_k \in \mathcal{M}(\Theta_{\frac{1}{k}})$ für $k = 1, 2, \ldots$, welche die Abschätzung $\|(H - \lambda_0)f_k\| \le \frac{1}{k} \to 0 \, (k \to \infty)$ erfüllt. Damit haben wir eine Folge $\{f_k\}_{k \in \mathbb{N}}$ mit den gesuchten Eigenschaften gefunden.

„$\Longleftarrow$": Es sei $\{f_k\}_{k=1,2,\ldots} \subset \mathcal{D}_H$ eine Folge mit den Eigenschaften (I.12.13). Wir erhalten für alle $k \in \mathbb{N}$ die Identitäten

$$(H - \lambda_0 E)f_k = \left(\int_{-\infty}^{\lambda_0 - \epsilon} + \int_{\lambda_0 - \epsilon}^{\lambda_0 + \epsilon} + \int_{\lambda_0 + \epsilon}^{+\infty} \right)(\lambda - \lambda_0)dE(\lambda) \, f_k \, .$$

Dann schätzen wir mit Hilfe der Propositionen I.7.2, I.7.3, I.7.4, I.7.5 ab:

$$\|(H - \lambda_0 E)f_k\|^2 =$$

$$\left(\int_{-\infty}^{\lambda_0 - \epsilon} + \int_{\lambda_0 - \epsilon}^{\lambda_0 + \epsilon} + \int_{\lambda_0 + \epsilon}^{+\infty} \right)(\lambda - \lambda_0)^2 d\, \|E(\lambda)f_k\|^2$$

$$\ge \left(\int_{-\infty}^{\lambda_0 - \epsilon} + \int_{\lambda_0 + \epsilon}^{+\infty} \right)(\lambda - \lambda_0)^2 d\|E(\lambda)f_k\|^2$$

$$\ge \epsilon^2 \left(\int_{-\infty}^{\lambda_0 - \epsilon} + \int_{\lambda_0 + \epsilon}^{+\infty} \right) d\|E(\lambda)f_k\|^2 \qquad \text{(I.12.14)}$$

$$= \epsilon^2 \left(\int_{-\infty}^{+\infty} d\|E(\lambda)f_k\|^2 - \|E(\Theta_\epsilon)f_k\|^2 \right)$$

$$= \epsilon^2 \left(1 - \|E(\Theta_\epsilon)f_k\|^2 \right).$$

Wäre nun für ein $\epsilon > 0$ die Eigenschaft $\dim \mathcal{M}(\Theta_\epsilon) < \infty$ erfüllt, so besitzt der Projektor $E(\Theta_\epsilon) \colon \mathcal{H} \to \mathcal{H}$ ein endlich-dimensionales Bild, und dieser ist somit vollstetig. Wir verwenden nun das Theorem 6.8 in Chap. 8 von [S5] oder den Satz 4 in [S3] Kap. VIII § 6. Aus der Eigenschaft

$$f_k \rightharpoonup 0 \, (k \to \infty) \quad \text{folgt} \quad E(\Theta_\epsilon) f_k \to 0 \, (k \to \infty) \,,$$

und die Abschätzung (I.12.14) liefert

$$\|(H - \lambda_0 E) f_k\|^2 \ge \epsilon^2 \left(1 - \|E(\Theta_\epsilon) f_k\|^2 \right) \ge \frac{\epsilon^2}{2} \quad \text{für alle} \quad k \ge k_0(\epsilon) \,. \quad \text{(I.12.15)}$$

Diese Aussage steht im Widerspruch zu der Eigenschaft

$$\|(H - \lambda_0 E) f_k\| \to 0 \quad (k \to \infty) \,,$$

und es folgt

$$\dim \mathcal{M}(\Theta_\epsilon) = \infty \quad \text{für alle} \quad \epsilon > 0 \,.$$

Somit gehört der Punkt λ_0 zum Häufungsspektrum $\sigma_{ess}(H)$, und unsere Proposition ist vollständig bewiesen. q.e.d.

Definition I.12.3. *Es gehört $\lambda_0 = -\infty$ oder $\lambda_0 = +\infty$ zum Häufungsspektrum $\sigma_{ess}(H)$, wenn für alle $c \in \mathbb{R}$ der Spektralraum $\mathcal{M}((-\infty, c])$ beziehungsweise $\mathcal{M}((c, +\infty])$ unendlich-dimensional ist.*

Bemerkung: Die Aussage $\pm\infty \in \sigma_{ess}(H)$ ist insbesondere erfüllt, falls es eine Folge von Eigenwerten $\{\lambda_k\}_{k \in \mathbb{N}} \subset \sigma(H)$ mit $\lim_{k \to \infty} \lambda_k = \pm\infty$ gibt.

Definition I.12.4. *Der Hermitesche Operator H ist mit der Konstante $c_- \in \mathbb{R}$ nach unten halbbeschränkt, falls die folgende Ungleichung erfüllt ist:*

$$\left(f, H f \right)_{\mathcal{H}} \ge c_- \left(f, f \right)_{\mathcal{H}} \quad \text{für alle} \quad f \in \mathcal{D}_H \,. \quad \text{(I.12.16)}$$

Wir nennen den Hermiteschen Operator H mit einer Konstante $c_+ \in \mathbb{R}$ nach oben halbbeschränkt, falls die folgende Ungleichung gilt:

$$\left(f, H f \right)_{\mathcal{H}} \le c_+ \left(f, f \right)_{\mathcal{H}} \quad \text{für alle} \quad f \in \mathcal{D}_H \,. \quad \text{(I.12.17)}$$

Insofern der Operator nach unten durch c_- und oben durch c_+ halbbeschränkt ist, so stellt H einen beschränkten Operator mit $c_0 := \max\{|c_-|, |c_+|\} \in [0, +\infty)$ als Schranke dar.

Bemerkung: Die uneigentlichen Elemente $-\infty$ und $+\infty$ gehören nicht zum wesentlichen Spektrum $\sigma_{ess}(H)$, falls der Operator H nach unten beziehungsweise nach oben halbbeschränkt ist.

Definition I.12.5. *Wir nennen den Hermiteschen Operator H nichtnegativ (in Zeichen $H \ge 0$), falls dieser mit der Konstante $c_- = 0$ nach unten halbbeschränkt ist. Der Hermitesche Operator H heißt positiv (in Zeichen $H > 0$), falls dieser mit einer Konstante $c_- > 0$ nach unten halbbeschränkt ist.*

Beispiel I.12.1. Der Schrödingeroperator (I.4.6) aus dem Beispiel I.4.1

$$H_q f(x) := -\Delta f(x) + q(x)f(x)\,, \quad x \in \mathbb{R}^n \quad , \quad f \in \mathcal{D}_{H_q}$$

mit dem Potential $q \in L^1_{loc}(\mathbb{R}^n)$ von (I.4.5) ist auf dem dichten Teilraum

$$\mathcal{D}_{H_q} := C^\infty_0(\mathbb{R}^n) \subset \mathcal{H} := L^2(\mathbb{R}^n)$$

erklärt. Besitzt das Potential $q = q(x)$, $x \in \mathbb{R}^n$ das wesentliche Infimum

$$\Gamma(q) := \operatorname{ess\,inf}\{q(x) : x \in \mathbb{R}^n\} \quad \in \mathbb{R}\,,$$

so erhalten wir die Abschätzung

$$q(x) \geq \Gamma(q) \quad \text{f.ü.} \quad \text{im} \quad \mathbb{R}^n\,.$$

Hiermit schätzen wir wie folgt ab:

$$\left(H_q f, f\right)_{\mathcal{H}} = \int_{\mathbb{R}^n} \left(-\Delta f(x) + q(x)f(x)\right)f(x)\,dx$$

$$= \int_{\mathbb{R}^n} \left(\nabla f(x) \cdot \nabla f(x) + q(x)f(x)f(x)\right)dx \geq \int_{\mathbb{R}^n} q(x)\big|f(x)\big|^2\,dx$$

$$\geq \Gamma(q) \int_{\mathbb{R}^n} \big|f(x)\big|^2\,dx = \Gamma(q)\left(f, f\right)_{\mathcal{H}} \quad \text{für alle} \quad f \in \mathcal{D}_{H_q}\,.$$

Somit ist der Schrödingeroperator H_q mit der Konstante $\Gamma(q)$ nach unten halbbeschränkt.

Theorem I.12.4. (Charakterisierung vollstetiger Operatoren)
Ein selbstadjungierter Operator $H\colon \mathcal{D}_H \to \mathcal{H}$ ist genau dann vollstetig, wenn das Häufungsspektrum $\sigma_{ess}(H)$ nur aus dem Punkt $\lambda_0 = 0$ besteht.

Beweis: „$\Longrightarrow$ ": Sei $H : \mathcal{H} \to \mathcal{H}$ vollstetig, so ist dieser Operator beschränkt. Genauer gibt es eine Konstante $c_0 \in [0, +\infty)$, so dass die Ungleichung

$$\|Hf\| \leq c_0\|f\| \quad \text{für alle} \quad f \in \mathcal{H}$$

richtig ist. Weiter ist H gemäß (I.12.16) mit $c_- := -c_0$ nach unten und gemäss (I.12.17) mit $c_+ := +c_0$ nach oben halbbeschränkt. Die zugehörige Spektralschar erfüllt

$$E(\lambda) = \begin{cases} 0 & , \quad -\infty \leq \lambda < -c_0 \\ E & , \quad +c_0 \leq \lambda \leq +\infty \end{cases}\,. \tag{I.12.18}$$

Theorem I.12.2 ii) liefert die Inklusion $(-\infty, c_0) \cup (+c_0, +\infty) \subset \varrho(H)$, welche die Aussagen $\sigma(H) \subset [-c_0, +c_0]$ und $\sigma_{ess}(H) \subset [-c_0, +c_0]$ für das Spektrum beziehungsweise das Häufungsspektrum implizieren.
Sei nun $\lambda_0 \in \sigma_{ess}(H) \subset [-c_0, +c_0]$ beliebig gewählt. Dann gibt es nach Proposition I.12.2 eine Folge $\{f_k\}_{k=1,2,\ldots} \subset \mathcal{D}_H$ mit $\|(H - \lambda_0 E)f_k\| \to$

$0 \, (k \to \infty)$ und $\|f_k\| = 1 \, (k \in \mathbb{N})$ sowie $f_k \rightharpoonup 0 \, (k \to \infty)$. Wir setzen $g_k := H f_k - \lambda_0 f_k \, (k \in \mathbb{N})$ mit $\lim\limits_{k \to \infty} g_k = 0$ und schätzen $\lambda_0 f_k = H f_k - g_k$ wie folgt ab:

$$|\lambda_0| = \|\lambda_0 f_k\| = \|H f_k - g_k\| \leq \|H f_k\| + \|g_k\| \quad \text{für alle} \quad k \in \mathbb{N}. \quad (\text{I.12.19})$$

Die Vollstetigkeit von H liefert wegen dem Theorem 6.8 in Chap. 8 von [S5] oder dem Satz 4 in [S3] Kap. VIII § 6 die Grenzwertaussage $\lim\limits_{k \to \infty} H f_k = 0$. Wir erhalten aus (I.12.19) beim Grenzübergang $k \to \infty$ die Aussage $\lambda_0 = 0$. Würde $\lambda_0 = 0$ nicht im Häufungsspektrum $\sigma_{ess}(H)$ liegen, so wäre die Aussage $\dim \mathcal{M}((-c_0, +c_0]) < \infty$ erfüllt. Diese steht im Widerspruch zu den Identitäten $\mathcal{M}((-c_0, +c_0]) = \mathcal{H}$ und $\dim \mathcal{H} = \infty$. Also ist $\sigma_{ess}(H) = \{0\}$ richtig.

„$\Longleftarrow$ ": Es sei der Operator $H \colon \mathcal{D}_H \to \mathcal{H}$ selbstadjungiert mit dem Häufungsspektrum $\sigma_{ess}(H) = \{0\}$. Da $\pm\infty \notin \sigma_{ess}(H)$ richtig ist, so gibt es eine Konstante $c_0 \in [0, +\infty)$, für welche die Ungleichung (I.12.16) mit $c_- := -c_0$ nach unten und die Ungleichung I.12.17 mit $c_+ := +c_0$ nach oben erfüllt sind. Wir erhalten die Spektraldarstellung

$$H f = \int_{-c_0}^{+c_0} \lambda \, d\, E(\lambda) f \quad , \quad f \in \mathcal{H} \, . \quad (\text{I.12.20})$$

Nun erklären wir die Projektoren

$$P_k := \left[E(c_0) - E\!\left(\frac{1}{k}\right) \right] + \left[E\!\left(-\frac{1}{k}\right) - E(-c_0) \right] \quad \text{für} \quad k = k_0, k_0 + 1, \ldots$$

Wegen $\sigma_{ess}(H) = \{0\}$ ist $\dim P_k \mathcal{H} < \infty$ für alle $k \in \mathbb{N}$ erfüllt. Weiter ermitteln wir die Identitäten

$$P_k \circ H f = H \circ P_k f = \left(\int_{-c_0}^{-\frac{1}{k}} + \int_{+\frac{1}{k}}^{+c_0} \right) \lambda \, d\, E(\lambda) f \quad \text{und}$$

$$(H - H \circ P_k) f = \int_{-\frac{1}{k}}^{+\frac{1}{k}} \lambda \, d\, E(\lambda) f \qquad \text{für alle} \quad f \in \mathcal{H} \, . \quad (\text{I.12.21})$$

Somit folgt die Ungleichung

$$\|(H - H \circ P_k) f\|^2 \leq \frac{1}{k^2} \|f\|^2 \quad \text{für alle} \quad f \in \mathcal{H} \, ,$$

und damit ergibt sich

$$\|H - H \circ P_k\| \leq \frac{1}{k} \quad \text{für alle} \quad k \geq k_0 \, . \quad (\text{I.12.22})$$

Die Operatoren $H \circ P_k$ mit endlich-dimensionalem Bild sind vollstetig und approximieren den Operator H gemäß (I.12.22) in der Operatornorm. Die Proposition 6.18 in Chap. 8 von [S5] oder der Hilfssatz 4 in [S3] Kap. VIII § 6 liefert die Vollstetigkeit des Operators H.   q.e.d.

Theorem I.12.5. (Invarianz des Häufungsspektrums)
Seien die selbstadjungierten Operatoren $H_j \colon \mathcal{D} \to \mathcal{H}$ auf dem gemeinsamen Definitionsbereich $\mathcal{D}$ gegeben mit den Häufungsspektren $\sigma_{ess}(H_j) \subset \overline{\mathbb{R}}$ für $j = 1, 2$. Weiter existiere ein vollstetiger Hermitescher Operator $H \colon \mathcal{H} \to \mathcal{H}$, so dass $H_1 f = H_2 f + H f$, $f \in \mathcal{D}$ richtig ist. Dann stimmen die Häufungsspektren gemäß $\sigma_{ess}(H_1) = \sigma_{ess}(H_2)$ überein.

Beweis: Für $\lambda_0 \in \mathbb{R}$ ermitteln wir mit Proposition I.12.2 die Äquivalenzen

$$\lambda_0 \in \sigma_{ess}(H_2) \quad \Longleftrightarrow \quad \text{Es gibt eine Folge } \{f_k\}_{k=1,2,\ldots} \subset \mathcal{D} \text{ mit}$$

$$\|(H_2 - \lambda_0 E) f_k\| \to 0, \quad f_k \rightharpoonup 0 \quad (k \to \infty) \quad \text{und} \quad \|f_k\| = 1 \, (k \in \mathbb{N})$$

$$\Longleftrightarrow \quad \text{Es gibt eine Folge } \{f_k\}_{k=1,2,\ldots} \subset \mathcal{D} \text{ mit}$$

$$\|(H_2 + H - \lambda_0 E) f_k\| \to 0, \quad f_k \rightharpoonup 0 \quad (k \to \infty) \quad \text{und} \quad \|f_k\| = 1 \, (k \in \mathbb{N})$$

$$\Longleftrightarrow \quad \text{Es gibt eine Folge } \{f_k\}_{k=1,2,\ldots} \subset \mathcal{D} \text{ mit}$$

$$\|(H_1 - \lambda_0 E) f_k\| \to 0, \quad f_k \rightharpoonup 0 \quad (k \to \infty) \quad \text{und} \quad \|f_k\| = 1 \, (k \in \mathbb{N})$$

$$\Longleftrightarrow \quad \lambda_0 \in \sigma_{ess}(H_1),$$

wobei wir die Vollstetigkeit des Operators H verwendet haben.

Das uneigentliche Element $\lambda_0 = \pm \infty$ gehört zum Häufungsspektrum $\sigma_{ess}(H_2)$ genau dann wenn dieser Punkt λ_0 in $\sigma_{ess}(H_1)$ liegt, da der Operator H beschränkt ist. Damit haben wir alles gezeigt.   q.e.d.

Definition I.12.6. *Der selbstadjungierte Operator $H \colon \mathcal{D}_H \to \mathcal{H}$ besitzt ein diskretes Spektrum, wenn für jedes beschränkte, halboffene, rechts abgeschlossene Intervall $\Theta_0 := (a, b] \subset \mathbb{R}$ mit den Grenzen $-\infty < a < b < +\infty$ der zugehörige Spektralraum $\mathcal{M}(\Theta_0)$ gemäß $\dim \mathcal{M}(\Theta_0) < \infty$ endlich-dimensional ist.*

Bemerkung: Der Operator H besitzt genau dann ein diskretes Spektrum, wenn die Inklusion $\sigma_{ess}(H) \subset \{-\infty, +\infty\}$ richtig ist.   In diesem Falle gibt es nach dem Theorem I.12.3 abzählbar viele Eigenwerte $\{\lambda_k\}_{k \in \mathbb{N}} \subset \mathbb{R}$ der Form $|\lambda_1| \leq |\lambda_2| \leq |\lambda_3| \leq \ldots$ und $|\lambda_k| \to \infty \, (k \to \infty)$ mit einem zugehörigen vollständig orthonormierten System von Eigenfunktionen $\{f_k\}_{k \in \mathbb{N}} \subset \mathcal{H}$, die $H f_k = \lambda_k f_k$, $\|f_k\| = 1 \, (k \in \mathbb{N})$ erfüllen.

Definition I.12.7. *Zu einem nichtnegativen, selbstadjungierten Operator $H \colon \mathcal{D}_H \to \mathcal{H}$ erklären wir das Energiefunktional*

$$\mathcal{E}_H \colon \mathcal{D}_H \to \mathbb{R} \quad \text{vermöge} \quad \mathcal{E}_H(f) := \Big(f, H f \Big)_{\mathcal{H}} = \Big(H f, f \Big)_{\mathcal{H}}$$

$$= \int_{-\infty}^{+\infty} \lambda \| d E(\lambda) f \|^2 \in [0, +\infty) \quad \text{für alle} \quad f \in \mathcal{D}_H \tag{I.12.23}$$

unter Verwendung seiner Spektralschar $\{E(\lambda)\colon \lambda \in \mathbb{R}\}$ *aus Theorem I.12.1.*

Proposition I.12.3. (Rellichsches Auswahlkriterium)
Der nichtnegative, selbstadjungierte Operator $H\colon \mathcal{D}_H \to \mathcal{H}$ *besitzt genau dann ein diskretes Spektrum, wenn jede Folge* $f_k \in \mathcal{D}_H$ *mit* $\|f_k\| = 1$ $(k \in \mathbb{N})$, *deren Energie gemäß*

$$\sup_{k \in \mathbb{N}} \mathcal{E}_H(f_k) < +\infty \tag{I.12.24}$$

nach oben beschränkt bleibt, die Auswahl einer stark konvergenten Teilfolge erlaubt.

Beweis: „$\Longrightarrow$": Der Operator H besitze ein diskretes Spektrum. Dann betrachten wir Folgen $\{f_k\}_{k \in \mathbb{N}} \subset \mathcal{D}_H$ mit $\|f_k\| = 1$ $(k \in \mathbb{N})$ und (I.12.24). Würden wir nun aus $\{f_k\}_{k \in \mathbb{N}}$ keine stark konvergente Teilfolge auswählen können, so dürfen für jedes $0 < b < +\infty$ unendlich viele Glieder dieser Folge nicht in den Spektralraum $\mathcal{M}(\Theta_b)$ zum Intervall $\Theta_b := (0, b]$ fallen. Anderenfalls könnten wir aus $\{f_k\}_{k \in \mathbb{N}}$ wegen $\dim \mathcal{M}(\Theta_b) < \infty$ eine stark konvergente Teilfolge auswählen. Somit gibt es eine Teilfolge

$$\{f_{k_l}\}_{l \in \mathbb{N}} \subset \{f_k\}_{k \in \mathbb{N}} \quad \text{mit} \quad \lim_{l \to \infty} \Big(f_{k_l}, H f_{k_l}\Big)_{\mathcal{H}} = +\infty\,.$$

Dieses steht im Widerspruch zu (I.12.24), und wir können somit aus $\{f_k\}_{k \in \mathbb{N}}$ eine stark konvergente Teilfolge auswählen.

„$\Longleftarrow$": Wenn H kein diskretes Spektrum besitzen würde, so existiert ein beschränktes, halboffenes, nach oben abgeschlossenes Intervall $\Theta_0 := (a, b]$ mit den endlichen Grenzen $0 \le a < b < +\infty$, so dass der zugehörige Spektralraum $\dim \mathcal{M}(\Theta_0) = \infty$ erfüllt. Nach dem Theorem I.12.3 gibt es ein orthonormiertes System $\{f_k\}_{k \in \mathbb{N}} \subset \mathcal{M}(\Theta_0)$, welches $\Big(f_k, f_l\Big)_{\mathcal{H}} = \delta_{k\,l}$ $(k, l \in \mathbb{N})$ genügt. Mit Hilfe des Spektralsatzes schätzen wir nun wie folgt ab:

$$\Big(f_k, H f_k\Big)_{\mathcal{H}} = \int_a^b \lambda\, d\|E(\lambda) f_k\|^2 \le b\|E(\Theta_0) f_k\|^2 = b \quad \text{für alle} \quad k \in \mathbb{N}\,.$$

Somit erfüllt die Folge $\{f_k\}_{k \in \mathbb{N}}$ die Bedingung (I.12.24) und erlaubt die Auswahl einer stark konvergenten Teilfolge. Dieses ist aber unmöglich, und das Spektrum von H ist notwendig diskret.   q.e.d.

Wir wenden nun unsere Ergebnisse auf die stabilen elliptischen Differentialoperatoren in beschränkten Gebieten mit Nullrandwerten aus §2 und §3 an.

Theorem I.12.6. (Spektralsatz für elliptische Differentialoperatoren)
Auf dem beschränkten Gebiet $\Omega \subset \mathbb{R}^n$ $(n \ge 3)$ *seien die Voraussetzungen (I.2.8) sowie (I.2.9) in Definition I.2.1 an die Koeffizienten und die Stabilitätsbedingung (I.2.11) für den schwachen elliptischen Differentialoperator*

$$Lf(x) := - \sum_{i,j=1}^{n} D^{e_j}\Big(a_{ij}(x)D^{e_i}f(x)\Big) + c(x)f(x) \quad f.\ddot{u}. \ in \ \ \Omega\,, \quad f \in \mathcal{H}^1(\Omega)$$

auf seinem dichten Definitionsbereich $\mathcal{H}^1(\Omega) := W_0^{1,2}(\Omega)$ *im Hilbertraum* $\mathcal{H}(\Omega) := L^2(\Omega)$ *erfüllt. Dann gelten die folgenden Aussagen:*

i) *Es gibt es eine eindeutig bestimmte Spektralschar*

$$E_L(\lambda) = E(\lambda; L)\,, \quad -\infty < \lambda < +\infty\,,$$

so dass die Spektraldarstellung

$$Lf = \int_{-\infty}^{+\infty} \lambda \, d\,E(\lambda; L)\,f \quad \text{für alle} \quad f \in \mathcal{H}^1(\Omega) \tag{I.12.25}$$

richtig ist.

ii) *Im Spezialfall* $c(x) \geq 0$ *f.ü. in* Ω *besitzt der elliptische Operator* L *ein diskretes Spektrum.*

iii) *Im Sonderfall* $c(x) = 0$ *f.ü. in* Ω *für den elliptischen Operator* L *kann die Spektraldarstellung (I.12.25) mittels direkter Variationsmethoden gemäß der Darstellung (I.3.31) aus dem Theorem I.3.4 gewonnen werden.*

Beweis: 1.) Wir wenden den Spektralsatz aus Theorem I.12.1 auf den Operator L an, welcher nach dem Theorem I.2.2 eine selbstadjungierte Fortsetzung des klassischen elliptischen Operators $\mathcal{L}$ aus (I.2.1) in Divergenzform unter Nullrandbedingungen darstellt. Damit erhalten wir die Spektraldarstellung (I.12.25).

2.) Wir betrachten im Spezialfall $M_2 = 0$ die Energieabschätzung

$$\mathcal{E}_L(f) = \Big(f, Lf\Big)_{\mathcal{H}(\Omega)}$$

$$= \Big(f, -\sum_{i,j=1}^{n} D^{e_j}\Big(a_{ij}(x)D^{e_i}f(x)\Big) + c(x)f(x)\Big)_{\mathcal{H}(\Omega)}$$

$$= \int_{\Omega} \Big(\sum_{i,j=1}^{n} a_{ij}(x)D^{e_i}f(x)D^{e_j}f(x) + c(x)|f(x)|^2\Big)dx \tag{I.12.26}$$

$$\geq \frac{1}{M_0}\int_{\Omega}\Big(\sum_{i=1}^{n}|D^{e_i}f(x)|^2\Big)dx \quad \text{für alle} \quad f \in \mathcal{H}^1(\Omega)\,.$$

Eine Folge $f_k \in \mathcal{H}^1(\Omega)$, $k = 1, 2, \ldots$ mit $\|f_k\|_{\mathcal{H}(\Omega)} = 1 \, (k \in \mathbb{N})$ und beschränkter Energie $\sup_{k \in \mathbb{N}} \mathcal{E}_L(f_k) < +\infty$ besitzt nach der Ungleichung (I.12.26) ein gleichmäßig beschränktes Dirichletsches Integral. Nach dem Rellichschen Auswahlsatz (siehe [S5] Chap. 10, Theorem 2.3 oder [S3], Kap. X, §2, Satz 3) gibt es eine Teilfolge $\{f_{k_l}\}_{l=1,2,\ldots}$, welche im Hilbertraum $\mathcal{H}(\Omega)$ stark konvergiert. Gemäß Proposition I.12.3 besitzt dann der Operator L ein diskretes Spektrum.

3.) Wir betrachten den Subdifferentialoperator $\widehat{L_\gamma}$ von Definition I.3.2 mit der Gewichtsfunktion $\gamma(x) = 1, \forall\, x \in \Omega$ und der Konstante $M_2 = 0$. Dann können wir mit dem Beweis von Theorem I.3.4 gemäß der Darstellung (I.3.31) für $L = \widehat{L_1}$ die Spektraldarstellung (I.12.25) zeigen.   q.e.d.

II

Spektraldarstellungen für Differential- und Integraloperatoren

In diesem Kapitel werden wir Anwendungen des Spektralsatzes selbstadjungierter Operatoren vorstellen. Zunächst zeigen wir mit Hilfe der Cayley-Transformation den Spektralsatz für unitäre Operatoren. Dann behandeln wir die grundlegende Friedrichs-Fortsetzung für halbbeschränkte Hermitesche Operatoren im Hilbertraum. Weiter untersuchen wir das Spektrum von Laplace-Beltrami-Operatoren und vom Schwarz'schen Operator für Minimalflächen. Die schwierige Frage nach der Selbstadjungiertheit von Schrödingeroperatoren steht im Zentrum dieses Kapitels. Schließlich betrachten wir beschränkte und unbeschränkte, selbstadjungierte Integraloperatoren. Als Anhang stellen wir den Beweis des Spektralsatzes für kompakte Hermitesche Operatoren im Hilbertraum dar.

§1 Die Cayley-Transformierten abgeschlossener Hermitescher Operatoren

Nun knüpfen wir an die Überlegungen von §I.4 an und verwenden die gleichen Bezeichnungen. Wir gehen aus von einem abgeschlossenen Hermiteschen Operator $H: \mathcal{D}_H \to \mathcal{H}$, dessen adjungierter Operator $H^*: \mathcal{D}_{H^*} \to \mathcal{H}$ nach der Bemerkung ii) zur Definition I.4.1 die Eigenschaft $H \subset H^*$ besitzt. Nach dem Theorem I.4.4 sind die Wertebereiche $\mathcal{W}_{H \pm iE} \subset \mathcal{H}$ der Abbildungen $H \pm iE: \mathcal{D}_H \to \mathcal{H}$ abgeschlossen. Dessen Orthogonalräume $\mathcal{W}_{H \pm iE}^{\perp}$ aus der Definition I.4.3 können wir mittels Theorem I.4.1 wie folgt bestimmen

$$\mathcal{W}_{H \pm iE}^{\perp} = \mathcal{N}_{H^* \mp iE} = \left\{ g \in \mathcal{D}_{H^*}: H^* g = \pm i g \right\}. \tag{II.1.1}$$

Diese stellen die Defekträume mit den Defektindizes

$$\delta_{\pm}(H) := \dim \mathcal{W}_{H \pm iE}^{\perp} = \dim \mathcal{N}_{H^* \mp iE} \tag{II.1.2}$$

dar. Nach dem Theorem I.4.5 gilt die orthogonale Zerlegung

© Springer-Verlag GmbH Deutschland, ein Teil von Springer Nature 2019
F. Sauvigny, *Spektraltheorie selbstadjungierter Operatoren im Hilbertraum und elliptischer Differentialoperatoren*, https://doi.org/10.1007/978-3-662-58069-1_2

$$\mathcal{D}_{H^*} = \mathcal{W}^\perp_{H-iE} \oplus \mathcal{D}_H \oplus \mathcal{W}^\perp_{H+iE} \tag{II.1.3}$$

für den Definitionsbereich $\mathcal{D}_{H^*}$ des adjungierten Operators H^*.

Definition II.1.1. *Zum abgeschlossenen Hermiteschen Operator* $H \colon \mathcal{D}_H \to \mathcal{H}$ *erklären wir mit*

$$V^\pm_H := (H \mp iE) \circ (H \pm iE)^{-1} \colon \mathcal{W}_{H\pm iE} \to \mathcal{W}_{H\mp iE} \quad \text{vermöge}$$

$$g = V^\pm_H f = (H \mp iE) \circ (H \pm iE)^{-1} f \quad , \quad f \in \mathcal{W}_{H\pm iE} \tag{II.1.4}$$

seine Cayley-Transformierten.

Wir unterscheiden in diesem Abschnitt zwischen *isometrischen Operatoren* gemäß der Definition 5.1 in [S5] Chap. 8 oder der Definition 1 in [S3] Kap. VIII § 5, unter denen das innere Produkt im Hilbertraum $\mathcal{H}$ invariant bleibt und diese somit injektiv sind, sowie den *unitären Operatoren* gemäß der Definition 5.3 in [S5] Chap. 8 oder der Definition 2 in [S3] Kap. VIII § 5, welche isometrisch sind und den Bildbereich $\mathcal{H}$ besitzen.

Theorem II.1.1. *Es gelten die folgenden Aussagen:*

i) *Die Cayley-Transformierten* $V^\pm_H$ *abgeschlossener Hermitescher Operatoren* $H \colon \mathcal{D}_H \to \mathcal{H}$ *stellen isometrische Operatoren dar und erfüllen die Umkehrrelationen*

$$V^\mp_H \circ V^\pm_H f = f \quad \text{für alle} \quad f \in \mathcal{W}_{H\pm iE}. \tag{II.1.5}$$

Somit bildet $V^\pm_H$ *jeweils eine isometrische Transformation von* $\mathcal{W}_{H\pm iE}$ *auf* $\mathcal{W}_{H\mp iE}$ *dar mit der Inversen* $V^\mp_H$. *Ferner stellt 1 keinen Eigenwert der Operatoren* $V^\pm_H$ *dar, sie besitzen also keinen Fixpunkt.*

ii) *Falls der Operator* $H \colon \mathcal{D}_H \to \mathcal{H}$ *selbstadjungiert ist, so stellen seine Cayley-Transformierten* $V^\pm_H \colon \mathcal{H} \to \mathcal{H}$ *unitäre Operatoren auf dem Hilbertraum* $\mathcal{H}$, *welche nicht den Eigenwert 1 besitzen, mit den jeweiligen adjungierten Operatoren* $V^\mp_H \colon \mathcal{H} \to \mathcal{H}$ *dar.*

Beweis: 1.) Aus der Hermiteschen Eigenschaft von H berechnen wir die Identitäten

$$\Big(Hg \pm iEg, Hg' \pm iEg'\Big)_\mathcal{H} = \Big(Hg \mp iEg, Hg' \mp iEg'\Big)_\mathcal{H}, \forall\, g, g' \in \mathcal{D}_H. \tag{II.1.6}$$

In I.(II.1.6) setzen wir

$$g = (H \mp iE)^{-1} f \quad \text{und} \quad g' = (H \mp iE)^{-1} f' \quad \text{mit} \quad f, f' \in \mathcal{W}_{H\mp iE}$$

ein und erhalten

$$\Big(V^\mp_H f, V^\mp_H f'\Big)_\mathcal{H} =$$

$$\Big((H \pm iE) \circ (H \mp iE)^{-1} f, (H \pm iE) \circ (H \mp iE)^{-1} f'\Big)_\mathcal{H} \tag{II.1.7}$$

$$= \Big(f, f'\Big)_\mathcal{H} \quad \text{für alle} \quad f, f' \in \mathcal{W}_{H\mp iE}.$$

Die Identität (II.1.7) liefert die Isometrie der Operatoren $V_H^{\mp}$. Die Umkehrrelationen (II.1.5) erhalten wir aus den Gleichungen (II.1.4).

2.) Wäre $f_{\pm} \in \mathcal{W}_{H \pm iE}$ eine Lösung der Operatorgleichung $V_H^{\pm} f_{\pm} = 1 \cdot f_{\pm}$. Wir wählen nun ein $g_{\pm} \in \mathcal{D}_H$ mit der Eigenschaft

$$f_{\pm} := Hg_{\pm} \pm iEg_{\pm} = (H \pm iE)g_{\pm} \in \mathcal{W}_{H \pm iE} \,.$$

Dann ist die folgende Identität erfüllt:

$$(H \pm iE)g_{\pm} = f_{\pm} = V_H^{\pm} f_{\pm} = (H \mp iE) \circ (H \pm iE)^{-1} \circ (H \pm iE)g_{\pm} = (H \mp iE)g_{\pm} \,.$$

Somit folgt

$$0 = (\pm iE - \mp iE)g_{\pm} = \pm 2iEg_{\pm} \quad \text{und} \quad g_{\pm} = 0 \quad \text{sowie} \quad f_{\pm} = 0 \,.$$

Also tritt der Eigenwert 1 bei den Operatoren $V_H^{\pm}$ nicht auf, und sie besitzen folglich auch keinen Fixpunkt.

3.) Nach der Identität (II.1.3) ist der Operator H genau dann selbstadjungiert, wenn die Defektindizes gemäß $\delta_+(H) = 0 = \delta_-(H)$ verschwinden. Dann folgt $\mathcal{W}_{H \pm iE}^{\perp} = \{0\}$ sowie $\mathcal{W}_{H \pm iE} = \mathcal{H}$, und die Cayley-Transformierten $V_H^{\pm} : \mathcal{H} \to \mathcal{H}$ operieren auf dem gesamten Hilbertraum. Sie stellen dort isometrische Operatoren dar, welche injektiv und auch surjektiv sind. Folglich besitzen diese beschränkten linearen Operatoren die Schranke 1 in der Operatornorm; obige Umkehrrelationen (II.1.5) zeigen, dass die Operatoren $V_H^{\pm}$ zu den Operatoren $V_H^{\mp}$ adjungiert sind. Somit sind die Operatoren $V_H^{\pm} : \mathcal{H} \to \mathcal{H}$ unitär, sie besitzen nach 2.) allerdings 1 nicht als Eigenwert.   q.e.d.

Theorem II.1.2. *Seien $\mathcal{A}_{\pm} \subset \mathcal{H}$ abgeschlossene Teilräume des Hilbertraums $\mathcal{H}$ und $V_{\pm} : \mathcal{A}_{\pm} \to \mathcal{A}_{\mp}$ isometrische Operatoren mit den Umkehrrelationen*

$$V_{\mp} \circ V_{\pm} f = f \quad \text{für alle} \quad f \in \mathcal{A}_{\pm} \,, \tag{II.1.8}$$

so dass der lineare Raum $(E - V_+)(\mathcal{A}_+)$ in $\mathcal{H}$ dicht liegt. Dann stellt

$$H := i(E + V_+) \circ (E - V_+)^{-1} : \mathcal{D}_H \to \mathcal{H} \tag{II.1.9}$$

einen abgeschlossenen Hermiteschen Operator auf seinem Definitionsbereich $\mathcal{D}_H := (E - V_+)(\mathcal{A}_+)$ dar, und seine Cayley-Transformierten stimmen mit diesen Operatoren gemäß

$$V_H^{\pm} = V_{\pm} \tag{II.1.10}$$

überein.

Beweis: 1.) Zunächst zeigen wir, dass die Abbildung $(E - V_+) : \mathcal{A}_+ \to \mathcal{H}$ injektiv ist. Hierzu sei ein Element $g \in \mathcal{A}_+$ mit $(E - V_+)g = 0$ beliebig gewählt. Es ist der Operator V_+ isometrisch, und wir berechnen

$$\left(g,(E-V_+)h\right)_{\mathcal{H}} = \left(g,h-V_+h\right)_{\mathcal{H}} = \left(g,h\right)_{\mathcal{H}} - \left(g,V_+h\right)_{\mathcal{H}}$$

$$= \left(V_+g,V_+h\right)_{\mathcal{H}} - \left(g,V_+h\right)_{\mathcal{H}} = \left(V_+g-g,V_+h\right)_{\mathcal{H}} \tag{II.1.11}$$

$$= -\left((E-V_+)g,V_+h\right)_{\mathcal{H}} = -\left(0,V_+h\right)_{\mathcal{H}} = 0 \quad \text{für alle} \quad h \in \mathcal{A}_+.$$

Da $(E-V_+)(\mathcal{A}_+)$ in $\mathcal{H}$ dicht liegt und $\mathcal{A}_+$ abgeschlossen ist, so erhalten wir $g=0$ aus der Relation (II.1.11). Somit ist die Abbildung $(E-V_+)\colon \mathcal{A}_+ \to \mathcal{D}_H$ bijektiv, und der inverse Operator $(E-V_+)^{-1}\colon \mathcal{D}_H \to \mathcal{A}_+$ existiert.

2.) Nun können wir die Abbildung (II.1.9) durch die Formeln

$$f = g - V_+g = (E-V_+)g$$
$$Hf = i(g+V_+g) = i(E+V_+)g, \; f \in \mathcal{D}_H \tag{II.1.12}$$

gewinnen. Mit Hilfe der Isometrie von V_+ zeigen wir, dass der Operator H Hermitesch ist. Hierzu betrachten wir beliebige $f,f' \in \mathcal{D}_H$ mit den gemäß (II.1.12) zugehörigen Elementen $g,g' \in \mathcal{A}_+$ und berechnen

$$\left(Hf,f'\right)_{\mathcal{H}} = \left(i(g+V_+g),g'-V_+g'\right)_{\mathcal{H}} = -i\left\{\left(V_+g,g'\right)_{\mathcal{H}} - \left(g,V_+g'\right)_{\mathcal{H}}\right\}$$

$$\left(f,Hf'\right)_{\mathcal{H}} = \left(g-V_+g,i(g'+V_+g')\right)_{\mathcal{H}} = i\left\{-\left(V_+g,g'\right)_{\mathcal{H}} + \left(g,V_+g'\right)_{\mathcal{H}}\right\}.$$

Hieraus folgt der Hermitesche Charakter von H mit

$$\left(Hf,f'\right)_{\mathcal{H}} = \left(f,Hf'\right)_{\mathcal{H}} \quad \text{für alle} \quad f,f' \in \mathcal{D}_H. \tag{II.1.13}$$

3.) Für alle $f \in \mathcal{D}_H$ mit den zugehörigen $g \in \mathcal{A}_+$ gemäß den Formeln (II.1.12) erhalten wir

$$(H+iE)f = Hf+if = 2ig,$$
$$(H-iE)f = Hf-if = 2iV_+g = V_+(2ig). \tag{II.1.14}$$

Hieraus ermitteln wir

$$V_+(2ig) = (H-iE)f = (H-iE)\circ(H+iE)^{-1}(2ig)$$
$$= V_H^+(2ig) \quad \text{für alle} \quad g \in \mathcal{A}_+ \quad \text{beziehungsweise} \quad V_+ = V_H^+. \tag{II.1.15}$$

Weiter gilt $V_H^- = (V_H^+)^{-1} = (V_+)^{-1} = V_-$, und alles ist gezeigt. \hfill q.e.d.

Theorem II.1.3. *In der Klasse der abgeschlossenen Hermiteschen Operatoren stellt H_2 eine echte Erweiterung des Operators H_1 genau dann dar, wenn für dessen Cayley-Transformierte der Operator $V_+^{(2)} = V_{H_2}^+$ eine echte isometrische Erweiterung von $V_+^{(1)} = V_{H_1}^+$ bildet.*

Beweis: 1.) Seien nun $H_j : \mathcal{D}_{H_j} \to \mathcal{H}$ für $j = 1, 2$ abgeschlossene Hermitesche Operatoren, so dass H_2 *eine echte Erweiterung von H_1* im Sinne von $H_1 \subset H_2$ und $H_1 \neq H_2$ darstellt. Dann stellt $H_2 \pm iE$ eine echte Erweiterung von $H_1 \pm iE$ dar. Folglich genügen die Cayley-Transformierten

$$V_{H_j}^{\pm} := (H_j \mp iE) \circ (H_j \pm iE)^{-1} \quad \text{für} \quad j = 1, 2$$

den Bedingungen $V_{H_1}^{\pm} \subset V_{H_2}^{\pm}$ sowie $V_{H_1}^{\pm} \neq V_{H_2}^{\pm}$. Also stellt $V_{H_2}^{\pm}$ eine echte isometrische Erweiterung des isometrischen Operators $V_{H_1}^{\pm}$ dar.

2.) Sind nun $V_{\pm}^{(j)} : \mathcal{A}_{\pm}^{(j)} \to \mathcal{A}_{\mp}^{(j)}$ mit den Umkehrrelationen (II.1.8) für $j = 1, 2$ isometrische Operatoren, so dass $V_+^{(2)}$ *eine echte isometrische Erweiterung von $V_+^{(1)}$* darstelle gemäß $V_+^{(1)} \subset V_+^{(2)}$ und $V_+^{(1)} \neq V_+^{(2)}$. Dann genügen die Definitionsbereiche $\mathcal{D}_{H_j} := (E - V_+^{(j)})(\mathcal{A}_+^{(j)})$ von den abgeschlossenen Hermiteschen Operatoren H_j aus obigem Theorem II.1.2 für $j = 1, 2$ der Inklusion $\mathcal{D}_{H_1} \subset \mathcal{D}_{H_2}$. Weiter gilt wegen (II.1.9) für alle $f \in \mathcal{D}_{H_1}$ die folgende Identität

$$H_1 f := i(E + V_+^{(1)}) \circ (E - V_+^{(1)})^{-1} f = i(E + V_+^{(2)}) \circ (E - V_+^{(2)})^{-1} f =: H_2 f.$$

Somit stellt H_2 eine echte Erweiterung des abgeschlossenen Hermiteschen Operators H_1 dar.   q.e.d.

Sei $H \colon \mathcal{D}_H \to \mathcal{H}$ ein abgeschlossener Hermitescher Operator mit der isometrischen Cayley-Transformierten $V := V_H^+ \colon \mathcal{W}_{H+iE} \to \mathcal{W}_{H-iE}$. Wir wählen nun in $\mathcal{W}_{H+iE}$ ein vollständig orthonormiertes System

$$f_k \in \mathcal{W}_{H+iE} \quad (k \in \mathbb{N}) \quad \text{mit} \quad \left(f_k, f_l \right)_{\mathcal{H}} = \delta_{kl} \quad (k, l \in \mathbb{N}). \quad \text{(II.1.16)}$$

Dann bildet im abgeschlossenen Teilraum $\mathcal{W}_{H-iE}$ die Folge

$$g_k := V f_k \in \mathcal{W}_{H-iE} \quad (k \in \mathbb{N}) \quad\quad\quad \text{(II.1.17)}$$

ein vollständig orthonormiertes System. Jetzt setzen wir

$$N := \min\{\delta_+(H), \delta_-(H)\} \in \mathbb{N}_0 := \mathbb{N} \cup \{0\}$$

als Minimum der Defektindizes. Dann wählen wir orthonormierte Elemente

$$\hat{f}_l \in \mathcal{W}_{H+iE}^{\perp}, l = 1, \dots, N \quad \text{mit} \quad \left(\hat{f}_k, \hat{f}_l \right)_{\mathcal{H}} = \delta_{kl} \, (k, l = 1, \dots, N) \quad \text{(II.1.18)}$$

im Orthogonalraum $\mathcal{W}_{H+iE}^{\perp}$ und orthonormierte Elemente

$$\hat{g}_l \in \mathcal{W}_{H-iE}^{\perp}, l = 1, \dots, N \quad \text{mit} \quad \left(\hat{g}_k, \hat{g}_l \right)_{\mathcal{H}} = \delta_{kl} \, (k, l = 1, \dots, N) \quad \text{(II.1.19)}$$

im Orthogonalraum $\mathcal{W}_{H-iE}^{\perp}$. Wir erklären jetzt die linearen Teilräume

$$\mathcal{A}_+ := \mathcal{W}_{H+iE} \oplus [\hat{f}_1] \oplus \ldots \oplus [\hat{f}_N] \text{ und } \mathcal{A}_- := \mathcal{W}_{H-iE} \oplus [\hat{g}_1] \oplus \ldots \oplus [\hat{g}_N]. \quad \text{(II.1.20)}$$

Dabei bezeichnet $[f] := \{g \in \mathcal{H}: g = cf, c \in \mathbb{C}\}$ den $\mathbb{C}$-linearen Raum, welcher vom Element f aufgespannt wird.

Nun setzen wir den unitären Operator $V: \mathcal{W}_{H+iE} \to \mathcal{W}_{H-iE}$ fort zum unitären Operator $\hat{V}: \mathcal{A}_+ \to \mathcal{A}_-$ mit der folgenden Vorschrift

$$\hat{V} f_k = g_k \quad (k \in \mathbb{N}) \quad \text{und} \quad \hat{V} \hat{f}_k = \hat{g}_k \quad (k = 1, \ldots, N) \quad \quad \text{(II.1.21)}$$

zwischen den obigen vollständigen Orthonormalsystemen in $\mathcal{A}_+$ und $\mathcal{A}_-$.

Falls $N > 0$ erfüllt ist, so erhalten wir eine echte isometrische Fortsetzung $V \subset \hat{V}$ mit $V \neq \hat{V}$. Diese Fortsetzung hängt offensichtlich von den gewählten Orthonormalsystemen $\{\hat{f}_l: l = 1, \ldots, N\}$ sowie $\{\hat{g}_l: l = 1, \ldots, N\}$ ab. Somit ist die Fortsetzung bis auf eine N-dimensionale unitäre Tranformation bestimmt.

Mit Theorem II.1.2 gehen wir zum abgeschlossenen Hermiteschen Operator

$$\hat{H} := i(E + \hat{V}) \circ (E - \hat{V})^{-1}: \mathcal{D}_{\hat{H}} \to \mathcal{H} \quad \text{mit} \quad \mathcal{D}_{\hat{H}} := (E - \hat{V})(\mathcal{A}_+) \quad \text{(II.1.22)}$$

als Definitionsbereich über. Dann erhalten wir in $\hat{H}$ eine echte Erweiterung des Operators H, welche maximal ist im folgenden Sinne:

Definition II.1.2. *Eine Erweiterung $\hat{H} \supset H$ eines abgeschlossenen Hermiteschen Operators $H: \mathcal{D}_H \to \mathcal{H}$ nennen wir eine maximale Fortsetzung des Operators H, wenn jede Erweiterung $\widehat{\hat{H}} \supset \hat{H}$ die Gleichheit $\widehat{\hat{H}} = \hat{H}$ erfüllt.*

Wir erhalten schließlich den folgenden

Theorem II.1.4. (Maximale Fortsetzung Hermitescher Operatoren)
Ein abgeschlossener Hermitescher Operator $H: \mathcal{D}_H \to \mathcal{H}$ besitzt genau dann echte abgeschlossene Hermitesche Erweiterungen, wenn beide Defektindizes $\delta_\pm(H)$ nicht verschwinden. Der Operator H besitzt eine selbstadjungierte Fortsetzung $\hat{H}$ genau dann, wenn die Defektindizes gemäß $\delta_+(H) = \delta_-(H)$ übereinstimmen. Falls $\delta_+(H) \neq \delta_-(H)$ gilt, so besitzt der Operator H eine maximale Fortsetzung $\hat{H}$, welche nicht selbstadjungiert ist.

Beweis: 1.) Wenn $\delta_+(H) = \delta_-(H)$ gilt, so ist $\mathcal{A}_+ = \mathcal{H} = \mathcal{A}_-$ erfüllt. Die Fortsetzung $\hat{H}: \mathcal{H} \to \mathcal{H}$ besitzt die Defektindizes

$$\delta_+(\hat{H}) = \delta_+(H) - N = 0 = \delta_-(H) - N = \delta_-(\hat{H}),$$

und sie ist somit selbstadjungiert.

2.) Wenn $\delta_+(H) \neq \delta_-(H)$ gilt, sei ohne Einschränkung $\delta_+(H) < \delta_-(H)$ erfüllt. Dann liefert die obige Fortsetzung

$$\delta_+(\hat{H}) = \delta_+(H) - N = 0 < \delta_-(H) - N = \delta_-(\hat{H}).$$

Dieses stellt eine maximale Fortsetzung des Operators H dar, aber eine selbstadjungierte Fortsetzung ist unmöglich.   q.e.d.

Beispiel II.1.1. (**Nicht selbstadjungiert fortsetzbarer, abgeschlossener Hermitescher Operator**)

Wir wählen ein vollständig orthonormiertes System von Elementen $\{f_k \in \mathcal{H}: k \in \mathbb{N}\}$ im Hilbertraum $\mathcal{H}$ und betrachten den *Shiftoperator*

$$V: \mathcal{H} \to \mathcal{H} \qquad \text{vermöge}$$

$$V(f) := \sum_{k=1}^{\infty} c_k f_{k+1} \quad \text{für alle} \quad f = \sum_{k=1}^{\infty} c_k f_k \in \mathcal{H}. \tag{II.1.23}$$

Offenbar stimmt der Bildraum $V(\mathcal{H})$ mit dem abgeschlossenen Teilraum

$$\mathcal{A} := \left\{ g \in \mathcal{H}: \left(f_1, g \right)_{\mathcal{H}} = 0 \right\}$$

überein, und sein orthogonales Komplement erfüllt

$$V(\mathcal{H})^{\perp} = [f_1] = \mathcal{A}^{\perp}.$$

Ferner erklären wir den Operator

$$V^{\cdot}: \mathcal{H} \to \mathcal{H} \qquad \text{vermöge}$$

$$V^{\cdot}(g) := \sum_{k=1}^{\infty} d_{k+1} f_k \quad \text{für alle} \quad g = \sum_{k=1}^{\infty} d_k f_k \in \mathcal{H} \tag{II.1.24}$$

mit der Eigenschaft $V^{\cdot} \circ V = E$. Leicht ermitteln wir die Identität

$$\left(V f, g \right)_{\mathcal{H}} = \sum_{k=1}^{\infty} \overline{c_k} \cdot d_{k+1} = \left(f, V^{\cdot} g \right)_{\mathcal{H}}$$

$$\text{für alle} \quad f = \sum_{k=1}^{\infty} c_k f_k \in \mathcal{H} \quad \text{und} \quad g = \sum_{k=1}^{\infty} d_k f_k \in \mathcal{H}. \tag{II.1.25}$$

Somit liefert (II.1.25) die Identität

$$\left(V f, V g \right)_{\mathcal{H}} = \left(f, V^{\cdot} \circ V g \right)_{\mathcal{H}} = \left(f, E g \right)_{\mathcal{H}} = \left(f, g \right)_{\mathcal{H}}$$

$$\text{für alle} \quad f, g \in \mathcal{H}. \tag{II.1.26}$$

Somit ist der Operator $V: \mathcal{H} \to \mathcal{H}$ isometrisch; aber V ist aber weder surjektiv noch unitär. Wir benötigen die folgende

Zwischenbehauptung: Die Abbildung $(E - V): \mathcal{H} \to \mathcal{H}$ ist injektiv, und ihr Wertebereich $(E - V)(\mathcal{H})$ liegt dicht in $\mathcal{H}$.

Beweis: 1.) Zunächst folgern wir aus

$$0 = (E - V)f = \sum_{k=1}^{\infty} (c_{k+1} - c_k) f_{k+1} + c_1 f_1 \quad \text{für} \quad f = \sum_{k=1}^{\infty} c_k f_k \in \mathcal{H} \tag{II.1.27}$$

die Identitäten $c_1 = 0$ sowie $c_{k+1} = c_k$ für alle $k \in \mathbb{N}$. Also ergibt sich $f = 0$, und die lineare Abbildung $E - V$ ist injektiv.

2.) Um die Dichtheit $\overline{(E - V)(\mathcal{H})} = \mathcal{H}$ zu zeigen, weisen wir die Identität

$$\left[(E - V)(\mathcal{H}) \right]^{\perp} = \{0\}$$

für den Orthogonalraum des Bildes nach. Sei also

$$g = \sum_{k=1}^{\infty} d_k f_k \in \left[(E - V)(\mathcal{H}) \right]^{\perp}$$

beliebig gewählt. Dann liefert die Identität (II.1.25) die folgende Aussage:

$$
\begin{aligned}
0 = \left((E - V)f, g \right)_{\mathcal{H}} &= \left(f, g \right)_{\mathcal{H}} - \left(Vf, g \right)_{\mathcal{H}} \\
&= \left(f, g \right)_{\mathcal{H}} - \left(f, V'g \right)_{\mathcal{H}} = \left(f, g - V'g \right)_{\mathcal{H}} \\
&= \left(f, \sum_{k=1}^{\infty} (d_k - d_{k+1})f_k \right)_{\mathcal{H}} \quad \text{für alle} \quad f \in \mathcal{H}.
\end{aligned}
\tag{II.1.28}
$$

Dann folgt $\sum_{k=1}^{\infty} (d_k - d_{k+1})f_k = 0$ und somit $d_{k+1} = d_k$, $\forall k \in \mathbb{N}$ beziehungsweise $d_k = d$ für alle $k \in \mathbb{N}$ mit einer Konstante $d \in \mathbb{C}$.

Da nun die Bedingung

$$\left(g, g \right)_{\mathcal{H}} = \left(\sum_{k=1}^{\infty} d_k f_k, \sum_{l=1}^{\infty} d_l f_l \right)_{\mathcal{H}} = \sum_{k=1}^{\infty} |d_k|^2 = \sum_{k=1}^{\infty} |d|^2 < +\infty \tag{II.1.29}$$

erfüllt ist, so muss $d_k = d = 0$ für alle $k \in \mathbb{N}$ richtig sein. Somit ist $g = 0$ gezeigt worden, und die Zwischenbehauptung vollständig bewiesen.

q.e.d.

Mit dem Hermiteschen Operator $H := i(E + V) \circ (E - V)^{-1}$ gemäß dem Theorem II.1.2 erhalten wir einen abgeschlossenen Operator mit den Defektindizes $\delta_+(H) = 0$ und $\delta_-(H) = 1$ aus Theorem II.1.3. Dieser Operator ist gemäss Theorem II.1.4 maximal fortgesetzt, besitzt aber keine selbstadjungierte Erweiterung.

§2 Der Spektralsatz für unitäre Operatoren

Wir nutzen jetzt die Cayley-Transformation aus der Definition II.1.1, um für unitäre Operatoren mit einem Spektrum, welches den *punktierten Einheitskreis*

$$S^1 \setminus \{1\} := \left\{ z \in \mathbb{C} \colon |z| = 1,\, z \neq 1 \right\} \tag{II.2.1}$$

einfach überlagert, eine Spektraldarstellung herzuleiten.

Theorem II.2.1. (Spektralsatz unitärer Operatoren ohne Fixpunkt)
Im separablen Hilbertraum $\mathcal{H}$ sei mit $V \colon \mathcal{H} \to \mathcal{H}$ ein unitärer Operator gegeben, welcher 1 nicht als Eigenwert besitzt bzw. dessen Nullraum $\mathcal{N}_{E-V} := \{ f \in \mathcal{H} \colon (E - V)f = 0 \}$ die Bedingung $\mathcal{N}_{E-V} = \{0\}$ erfüllt. Dann gibt es eine Spektralschar $\{ E(\lambda) \colon \lambda \in \mathbb{R} \}$ gemäß der Definition I.6.1, so dass die Operatoridentität

$$V f = \int_{-\infty}^{+\infty} \frac{\lambda - i}{\lambda + i}\, d\,E(\lambda)\, f \quad \text{für alle} \quad f \in \mathcal{H} \tag{II.2.2}$$

erfüllt ist. Dabei stellt

$$G \colon \mathbb{R} \to S^1 \setminus \{1\} \quad \text{mit} \quad G(\lambda) := \frac{\lambda - i}{\lambda + i},\quad \lambda \in \mathbb{R} \tag{II.2.3}$$

eine topologische Abbildung von der reellen Achse auf den punktierten Einheitskreis dar.

Beweis: 1.) Wir berechnen für den Operator $V \colon \mathcal{H} \to \mathcal{H}$ zunächst den Orthogonalraum

$$\left[(E - V)(\mathcal{H}) \right]^{\perp}$$

$$= \left\{ g \in \mathcal{H} \colon \left(g, (E - V)f \right)_{\mathcal{H}} = 0,\, \forall f \in \mathcal{H} \right\}$$

$$= \left\{ g \in \mathcal{H} \colon \left(g, f \right)_{\mathcal{H}} = \left(g, V f \right)_{\mathcal{H}},\, \forall f \in \mathcal{H} \right\}$$

$$= \left\{ g \in \mathcal{H} \colon \left(V g, V f \right)_{\mathcal{H}} = \left(g, V f \right)_{\mathcal{H}},\, \forall f \in \mathcal{H} \right\} \tag{II.2.4}$$

$$= \left\{ g \in \mathcal{H} \colon \left((E - V) g, V f \right)_{\mathcal{H}} = 0,\, \forall f \in \mathcal{H} \right\}$$

$$= \left\{ g \in \mathcal{H} \colon (E - V) g = 0 \right\}$$

$$= \mathcal{N}_{E-V} = \{0\}.$$

Hierbei benutzen wir die Voraussetzung, dass der Operator V unitär ist und den Eigenwert 1 nicht besitzt. Wegen (II.2.4) liegt der lineare Raum $(E - V)(\mathcal{H})$ im Hilbertraum $\mathcal{H}$ dicht.

2.) Wir können nun das Theorem II.1.2 in der Situation $A_+ = \mathcal{H} = A_-$ sowie $V_+ = V$, $V_- = V^*$ anwenden. Folglich bildet

$$H := i(E + V) \circ (E - V)^{-1} \colon \mathcal{D}_H \to \mathcal{H} \qquad \text{mit dem}$$

in $\mathcal{H}$ dichten Definitionsbereich $\mathcal{D}_H := (E - V)(\mathcal{H})$

(II.2.5)

einen abgeschlossenen Hermiteschen Operator, und gemäß $V_H^+ = V$ stimmt seine Cayley-Transformierte mit dem Operator V überein. Da V maximal auf $\mathcal{H}$ fortgesetzt ist in der Klasse der isometrischen Operatoren und seine Defektindizes verschwinden, so ist dieses auch für den Operator H in der Klasse der Hermiteschen Operatoren nach Theorem II.1.3 und Theorem II.1.4 der Fall. Also ist der Operator $H \colon \mathcal{D}_H \to \mathcal{H}$ selbstadjungiert.

3.) Wir wenden nun den Spektralsatz aus Theorem I.12.1 für selbstadjungierte Operatoren an. Dann erhalten wir eine Spektralschar $\{E(\lambda), \lambda \in \mathbb{R}\}$ gemäß der Definition I.6.1, so dass die folgende Darstellung

$$H f = \int_{-\infty}^{+\infty} \lambda \, d\, E(\lambda) \, f \quad \text{für alle} \quad f \in \mathcal{D}_H \qquad (\text{II}.2.6)$$

richtig ist. Zusammen mit der Definition II.1.1 folgt

$$V f = V_H^+ f = (H - iE) \circ (H + iE)^{-1} f = \int_{-\infty}^{+\infty} \frac{\lambda - i}{\lambda + i} \, d\, E(\lambda) f, \, f \in \mathcal{D}_H.$$
(II.2.7)

4.) Wir betrachten schließlich die *Möbiustransformation*

$$G \colon \overline{\mathbb{C}} \to \overline{\mathbb{C}} \quad \text{definiert durch} \quad G(\alpha) := \frac{\alpha - i}{\alpha + i}, \, \alpha = \lambda + i\beta \in \mathbb{C} \setminus \{-i\} \;\; (\text{II}.2.8)$$

und berechnen die Bildpunkte

$$G(0) = -1 \in S^1, \, G(\infty) = +1 \in S^1, \, G(1) = \frac{1 - i}{1 + i} \in S^1 \setminus \{1\}. \qquad (\text{II}.2.9)$$

Möbiustransformationen bilden Kreise und Geraden in Kreise und Geraden ab, wobei in der erweiterten komplexen Ebene $\overline{\mathbb{C}}$ die Geraden als Kreise über den unendlich fernen Punkt ∞ anzusehen sind. Die Identitäten (II.2.9) liefern $G \colon \mathbb{R} \to S^1 \setminus \{1\}$ somit als topologische Abbildung.

q.e.d.

Bemerkung: Man kann gleichwertig zum Theorem I.12.1 den Spektralsatz auch für unitäre Operatoren ohne Fixpunkt beweisen und hieraus den Spektralsatz für die unbeschränkten selbstadjungierten Operatoren herleiten. Dieser Weg wird beschritten in den Kapiteln VIII und IX der interessanten *Einführung in die Funktionalanalysis* [HS] von F. Hirzebruch und W. Scharlau. Allerdings sind die gewöhnlichen und partiellen Differentialoperatoren in der Geometrie und der Physik oft unbeschränkt und üblicherweise Hermitesch. Somit erscheint uns der Übergang zu unitären Operatoren nicht sehr hilfreich.

Wir wollen nun eine Spektraldarstellung für beliebige unitäre Operatoren herleiten, deren jeweiliges Spektrum den *Einheitskreis* $S^1 := \{w \in \mathbb{C} : |w| = 1\}$ unendlich überlagert. Hierzu verwenden wir die *universelle Überlagerungsfläche* $\mathbb{U}$ aus §5 in Kapitel III des Lehrbuchs [S1] über Analysis als zusammenhängenden topologischen Raum. Hierin wird jeder Punkt $\mathbb{U} \ni \mathbf{w} = \mathbf{w}(R, \Phi)$ eindeutig durch *universelle Polarkoordinaten* charakterisiert, nämlich den Radius $0 < R < +\infty$ und den universellen Winkel $-\infty < \Phi < +\infty$. Wir können jedem Punkt $\mathbf{w} = \mathbf{w}(R, \Phi)$ den *konjugierten Punkt* $\overline{\mathbf{w}} = \mathbf{w}(R, -\Phi) \in \mathbb{U}$ zuordnen. Je zwei Punkte $\mathbf{w}_1, \mathbf{w}_2 \in \mathbb{U}$ sind durch *das *-Produkt* $\mathbf{w}_1 * \mathbf{w}_2 \in \mathbb{U}$ miteinander verknüpft.

In $\mathbb{U}$ besitzen die einzelnen Blätter $\mathbb{U}_k$ die Winkel $-\pi < \varphi \le +\pi$, und die Schlitze $\mathbb{S}_k$ stellen die stetige Begrenzung von $\mathbb{U}_k$ zum maximalen Winkel $\varphi = +\pi$ für alle $k \in \mathbb{Z}$ dar. Der Punkt $(1,0) \in \mathbb{U}_0$ repräsentiert das neutrale Element bezüglich der Multiplikation $*$ auf $\mathbb{U}$.

Wir führen nun für $R = 1$ auf $\mathbb{U}$ den *universellen Einheitskreis*

$$\mathbf{S}^1 := \left\{ \mathbf{w} = (w, k) = \left(\exp(i\varphi), k \right) \in \mathbb{C} \times \mathbb{Z} : -\pi < \varphi \le +\pi, \, k \in \mathbb{Z} \right\} \quad \text{(II.2.10)}$$

ein. Die *gelifteten Einheitskreise*

$$\mathbf{S}^1 \cap \mathbb{U}_k = \left\{ \left(\exp(i\varphi), k \right) \in \mathbb{C} \times \mathbb{Z} : -\pi < \varphi \le +\pi \right\}$$

auf den Blättern $\mathbb{U}_k$ mit den Sprungpunkten $(-1, k) \in \mathbf{S}^1 \cap \mathbb{S}_k$ und $k \in \mathbb{Z}$ werden durch die offenen Mengen in der Überlagerungsfläche $\mathbb{U}$ miteinander verheftet. Diese konstituieren den zusammenhängenden universellen Einheitskreis wie folgt:

$$\mathbf{S}^1 = \bigcup_{k \in \mathbb{Z}} \left\{ \mathbf{S}^1 \cap \mathbb{U}_k \right\}. \quad \text{(II.2.11)}$$

Insbesondere gilt im universellen Einheitskreis die folgende Identität

$$\mathbf{w} * \overline{\mathbf{w}} = (1, 0) \quad \text{für alle} \quad \mathbf{w} \in \mathbf{S}^1. \quad \text{(II.2.12)}$$

Nun schränken wir die universelle Projektionsabbildung

$$\sigma \colon \mathbb{U} \to \mathbb{C} \setminus \{0\}$$

auf den universellen Einheitskreis ein und erhalten die *Einheitsprojektion*

$$\mathbf{P} \colon \mathbf{S}^1 \to S^1 \text{ vermöge } \bigcup_{k \in \mathbb{Z}} \left\{ \mathbf{S}^1 \cap \mathbb{U}_k \right\} \ni (w, k) \mapsto \mathbf{P}(w, k) := w \in S^1.$$

$$\text{(II.2.13)}$$

Dann betrachten wir die *geliftete Exponentialfunktion* aus Definition 2 in [S1] Kap. III § 6 auf der imaginären Achse, und wir erhalten

$$\text{Exp}\colon i\mathbb{R} \to \mathbf{S}^1 \quad \text{ist eine topologische Abbildung}$$

$$\text{Exp}(i\lambda) := \Big(\exp(i\lambda), [[\lambda]] \Big),\ \lambda \in \mathbb{R} \text{ mit der } \mathbb{Z}\text{-Funktion } [[\lambda]] = k, \quad \text{(II.2.14)}$$

$$\text{falls} \quad -\pi + 2\pi k < \lambda \le +\pi + 2\pi k \quad \text{gilt mit eindeutigem } k \in \mathbb{Z}.$$

Schließlich verwenden wir die *universelle Logarithmusfunktion* auf der Überlagerungsfläche $\mathbb{U}$ als Umkehrfunktion der gelifteten Exponentialfunktion. Speziell auf dem universellen Einheitskreis erhalten wir

$$\text{Log}\colon \mathbf{S}^1 \to i\mathbb{R} \quad \text{ist eine topologische Abbildung}$$

$$\text{Log}\Big(\exp(i\varphi), k \Big) := (\varphi + 2\pi k)\, i \quad \text{für} \quad \Big(\exp(i\varphi), k \Big) \in \mathbf{S}^1 \cap \mathbb{U}_k \quad \text{(II.2.15)}$$

mit eindeutigem Winkel $-\pi < \varphi \le +\pi$ sowie dem Index $k \in \mathbb{Z}$.

Auf dem universellen Einheitskreis haben wir die *natürliche Anordnung*

$$\mathbf{w}_1 \le \mathbf{w}_2 \quad \Longleftrightarrow \quad -i\text{Log}\,\mathbf{w}_1 \le -i\text{Log}\,\mathbf{w}_2 \quad \text{für} \quad \mathbf{w}_1, \mathbf{w}_2 \in \mathbf{S}^1$$

und die *natürliche Distanz*

$$\|\mathbf{w}_1 - \mathbf{w}_2\|_{\mathbf{S}^1} := |Log\,\mathbf{w}_1 - \text{Log}\,\mathbf{w}_2| \quad \text{für} \quad \mathbf{w}_1, \mathbf{w}_2 \in \mathbf{S}^1.$$

Auf dem universellen Einheitskreis $\mathbf{S}^1$ erklären wir die eigentliche Konvergenz

$$\{\mathbf{w}_l\}_{l=1,2,\ldots} \subset \mathbf{S}^1 \text{ erfüllt } \lim_{l \to \infty} \mathbf{w}_l = \mathbf{w}_0 \in \mathbf{S}^1 \Longleftrightarrow \|\mathbf{w}_l - \mathbf{w}_0\|_{\mathbf{S}^1} \to 0\,(l \to \infty)$$

sowie die uneigentliche Konvergenz

$$\mathbf{w}_l = (w_l, k_l) \in \mathbf{S}^1\,(l = 1, 2, \ldots) \text{ erfüllt } \lim_{l \to \infty} \mathbf{w}_l = \pm\infty \Longleftrightarrow \lim_{l \to \infty} k_l = \pm\infty.$$

Analog zur Definition I.6.1 erklären wir

Definition II.2.1. *Sei die Schar der Projektoren* $\mathbf{E}(\mathbf{w})\colon \mathcal{H} \to \mathcal{H}$, $\mathbf{w} \in \mathbf{S}^1$ *mit den abgeschlossenen Projektionsräumen* $\mathcal{M}(\mathbf{w}) := \{\mathbf{E}(\mathbf{w})f\colon f \in \mathcal{H}\}$ *gegeben. Es gelte die Monotoniebedingung*

$$\mathbf{E}(\mathbf{w}_1) \circ \mathbf{E}(\mathbf{w}_2) = \mathbf{E}(\mathbf{w}_1) = E(\mathbf{w}_2) \circ \mathbf{E}(\mathbf{w}_1)$$

$$\textit{für alle} \quad \mathbf{w}_1, \mathbf{w}_2 \in \mathbf{S}^1 \quad \textit{mit} \quad \mathbf{w}_1 \le \mathbf{w}_2, \tag{II.2.16}$$

und die Stetigkeit von oben gemäß der schwachen Konvergenz sei erfüllt:

$$\widetilde{\lim_{\mathbf{w} \to \mathbf{w}_0,\, \mathbf{w} > \mathbf{w}_0}} \mathbf{E}(\mathbf{w}) = \mathbf{E}(\mathbf{w}_0) \quad \textit{für alle} \quad \mathbf{w}_0 \in \mathbf{S}^1 \quad \textit{beziehungsweise}$$

$$\mathbf{E}(\mathbf{w})f \rightharpoonup E(\mathbf{w}_0)f\,(\mathbf{w} \to \mathbf{w}_0,\, \mathbf{w} > \mathbf{w}_0)\,\textit{für alle}\,\mathbf{w}_0 \in \mathbf{S}^1,\, \forall\, f \in \mathcal{H}. \tag{II.2.17}$$

Schließlich gelten die asymptotischen Bedingungen

$$\widetilde{\lim_{\mathbf{w} \to -\infty}} \mathbf{E}(\mathbf{w}) = 0 =: \mathbf{E}(-\infty) \quad \textit{beziehungsweise}$$
$$\mathbf{E}(\mathbf{w})f \rightharpoonup 0 =: \mathbf{E}(-\infty)f \quad (\mathbf{w} \to -\infty) \quad \textit{für alle} \quad f \in \mathcal{H}$$

$$(\text{II.2.18})$$

sowie

$$\widetilde{\lim_{\lambda \to +\infty}} \mathbf{E}(\mathbf{w}) = E =: \mathbf{E}(+\infty) \quad \textit{beziehungsweise}$$
$$\mathbf{E}(\mathbf{w})f \rightharpoonup f = Ef \quad (\mathbf{w} \to +\infty) \quad \textit{für alle} \quad f \in \mathcal{H}.$$

$$(\text{II.2.19})$$

Dann nennen wir $\{\mathbf{E}(\mathbf{w}) \colon \mathbf{w} \in \mathbf{S}^1\}$ *eine universelle Spektralschar.*

Innerhalb der Klasse der stetigen Funktionen vom universellen Einheitskreis in sich $\mathbf{F} = \mathbf{F}(\mathbf{w}) \colon \mathbf{S}^1 \to \mathbf{S}^1 \in C^0(\mathbf{S}^1, \mathbf{S}^1)$ können wir folgendermaßen eine Multiplikation definieren:

$$\mathbf{F} * \mathbf{G} \in C^0(\mathbf{S}^1, \mathbf{S}^1) \text{ vermöge } [\mathbf{F} * \mathbf{G}](\mathbf{w}) := \mathbf{F}(\mathbf{w}) * \mathbf{G}(\mathbf{w}), \, \mathbf{w} \in \mathbf{S}^1$$
$$\text{für alle Funktionen} \quad \mathbf{F}, \, \mathbf{G} \in C^0(\mathbf{S}^1, \mathbf{S}^1).$$

$$(\text{II.2.20})$$

Durch Konjugation ist jede Funktion $\mathbf{F} \in C^0(\mathbf{S}^1, \mathbf{S}^1)$ durch $\overline{\mathbf{F}} \in C^0(\mathbf{S}^1, \mathbf{S}^1)$ invertierbar. Genauer erhalten wir

$$\mathbf{F} * \overline{\mathbf{F}}(\mathbf{w}) = \mathbf{F}(\mathbf{w}) * \overline{\mathbf{F}(\mathbf{w})} = (1,0), \, \mathbf{w} \in \mathbf{S}^1 \quad \text{für alle} \quad \mathbf{F} \in C^0(\mathbf{S}^1, \mathbf{S}^1)$$

$$(\text{II.2.21})$$

wegen der Identität (II.2.12). Weiter ist die Multiplikation mit der Einheitsprojektion wie folgt verträglich:

$$\mathbf{P} \circ (\mathbf{F} * \mathbf{G}) = (\mathbf{P} \circ \mathbf{F}) \cdot (\mathbf{P} \circ \mathbf{G}) \quad \text{für alle} \quad \mathbf{F}, \, \mathbf{G} \in C^0(\mathbf{S}^1, \mathbf{S}^1). \quad (\text{II.2.22})$$

Die Kombination von (II.2.21) und (II.2.22) liefert die Identität

$$[\mathbf{P} \circ \mathbf{F}] \cdot [\mathbf{P} \circ \overline{\mathbf{F}}](\mathbf{w}) = 1, \, \mathbf{w} \in \mathbf{S}^1 \quad \text{für alle} \quad \mathbf{F} \in C^0(\mathbf{S}^1, \mathbf{S}^1). \quad (\text{II.2.23})$$

Wir wollen nun ein Riemann-Stieltjes-Integral für universelle Spektralscharen definieren. Zu einer *Zerlegung von* $\mathbf{S}^1$ gemäß

$$\mathbf{Z} \colon -\infty = \mathbf{z}_0 < \mathbf{z}_1 < \mathbf{z}_2 < \ldots < \mathbf{z}_{n-1} < \mathbf{z}_n = +\infty, \, n = n(\mathcal{Z}) \in \mathbb{N} \quad (\text{II.2.24})$$

wählen wir die *Zwischenwerte* $\mathbf{w}_j \in \mathbf{S}^1$ mit der Eigenschaft

$$\mathbf{\Lambda} \colon \mathbf{z}_0 < \mathbf{w}_1 < \mathbf{z}_1 < \mathbf{w}_2 < \mathbf{z}_2 < \ldots < \mathbf{z}_{n-1} < \mathbf{w}_n < \mathbf{z}_n, \quad (\text{II.2.25})$$

welche wir zum Vektor $\mathbf{\Lambda} := \{\mathbf{w}_j\}_{j=1,\ldots,n(\mathbf{Z})}$ zusammenfassen.

Definition II.2.2. *Bei gegebener universeller Spektralschar* $\{\mathbf{E}(\mathbf{w})\colon \mathbf{w} \in \mathbf{S}^1\}$ *erklären wir für beliebige Zerlegungen* $\mathbf{Z}$ *von* $\mathbf{S}^1$ *und entsprechenden Zwischenwerten* $\mathbf{\Lambda}$ *die universelle Riemann-Stieltjes-Operatorsumme*

$$\mathbf{R}(\mathbf{E}(.), \mathbf{F}, \mathbf{Z}, \mathbf{\Lambda}) := \sum_{j=1}^{n(\mathbf{Z})} \mathbf{P} \circ \mathbf{F}(\mathbf{w}_j) \cdot \Big(\mathbf{E}(\mathbf{z}_j) - \mathbf{E}(\mathbf{z}_{j-1})\Big). \qquad (\text{II.2.26})$$

zu den Funktionen $\mathbf{F} \in C^0(\mathbf{S}^1, \mathbf{S}^1)$.

Definition II.2.3. *Wir betrachten eine Folge von Zerlegungen der universellen Kreislinie* $\mathbf{S}^1$ *gemäß*

$$\mathbf{Z}^{(k)} : -\infty = \mathbf{z}_0^{(k)} < \mathbf{z}_1^{(k)} < \mathbf{z}_2^{(k)} < \ldots < \mathbf{z}_{n-1}^{(k)} < \mathbf{z}_{n_k}^{(k)} = +\infty \qquad (\text{II.2.27})$$

mit $n_k = n(\mathcal{Z}^{(k)}) \in \mathbb{N}$ *für* $k = 1, 2, 3, \ldots$. *Weiter erfüllen die Längen*

$$\delta_j^{(k)} := \|\mathbf{z}_j^{(k)} - \mathbf{z}_{j-1}^{(k)}\|_{\mathbf{S}^1} \quad \text{für} \quad j = 2, \ldots, n^{(k)} - 1$$

die Feinheitsbedingung

$$\max\left\{\delta_j^{(k)} : j = 2, \ldots, n^{(k)} - 1\right\} \quad \to \quad 0 \qquad \text{für} \quad k \to \infty. \qquad (\text{II.2.28})$$

Schließlich fordern wir die asymptotische Bedingung

$$\lim_{k \to \infty} \mathbf{z}_1^{(k)} = -\infty \qquad \text{und} \qquad \lim_{k \to \infty} \mathbf{z}_{n^{(k)}-1}^{(k)} = +\infty. \qquad (\text{II.2.29})$$

Dann nennen wir $\{\mathbf{Z}^{(k)}\}_{k=1,2,\ldots}$ *eine ausgezeichnete Zerlegungsfolge von* $\mathbf{S}^1$.

Ebenso wie das Theorem I.6.4 zeigt man das

Theorem II.2.2. *Sei eine Funktion* $\mathbf{F} \in C^0(\mathbf{S}^1, \mathbf{S}^1)$ *gegeben. Dann konvergiert für jede ausgezeichnete Zerlegungsfolge* $\mathbf{Z}^{(k)}, k = 1, 2, \ldots$ *von* $\mathbf{S}^1$ *mit den entsprechenden Zwischenwerten* $\mathbf{\Lambda}^{(k)} := \{\mathbf{w}_j^{(k)}\}_{j=1,\ldots,n^{(k)}}$ *die Folge der Operatoren*

$$R(\mathbf{E}(.), \mathbf{F}, \mathbf{Z}^{(k)}, \mathbf{\Lambda}^{(k)}) := \sum_{j=1}^{n^{(k)}} \mathbf{P} \circ \mathbf{F}(\mathbf{w}_j^{(k)})\Big(\mathbf{E}(\mathbf{z}_j^{(k)}) - \mathbf{E}(\mathbf{z}_{j-1}^{(k)})\Big), \, k = 1, 2, \ldots$$

$$(\text{II.2.30})$$

gegen den beschränkten linearen Operator

$$\lim_{k \to \infty} \mathbf{R}(\mathbf{E}(.), \mathbf{F}, \mathbf{Z}^{(k)}, \mathbf{\Lambda}^{(k)}) =: \int_{\mathbf{S}^1} \mathbf{P} \circ \mathbf{F}(\mathbf{w}) d\,\mathbf{E}(\mathbf{w}) \qquad (\text{II.2.31})$$

in der Operatornorm.

Definition II.2.4. *Das in der Formel* (II.2.31) *von Theorem II.2.2 auftreten-de Integral sprechen wir als universelles Riemann-Stieltjes-Integral der Funk-tion* $\mathbf{F} \in C^0(\mathbf{S}^1, \mathbf{S}^1)$ *über die Spektralschar* $\{\mathbf{E}(\mathbf{w}): \mathbf{w} \in \mathbf{S}^1\}$ *an.*

Beispiel II.2.1. Für ein festes Element $\mathbf{w}_0 \in \mathbf{S}^1$ betrachten wir die Funktion $\mathbf{F}_0(\mathbf{w}) := \mathbf{w}_0, \mathbf{w} \in \mathbf{S}^1$. Dann erhalten wir als universelles Riemann-Stieltjes-Integral

$$\int_{\mathbf{S}^1} \mathbf{P} \circ \mathbf{F}_0(\mathbf{w}) d\mathbf{E}(\mathbf{w}) = \exp(i\varphi) \cdot E \qquad (\text{II.2.32})$$

eine Drehung um den Winkel φ, welcher dem Argument von $\mathbf{P}(\mathbf{w}_0) \in S^1$ entspricht.

Proposition II.2.1. *Für beliebige Funktionen* $\mathbf{F}, \mathbf{G} \in C^0(\mathbf{S}^1, \mathbf{S}^1)$ *gilt folgen-de Operatoridentität*

$$\left[\int_{\mathbf{S}^1} \mathbf{P} \circ \mathbf{G}(\mathbf{w}) d\mathbf{E}(\mathbf{w}) \right] \circ \left[\int_{\mathbf{S}^1} \mathbf{P} \circ \mathbf{F}(\mathbf{w}) d\mathbf{E}(\mathbf{w}) \right] = \int_{\mathbf{S}^1} \mathbf{P} \circ \left(\mathbf{G} * \mathbf{F} \right)(\mathbf{w}) d\mathbf{E}(\mathbf{w}).$$

Beweis: Hierzu gehen wir wie im Beweis zu Theorem I.6.5 ii) auf die Riemann-Stieltjes-Summen (II.2.26) zurück und studieren den Grenzübergang für eine ausgezeichnete Zerlegungsfolge. q.e.d.

Proposition II.2.2. *Für beliebige Funktionen* $\mathbf{F} \in C^0(\mathbf{S}^1, \mathbf{S}^1)$ *haben wir*

$$\left(\left[\int_{\mathbf{S}^1} \mathbf{P} \circ \mathbf{F}(\mathbf{w}) d\mathbf{E}(\mathbf{w}) \right] g, f \right)_{\mathcal{H}} = \left(g, \left[\int_{\mathbf{S}^1} \mathbf{P} \circ \overline{\mathbf{F}}(\mathbf{w}) d\mathbf{E}(\mathbf{w}) \right] f \right)_{\mathcal{H}}$$

$$= \int_{\mathbf{S}^1} \mathbf{P} \circ \overline{\mathbf{F}}(\mathbf{w}) d \left(g, \mathbf{E}(\mathbf{w}) f \right)_{\mathcal{H}} \qquad \text{für alle} \qquad f, g \in \mathcal{H}.$$

Beweis: Wie im Beweis von Theorem I.6.6 verwenden wir die Riemann-Stieltjes-Summen (II.2.26) und gehen für eine ausgezeichnete Zerlegungsfolge in $\mathbf{S}^1$ zur Grenze über. q.e.d.

Theorem II.2.3. *Für beliebige Funktionen* $\mathbf{F} \in C^0(\mathbf{S}^1, \mathbf{S}^1)$ *ist der Operator*

$$W(\mathbf{F}, \mathbf{E}) := \int_{\mathbf{S}^1} \mathbf{P} \circ \mathbf{F}(\mathbf{w}) d\mathbf{E}(\mathbf{w})$$

auf dem Hilbertraum $\mathcal{H}$ *isometrisch.*

Beweis: Mit Hilfe von Proposition II.2.1 und II.2.2 zeigen wir

$$\left(\left[\int_{\mathbf{S}^1}\mathbf{P}\circ\mathbf{F}(\mathbf{w})d\mathbf{E}(\mathbf{w})\right]g\,,\ \left[\int_{\mathbf{S}^1}\mathbf{P}\circ\mathbf{F}(\mathbf{w})d\mathbf{E}(\mathbf{w})\right]f\right)_{\mathcal{H}}$$

$$=\left(g\,,\ \left[\int_{\mathbf{S}^1}\mathbf{P}\circ\overline{\mathbf{F}}(\mathbf{w})d\mathbf{E}(\mathbf{w})\right]\circ\left[\int_{\mathbf{S}^1}\mathbf{P}\circ\mathbf{F}(\mathbf{w})d\mathbf{E}(\mathbf{w})\right]f\right)_{\mathcal{H}}$$

$$=\left(g\,,\ \left[\int_{\mathbf{S}^1}\mathbf{P}\circ\left(\overline{\mathbf{F}}*\mathbf{F}\right)(\mathbf{w})\,d\mathbf{E}(\mathbf{w})\right]f\right)_{\mathcal{H}}=\left(g\,,\ \left[\int_{\mathbf{S}^1}1\,d\mathbf{E}(\mathbf{w})\right]f\right)_{\mathcal{H}}$$

$$=\left(g\,,\ Ef\right)_{\mathcal{H}}=\left(g\,,\ f\right)_{\mathcal{H}}\quad\text{für alle}\quad f,g\in\mathcal{H}.$$

Somit ist der Operator $W(\mathbf{F},\mathbf{E})\colon\mathcal{H}\to\mathcal{H}$ isometrisch.   q.e.d.

Beispiel II.2.2. Für die Identitätsfunktion $\mathbf{F}_1(\mathbf{w}):=\mathbf{w}$, $\mathbf{w}\in\mathbf{S}^1$ erhalten wir als universelles Riemann-Stieltjes-Integral

$$W(\mathbf{F}_1,\mathbf{E})=\int_{\mathbf{S}^1}\mathbf{P}\circ\mathbf{F}_1(\mathbf{w})\,d\,\mathbf{E}(\mathbf{w})=\int_{\mathbf{S}^1}\mathbf{P}(\mathbf{w})\,d\,\mathbf{E}(\mathbf{w})\qquad\text{(II.2.33)}$$

einen unitären Operator $W(\mathbf{F}_1,\mathbf{E})\colon\mathcal{H}\to\mathcal{H}$ auf dem Hilbertraum $\mathcal{H}$.

Definition II.2.5. *Ein Operator U gehört zur unitären Gruppe $\mathcal{U}(\mathcal{H})$ genau dann, wenn es es eine stetige Schar $\{U(s)\colon 0\le s\le 1\}$ unitärer Operatoren auf dem Hilbertraum $\mathcal{H}$ mit $U(0)=E$ und $U(1)=U$ gibt. Dabei können wir in der Klasse der unitären Operatoren die Operatorennorm verwenden.*

Bemerkung: Zwei Operatoren $U,\widetilde{U}\in\mathcal{U}(\mathcal{H})$ verknüpfen wir zu $U\circ\widetilde{U}\in\mathcal{U}(\mathcal{H})$, da die stetige Schar unitärer Operatoren $\{U(s)\circ\widetilde{U}(s)\colon 0\le s\le 1\}$ gemäß $U(0)\circ\widetilde{U}(0)=E$ und $U(1)\circ\widetilde{U}(1)=U\circ\widetilde{U}$ den Operator $U\circ\widetilde{U}$ mit dem Identitätsoperator E verbindet. Der Operator E bildet das neutrale Element dieser Gruppe. Mit dem Operator U^* erhalten wir zu $U\in\mathcal{U}(\mathcal{H})$ das inverse Element, welches durch unitäre Operatoren stetig mit E durch den Weg $\{U^*(s)\colon 0\le s\le 1\}$ verbunden werden kann – und somit in $\mathcal{U}(\mathcal{H})$ liegt.

Proposition II.2.3. (Liftung unitärer Operatoren)
Zum unitären Operator $U\in\mathcal{U}(\mathcal{H})$ im Hilbertraum $\mathcal{H}$ gibt es einen selbstadjungierten Operator $H\colon\mathcal{D}_H\to\mathcal{H}$ auf einem dichten Teilraum $\mathcal{D}_H\subset\mathcal{H}$, so dass die folgende Darstellung

$$Uf=\exp(iH)f=\left[\sum_{j=0}^{\infty}\frac{1}{j!}(iH)^j\right]f,\ f\in\mathcal{D}_H$$

gültig ist.

Beweis: 1.) Da $U \in \mathcal{U}(\mathcal{H})$ erfüllt ist, so gibt es eine Schar unitärer Operatoren $\{U(s)\colon 0 \leq s \leq 1\}$ gemäß der Definition II.2.5.

2.) Wir nehmen nun an, dass wir für den Parameter $s_0 \in [0,1]$ mit dem unitären Operator $U_0 := U(s_0)$ bereits einen selbstadjungierten Operator $H_0\colon \mathcal{D}_0 \to \mathcal{H}$ mit $U_0 = \exp(iH_0)$ gefunden haben. Wir wählen nun $\varepsilon_0 > 0$ so klein, dass

$$\|U(s) - U_0\| < 1 \quad \text{für alle} \quad 0 \leq s \leq 1 \quad \text{mit} \quad |s - s_0| < \varepsilon \qquad \text{(II.2.34)}$$

erfüllt ist. Mit Hilfe der komplexen Logarithmusreihe (siehe Satz 3 in § 6 von [S1] Kapitel III) erklären wir nun die Operatoren $H(s)$ durch

$$iH(s) - iH_0 = \sum_{l=0}^{\infty} \frac{(-1)^l}{l+1} U_0^{-l-1} \left(U(s) - U_0 \right)^{l+1} \qquad \text{(II.2.35)}$$

$$\text{für alle} \quad 0 \leq s \leq 1 \quad \text{mit} \quad |s - s_0| < \varepsilon .$$

Die angegebene Reihe ist wegen (II.2.34) konvergent, und alle Operatoren $H(s)$, $s_0 - \epsilon_0 < s < s_0 + \epsilon_0$ sind selbstadjungiert. Die obige Konstruktion liefert sofort die Identität

$$U(s) = \exp(iH(s)) \quad \text{für alle} \quad 0 \leq s \leq 1 \quad \text{mit} \quad |s - s_0| < \varepsilon . \qquad \text{(II.2.36)}$$

3.) Wir betrachten die folgende Menge

$$\Sigma := \Big\{ s \in [0,1] \Big| \text{Es existiert ein selbstadjungierter Operator } H(s)$$
$$\text{mit der Eigenschaft } U(s) = \exp(iH(s)) \Big\} . $$
$$\text{(II.2.37)}$$

Offenbar ist $s = 0 \in \Sigma$ wegen $\exp(i0) = E$ erfüllt, und folglich ist die Menge Σ nicht leer. Nach obigen Überlegungen ist weiterhin die Menge Σ offen, und man zeigt deren Abgeschlossenheit. Somit ist $\Sigma = [0,1]$ richtig, und zu $U = U(1)$ gibt es ein $H = H(1)$ mit $U = U(1) = \exp(iH(1)) = \exp(iH)$.

q.e.d.

Theorem II.2.4. (Spektralsatz für unitäre Operatoren)
Für jeden unitären Operator $U \in \mathcal{U}(\mathcal{H})$ gibt es eine universelle Spektralschar $\{\mathbf{E}(\mathbf{w})\colon \mathbf{w} \in \mathbf{S}^1\}$ gemäß der Definition II.2.1, so dass die Spektraldarstellung

$$U f = \left[\int_{\mathbf{S}^1} \mathbf{P} \circ \mathbf{F}_1(\mathbf{w}) \, d\mathbf{E}(\mathbf{w}) \right] f = \left[\int_{\mathbf{S}^1} \mathbf{P}(\mathbf{w}) \, d\mathbf{E}(\mathbf{w}) \right] f , \quad f \in \mathcal{H} \quad \text{(II.2.38)}$$

richtig ist.

Beweis: 1.) Zum unitären Operator $U \in \mathcal{U}(\mathcal{H})$ haben wir nach Proposition II.2.3 einen selbstadjungierten Operator $H\colon \mathcal{D}_H \to \mathcal{H}$ auf dem dichten Definitionsbereich $\mathcal{D}_H \subset \mathcal{H}$, so dass die *Exponentialdarstellung*

$$U f = \exp(i\,H)\,f = \lim_{k \to \infty} \Big[\sum_{j=0}^{k} \frac{1}{j!}\,(i\,H)^j \Big] f = \lim_{k \to \infty} H_k f, \quad f \in \mathcal{D}_H$$

$$\text{(II.2.39)}$$

mit den *approximativen Operatoren*

$$H_k\, f := \Big[\sum_{j=0}^{k} \frac{1}{j!}\,(i\,H)^j \Big] f, \quad f \in \mathcal{D}_H \quad (k = 1, 2, \ldots) \qquad \text{(II.2.40)}$$

richtig ist.

2.) Nach dem Theorem I.12.1 gibt es eine Spektralschar $\{E(\lambda)\colon \lambda \in \mathbb{R}\}$, so dass die Spektraldarstellung

$$H f = \Big[\int_{-\infty}^{+\infty} \lambda\, d\,E(\lambda) \Big] f \quad \text{für alle} \quad f \in \mathcal{D}_H \qquad \text{(II.2.41)}$$

gilt. Die Kombination von (II.2.40) und (II.2.41) liefert

$$H_k\, f = \int_{-\infty}^{+\infty} \Big[\sum_{j=0}^{k} \frac{1}{j!}\, i^j\, \lambda^j \Big]\, d\,E(\lambda) f, \quad f \in \mathcal{D}_H \quad (k = 1, 2, \ldots) \quad \text{(II.2.42)}$$

Mit dem Lebesgueschen Konvergenzsatz vollziehen wir den Grenzübergang

$$U f = \lim_{k \to \infty} H_k\, f = \lim_{k \to \infty} \Big(\int_{-\infty}^{+\infty} \Big[\sum_{j=0}^{k} \frac{1}{j!}\, i^j\, \lambda^j \Big]\, d\,E(\lambda) \Big) f$$

$$= \Big[\int_{-\infty}^{+\infty} \exp(i\lambda)\, d\,E(\lambda) \Big] f \quad \text{für alle} \quad f \in \mathcal{D}_H .$$

$$\text{(II.2.43)}$$

3.) Wir setzen als universelle Spektralschar

$$\mathbf{E}(\mathbf{w}) := E(-i\,\mathrm{Log}\mathbf{w}), \quad \mathbf{w} \in \mathbf{S}^1 \qquad \text{(II.2.44)}$$

und erhalten aus (II.2.43) die Darstellung

$$U f = \Big[\int_{-\infty}^{+\infty} \mathbf{P}\big(\mathrm{Exp}(i\lambda)\big)\, d\,\mathbf{E}\big(\mathrm{Exp}(i\lambda)\big) \Big] f$$

$$= \Big[\int_{\mathbf{S}^1} \mathbf{P}(\mathbf{w})\, d\,\mathbf{E}(\mathbf{w}) \Big] f \quad \text{für alle} \quad f \in \mathcal{D}_H .$$

$$\text{(II.2.45)}$$

Da die Operatoren in (II.2.45) beschränkt sind, so liefert diese Identität die gewünschte Spektraldarstellung (II.2.38) für unitäre Operatoren.

$$\text{q.e.d.}$$

§3 Die zeitabhängige Schrödingergleichung

Mit den Methoden aus § 2 beweisen wir das zentrale

Theorem II.3.1. (Die zeitabhängige Schrödingergleichung)
Sei der selbstadjungierte Operator $H: \mathcal{D}_H \to \mathcal{H}$ auf dem dichten Definitionsbereich $\mathcal{D}_H$ im separablen Hilbertraum $\mathcal{H}$ mit der zugehörigen Spektralschar $\{E(\lambda): \lambda \in \mathbb{R}\}$ gemäß dem Theorem I.11.4 gegeben. Dann liefert die Schar unitärer Operatoren

$$U(t) := \int_{-\infty}^{+\infty} \exp(i\lambda t)\, d\,E(\lambda): \mathcal{H} \to \mathcal{H} \quad \text{für alle} \quad 0 \le t < +\infty \qquad \text{(II.3.1)}$$

eine Lösung des Anfangswertproblems

$$\frac{d}{dt}U(t)f = i\,H \circ U(t)f\,, \quad f \in U(t)^*(\mathcal{D}_H)\,, \quad 0 \le t < +\infty$$
$$\text{und} \quad U(0) = E \qquad \text{(II.3.2)}$$

für die zeitabhängige Schrödingergleichung. Dabei wird die Ableitung mittels schwacher Konvergenz im Hilbertraum $\mathcal{H}$ wie folgt gebildet:

$$\frac{d}{ds}U(t+s)\Big|_{s=0} := \widetilde{\lim_{s \to 0,\, t+s \in [0,1]}} \frac{U(t+s) - U(t)}{s}\,, \quad 0 \le t \le 1.$$

Wir können diese Schar $\{U(t): \mathcal{H} \to \mathcal{H}, 0 \le t < +\infty\}$ unitärer Operatoren auf den gegebenen Hilbertraum $\mathcal{H}$ fortsetzen.

Beweis: 1.) Wir betrachten für beliebiges $0 \le t < +\infty$ den unitären Operator

$$U(t)f := \exp(itH)f = \lim_{k \to \infty}\Big[\sum_{j=0}^{k} \frac{1}{j!}(itH)^j\Big]f = \lim_{k \to \infty} H_k(t)f,\ f \in \mathcal{D}_H$$
$$\text{(II.3.3)}$$

mit den *approximativen Operatoren*

$$H_k(t)f := \Big[\sum_{j=0}^{k} \frac{1}{j!}(i\,t\,H)^j\Big]f\,, \quad f \in \mathcal{D}_H \quad (k = 1, 2, \ldots)\,. \qquad \text{(II.3.4)}$$

Nach dem Theorem I.12.1 gilt die Spektraldarstellung

$$H f = \Big[\int_{-\infty}^{+\infty} \lambda\, d\,E(\lambda)\Big]f \quad \text{für alle} \quad f \in \mathcal{D}_H\,. \qquad \text{(II.3.5)}$$

Die Kombination von (II.3.4) und (II.3.5) liefert

$$H_k(t)f = \int_{-\infty}^{+\infty} \Big[\sum_{j=0}^{k} \frac{1}{j!} i^j\, t^j\, \lambda^j\Big] dE(\lambda)f,\ f \in \mathcal{D}_H \quad (k = 1, 2, \ldots)\,. \qquad \text{(II.3.6)}$$

Mit dem Lebesgueschen Konvergenzsatz vollziehen wir den Grenzübergang

$$U(t)f = \lim_{k \to \infty} H_k(t)f = \lim_{k \to \infty} \Big(\int_{-\infty}^{+\infty} \Big[\sum_{j=0}^{k} \frac{1}{j!} \, i^j \, t^j \, \lambda^j \Big] d\,E(\lambda) \Big) f$$

$$= \Big[\int_{-\infty}^{+\infty} \exp(i\lambda\,t) \, d\,E(\lambda) \Big] f \quad \text{für alle} \quad f \in \mathcal{D}_H \,. \tag{II.3.7}$$

2.) Den Identitäten (II.3.5) und (II.3.7) entnehmen wir

$$i\Big[H \circ U(t) \Big] f = i\Big[\int_{-\infty}^{+\infty} \lambda \, d\,E(\lambda) \Big] \circ \Big[\int_{-\infty}^{+\infty} \exp(i\lambda\,t) \, d\,E(\lambda) \Big] f$$

$$= i\Big[\int_{-\infty}^{+\infty} \lambda \exp(i\lambda\,t) \, d\,E(\lambda) \Big] f = \Big[\int_{-\infty}^{+\infty} \frac{d}{dt} \exp(i\lambda\,t) \, d\,E(\lambda) \Big] f \tag{II.3.8}$$

$$= \frac{d}{dt} \Big[\int_{-\infty}^{+\infty} \exp(i\lambda t) dE(\lambda) \Big] f = \frac{d}{dt} U(t)f \,, \quad f \in U(t)^*(\mathcal{D}_H).$$

Damit ist die zeitabhängige Schrödingergleichung in (II.3.2) für $U(t)$, $t \geq 0$ gezeigt. Offensichtlich ist wegen

$$U(0) = \int_{-\infty}^{+\infty} \exp(i\lambda\,0) \, d\,E(\lambda) = E \tag{II.3.9}$$

auch die Anfangsbedingung in (II.3.2) erfüllt.

3.) Da der Teilraum $U(t)^*(\mathcal{D}_H) \subset \mathcal{H}$ für jedes $0 \leq t < +\infty$ dicht liegt und die Operatorenschar $\{U(t) \colon 0 \leq t < +\infty\}$ unitär sowie beschränkt ist, so können wir diese auf den ganzen Hilbertraum fortsetzen.   q.e.d.

Bemerkungen zur modernen Physik:

In der Quantenmechanik (siehe etwa das höchst inspirierende Skriptum von H. J. Borchers [B]) betrachtet man Zustände als Elemente ψ im Hilbertraum und Observable als Operatoren A auf diesem Hilbertraum. Während im Bild von Heisenberg die Zustände fest und die Observablen zeitabhängig sind, so werden im Bild von Schrödinger die Zustände als zeitabhängig angesehen. Die Zeitentwicklung wird in der Quantenmechanik durch die unitär äquivalente Operatorenschar

$$\widehat{A(t)} := U(t) \circ A(t) \circ U(-t) \,, \quad t \in \mathbb{R} \tag{II.3.10}$$

mit den unitären Transformationen (II.3.1) beschrieben. Die Differentiation von (II.3.10) mittels der Schrödingergleichung (II.3.2) liefert

$$\frac{d}{dt}\widehat{A(t)} = U(t) \circ \frac{d}{dt}A(t) \circ U(-t) + U'(t) \circ A(t) \circ U(-t)$$
$$-U(t) \circ A(t) \circ U'(-t)$$

$$= U(t) \circ \frac{d}{dt}A(t) \circ U(-t) + iH \circ U(t) \circ A(t) \circ U(-t)$$
$$-iU(t) \circ A(t) \circ H \circ U(-t) \tag{II.3.11}$$

$$= U(t) \circ \frac{d}{dt}A(t) \circ U(-t) + iH \circ U(t) \circ A(t) \circ U(-t)$$
$$-iU(t) \circ A(t) \circ U(-t) \circ H$$

$$= \frac{\widehat{d}}{dt}A(t) + i\left(H \circ \widehat{A(t)} - \widehat{A(t)} \circ H\right).$$

Somit folgt die Differentialgleichung

$$\frac{d}{dt}\widehat{A(t)} = \frac{\widehat{d}}{dt}A(t) + i\left[H\,;\widehat{A(t)}\right], \quad t \in \mathbb{R}$$

mit dem Kommutator $\left[A;B\right] := A \circ B - B \circ A$ dieser Operatoren.

$$\tag{II.3.12}$$

Mit einem Element $f \in \mathcal{H}$ machen wir den Ansatz

$$\psi(t) := U(t) \circ f = \exp(i\lambda t)\,f\,, \quad t \geq 0 \quad \text{für einen Wert} \quad \lambda \in \mathbb{R}. \tag{II.3.13}$$

Dann verwandelt sich die zeitabhängige Schrödingergleichung aus (II.3.2) in

die stationäre Schrödingergleichung: $\quad H\,f = \lambda\,f\,. \tag{II.3.14}$

In der Ortsraumdarstellung der Quantenmechanik wird der Impulsvektor durch den Operator

$$P := \frac{\overline{h}}{i}\,\nabla \quad \text{mit der physikalischen Konstante} \quad \overline{h} > 0 \tag{II.3.15}$$

gegeben. Der Hamiltonoperator wird dann beschrieben durch

$$H := \frac{1}{2m}P^2 + V(x) = -\frac{\overline{h}^2}{2m}\,\Delta + V(x)\,, \quad x \in \mathbb{R}^n\,. \tag{II.3.16}$$

Dabei bezeichnet $m > 0$ die Masse des Teilchens und $V(x) : \mathbb{R}^n \to \mathbb{R}$ das Potential von dem Feld, in welchem sich das Teilchen bewegt. Wir werden so geführt auf den Schrödingeroperator aus dem Beispiel I.4.1. Damit müssen wir die Frage nach der Selbstadjungiertheit des Schrödingeroperators beantworten, um dessen Spektraldarstellung zu ermitteln. Wir erhalten schließlich über das Theorem II.3.1 eine Lösung der zeitabhängigen Schrödingergleichung.

Wir wollen nun genauer den diskreten Eigenraum eines selbstadjungierten Operators H fixieren, um dann im Theorem II.3.2 die Wirkung der zugehörigen Schar unitärer Operatoren $\{U(t)\}_{t \geq 0}$ aus (II.3.1) innerhalb dieses Raumes zu beschreiben.

Definition II.3.1. *Sei der selbstadjungierte Operator $H : \mathcal{D}_H \to \mathcal{H}$ auf dem dichten Definitionsbereich $\mathcal{D}_H$ im separablen Hilbertraum $\mathcal{H}$ mit der zugehörigen Spektralschar $\{E(\lambda) : \lambda \in \mathbb{R}\}$ gemäß Theorem I.11.4 gegeben. Wie in dem Theorem I.12.2 iii) besitze H die eventuell mehrfachen Eigenwerte $\lambda_m \in \mathbb{R}$ für $m = 1, 2, \ldots, m_0$ mit $m_0 \in \mathbb{N}$ oder $m_0 = \infty$. Genauer haben wir die Anordnung*

$$|\lambda_m| \leq |\lambda_{m+1}| \quad (m = 1, 2, \ldots, m_0 - 1)$$

für die Eigenwerte und die Bedingungen

$$
\begin{aligned}
f_m \in \mathcal{H} \quad &mit \quad H f_m = \lambda_m f_m \quad (m = 1, 2, \ldots, m_0) \\
sowie \quad &\Big(f_m, f_n \Big)_{\mathcal{H}} = \delta_{mn} \quad (m, n = 1, 2, \ldots, m_0)
\end{aligned}
\qquad \text{(II.3.17)}
$$

für die zugehörigen Eigenelemente. Dann erklären wir den diskreten Definitionsbereich des Operators H durch

$$
\mathcal{D}_H^i := \Big\{ f \in \mathcal{D}_H \,\Big|\, f = \sum_{n=1}^{n_0} c_n f_n \quad mit \quad c_n \in \mathbb{C}\,(n = 1, 2, \ldots, n_0) \\
und \quad n_0 \in \mathbb{N}, \quad so\ dass \quad n_0 \leq m_0 \quad gilt \Big\}.
\qquad \text{(II.3.18)}
$$

Mit dem Abschluss $\mathcal{H}_{dis} := \overline{\mathcal{D}_H^i}$ bezeichnen wir den diskreten Eigenraum des Operators H. Mit denjenigen selbstadjungierten Operatoren, welche $\mathcal{H}_{dis} = \mathcal{H}$ erfüllen, erhalten wir Operatoren mit einem diskreten Spektrum.

Bemerkung: Mit den vollstetigen Hermiteschen Operatoren (siehe [S5] Chap. 8, Theorem 7.3 oder den Satz 2 in [S3] Kap. VIII § 7) haben wir beschränkte lineare Operatoren mit einem diskreten Spektrum. Mit dem Sturm-Liouville-Operator (siehe [S5] Chap. 8, Theorem 8.3 oder [S3] Kap. VIII § 8, Satz 3) und dem Laplaceoperator (siehe [S5] Chap. 8, Theorem 9.7 oder [S3] Kap. VIII § 9, Satz 1) haben wir unbeschränkte Differentialoperatoren zur Verfügung, welche ein diskretes Spektrum besitzen. Wir werden im § II.8 selbstadjungierte Operatoren kennenlernen, die auch ein kontinuierliches Spektrum besitzen.

Definition II.3.2. *Sei der selbstadjungierte Operator $H : \mathcal{D}_H \to \mathcal{H}$ auf dem dichten Definitionsbereich $\mathcal{D}_H$ im separablen Hilbertraum $\mathcal{H}$ mit dem diskreten Eigenraum $\mathcal{H}_{dis}$ gemäß der Definition II.3.1 gegeben. Dann erklären wir mit $\mathcal{H}_{con} := \mathcal{H}_{dis}^{\perp}$ den kontinuierlichen Eigenraum des Operators H. Offenbar haben wir die orthogonale Zerlegung $\mathcal{H}_{dis} \oplus \mathcal{H}_{con} = \mathcal{H}$ des Hilbertraums.*

Theorem II.3.2. (Unitäre Transformation im diskreten Eigenraum)
*Sei der selbstadjungierte Operator $H: \mathcal{D}_H \to \mathcal{H}$ wie in Definition II.3.1 mit
dem diskreten Definitionsbereich $\mathcal{D}_H^{\prime}$ und dem diskreten Eigenraum $\mathcal{H}_{dis}$ gegeben. Dann liefert die Schar unitärer Operatoren*

$$U(t) := \int_{-\infty}^{+\infty} \exp(i\lambda\, t)\, d\, E(\lambda) \colon \mathcal{H}_{dis} \to \mathcal{H}_{dis} \tag{II.3.19}$$

$$\text{für alle}\quad 0 \le t < +\infty$$

die eindeutig bestimmte Lösung des Anfangswertproblems

$$\frac{d}{dt} U(t)f = i\, H \circ U(t)f,\; f \in \mathcal{H}_{dis},\, 0 \le t < +\infty \quad \text{und}\quad U(0) = E \tag{II.3.20}$$

für die zeitabhängige Schrödingergleichung. Hier haben wir die Darstellung

$$U(t)f = \sum_{n=1}^{n_0} c_n \exp(i\lambda_n t)\, f_n\,, \quad f = \sum_{n=1}^{n_0} c_n f_n \in \mathcal{D}_H^{\prime}\,. \tag{II.3.21}$$

*auf dem diskreten Definitionsbereich (II.3.18) des Operators H, welche durch
den Integraloperator (II.3.19) auf den diskreten Eigenraum $\mathcal{H}_{dis}$ fortgesetzt
wird.*

Beweis: 1.) Wie im ersten Teil des Beweises zu Theorem II.3.1 betrachten wir
für beliebiges $0 \le t < +\infty$ den unitären Operator

$$U(t)f := \exp(itH)f = \lim_{k \to \infty} H_k(t)f\,, \quad f \in \mathcal{D}_H^{\prime} \tag{II.3.22}$$

mit den approximativen Operatoren

$$H_k(t)f := \Big[\sum_{j=0}^{k} \frac{1}{j!}\, (i\, t\, H)^j \Big] f\,, \quad f \in \mathcal{D}_H^{\prime} \quad (k = 1, 2, \ldots)\,. \tag{II.3.23}$$

Dann berechnen wir

$$H_k(t)\Big(\sum_{n=1}^{n_0} c_n f_n \Big) = \Big[\sum_{j=0}^{k} \frac{1}{j!}\, (i\, t\, H)^j \Big] \Big(\sum_{n=1}^{n_0} c_n f_n \Big)$$

$$\sum_{n=1}^{n_0} c_n \Big[\sum_{j=0}^{k} \frac{1}{j!}\, (i\, t\, H)^j f_n \Big] = \sum_{n=1}^{n_0} c_n \Big[\sum_{j=0}^{k} \frac{1}{j!}\, (i\, t)^j\, (H^j f_n) \Big] \tag{II.3.24}$$

$$= \sum_{n=1}^{n_0} c_n \Big[\sum_{j=0}^{k} \frac{1}{j!}\, (i\, t\, \lambda_n)^j \Big] f_n \quad \text{für}\quad k = 1, 2, \ldots\,.$$

Die Kombination von (II.3.22) und (II.3.24) liefert

$$U(t)f = \lim_{k\to\infty} H_k(t)f = \sum_{n=1}^{n_0} c_n \left[\sum_{j=0}^{\infty} \frac{1}{j!} (i\,t\,\lambda_n)^j \right] f_n$$

$$= \sum_{n=1}^{n_0} c_n \exp(i\,t\,\lambda_n)\, f_n \quad \text{für alle} \quad f = \sum_{n=1}^{n_0} c_n f_n \in \mathcal{D}_H^{\cdot}\,. \tag{II.3.25}$$

Somit folgt $U(t)\colon \mathcal{D}_H^{\cdot} \to \mathcal{D}_H^{\cdot}$ für alle $0 \le t < +\infty$. Da der diskrete Definitionsbereich $\mathcal{D}_H^{\cdot}$ dicht im diskreten Eigenraum $\mathcal{H}_{dis}$ liegt, so erhalten wir im Integraloperator (II.3.19) die eindeutige Fortsetzung $U(t)\colon \mathcal{H}_{dis} \to \mathcal{H}_{dis}$ für $0 \le t < +\infty$ auf den diskreten Eigenraum.

2.) Seien $U(t)$, $t \ge 0$ und $V(t)$, $t \ge 0$ zwei Lösungen des Anfangswertproblems (II.3.20). Dann löst deren Differenz das homogene Anfangswertproblem

$$\frac{d}{dt}\Big[U(t) - V(t)\Big] = iH \circ \Big[U(t) - V(t)\Big] \colon \mathcal{H}_{dis} \to \mathcal{H}$$

$$\text{für alle} \quad 0 \le t < +\infty \quad \text{und} \quad \Big[U(0) - V(0)\Big] = 0\,. \tag{II.3.26}$$

Auf dem diskreten Eigenraum bilden nun die Eigenelemente (II.3.17) ein vollständig orthonormiertes System. Für beliebige $m, n \in \{1, 2, \ldots, m_0\}$ betrachten wir die Hilfsfunktionen

$$\omega_{m,n}(t) := \Big(f_m\,, \Big[U(t) - V(t)\Big]f_n\Big)_{\mathcal{H}}, \; 0 \le t < +\infty\,. \tag{II.3.27}$$

Diese besitzen die folgenden Eigenschaften:

$$\frac{d}{dt}\,\omega_{m,n}(s) = \Big(f_m\,, \frac{d}{dt}\Big[U(t) - V(t)\Big]f_n\Big)_{\mathcal{H}}$$

$$= \Big(f_m\,, iH \circ \Big[U(t) - V(t)\Big]f_n\Big)_{\mathcal{H}} = i\Big(H f_m\,, \Big[U(t) - V(t)\Big]f_n\Big)_{\mathcal{H}} \tag{II.3.28}$$

$$= i\,\lambda_m\,\omega_{m,n}(s) \quad \text{für alle} \quad 0 \le t < +\infty$$

$$\text{und} \quad \omega_{m,n}(0) = 0 \quad \text{für alle} \quad m, n \in \{1, 2, \ldots, m_0\}\,.$$

Nun liefert die Theorie gewöhnlicher Differentialgleichungen (siehe [S1] Kap. VI §5) die Identitäten

$$\omega_{m,n}(t) = 0\,, \quad t \in [0, +\infty) \quad \text{für alle} \quad m, n \in \{1, 2, \ldots, m_0\}\,. \tag{II.3.29}$$

Diese Aussage ergibt

$$U(t)f = V(t)f\,, \quad f \in \mathcal{H}_{dis} \quad \text{für alle} \quad t \in [0, +\infty)\,.$$

Damit ist die Eindeutigkeit des Anfangswertproblems für die zeitabhängige Schrödingergleichung auf dem diskreten Eigenraum $\mathcal{H}_{dis}$ gezeigt.   q.e.d.

Bemerkungen:

i) Für ein Eigenelement $f_n \in \mathcal{H}$ zum Eigenwert $\lambda_n \in \mathbb{R}$ des Operators H stellt

$$U(t)f_n = \exp(i\lambda_n t)\, f_n\,, \quad 0 \leq t < +\infty \qquad \text{(II.3.30)}$$

eine Bewegung auf dem Orbit

$$\left\{ g \in \mathcal{H} \,\middle|\, g = cf_n \quad \text{mit} \quad c \in \mathbb{C} \quad \text{und} \quad |c| = 1 \right\}$$

der konstanten Geschwindigkeit λ_n mit Anfangswert $U(0)f_n = f_n$ dar.

ii) Physikalisch repräsentiert das Eigenelement $f_n \in \mathcal{H}$ einen gebundenen Zustand des Teilchens konstanter Energie $\lambda_n \in \mathbb{R}$, welches sich mit konstanter Geschwindigkeit auf dem Orbit bewegt. Insbesondere wird der Eigenraum periodisch in sich überführt.

iii) Hier reduziert sich die zeitabhängige Schrödingergleichung auf

$$\frac{d}{dt}U(t)f_n = i\,\lambda_n\,\exp(i\lambda_n t)\, f_n = i\,\exp(i\lambda_n t)\, H\, f_n$$

$$= i\,H\Big(\exp(i\lambda_n t)\, f_n\Big) = iH \circ U(t)\, f_n,\ 0 \leq t < +\infty. \qquad \text{(II.3.31)}$$

iv) Die zeitabhängige Schrödingergleichung erscheint im diskreten Definitionsbereich in der folgenden Form:

$$\frac{d}{dt}U(t)f = \sum_{n=1}^{n_0} c_n i\lambda_n \exp(i\lambda_n t)f_n = iH\Big(\sum_{n=1}^{n_0} c_n \exp(i\lambda_n t)f_n\Big)$$

$$= i\,H \circ U(t)\,f \quad \text{für alle} \quad f = \sum_{n=1}^{n_0} c_n f_n \in \mathcal{D}_H^{'}\,. \qquad \text{(II.3.32)}$$

Wie im § I.3 bezeichnen wir mit $\mathcal{H}_e := \{f \in \mathcal{H} : \|f\| = 1\}$ die Einheitssphäre im Hilbertraum. Ohne im Hilbertraum $\mathcal{H}$ über Eigenelemente zu verfügen, erklären wir das kontinuierliche Spektrum eines selbstadjungierten Operators.

Definition II.3.3. *Sei der selbstadjungierte Operator $H\colon \mathcal{D}_H \to \mathcal{H}$ auf dem dichten Definitionsbereich $\mathcal{D}_H$ im separablen Hilbertraum $\mathcal{H}$ mit dem diskreten Eigenraum $\mathcal{H}_{dis}$ gemäß Definition II.3.1 und dem kontinuierlichen Eigenraum $\mathcal{H}_{con}$ gemäß Definition II.3.2 gegeben. Dann erklären wir das kontinuierliche Spektrum des Operators H durch*

$$\sigma_{con}(H) := \Big\{ \lambda_0 \in \mathbb{R} \,\Big|\, \inf_{f \in \mathcal{H}_e \cap \mathcal{H}_{con}} \|(H - \lambda_0 E)f\| = 0 \Big\}$$

$$= \Big\{ \lambda_0 \in \mathbb{R} \,\Big|\, \inf_{f \in \mathcal{H}_e \cap \mathcal{H}_{con}} \int_{-\infty}^{+\infty} (\lambda - \lambda_0)^2 \, dE(\lambda)\, f = 0 \Big\}. \qquad \text{(II.3.33)}$$

Dabei haben wir die Spektraldarstellung aus Theorem I.12.1 mit der Spektralschar $\{E(\lambda) : \lambda \in \mathbb{R}\}$ aus Theorem I.11.4 verwendet.

Theorem II.3.3. (Der kontinuierliche Eigenraum)
Sei der selbstadjungierte Operator $H : \mathcal{D}_H \to \mathcal{H}$ mit dem kontinuierlichen Eigenraum $\mathcal{H}_{con}$ gegeben.

i) Dann bildet die Operatorenschar

$$U(t) := \int_{-\infty}^{+\infty} \exp(i\lambda t)\, d\, E(\lambda) : \mathcal{H}_{con} \to \mathcal{H}_{con} \tag{II.3.34}$$

für alle $0 \le t < +\infty$

eine unitäre Transformation des kontinuierlichen Eigenraums auf sich.

ii) Falls das kontinuierliche Spektrum $\sigma_{con}(H) = [\lambda_-, \lambda_+]$ mit den Werten $-\infty \le \lambda_- < \lambda_+ \le +\infty$ erfüllt, so genügt für beliebige $f \in \mathcal{H}_{con} \cap \mathcal{H}_e$ die Energie während der Bewegung $\{U(t)\,f\}_{t \ge 0}$ im kontinuierlichen Eigenraum der folgenden Abschätzung:

$$\lambda_- \le \Big(U(t)\,f, H \circ U(t)\,f \Big)_{\mathcal{H}} \le \lambda_+ \quad \text{für alle} \quad 0 \le t < +\infty. \tag{II.3.35}$$

Beweis: 1.) Wir berechnen für alle $f \in \mathcal{H}_{con} = \{\mathcal{D}_H^{'}\}^{\perp}$ die Identität

$$\Big(U(t)f, g \Big)_{\mathcal{H}} = \Big(f, U(-t)g \Big)_{\mathcal{H}} = 0, \quad \forall g \in \mathcal{D}_H^{'}, \quad 0 \le t < +\infty. \tag{II.3.36}$$

Hierbei benutzen wir die Darstellung (II.3.21) im Theorem II.3.2. Mit der Aussage (II.3.36) folgt

$$U(t)f \in \{\mathcal{D}_H^{'}\}^{\perp} = \mathcal{H}_{dis}^{\perp} = \mathcal{H}_{con} \quad \text{für alle} \quad f \in \mathcal{H}_{con}. \tag{II.3.37}$$

Somit ist die Behauptung i) gezeigt.

2.) Wir ermitteln die Energie wie folgt:

$$\Big(g, H\,g \Big)_{\mathcal{H}} = \Big(g, \int_{\lambda_-}^{\lambda_+} \lambda\, d\, E(\lambda)\, g \Big)_{\mathcal{H}} \in [\lambda_-, \lambda_+] \quad \text{für alle} \quad g \in \mathcal{H}_{con} \cap \mathcal{H}_e.$$

Kombinieren wir diese Inklusion mit der obigen Aussage i), so erhalten wir die Abschätzung (II.3.35).   q.e.d.

Bemerkung: Für den diskreten Eigenwert λ_n ist die Energie auf dem Orbit (II.3.30) konstant gemäß

$$\Big(U(t)f_n, H \circ U(t)f_n \Big)_{\mathcal{H}} = \Big(\exp(i\lambda_n t)f_n, H\big[\exp(i\lambda_n t)f_n\big] \Big)_{\mathcal{H}} =$$

$$\Big(\exp(i\lambda_n t)f_n, \exp(i\lambda_n t)Hf_n \Big)_{\mathcal{H}} = \Big(f_n, Hf_n \Big)_{\mathcal{H}} = \lambda_n, \; 0 \le t < +\infty.$$

Dagegen ist die Energie für einen **Streuzustand** $\{U(t)\,f\}_{t \ge 0}$, $f \in \mathcal{H}_{con}$ im kontinuierlichen Eigenraum gemäß (II.3.35) nach oben und unten kontrolliert, aber die Energie ist im Allgemeinen zeitlich veränderlich. Somit wird während der Bewegung Energie ausgestrahlt oder absorbiert, und diese Bewegung im kontinuierlichen Eigenraum ist im Allgemeinen auch nicht periodisch.

§4 Die Friedrichs-Fortsetzung halbbeschränkter Hermitescher Operatoren

Wir gehen von einem halbbeschränkten Hermiteschen Operator $H \colon \mathcal{D}_H \to \mathcal{H}$ gemäß der Definition I.12.4 aus und nutzen die Bemerkung i) im Anschluss an die Definition I.4.1. Danach sind die Hermiteschen Operatoren invariant bezüglich der *Gruppe der reellen linearen Transformationen*

$$\mathbb{R} \ni \lambda \to \alpha\lambda + \beta \in \mathbb{R} \quad \text{mit den Parametern} \quad \alpha \in \mathbb{R} \setminus \{0\} \quad \text{und} \quad \beta \in \mathbb{R}.$$

Diese Gruppe wird erzeugt von der *Untergruppe der Reflektionen*

$$\mathbb{R} \ni \lambda \to -\lambda \in \mathbb{R},$$

der *Untergruppe der Dilatationen*

$$\mathbb{R} \ni \lambda \to \alpha\lambda \in \mathbb{R} \quad \text{mit} \quad \alpha > 0,$$

und der *Untergruppe der Translationen*

$$\mathbb{R} \ni \lambda \to \lambda + \beta \in \mathbb{R} \quad \text{mit} \quad \beta \in \mathbb{R}.$$

Mit diesen Transformationen bilden wir unseren Operator H mit seinem Spektrum äquivalent um.

Schritt 1: Durch eventuelle Anwendung einer Spiegelung können wir ohne Einschränkung annehmen, dass der Operator H nach unten halbbeschränkt ist. Also existiert eine Konstante $c_- \in \mathbb{R}$, so dass die Ungleichung

$$\left(f, Hf\right)_{\mathcal{H}} \geq c_-\left(f, f\right)_{\mathcal{H}} \quad \text{für alle} \quad f \in \mathcal{D}_H \tag{II.4.1}$$

erfüllt ist. Die Existenz einer reellen Konstante gemäß (II.4.1) ist für Hermitesche Operatoren $H \neq 0$ äquivalent zur Existenz vom *Spektralinfimum*

$$\Lambda(H) := \inf\left\{\left(f, Hf\right)_{\mathcal{H}} \middle| f \in \mathcal{D}_H \text{ mit } \left(f, f\right)_{\mathcal{H}} = 1\right\} = \inf_{f \in \mathcal{D}_H \setminus \{0\}} \frac{\left(f, Hf\right)_{\mathcal{H}}}{\left(f, f\right)_{\mathcal{H}}}$$

innerhalb der reellen Zahlen $\mathbb{R}$. Hierbei erscheint auf der rechten Seite der *allgemeine Rayleigh-Quotient*. Genau dann wenn $\Lambda(H) > 0$ ausfällt, ist der Hermitesche Operator $H \colon \mathcal{D}_H \to \mathcal{H}$ im Sinne von Definition I.12.5 positiv.

Definition II.4.1. *Den Hermiteschen Operator H nennen wir einen Courant-operator, falls $\Lambda(H) = 1$ gilt.*

Bemerkungen:

i) R. Courant und seine Schüler haben wesentlich zur Spektraltheorie bei-
getragen. Courant hat den Ansatz von Rayleigh für den kleinsten Eigenwert von Differentialoperatoren mit den direkten Variationsmethoden zur
mathematischen Reife geführt und konnte somit das diskrete Spektrum
behandeln (siehe [CH] Kapitel VI). Seinen Schülern K.O. Friedrichs und
F. Rellich ist der Ausbau der abstrakten Operatorentheorie zu verdanken.
Aus diesen Gründen wollen wir in obiger Definition II.4.1 von Courantoperatoren sprechen.

ii) Für die Courantoperatoren H werden wir in diesem Abschnitt eine selbstadjungierte Fortsetzung konstruieren, welche man K.O. Friedrichs verdankt.

iii) Die positiven Hermiteschen Operatoren werden wir im *Schritt 2* und die
nach unten halbbeschränkten Hermiteschen Operatoren im *Schritt 3* in
Courantoperatoren transformieren.

Schritt 2: Sei $H: \mathcal{D}_H \to \mathcal{H}$ ein positiver Hermitescher Operator mit dem
Spektralinfimum $\Lambda(H) > 0$. Dann wählen wir den Parameter $\alpha := \dfrac{1}{\Lambda(H)} \in$
$(0, +\infty)$ und gehen zum Operator $H_{<\alpha>} := \alpha \cdot H : \mathcal{D}_H \to \mathcal{H}$ über. Leicht
berechnen wir

$$\Lambda(H_{<\alpha>}) = \inf_{f \in \mathcal{D}_H \setminus \{0\}} \frac{\left(f, \alpha \cdot Hf\right)_{\mathcal{H}}}{\left(f, f\right)_{\mathcal{H}}} = \alpha \cdot \inf_{f \in \mathcal{D}_H \setminus \{0\}} \frac{\left(f, Hf\right)_{\mathcal{H}}}{\left(f, f\right)_{\mathcal{H}}} = 1 \,, \quad \text{(II.4.2)}$$

weshalb $H_{<\alpha>}$ einen Courantoperator darstellt. Die Dilatation verändert den
Operator H nicht wesentlich, und das Spektrum von $H_{<\alpha>}$ wird nur um den
Faktor α verzerrt. Dieses sehen wir im nachfolgenden

Beispiel II.4.1. Sei $\Omega \subset \mathbb{R}^n$ ein beschränktes Gebiet, für welches wir nach
Proposition 9.1 in Chap. 8 von [S5] oder Hilfssatz 1 von [S3] Kap. VIII § 9 den
Gaußschen Integralsatz unter Nullrandbedingungen zur Verfügung haben. Wir
wählen als Definitionsbereich

$$\mathcal{D}_\Omega := \left\{ f : \overline{\Omega} \to \mathbb{R} \in C^2(\Omega) \cap C^0(\overline{\Omega}) \,\middle|\, f|_{\partial\Omega} = 0 \text{ und } \int_\Omega |\Delta f(x)| dx < +\infty \right\}$$

im reellen Hilbertraum $L^2(\Omega)$. Dann erklären wir für alle Funktionen $f \in \mathcal{D}_\Omega$
den *Laplaceoperator auf dem Gebiet* Ω durch

$$Hf(x) := \Delta f(x) = \sum_{j=1}^n \frac{\partial^2 f}{\partial x_j{}^2}(x), \quad x = (x_1, \dots, x_n) \in \Omega \,.$$

Das Spektralinfimum ermitteln wir mit der o.a. Version des Gaußschen Inte-
gralsatzes als

$$\Lambda(\Omega) = \inf_{f \in \mathcal{D}_\Omega \setminus \{0\}} \frac{\int_\Omega [f(x) \cdot \Delta f(x)] dx}{\int_\Omega |f(x)|^2 dx} = \inf_{f \in \mathcal{D}_\Omega \setminus \{0\}} \frac{\int_\Omega |\nabla f(x)|^2 dx}{\int_\Omega |f(x)|^2 dx} . \quad \text{(II.4.3)}$$

Dieses stellt das *Variationsproblem für den kleinsten Eigenwert des Laplaceoperators auf dem Gebiet Ω* dar. In der Klasse der beschränkten Gebiete im $\mathbb{R}^n$ hängt der kleinste Eigenwert $\Lambda(\Omega)$ streng monoton fallend von Ω ab:

$$\text{Für} \quad \Omega_1 \subset \Omega_2 \quad \text{mit} \quad \Omega_1 \neq \Omega_2 \quad \text{gilt} \quad \Lambda(\Omega_1) > \Lambda(\Omega_2) > 0 . \quad \text{(II.4.4)}$$

Wie im *Schritt 2* beschrieben, gehen wir nun zum Courantoperator über:

$$H_\Omega f(x) := \frac{1}{\Lambda(\Omega)} \Delta f(x) = \frac{1}{\Lambda(\Omega)} \sum_{j=1}^n \frac{\partial^2 f}{\partial x_j{}^2}(x) , \ x = (x_1, \ldots, x_n) \in \Omega.$$

$$\text{(II.4.5)}$$

Schritt 3: Sei $H \colon \mathcal{D}_H \to \mathcal{H}$ ein nach unten halbbeschränkter Hermitescher Operator mit dem Spektralinfimum $\Lambda(H) \in \mathbb{R}$. Mit dem reellen Parameter $\beta := 1 - \Lambda(H) \in \mathbb{R}$ gehen wir zum Operator $H + \beta E \colon \mathcal{D}_H \to \mathcal{H}$ über und berechnen

$$\Lambda(H + \beta E) = \inf_{f \in \mathcal{D}_H \setminus \{0\}} \frac{\Big(f, (H + \beta E)f\Big)_\mathcal{H}}{\Big(f, f\Big)_\mathcal{H}}$$

$$= \inf_{f \in \mathcal{D}_H \setminus \{0\}} \frac{\Big(f, Hf\Big)_\mathcal{H} + \beta\Big(f, f\Big)_\mathcal{H}}{\Big(f, f\Big)_\mathcal{H}} = \inf_{f \in \mathcal{D}_H \setminus \{0\}} \frac{\Big(f, Hf\Big)_\mathcal{H}}{\Big(f, f\Big)_\mathcal{H}} + \beta \quad \text{(II.4.6)}$$

$$= \inf_{f \in \mathcal{D}_H \setminus \{0\}} \frac{\Big(f, Hf\Big)_\mathcal{H}}{\Big(f, f\Big)_\mathcal{H}} + \Big[1 - \Lambda(H)\Big] = \Lambda(H) + \Big[1 - \Lambda(H)\Big] = 1 .$$

Deshalb stellt $H + \beta E$ einen Courantoperator dar. Durch die Translation ist der Operator $H + \beta E$ wesentlich verändert, aber sein Spektrum ensteht einfach durch eine Verschiebung um die Größe β. Dieses sehen wir im nachfolgenden

Beispiel II.4.2. Wir betrachten den Schrödingeroperator aus dem Beispiel I.12.1

$$H_q f(x) := -\Delta f(x) + q(x)f(x) , \quad x \in \mathbb{R}^n$$

$$\text{für alle} \quad f \in \mathcal{D}_{H_q} = C_0^\infty(\mathbb{R}^n) \subset \mathcal{H} := L^2(\mathbb{R}^n)$$

$$\text{(II.4.7)}$$

mit dem nach unten beschränkten Potential

$$q \in L^1_{loc}(\mathbb{R}^n) \quad \text{und} \quad \Gamma(q) := \text{ess inf}\{q(x) \colon x \in \mathbb{R}^n\} > -\infty . \quad \text{(II.4.8)}$$

. Dieser Operator H_q ist Hermitesch und folgendermaßen nach unten halbbeschränkt:

$$(f, H_q f)_{\mathcal{H}} \geq \Gamma(q)\,(f, f)_{\mathcal{H}} \quad \text{für alle} \quad f \in \mathcal{D}_{H_q}\,. \tag{II.4.9}$$

Diese Abschätzung entnehmen wir dem Beispiel I.12.1. Hieraus ermitteln wir für das Spektralinfimum die Ungleichung

$$\Lambda(q) := \inf_{f \in \mathcal{D}_{H_q} \setminus \{0\}} \frac{\big(f, H_q f\big)_{\mathcal{H}}}{\big(f, f\big)_{\mathcal{H}}} =$$

$$\inf_{f \in \mathcal{D}_H \setminus \{0\}} \frac{\int_{\mathbb{R}^n} \Big(|\nabla f(x)|^2 + |f(x)|^2 q(x)\Big)\,dx}{\int_{\mathbb{R}^n} |f(x)|^2 dx} \geq \Gamma(q)\,. \tag{II.4.10}$$

Anders als das Variationsproblem (II.4.3) ist das Variationsproblem (II.4.10) nicht so intensiv studiert worden. Wie im *Schritt 3* erhalten wir nun den entsprechenden Courantoperator

$$H_{[q]} f(x) := \Big(H_q + [1 - \Lambda(q)]E\Big) f(x)$$

$$= -\Delta f(x) + \Big(1 + [q(x) - \Lambda(q)]\Big) f(x)\,, \quad x \in \mathbb{R}^n \tag{II.4.11}$$

$$\text{für alle} \quad f \in \mathcal{D}_{H_q}\,.$$

Wir gehen nun von einem beliebigen Courantoperator $H \colon \mathcal{D}_H \to \mathcal{H}$ aus. Dann bildet

$$\big(f, g\big)_H := \big(f, Hg\big)_{\mathcal{H}} = \big(Hf, g\big)_{\mathcal{H}} \quad \text{für alle} \quad f, g \in \mathcal{D}_H \tag{II.4.12}$$

ein Hermitesches Skalarprodukt. Wie im Prä-Hilbertraum üblich, weisen wir die *Cauchy-Schwarz-Friedrichs-Ungleichung*

$$\Big|\big(f, g\big)_H\Big| \leq \sqrt{\big(f, f\big)_H} \cdot \sqrt{\big(g, g\big)_H} \quad \text{für alle} \quad f, g \in \mathcal{D}_H \tag{II.4.13}$$

auf dem dichten Teilraum $\mathcal{D}_H$ nach. Somit stellt $\mathcal{D}_H$ mit dem Skalarprodukt $\big(\cdot, \cdot\big)_H$ einen Prä-Hilbertraum dar, den wir abstrakt zu einem Hilbertraum ergänzen können (siehe das Theorem 3.8 in Chap. 8 von [S5] oder den Satz 2 in [S3] Kap. VIII § 3). Wir wollen zeigen, dass diese Vervollständigung innerhalb des vorgegebenen Hilbertraums $\mathcal{H}$ möglich ist und somit eine Einbettung in $\mathcal{H}$ darstellt.

Zunächst erklären wir die *Energienorm*

$$\|f\|_H := \sqrt{\big(f, Hf\big)_{\mathcal{H}}} = \sqrt{\big(Hf, f\big)_{\mathcal{H}}} \quad \text{für alle} \quad f \in \mathcal{D}_H\,. \tag{II.4.14}$$

Da H einen Courantoperator darstellt, steht uns beim Vergleich mit der Norm $\|.\|$ im Hilbertraum $\mathcal{H}$ die zentrale *Energieungleichung*

$$\|f\| \le \|f\|_H \quad \text{für alle} \quad f \in \mathcal{D}_H \tag{II.4.15}$$

zur Verfügung.

Definition II.4.2. *Wir erklären den Friedrichs-Definitionsbereich*

$$\mathcal{D}[H] := \Big\{ f \in \mathcal{H} \Big| \ \textit{Es existiert eine Folge} \{f_k\}_{k \in \mathbb{N}} \subset \mathcal{D}_H$$
$$\textit{mit} \|f_k - f_l\|_H \to 0 \,(k, l \to \infty) \ \textit{und} \|f - f_k\| \to 0 \,(k \to \infty) \Big\}. \tag{II.4.16}$$

Bemerkung: Ein Element in $\mathcal{D}[H]$ wird also repräsentiert durch Cauchyfolgen in der Energienorm, welche in der Hilbertraumnorm dieses Element approximieren. K.O. Friedrichs hat diese Räume geschaffen, noch bevor sich der Begriff des Sobolevraums entwickelte.

Eine beliebige Folge $\{f_k\}_{k \in \mathbb{N}} \subset \mathcal{D}_H$ mit der Eigenschaft $\lim\limits_{k \to \infty} \|f_k\|_H = 0$ besitzt wegen (II.4.15) die Konvergenzeigenschaft $\lim\limits_{k \to \infty} \|f_k\| = 0$. Für Cauchyfolgen in der Energienorm erhalten wir eine Umkehrung dieser Implikation.

Proposition II.4.1. *Sei* $\{f_k\}_{k \in \mathbb{N}} \subset \mathcal{D}_H$ *eine Cauchyfolge in der Energienorm gemäß* $\lim\limits_{k,l \to \infty} \|f_k - f_l\|_H = 0$. *Falls dann* $\lim\limits_{k \to \infty} \|f_k\| = 0$ *gilt, so folgt* $\lim\limits_{k \to \infty} \|f_k\|_H = 0$.

Beweis: Wegen $\lim\limits_{k,l \to \infty} \|f_k - f_l\|_H = 0$ gibt es zu vorgegebenem $\epsilon > 0$ einen Index $N(\epsilon) \in \mathbb{N}$, so dass

$$\|f_k - f_l\|_H \le \frac{\epsilon}{\sqrt{2}} \quad \text{für alle} \quad k, l \ge N(\epsilon) \tag{II.4.17}$$

richtig ist. Somit folgt die Ungleichung

$$\|f_k\|_H^2 - 2\text{Re}\Big(f_k, H f_l\Big)_{\mathcal{H}} + \|f_l\|_H^2$$
$$= \Big(f_k, H f_k\Big)_{\mathcal{H}} - \Big(f_k, H f_l\Big)_{\mathcal{H}} - \Big(f_l, H f_k\Big)_{\mathcal{H}} + \Big(f_l, H f_l\Big)_{\mathcal{H}} \tag{II.4.18}$$
$$= \Big(f_k - f_l, H f_k - H f_l\Big)_{\mathcal{H}} = \|f_k - f_l\|_H^2 \le \frac{1}{2} \cdot \epsilon^2, \quad \forall k, l \ge N(\epsilon).$$

Wegen $\lim\limits_{k \to \infty} \|f_k\| = 0$ gibt es zu jedem $l \ge N(\epsilon)$ einen Index $N(\epsilon, l) \in \mathbb{N}$ mit $N(\epsilon, l) \ge N(\epsilon)$, so dass die folgende Abschätzung gilt:

$$2\Big|\text{Re}\Big(f_k, H f_l\Big)_{\mathcal{H}}\Big| \le 2\|f_k\| \cdot \|H f_l\| \le \frac{1}{2} \cdot \epsilon^2 \quad \text{für alle} \quad k \ge N(\epsilon, l). \tag{II.4.19}$$

Die Kombination von (II.4.18) und (II.4.19) ergibt für alle $l \ge N(\epsilon)$ und für alle $k \ge N(\epsilon, l) \ge N(\epsilon)$ die folgende Abschätzung:

$$\|f_l\|_H^2 \le \|f_k\|_H^2 + \|f_l\|_H^2 \le \frac{1}{2} \cdot \epsilon^2 + 2 \cdot \left| \mathrm{Re}\Big(f_k, Hf_l\Big)_{\mathcal{H}} \right| \le \epsilon^2 . \qquad \text{(II.4.20)}$$

Wegen $\|f_l\|_H \le \epsilon$ für alle $l \ge N(\epsilon)$ erhalten wir $\lim\limits_{l \to \infty} \|f_l\|_H = 0$, wie es oben behauptet wurde.   q.e.d.

Definition II.4.3. *Für $f, g \in \mathcal{D}[H]$ setzen wir das Friedrichs-Skalarprodukt*

$$(f, g)_H := \lim_{k \to \infty} \Big(Hf_k, g_k\Big)_{\mathcal{H}} = \lim_{k \to \infty} \Big(f_k, Hg_k\Big)_{\mathcal{H}} .$$

Dabei sind $\{f_k\}_{k \in \mathbb{N}}$ und $\{g_k\}_{k \in \mathbb{N}}$ aus $\mathcal{D}_H$ Cauchyfolgen in der Energienorm gemäß $\|f_k - f_l\|_H \to 0 \,(k, l \to \infty)$ und $\|g_k - g_l\|_H \to 0 \,(k, l \to \infty)$ mit der Konvergenzeigenschaft $\|f_k - f\| \to 0 \,(k \to \infty)$ und $\|g_k - g\| \to 0 \,(k \to \infty)$.

Proposition II.4.2. *Das Friedrichs-Skalarprodukt in Definition II.4.3 ist unabhängig von der Auswahl der Teilfolgen.*

Beweis: 1.) Wir betrachten mit $\{f_k\}_{k \in \mathbb{N}}$ sowie $\{g_k\}_{k \in \mathbb{N}}$ Folgen gemäss Definition II.4.3, und $\{f_k'\}_{k \in \mathbb{N}}$ sowie $\{g_k'\}_{k \in \mathbb{N}}$ seien weitere Folgen in diesem Sinne. Letztere Folgen sind in $\mathcal{D}_H$ gelegen mit den Eigenschaften

$$\|f_k' - f_l'\|_H \to 0 \,(k, l \to \infty) \quad \text{sowie} \quad \|g_k' - g_l'\|_H \to 0 \,(k, l \to \infty)$$

und

$$\|f_k' - f\| \to 0 \,(k \to \infty) \quad \text{sowie} \quad \|g_k' - g\| \to 0 \,(k \to \infty) .$$

Wir erhalten $\|f_k' - f_k\| \to 0 \,(k \to \infty)$ sowie

$$\|(f_k' - f_k) - (f_l' - f_l)\|_H \le \|f_k' - f_l'\|_H + \|f_l - f_k\|_H \to 0 \,(k, l \to \infty)$$

und $\|g_k' - g_k\| \to 0 \,(k \to \infty)$ sowie

$$\|(g_k' - g_k) - (g_l' - g_l)\|_H \le \|g_k' - g_l'\|_H + \|g_l - g_k\|_H \to 0 \,(k, l \to \infty) .$$

Proposition II.4.1 liefert

$$\|f_k' - f_k\|_H \to 0 \quad \text{und} \quad \|g_k' - g_k\|_H \to 0 \quad \text{für} \quad k \to \infty .$$

2.) Wir schätzen mit der Cauchy-Schwarz-Friedrichs-Ungleichung wie folgt ab:

$$\begin{aligned}
&\left| \Big(Hf_k, g_k\Big)_{\mathcal{H}} - \Big(Hf_k', g_k'\Big)_{\mathcal{H}} \right| \\
&= \left| \Big(H(f_k - f_k'), g_k\Big)_{\mathcal{H}} - \Big(Hf_k', g_k' - g_k\Big)_{\mathcal{H}} \right| \\
&\le \left| \Big(H(f_k - f_k'), g_k\Big)_{\mathcal{H}} \right| + \left| \Big(Hf_k', g_k' - g_k\Big)_{\mathcal{H}} \right| \\
&\le \|f_k - f_k'\|_H \cdot \|g_k\|_H + \|f_k'\|_H \cdot \|g_k' - g_k\|_H \to 0 \quad (k \to \infty) .
\end{aligned} \qquad \text{(II.4.21)}$$

Es folgt $\lim\limits_{k \to \infty} \Big(Hf_k, g_k\Big)_{\mathcal{H}} = \lim\limits_{k \to \infty} \Big(Hf_k', g_k'\Big)_{\mathcal{H}}$, und die Unabhängigkeit des Friedrichs-Skalarprodukts von der Auswahl der Teilfolge ist gezeigt.   q.e.d.

Proposition II.4.3. *Es stellt $\mathcal{D}[H]$ einen Hilbertraum mit dem Skalarprodukt $(.\,,.)_H$ dar, in welchem der Definitionsbereich $\mathcal{D}_H$ des Courantoperators H dicht liegt bezüglich der Energienorm $\|.\|_H$.*

Beweis: 1.) Sei $f \in \mathcal{D}[H]$ beliebig gewählt, so gibt es eine Folge $\{f_k\}_{k \in \mathbb{N}} \subset \mathcal{D}_H$ mit

$$\|f_k - f_l\|_H \to 0 \, (k,l \to \infty) \quad \text{und} \quad \|f_k - f\| \to 0 \, (k \to \infty).$$

Zu vorgegebenem $\epsilon > 0$ gibt es ein $N(\epsilon) \in \mathbb{N}$, so dass

$$\|f_k - f_l\|_H \le \epsilon \quad \text{für alle} \quad k,l \ge N(\epsilon) \tag{II.4.22}$$

erfüllt ist. Mittels Proposition II.4.1 vollziehen wir den Grenzübergang $l \to \infty$ in der Ungleichung (II.4.22), und wir erhalten

$$\|f_k - f\|_H \le \epsilon \quad \text{für alle} \quad k \ge N(\epsilon). \tag{II.4.23}$$

Somit gibt es zu jedem $\epsilon > 0$ ein $g_\epsilon := f_{N(\epsilon)} \in \mathcal{D}_H$ mit $\|f - g_\epsilon\|_H \le \epsilon$. Es liegt also $\mathcal{D}_H$ in $D[H]$ dicht bezüglich der Energienorm.

2.) Wir brauchen nur die Vollständigkeit des linearen Raums $\mathcal{D}[H]$ zu zeigen. Sei also $\{f_k\}_{k \in \mathbb{N}} \subset \mathcal{D}[H]$ eine Folge mit $\|f_k - f_l\|_H \to 0$ für $k,l \to \infty$. Nach Teil 1.) unseres Beweises gibt es zu jedem $k \in \mathbb{N}$ ein Element $g_k \in \mathcal{D}_H$ mit $\|f_k - g_k\|_H \le \frac{1}{k}$. Somit folgt

$$\|g_k - g_l\| \le \|g_k - g_l\|_H \le \|g_k - f_k\|_H + \|f_k - f_l\|_H + \|f_l - g_l\|_H$$
$$\le \frac{1}{k} + \|f_k - f_l\|_H + \frac{1}{l} \quad \to \quad 0 \quad \text{für} \quad k,l \to \infty. \tag{II.4.24}$$

Die Vollständigkeit von $\mathcal{H}$ liefert ein Grenzelement

$$f \in \mathcal{H} \quad \text{mit} \quad \|g_k - f\| \to 0 \quad (k \to \infty). \tag{II.4.25}$$

Mittels Proposition II.4.1 folgen aus (II.4.24) und (II.4.25) die Aussagen $f \in \mathcal{D}[H]$ und

$$\|f_k - f\|_H \le \|f_k - g_k\|_H + \|g_k - f\|_H \le \frac{1}{k} + \|g_k - f\|_H \to 0 \quad (k \to \infty).$$

Damit ist auch die Vollständigkeit von $\mathcal{D}[H]$ gezeigt.   q.e.d.

Definition II.4.4. *Für den Courantoperator H erklären wir auf dem angegebenen Definitionsbereich $\mathcal{D}_A$ seine Friedrichs-Fortsetzung*

$$Af := H^*f \quad , \quad f \in \mathcal{D}_A := \mathcal{D}[H] \cap \mathcal{D}_{H^*} \tag{II.4.26}$$

mit der Eigenschaft $H \subset A \subset H^*$.

Proposition II.4.4. *Der Operator A ist in $\mathcal{D}_A$ Hermitesch.*

Beweis: 1.) Nach der Bemerkung ii) zur Definition I.4.1 ist für den Hermiteschen Operator H die Inklusion $H \subset H^*$ und insbesondere $\mathcal{D}_H \subset \mathcal{D}_{H^*}$ erfüllt. Da $\mathcal{D}_H \subset \mathcal{H}$ dicht gelegen ist, und weil nach der Proposition II.4.3 die Inklusionen

$$\mathcal{D}_H \subset \mathcal{D}[H] \cap \mathcal{D}_{H^*} = \mathcal{D}_A \subset \mathcal{H}$$

erfüllt sind, so liegt auch $\mathcal{D}_A$ dicht in $\mathcal{H}$.

2.) Wir zeigen nun den Hermiteschen Charakter des Operators $A\colon \mathcal{D}_A \to \mathcal{H}$. Seien also $f, g \in \mathcal{D}_A$ beliebig gewählt, so gibt es wegen $\mathcal{D}_A \subset \mathcal{D}[H]$ Folgen in (II.4.27) und (II.4.28) mit den angegebenen Eigenschaften:

$$\{f_k\}_{k\in\mathbb{N}} \subset \mathcal{D}_H, \ \|f_k - f_l\|_H \to 0 \,(k,l \to \infty), \ \|f_k - f\| \to 0 \,(k \to \infty); \quad \text{(II.4.27)}$$

$$\{g_k\}_{k\in\mathbb{N}} \subset \mathcal{D}_H, \ \|g_k - g_l\|_H \to 0 \,(k,l \to \infty), \ \|g_k - g\| \to 0 \,(k \to \infty). \quad \text{(II.4.28)}$$

Unter Berücksichtigung von Definition II.4.3 und Definition II.4.4 berechnen wir

$$\begin{aligned}
\left(Af, g\right)_{\mathcal{H}} &= \lim_{l\to\infty} \left(Af, g_l\right)_{\mathcal{H}} = \lim_{l\to\infty} \left(f, Hg_l\right)_{\mathcal{H}} \\
&= \lim_{k,l\to\infty} \left(f_k, Hg_l\right)_{\mathcal{H}} = \lim_{k,l\to\infty} \left(Hf_k, g_l\right)_{\mathcal{H}} \\
&= \lim_{k\to\infty} \left(Hf_k, g\right)_{\mathcal{H}} = \lim_{k\to\infty} \left(f_k, Ag\right)_{\mathcal{H}} = \left(f, Ag\right)_{\mathcal{H}}
\end{aligned} \qquad \text{(II.4.29)}$$

für alle $f, g \in \mathcal{D}_A$. Somit ist der Operator A Hermitesch.   q.e.d.

Proposition II.4.5. *Die Friedrichs-Fortsetzung A besitzt eine in $\mathcal{H}$ erklärte Reziproke A^{-1} mit der Schranke $\|A^{-1}\| \le 1$.*

Beweis: 1.) Sei $g \in \mathcal{H}$ beliebig gewählt, so betrachten wir das lineare Funktional

$$L_g(f) := \left(g, f\right)_{\mathcal{H}} \quad \text{für alle} \quad f \in \mathcal{D}[H]. \qquad \text{(II.4.30)}$$

Wegen der Energieungleichung (II.4.15) erhalten wir die Abschätzung

$$|L_g(f)| = \left|\left(g, f\right)_{\mathcal{H}}\right| \le \|g\| \cdot \|f\| \le \|g\| \cdot \|f\|_H \quad \text{für alle} \quad f \in \mathcal{D}[H]. \ \text{(II.4.31)}$$

Folglich stellt L_g ein beschränktes lineares Funktional auf dem Hilbertraum $\mathcal{D}[H]$ mit dem inneren Produkt $(.,.)_H$ und der Schranke $\|L_g\| \le \|g\|$ in der Operatorennorm dar. Nach dem Darstellungssatz von Fréchet und Riesz (siehe Satz 1 in [S3] Kap. VIII § 4) gibt es genau ein $\hat{g} \in \mathcal{D}[H]$, so dass

$$L_g(f) = (\hat{g}, f)_H \quad \text{für alle} \quad f \in \mathcal{D}[H] \qquad \text{(II.4.32)}$$

richtig ist.

2.) Wegen $\mathcal{D}_H \subset \mathcal{D}[H]$ liefern (II.4.30) und (II.4.32) die Identität

$$\left(g, f\right)_{\mathcal{H}} = L_g(f) = (\hat{g}, f)_H = \left(\hat{g}, Hf\right)_{\mathcal{H}} = \left(H^*\hat{g}, f\right)_{\mathcal{H}}, \, \forall f \in \mathcal{D}_H. \quad \text{(II.4.33)}$$

Wir haben $\hat{g} \in \mathcal{D}_{H^*}$ sowie $H^*\hat{g} = g$ und $\hat{g} \in \mathcal{D}_{H^*} \cap \mathcal{D}[H] = \mathcal{D}_A$ sowie $A\hat{g} = g$. Also existiert auf $\mathcal{H}$ die Reziproke $A^{-1}: \mathcal{H} \to \mathcal{H}$. Mittels (II.4.15) und Definition II.4.3 ersehen wir

$$\|\hat{g}\|^2 = \left(\hat{g}, \hat{g}\right)_{\mathcal{H}} \leq \left(\hat{g}, H\hat{g}\right)_{\mathcal{H}} = \left(H^*\hat{g}, \hat{g}\right)_{\mathcal{H}} = \left(g, \hat{g}\right)_{\mathcal{H}} \leq \|g\| \cdot \|\hat{g}\|. \quad \text{(II.4.34)}$$

Somit folgt

$$\|A^{-1}g\| = \|\hat{g}\| \leq \|g\| \quad \text{für alle} \quad g \in \mathcal{H}. \quad \text{(II.4.35)}$$

Wir erhalten die Schranke $\|A^{-1}\| \leq 1$ in der Operatorennorm, wie es oben behauptet wurde.   q.e.d.

Wir fassen unsere Ergebnisse zusammen im

Theorem II.4.1. (K.O. Friedrichs)
Die Friedrichs-Fortsetzung A aus Definition II.4.4 stellt eine selbstadjungierte Fortsetzung des Courantoperators $H: \mathcal{D}_H \to \mathcal{H}$ aus Definition II.4.1 dar, und es gilt

$$\left(Af, g\right)_{\mathcal{H}} = (f, g)_H \quad \text{für alle} \quad f, g \in \mathcal{D}_H. \quad \text{(II.4.36)}$$

Somit besitzt dieser Operator die Spektraldarstellung

$$A = \int_1^{+\infty} \lambda \, dE(\lambda) \quad \text{(II.4.37)}$$

gemäß dem Theorem I.12.1, und das Hermitesche Skalarprodukt erscheint in der folgenden Normalform:

$$(f, g)_H = \left(Af, g\right)_{\mathcal{H}} = \int_1^{+\infty} \lambda \, d\left(E(\lambda)f, g\right)_{\mathcal{H}} \quad \text{für alle } f, g \in \mathcal{D}[H]. \quad \text{(II.4.38)}$$

Beweis: 1.) Nach Proposition II.4.4 ist der Operator $A: \mathcal{D}[A] \to \mathcal{H}$ Hermitesch. Der Punkt $z = 0$ gehört wegen Proposition II.4.5 zur Resolventenmenge $\varrho(A)$. Da die Resolventenmenge nach dem Theorem I.5.5 offen ist, so gehören auch die Punkte $\pm i\varepsilon$ zu $\varrho(A)$ für ein hinreichend kleines $\varepsilon > 0$. Folglich ist die Abbildung

$$A \pm i\varepsilon E: \mathcal{D}_A \to \mathcal{H}$$

surjektiv, und es gilt

$$\left(\varepsilon^{-1} \cdot A \pm iE\right)(\mathcal{D}_A) = \mathcal{H}. \quad \text{(II.4.39)}$$

Somit ist nach dem Theorem I.4.6 der Operator $\varepsilon^{-1} \cdot A$ selbstadjungiert, ebenso wie die Friedrichs-Fortsetzung A.

2.) Wir zeigen nun, dass die Spektralschar die Bedingung

$$E(\lambda) = 0 \quad \text{für alle} \quad -\infty < \lambda < +1 \tag{II.4.40}$$

erfüllt. Hierzu ermitteln wir aus $\Lambda(H) = 1$ zunächst

$$\|f\|^2 \le \left(f, Af\right)_{\mathcal{H}} \le \|f\| \cdot \|Af\| \quad \text{für alle} \quad f \in \mathcal{D}_A \tag{II.4.41}$$

und somit $\|f\| \le \|Af\|$, $\forall f \in \mathcal{D}_A$. Jetzt betrachten wir die Abschätzung

$$\|(A - \lambda E)f\|^2 = \|Af\|^2 - 2\lambda\left(f, Af\right) + \lambda^2\|f\|^2$$

$$\ge \|Af\|^2 - 2\lambda\|f\| \cdot \|Af\| + \lambda^2\|f\|^2 = \left(\|Af\| - \lambda\|f\|\right)^2 \tag{II.4.42}$$

$$\ge \left(\|f\| - \lambda\|f\|\right)^2 = (1 - \lambda)^2\|f\|^2, \forall f \in \mathcal{D}_A, 0 < \lambda < +1.$$

Ferner ersehen wir leicht die folgende Ungleichung:

$$\|(A - \lambda E)f\|^2 = \|Af\|^2 - 2\lambda\left(f, Af\right) + \lambda^2\|f\|^2 \ge \|Af\|^2 \ge \|f\|^2$$
$$\text{für alle} \quad f \in \mathcal{D}_A, \quad -\infty < \lambda \le 0. \tag{II.4.43}$$

Nach dem Toeplitz-Kriterium in Theorem I.5.2 gehören wegen (II.4.42) alle Punkte aus dem Intervall $(0, +1)$ zur Resolventenmenge $\varrho(A)$. Gemäß (II.4.43) gilt mit den gleichen Argumenten auch die Inklusion $(-\infty, 0] \subset \varrho(A)$. Nach dem Theorem I.12.2 ii) ist damit die Spektralschar $E(.)$ im Intervall $(-\infty, +1)$ konstant. Wegen $E(-\infty) = 0$ folgt die Aussage (II.4.40). Hieraus ermitteln wir die Spektraldarstellung (II.4.37) mit Hilfe von Theorem I.12.1 sowie die Normalform (II.4.38).   q.e.d.

Theorem II.4.2. *Der Courantoperator aus dem Beispiel II.4.1*

$$H_\Omega f(x) := \frac{1}{\Lambda(\Omega)} \Delta f(x), \, x \in \Omega, \quad f \in \mathcal{D}_\Omega \tag{II.4.44}$$

besitzt mit der Friedrichs-Fortsetzung A_Ω aus der Definition II.4.4 eine selbstadjungierte Fortsetzung auf einen Hilbertraum, in welchem $\mathcal{D}_\Omega$ dicht liegt. Weiter haben wir die Inklusion $H_\Omega \subset A_\Omega \subset H_\Omega^*$ und die Spektraldarstellung

$$A_\Omega = \int_1^{+\infty} \lambda \, dE_\Omega(\lambda) \tag{II.4.45}$$

mit einer Spektralschar $\{E_\Omega(\lambda) : 1 \le \lambda < +\infty\}$.

Beweis: Man wende das Theorem II.4.1 auf den Operator (II.4.44) aus dem Beispiel II.4.1 an.   q.e.d.

Bemerkungen:

i) Die Friedrichs-Fortsetzung benötigt hier nicht die Theorie der Sobolev-räume, sondern diese konstruiert durch einen Abschlussprozess denjenigen Funktionenraum, welcher dem Operator H_Ω angemessen ist.

ii) Mit der Spektraldarstelllung (II.4.45) haben wir noch keine Auskunft darüber, ob die Eigenwerte diskret sind oder auch nicht, und wo sie sich häufen. In diesem Zusammenhang empfehlen wir, mit der Proposition I.12.3 das Rellichsche Auswahlkriterium zu verwenden.

iii) Im Theorem I.3.4 des § I.3 haben wir mit den direkten Variationsmethoden im Sobolevraum das Eigenwertproblem für gleichmäßig elliptische Differentialoperatoren auf beschränkten Gebieten behandelt. Dabei erhalten wir simultan, dass solche Operatoren ein diskretes Spektrum besitzen.

§5 Der Vergleich von Rellichoperatoren mit ihren Spektren

Beginnen wir mit der grundlegenden

Definition II.5.1. *Seien $H_j \colon \mathcal{D}_{H_j} \to \mathcal{H}$ für $j = 1, 2$ zwei Courantoperatoren, so nennen wir H_1 kleiner oder gleich H_2 beziehungsweise $H_1 \leq H_2$, falls*

i)   die Inklusion $\mathcal{D}_{H_2} \subset \mathcal{D}_{H_1}$ für ihre Definitionsbereiche und

ii) die Ungleichung $\left(f, H_1 f\right)_{\mathcal{H}} \leq \left(f, H_2 f\right)_{\mathcal{H}}$ für alle $f \in \mathcal{D}_{H_2}$

erfüllt ist.

Bemerkung: Stellen A_j die Friedrichs-Fortsetzungen aus Definition II.4.4 von den Operatoren H_j für $j = 1, 2$ dar, so können wir gleichwertig zur Ungleichung $H_1 \leq H_2$ die Relation $A_1 \leq A_2$ überprüfen. Die Friedrichs-Skalarprodukte $(.\,,\,.)_{H_j}$ $(j = 1, 2)$ aus der Definition II.4.3 sind nämlich stetig in Bezug auf die Konvergenz in der Energienorm.

Definition II.5.2. *Einen Courantoperator $B \colon \mathcal{D}_B \to \mathcal{H}$ nennen wir Rellichoperator, falls dieser selbstadjungiert ist.*

Bemerkung: F. Rellich (1906-1955) hat die Störungstheorie selbstadjungierter Operatoren im Hilbertraum begründet und mit seinen Schülern H.O. Cordes, E. Heinz, G. Hellwig, K. Jörgens, J. Moser, F. Stummel sowie E. Wienholtz die Spektraltheorie weiterentwickelt als auch durch interessante Vorlesungen weitergegeben. Die vorliegende Abhandlung basiert auf der Vorlesung [H2] von E. Heinz, welcher das Werk von F. Rellich an der Universität Göttingen weitergeführt hat. Darum möchten wir in der Definition II.5.2 von Rellichoperatoren sprechen.

Proposition II.5.1. *Ein Rellichoperator B besitzt die Spektraldarstellung*

$$B = \int_{-\infty}^{+\infty} \lambda \, dE(\lambda) = \int_{1}^{+\infty} \lambda \, dE(\lambda) \qquad (\text{II.5.1})$$

mit einer Spektralschar, welche $E(\lambda) = 0$, $\forall \lambda \in (-\infty, 1)$ erfüllt.

Beweis: Der Operator B ist selbstadjungiert und besitzt nach Theorem I.12.1 die Spektraldarstellung

$$B = \int_{-\infty}^{+\infty} \lambda \, dE(\lambda) \,.$$

Da B ein Courantoperator ist, erfüllt das Infimum

$$\inf_{f \in \mathcal{D}_B \colon \, \|f\| = 1} \left(f, B f\right)_{\mathcal{H}} = 1 \,. \qquad (\text{II.5.2})$$

Hieraus folgt die Ungleichung

$$\|f\|^2 \le \left(f, Bf\right)_{\mathcal{H}} \le \|f\| \cdot \|Bf\| \quad \text{für alle} \quad f \in \mathcal{D}_B. \tag{II.5.3}$$

Nun liefern die Überlegungen im Teil 2.) des Beweises zum Theorem II.4.1

$$E(\lambda) = 0, \quad \forall \, \lambda \in (-\infty, 1) \tag{II.5.4}$$

für die Spektralschar. Damit haben wir die Darstellung (II.5.1) gezeigt.

q.e.d.

Definition II.5.3. *Stellt ein Rellichoperator gemäß $B \supset H$ eine Fortsetzung eines Courantoperators H dar, so sprechen wir von einer selbstadjungierten Fortsetzung B des Operators H.*

Bemerkung: Zu einem Courantoperator H ist seine Friedrichs-Fortsetzung $A \supset H$ eindeutig bestimmt, welche wir im Theorem II.4.1 des §II.4 konstruiert haben. Dieser Operator A stellt insbesondere eine selbstadjungierte Fortsetzung $A \supset H$ dar. Die selbstadjungierten Fortsetzungen $B \supset A$ sind aber im Allgemeinen nicht eindeutig bestimmt, und wir werden im Theorem II.5.1 die Friedrichs-Fortsetzung A innerhalb aller selbstadjungierten Fortsetzungen B von dem Courantoperator H charakterisieren.

Wir wollen nun die Quadratwurzel aus Rellichoperatoren ziehen, um damit die kleiner-gleich-Relation zwischen solchen Operatoren zu überprüfen. Gehen wir also von einem Rellichoperator B in der Spektraldarstellung gemäß der Proposition II.5.1 aus:

$$Bf = \int_1^{+\infty} \lambda dE(\lambda)f, \quad f \in \mathcal{D}_B \quad \text{mit}$$
$$\mathcal{D}_B := \left\{ f \in \mathcal{H} \colon \int_1^{+\infty} \lambda^2 d\|E(\lambda)f\|^2 < +\infty \right\}. \tag{II.5.5}$$

Wir erklären nun die *Quadratwurzel $\sqrt{B}$ aus dem Operator B* durch

$$\sqrt{B}f := \int_1^{+\infty} \sqrt{\lambda}\, dE(\lambda)f, \quad f \in \mathcal{D}_{\sqrt{B}} \quad \text{mit}$$
$$\mathcal{D}_{\sqrt{B}} := \left\{ f \in \mathcal{H} \colon \int_1^{+\infty} \lambda d\|E(\lambda)f\|^2 < +\infty \right\}. \tag{II.5.6}$$

Es stellt $\sqrt{B} \colon \mathcal{D}_{\sqrt{B}} \to \mathcal{H}$ einen selbstadjungierten Spektraloperator auf dem Definitionsbereich $\mathcal{D}_{\sqrt{B}}$ (siehe Def. I.8.5 und Def. I.8.6) im Hilbertraum $\mathcal{H}$ dar, welcher insbesondere abgeschlossen ist. Es gilt die Inklusion $\mathcal{D}_{\sqrt{B}} \supset \mathcal{D}_B$ wegen

$$\int_1^{+\infty} \lambda d\|E(\lambda)f\|^2 \le \int_1^{+\infty} \lambda^2 d\|E(\lambda)f\|^2 < +\infty \quad \text{für alle} \quad f \in \mathcal{D}_B \,,$$

$$(\text{II}.5.7)$$

und der Operator $\sqrt{B} \colon \mathcal{D}_B \colon \ \to \mathcal{H}$ ist wesentlich selbstadjungiert; hierzu verweisen wir auf das Theorem I.4.8. Weiter berechnen wir die folgende Identität

$$\sqrt{B} \circ \sqrt{B}f = \int_1^{+\infty} \sqrt{\lambda}\, dE(\lambda) \circ \int_1^{+\infty} \sqrt{\lambda}\, dE(\lambda)f$$

$$= \int_1^{+\infty} \lambda\, dE(\lambda)f = Bf \quad \text{für alle} \quad f \in \mathcal{D}_B \,.$$

$$(\text{II}.5.8)$$

Proposition II.5.2. *Sei* $H \colon \mathcal{D}_H \to \mathcal{H}$ *Courantoperator mit der Friedrichs-Fortsetzung* A *aus Definition II.4.4 und der Quadratwurzel* $\sqrt{A}$ *aus Formel* (II.5.6)*. Dann erfüllt das Friedrichs-Skalarprodukt* $(.,.)_H$ *aus Definition II.4.3 die folgende Identität*

$$(f,g)_H = \left(\sqrt{A}\,f, \sqrt{A}\,g\right)_{\mathcal{H}} \quad \text{für alle} \quad f,g \in \mathcal{D}[H] = \mathcal{D}_{\sqrt{A}}\,. \quad (\text{II}.5.9)$$

Beweis: 1.) Im Friedrichs-Definitionsbereich wählen wir ein Element $f \in \mathcal{D}[H]$ aus. Dann existiert eine Folge $\{f_k\}_{k \in \mathbb{N}} \subset \mathcal{D}_H$ mit $\|f_k - f_l\|_H \to 0\,(k,l \to \infty)$ und $\|f - f_k\| \to 0\,(k \to \infty)$. Somit erhalten wir

$$\|\sqrt{A}\,f_k - \sqrt{A}\,f_l\|^2 = \|\sqrt{A}\,(f_k - f_l)\|^2$$

$$= \left(\sqrt{A}\,(f_k - f_l), \sqrt{A}\,(f_k - f_l)\right)_{\mathcal{H}}$$

$$= \left(f_k - f_l, \sqrt{A} \circ \sqrt{A}\,(f_k - f_l)\right)_{\mathcal{H}} = \left(f_k - f_l, A(f_k - f_l)\right)_{\mathcal{H}}$$

$$= \left(f_k - f_l, H(f_k - f_l)\right)_{\mathcal{H}} = \|f_k - f_l\|_H^2 \to 0 \quad (k,l \to \infty)\,.$$

$$(\text{II}.5.10)$$

Der Operator $\sqrt{A} \colon \mathcal{D}_{\sqrt{A}} \to \mathcal{H}$ ist selbstadjungiert und damit abgeschlossen, und es folgt $f \in \mathcal{D}_{\sqrt{A}}$ sowie

$$\sqrt{A}\,f = \lim_{k \to \infty} \sqrt{A}\,f_k \,.$$

Insbesondere haben wir die Inklusion $\mathcal{D}[H] \subset \mathcal{D}_{\sqrt{A}}$ bewiesen.

2.) Approximieren wir $f,g \in \mathcal{D}[H]$ wie im Teil 1.), so erhalten wir

$$(f,g)_H = \lim_{k \to \infty} (f_k, g_k)_H = \lim_{k \to \infty} \left(\sqrt{A}\,f_k, \sqrt{A}\,g_k\right)_{\mathcal{H}} = \left(\sqrt{A}\,f, \sqrt{A}\,g\right)_{\mathcal{H}}\,.$$

3.) Es bleibt noch die Inklusion $\mathcal{D}_{\sqrt{A}} \subset \mathcal{D}[H]$ nachzuweisen: Der Operator $\sqrt{A} \colon \mathcal{D}_A \to \mathcal{H}$ ist wesentlich selbstadjungiert. Somit liegt $\mathcal{D}_A$ dicht in $\mathcal{D}_{\sqrt{A}}$ bzgl. der Graphennorm. Also gibt es zu jedem $f \in \mathcal{D}_{\sqrt{A}}$ eine Folge

$$\{f_k\}_{k\in\mathbb{N}} \subset \mathcal{D}_A \text{ mit } \sqrt{A}\,f_k \to \sqrt{A}\,f\,(k\to\infty)\text{ und } f_k \to f\,(k\to\infty)\,. \quad \text{(II.5.11)}$$

Weiter gibt es zu jedem $f_k \in \mathcal{D}_A \subset \mathcal{D}[H]$ eine Folge $\{g_{k,l}\}_{l\in\mathbb{N}} \subset \mathcal{D}_H$ mit

$$\|g_{k,l}-f_k\| \to 0 \quad (l\to\infty) \quad \text{und} \quad \|g_{k,l}-g_{k,m}\|_H \to 0 \quad (l,m\to\infty)\,. \quad \text{(II.5.12)}$$

Wir beachten die Identitäten

$$\|\sqrt{A}\,(g_{k,l}-g_{k,m})\| = \|g_{k,l}-g_{k,m}\|_H \quad (l,m\in\mathbb{N})$$

und erhalten aus (II.5.12) für $m\to\infty$ die Aussage

$$\|\sqrt{A}\,(g_{k,l}-f_k)\| \to 0 \quad (l\to\infty)\,.$$

Somit gibt es eine Folge $\{f_k'\}_{k\in\mathbb{N}} \subset \mathcal{D}_H$ mit

$$\|f_k'-f_k\| \le \frac{1}{k} \quad \text{und} \quad \|\sqrt{A}\,(f_k'-f_k)\| \le \frac{1}{k} \quad \text{für alle} \quad k\in\mathbb{N}\,. \quad \text{(II.5.13)}$$

Die Dreiecksungleichung liefert

$$\|f_k'-f\| \le \|f_k'-f_k\| + \|f_k-f\| \le \frac{1}{k} + \|f_k-f\| \to 0 \quad (k\to\infty) \quad \text{(II.5.14)}$$

und

$$\|f_k'-f_l'\|_H = \|\sqrt{A}\,(f_k'-f_l')\| \le$$
$$\|\sqrt{A}\,(f_k'-f_k)\| + \|\sqrt{A}\,(f_k-f_l)\| + \|\sqrt{A}\,(f_l-f_l')\| \quad \text{(II.5.15)}$$
$$\le \frac{1}{k} + \|\sqrt{A}\,f_k - \sqrt{A}\,f_l)\| + \frac{1}{l} \to 0 \quad (k,l\to\infty)\,.$$

Somit folgt $f \in \mathcal{D}[H]$, und die Inklusion $\mathcal{D}_{\sqrt{A}} \subset \mathcal{D}[H]$ ist gezeigt.

q.e.d.

Der Proposition II.5.2 entnehmen wir sofort

Proposition II.5.3. *Die Courantoperatoren $H_j: \mathcal{D}_{H_j} \to \mathcal{H}$ für $j = 1,2$ mit ihren Friedrichs-Fortsetzungen A_j und deren Quadratwurzeln $\sqrt{A_j}$ erfüllen die Ungleichung $H_1 \le H_2$ genau dann, wenn*

i) die Inklusion $\quad \mathcal{D}[A_2] \subset \mathcal{D}[A_1]$ für ihre Definitionsbereiche sowie
ii) die Abschätzung $\|\sqrt{A_1}\,f\| \le \|\sqrt{A_2}\,f\|$ für alle $f \in \mathcal{D}[A_2]$ gelten.

Theorem II.5.1. (Maximalität der Friedrichs-Fortsetzung)
Seien die Courantoperatoren $H_1 \le H_2$ gegeben, während A die Friedrichs-Fortsetzung von H_2 bezeichne. Dann erfüllt jede selbstadjungierte Fortsetzung B von H_1 die Ungleichung $B \le A$.

Beweis: 1.) Sei $f \in \mathcal{D}[H_2] = \mathcal{D}_{\sqrt{A}}$ gemäß der Proposition II.4.2 beliebig gewählt. Dann gibt es eine Folge

$$\{f_k\}_{k \in \mathbb{N}} \subset \mathcal{D}_{H_2}, \ \|f_k - f\| \to 0 \, (k \to \infty), \ \|f_k - f_l\|_{H_2} \to 0 \, (k, l \to \infty). \tag{II.5.16}$$

Wegen $H_2 \geq H_1$ folgt

$$
\begin{aligned}
0 &= \lim_{k \to \infty} \|f_k - f_l\|_{H_2} \\
&= \lim_{k,l \to \infty} \left(f_k - f_l, H_2(f_k - f_l) \right)_{\mathcal{H}} \\
&\geq \lim_{k,l \to \infty} \left(f_k - f_l, H_1(f_k - f_l) \right)_{\mathcal{H}} \\
&= \lim_{k,l \to \infty} \left(f_k - f_l, B(f_k - f_l) \right)_{\mathcal{H}} \\
&= \lim_{k,l \to \infty} \left(\sqrt{B}\,(f_k - f_l), \sqrt{B}\,(f_k - f_l) \right)_{\mathcal{H}} \\
&= \lim_{k,l \to \infty} \|\sqrt{B}\,(f_k - f_l)\|^2 \\
&= \lim_{k,l \to \infty} \|\sqrt{B}\,f_k - \sqrt{B}\,f_l\|^2 .
\end{aligned}
\tag{II.5.17}
$$

Hierbei ziehen wir aus dem selbstadjungierten Operator B wie in (II.5.5) und (II.5.6) die Quadratwurzel $\sqrt{B}$. Wir überprüfen die Inklusion $\mathcal{D}_{\sqrt{B}} \supset \mathcal{D}_{\sqrt{A}}$ und beachten die Abgeschlossenheit des Operators $\sqrt{B} \colon \mathcal{D}_{\sqrt{B}} \to \mathcal{H}$.

2.) Zu $f \in \mathcal{D}_{\sqrt{A}}$ wählen wir eine Folge $\{f_k\}_{k \in \mathbb{N}}$ wie in (II.5.16) und schätzen mittels (II.5.17) folgendermaßen ab:

$$
\begin{aligned}
\|\sqrt{B}\,f\|^2 &= \lim_{k \to \infty} \|\sqrt{B}\,f_k\|^2 = \lim_{k \to \infty} \left(\sqrt{B}\,f_k, \sqrt{B}\,f_k \right)_{\mathcal{H}} \\
&= \lim_{k \to \infty} \left(f_k, B f_k \right)_{\mathcal{H}} = \lim_{k \to \infty} \left(f_k, H_1 f_k \right)_{\mathcal{H}} \leq \lim_{k \to \infty} \left(f_k, H_2 f_k \right)_{\mathcal{H}} \\
&= \lim_{k \to \infty} \left(f_k, A f_k \right)_{\mathcal{H}} = \lim_{k \to \infty} \left(\sqrt{A}\,f_k, \sqrt{A}\,f_k \right)_{\mathcal{H}} \\
&= \lim_{k \to \infty} \|\sqrt{A}\,f_k\|^2 = \|\sqrt{A}\,f\|^2, \quad \forall f \in \mathcal{D}_{\sqrt{A}}.
\end{aligned}
\tag{II.5.18}
$$

Wir erhalten aus (II.5.18) die Ungleichung

$$\left(f, B f \right)_{\mathcal{H}} = \|\sqrt{B}\,f\|^2 \leq \|\sqrt{A}\,f\|^2 = \left(f, A f \right)_{\mathcal{H}}, \ \forall f \in \mathcal{D}_{\sqrt{A}} = \mathcal{D}[H_2] \tag{II.5.19}$$

und somit $B \leq A$ wie oben behauptet.

q.e.d.

Wir wollen nun die Spektren von angeordneten Rellichoperatoren miteinander vergleichen. Hierzu benötigen wir die

Proposition II.5.4. *Seien die Rellichoperatoren B_j mit $B_1 \leq B_2$ und den zugehörigen Spektralscharen $E_j(\lambda)$, $\lambda \in [1, +\infty)$ für $j = 1, 2$ gegeben. Gemäß der Definition I.12.1 betrachten wir für $j = 1, 2$ die Spektralräume*

$$\mathcal{M}_j(\lambda) = \mathcal{M}_j\big((-\infty, \lambda]\big) := \Big\{ f \in \mathcal{H} \Big| f = E_j(\lambda) f \Big\}$$
$$= \Big\{ f \in \mathcal{H} \Big| \big[E - E_j(\lambda) \big] f = 0 \Big\}, \quad 1 \leq \lambda < +\infty. \tag{II.5.20}$$

Dann gilt $\dim \mathcal{M}_2(\lambda) \leq \dim \mathcal{M}_1(\lambda)$ *für alle* $1 \leq \lambda < +\infty$.

Beweis: 1.) Sei ein $\lambda \in (1, +\infty)$ mit $\dim \mathcal{M}_1(\lambda) < +\infty$ gegeben. Wäre nun $\dim \mathcal{M}_2(\lambda) > \dim \mathcal{M}_1(\lambda)$ erfüllt, so gibt es ein Element $g \in \mathcal{M}_2(\lambda)$ mit $\|g\| = 1$ und $g \perp \mathcal{M}_1(\lambda)$. Insbesondere ist

$$g = E_2(\lambda)g \in \mathcal{D}_{B_2} \subset \mathcal{D}_{\sqrt{B_2}}$$

erfüllt, und die Ungleichung $B_1 \leq B_2$ impliziert $\mathcal{D}_{\sqrt{B_2}} \subset \mathcal{D}_{\sqrt{B_1}}$. Damit erhalten wir $g \in \mathcal{D}_{\sqrt{B_1}}$.

2.) Wir betrachten nun den Projektor

$$E - E_1(\lambda) = \int_\lambda^{+\infty} d\, E_1(\mu)$$

auf den Orthogonalraum $\mathcal{M}_1(\lambda)^\perp$. Wegen $g \perp \mathcal{M}_1(\lambda)$ berechnen wir

$$\Big(g, B_1 g \Big)_{\mathcal{H}} = \int_1^{+\infty} \mu\, d\, \Big(g, E_1(\mu)g \Big)_{\mathcal{H}} = \int_\lambda^{+\infty} \mu\, d\, \Big(g, E_1(\mu)g \Big)_{\mathcal{H}}. \tag{II.5.21}$$

Weiter betrachten wir den Projektor $E_2(\lambda) = \int_1^\lambda d\, E_2(\mu)$ auf den Raum $\mathcal{M}_2(\lambda)$ und ermitteln

$$\Big(g, B_2 g \Big)_{\mathcal{H}} = \int_1^{+\infty} \mu\, d\, \Big(g, E_2(\mu)g \Big)_{\mathcal{H}} = \int_1^\lambda \mu\, d\, \Big(g, E_2(\mu)g \Big)_{\mathcal{H}} \tag{II.5.22}$$

wegen $g \in \mathcal{M}_2(\lambda)$.

3.) Aus (II.5.21) und (II.5.22) folgt für das Element $g \in \mathcal{D}_{\sqrt{B_2}} \subset \mathcal{D}_{\sqrt{B_1}}$ die Ungleichung

$$\Big(g, B_2 g \Big)_{\mathcal{H}} = \int_1^\lambda \mu\, d\, \Big(g, E_2(\mu)g \Big)_{\mathcal{H}} \leq \lambda$$
$$< \int_\lambda^{+\infty} \mu\, d\, \Big(g, E_1(\mu)g \Big)_{\mathcal{H}} = \Big(g, B_1 g \Big)_{\mathcal{H}} \tag{II.5.23}$$

Dieses steht im Widerspruch zu $B_1 \leq B_2$, und die Behauptung ist damit gezeigt.

q.e.d.

Theorem II.5.2. (Vergleichssatz von F. Rellich)
Die Rellichoperatoren $B_1 \leq B_2$ seien gegeben, und $1 \leq b_j \leq +\infty$ bezeichne den kleinsten Häufungspunkt des Spektrums von B_j für $j = 1, 2$. Dann gelten die folgenden Aussagen:

i) *Die Abschätzung $b_1 \leq b_2$ ist richtig.*
ii) *Falls $b_1 = b_2 = +\infty$ erfüllt ist, und das Spektrum von B_1 aus unendlich vielen Eigenwerten $1 \leq \lambda_1^{(1)} \leq \lambda_2^{(1)} \leq \lambda_3^{(1)} \leq \ldots$ mit $\lambda_k^{(1)} \to b_1 \, (k \to \infty)$ besteht, so besteht das Spektrum von B_2 ebenfalls aus unendlich vielen Eigenwerten $1 \leq \lambda_1^{(2)} \leq \lambda_2^{(2)} \leq \lambda_3^{(2)} \leq \ldots$ mit $\lambda_k^{(2)} \to b_2 \, (k \to \infty)$ sowie $\lambda_k^{(1)} \leq \lambda_k^{(2)}$ für alle $k \in \mathbb{N}$.*

Beweis: 1.) Wäre $b_1 > b_2$ erfüllt, so setzen wir $\epsilon := \dfrac{b_1 - b_2}{2} > 0$. Wir beachten

$$\dim \mathcal{M}_2(\lambda) \leq \dim \mathcal{M}_1(\lambda) \quad \text{für alle} \quad 1 \leq \lambda < +\infty \qquad \text{(II.5.24)}$$

gemäß der Proposition II.5.4. Somit ergibt sich mit

$$+\infty = \dim \mathcal{M}_2(b_2 + \epsilon) \leq \dim \mathcal{M}_1(b_2 + \epsilon) = \dim \mathcal{M}_1(b_1 - \epsilon) < +\infty$$

ein Widerspruch, und es folgt $b_1 \leq b_2$. Hiermit haben wir die Aussage i) bewiesen.

2.) Sei das Spektrum von B_1 diskret wie oben, so ist hierzu das *Rellichsche Auswahlkriterium* aus Proposition I.12.3 für jedes $1 < b < b_1 = b_2 = +\infty$ äquivalent: *Jede Folge $\{f_k\}_{k \in \mathbb{N}} \subset \mathcal{D}_{\sqrt{B_1}}$ mit $\|f_k\| = 1$ und $\|\sqrt{B_1}\, f_k\| \leq b$ ($k \in \mathbb{N}$) erlaubt die Auswahl einer konvergenten Teilfolge $\{f_{k_l}\}_{l \in \mathbb{N}} \subset \{f_k\}_{k \in \mathbb{N}}$ mit $f_{k_l} \to f \, (l \to \infty)$ in $\mathcal{H}$.*
Gehen wir von einer Folge $\{f_k\}_{k \in \mathbb{N}} \subset \mathcal{D}_{\sqrt{B_2}}$ mit $\|f_k\| = 1$ und $\|\sqrt{B_2}\, f_k\| \leq b$ für alle $k \in \mathbb{N}$ aus, so erhalten wir die Ungleichung

$$\|\sqrt{B_1}\, f_k\| \leq \|\sqrt{B_2}\, f_k\| \leq b \quad (k \in \mathbb{N}) \quad \text{wegen} \quad B_1 \leq B_2. \qquad \text{(II.5.25)}$$

Nach dem Rellichschen Auswahlkriterium für B_1 können wir zu einer Teilfolge $\{f_{k_l}\}_{l \in \mathbb{N}} \subset \{f_k\}_{k \in \mathbb{N}}$ mit $f_{k_l} \to f \, (l \to \infty)$ in $\mathcal{H}$ übergehen bei jeder Schranke $1 < b < b_1 = b_2 = +\infty$. Somit besitzt auch der Operator B_2 ein diskretes Spektrum.

3.) Wir wollen nun $\lambda_k^{(1)} \leq \lambda_k^{(2)}$ für alle $k \in \mathbb{N}$ zeigen. Wäre $\lambda_k^{(1)} > \lambda_k^{(2)}$ für ein $k \in \mathbb{N}$ erfüllt, so folgt $\dim \mathcal{M}_1(\lambda_k^{(2)}) < k$ und $\dim \mathcal{M}_2(\lambda_k^{(2)}) \geq k$. Damit erhalten wir in der Abschätzung

$$\dim \mathcal{M}_1(\lambda_k^{(2)}) < k \leq \dim \mathcal{M}_2(\lambda_k^{(2)}) \qquad \text{(II.5.26)}$$

einen Widerspruch zur Aussage (II.5.24). Damit ist auch die Behauptung ii) gezeigt.

q.e.d.

Wurzeln, Potenzen und die Inverse eines Rellichoperators:

Ähnlich wie in (II.5.6) die Quadratwurzel, so wollen wir nun die m-te Wurzel aus den Rellichoperatoren ziehen zu beliebigem $m \in \mathbb{N}$. Gehen wir also aus von einem Rellichoperator B in der Spektraldarstellung

$$Bf = \int_1^{+\infty} \lambda dE(\lambda) f, \quad f \in \mathcal{D}_B \quad \text{mit}$$
$$\mathcal{D}_B := \left\{ f \in \mathcal{H} \colon \int_1^{+\infty} \lambda^2 d\|E(\lambda)f\|^2 < +\infty \right\}. \tag{II.5.27}$$

Wir erklären die *m-te Wurzel $\sqrt[m]{B}$ aus dem Operator B* durch

$$\sqrt[m]{B} f := \int_1^{+\infty} \sqrt[m]{\lambda}\, dE(\lambda) f \quad , \quad f \in \mathcal{D}_{\sqrt[m]{B}} \tag{II.5.28}$$

auf ihrem Definitionsbereich

$$\mathcal{D}_{\sqrt[m]{B}} := \left\{ f \in \mathcal{H} \colon \int_1^{+\infty} \lambda^{\frac{2}{m}} d\,\|E(\lambda)f\|^2 < +\infty \right\} \quad \supset \quad \mathcal{D}_B. \tag{II.5.29}$$

Wir haben nämlich die Ungleichung

$$\int_1^{+\infty} \lambda^{\frac{2}{m}} d\|E(\lambda)f\|^2 \le \int_1^{+\infty} \lambda^2 d\|E(\lambda)f\|^2 < +\infty \quad \text{für alle} \quad f \in \mathcal{D}_B$$

zur Verfügung. Offenbar stellt $\sqrt[m]{B}$ einen Spektraloperator dar und erfüllt

$$\left(\sqrt[m]{B} \right)^m f = \sqrt[m]{B} \circ \ldots \circ \sqrt[m]{B} f = \int_1^{+\infty} \sqrt[m]{\lambda} dE(\lambda) \circ \ldots$$
$$\circ \int_1^{+\infty} \sqrt[m]{\lambda} dE(\lambda) f = \int_1^{+\infty} \lambda dE(\lambda) f = Bf, \quad \forall f \in \mathcal{D}_B. \tag{II.5.30}$$

Bilden wir die *n-te Potenz B^n des Rellichoperators B* aus (II.5.27) zu beliebigem $n \in \mathbb{N}$, so erhalten wir den Spektraloperator

$$B^n f := \int_1^{+\infty} \lambda^n dE(\lambda) f \quad , \quad f \in \mathcal{D}_{B^n} \tag{II.5.31}$$

auf seinem Definitionsbereich

$$\mathcal{D}_{B^n} := \left\{ f \in \mathcal{H} \colon \int_1^{+\infty} \lambda^{2n} d\|E(\lambda)f\|^2 < +\infty \right\} \quad \subset \quad \mathcal{D}_B. \tag{II.5.32}$$

Bilden wir die *Reziproke B^{-1}* eines Rellichoperators B aus (II.5.27), so erhalten wir den *zu B inversen Operator*

$$B^{-1}f := \int_1^{+\infty} \frac{1}{\lambda}\, dE(\lambda)f \quad , \quad f \in \mathcal{D}_{B^{-1}} = \mathcal{H} \tag{II.5.33}$$

auf dem ganzen Hilbertraum.

Bemerkung: Gelingt es *direkt* einen Courantoperator H zu invertieren, so kann man dann H^{-1} als beschränkten Operator auf den *ganzen* Hilbertraum fortsetzen. Dieser Weg wird in Chap. VIII des Lehrbuchs [S5] beschritten, wo der Sturm-Liouville-Operator und der Laplaceoperator unter geeigneten Randbedingungen mit Hilfe einer *Greenschen Funktion* invertiert werden. Man wird dann auf das Studium regulärer und schwach singulärer *Integralgleichungen* geführt. Auf diesen Prozess der Inversenbildung kann man jedoch bei der Friedrichs-Fortsetzung verzichten.

§6 Positive Laplace-Beltrami-Operatoren auf beliebigen Gebieten

Wir wählen ein Gebiet $\Omega \subset \mathbb{R}^n$ der beliebigen Raumdimension $n \in \mathbb{N}$ und schreiben darauf die *Riemannsche Metrik der Klasse* $C^1(\Omega)$

$$ds^2 = \sum_{i,j=1}^{n} g_{ij}(x)dx_i dx_j \quad , \quad x \in \Omega$$

mit der *symmetrischen Koeffizientenmatrix*

$$g_{ij} = g_{ij}(x) = g_{ji}(x) \in C^1(\Omega) \quad \text{für} \quad i,j = 1,\ldots,n$$

unter der *Elliptizititätsbedingung*

$$\sum_{i,j=1}^{n} g_{ij}(x)\xi_i\xi_j > 0 \quad \text{für alle} \quad \xi = (\xi_1,\ldots,\xi_n) \in \mathbb{R}^n \setminus \{0\}, \quad x \in \Omega$$

mit dem *Quadrat des Oberflächenelements*

$$g(x) := \det \Big(g_{ij}(x) \Big)_{i,j=1,\ldots,n} > 0, \quad x \in \Omega$$

vor. Deren *inverse Metrik*

$$dr^2 = \sum_{i,j=1}^{n} g^{ij}(x)dx_i dx_j \quad , \quad x \in \Omega$$

besitzt die *inverse Koeffizientenmatrix*

$$g^{ij} = g^{ij}(x) = g^{ji}(x), \quad x \in \Omega \quad \text{für} \quad i,j = 1,\ldots,n,$$

welche positiv-definit sowie symmetrisch ist und die *Umkehrrelationen*

$$\sum_{j=1}^{n} g^{ij}(x) \cdot g_{jk}(x) = \delta_{ik} \quad , \quad x \in \Omega, \quad i,k = 1,\ldots,n$$

erfüllt.

Definition II.6.1. *Für* $\psi(x) \in C^2(\Omega)$ *erklären wir den Laplace-Beltrami-Operator*

$$\Delta\psi(x) := \frac{1}{\sqrt{g(x)}} \sum_{i=1}^{n} \frac{\partial}{\partial x_i} \Big(\sqrt{g(x)} \sum_{j=1}^{n} g^{ij}(x)\psi_{x_j} \Big), \quad x \in \Omega, \qquad \text{(II.6.1)}$$

welcher der Riemannschen Metrik ds^2 *assoziiert ist. Für zwei Funktionen* $\psi(x)$ *und* $\chi(x)$ *der Klasse* $C^1(\Omega)$ *erklären wir den Beltrami-Operator erster Ordnung gemäß*

$$\boldsymbol{\nabla}(\psi, \chi) := \sum_{i,j=1}^{n} g^{ij}(x)\psi_{x_i}(x)\chi_{x_j}(x)\,, \quad x \in \Omega\,, \tag{II.6.2}$$

welcher zu der Riemannschen Metrik ds^2 gehört.

Bemerkung: Diese Differentialoperatoren werden in Section 8 von Chap. 1 des Lehrbuchs [S4] oder in [S2] Kap. I §8 eingeführt, und dort wird auch ihre Parameterinvarianz nachgewiesen. Das Gebiet Ω könnte unbeschränkt sein oder der Differentialoperator $\boldsymbol{\Delta}$ auf dem Rand $\partial\Omega$ singulär werden.

Definition II.6.2. *Es heißt* (II.6.1) *ein exakt positiver Laplace-Beltrami-Operator, wenn eine Spektralfunktion $\psi = \psi(x) \in C^2(\Omega)$ mit $\psi(x) \neq 0$ für alle $x \in \Omega$ als nullstellenfreie Lösung der Eigenwertgleichung*

$$-\boldsymbol{\Delta}\psi(x) := -\frac{1}{\sqrt{g(x)}} \sum_{i=1}^{n} \frac{\partial}{\partial x_i}\Big(\sqrt{g(x)} \sum_{j=1}^{n} g^{ij}(x)\psi_{x_j}(x)\Big) = \Lambda\psi(x),\, x \in \Omega$$

$$\tag{II.6.3}$$

zur positiven Spektralkonstante $\Lambda \in (0, +\infty)$ existiert.

Die *Vorlesungen über Minimalflächen* [N] von J.C.C. Nitsche enthalten im Abschnitt 6 des Kapitel II ein Resultat, welches der folgenden Proposition II.6.1 verwandt ist. Dieses erscheint bereits bei H.A. Schwarz für seine Stabilitätsuntersuchungen von Minimalflächen mit Hilfe von Eigenwertproblemen partieller Differentialoperatoren.

Proposition II.6.1. (J.C.C. Nitsche)
Sei der exakt positive Laplace-Beltrami-Operator aus der Definition II.6.2 mit der Spektralfunktion ψ und der Spektralkonstante Λ gegeben. Dann gilt für alle Testfunktionen $\chi = \chi(x) \in C_0^1(\Omega)$ die folgende Identität

$$\Big(\boldsymbol{\nabla}(\chi,\chi)\Big|_x - \Lambda\chi^2(x)\Big)\sqrt{g(x)} = \psi^2(x)\,\boldsymbol{\nabla}\Big(\frac{\chi}{\psi}, \frac{\chi}{\psi}\Big)\Big|_x \sqrt{g(x)}$$

$$+ \sum_{i=1}^{n} \frac{\partial}{\partial x_i}\Big(\sqrt{g(x)} \sum_{j=1}^{n} g^{ij}(x)\psi_{x_j}(x) \cdot \frac{\chi^2(x)}{\psi(x)}\Big)\,, \quad x \in \Omega\,. \tag{II.6.4}$$

Weiter erfüllt der Riemannsche Rayleighquotient die Abschätzung

$$\frac{\int_\Omega \boldsymbol{\nabla}(\chi,\chi)\Big|_x \sqrt{g(x)}\,dx}{\int_\Omega \chi^2(x)\,\sqrt{g(x)}\,dx} \geq \Lambda \quad \textit{für alle} \quad \chi = \chi(x) \in C_0^1(\Omega) \setminus \{0\}\,. \tag{II.6.5}$$

Beweis: 1.) Unter Berücksichtigung von (II.6.2) berechnen wir für alle $x \in \Omega$ die nachfolgende Identität

$$\nabla\left(\frac{\chi}{\psi}, \frac{\chi}{\psi}\right)\Big|_x = \sum_{i,j=1}^{n} g^{ij}(x)\left(\frac{\chi}{\psi}\right)_{x_i} \cdot \left(\frac{\chi}{\psi}\right)_{x_j}\Big|_x$$

$$= \sum_{i,j=1}^{n} g^{ij}(x)\left(\frac{\chi_{x_i}}{\psi} - \frac{\chi \cdot \psi_{x_i}}{\psi^2}\right) \cdot \left(\frac{\chi_{x_j}}{\psi} - \frac{\chi \cdot \psi_{x_j}}{\psi^2}\right)\Big|_x$$

$$= \frac{1}{\psi^2(x)} \sum_{i,j=1}^{n} g^{ij}(x)\chi_{x_i} \cdot \chi_{x_j}(x) + \frac{\chi^2(x)}{\psi^4(x)} \sum_{i,j=1}^{n} g^{ij}(x)\psi_{x_i} \cdot \psi_{x_j}(x)$$

$$- \frac{\chi(x)}{\psi^3(x)} \sum_{i,j=1}^{n} g^{ij}(x)\Big(\chi_{x_i} \cdot \psi_{x_j} + \psi_{x_i}\chi_{x_j}\Big)(x)$$

$$= \frac{1}{\psi^2(x)} \nabla(\chi, \chi)\Big|_x + \frac{\chi^2(x)}{\psi^4(x)} \nabla(\psi, \psi)\Big|_x - \frac{2\chi(x)}{\psi^3(x)} \nabla(\chi, \psi)\Big|_x.$$

Dann erhalten wir für alle $x \in \Omega$ die folgende Identität

$$\psi^2(x) \nabla\left(\frac{\chi}{\psi}, \frac{\chi}{\psi}\right)\Big|_x = \nabla(\chi, \chi)\Big|_x + \frac{\chi^2(x)}{\psi^2(x)} \nabla(\psi, \psi)\Big|_x - \frac{2\chi(x)}{\psi(x)} \nabla(\chi, \psi)\Big|_x.$$

$$\tag{II.6.6}$$

2.) Mit Hilfe der Eigenwertgleichung (II.6.3) ermitteln wir

$$\psi^2(x)\,\boldsymbol{\nabla}\Big(\frac{\chi}{\psi},\frac{\chi}{\psi}\Big)\Big|_x\,\sqrt{g(x)} + \sum_{i=1}^{n}\frac{\partial}{\partial x_i}\Big(\sqrt{g(x)}\sum_{j=1}^{n}g^{ij}(x)\psi_{x_j}(x)\cdot\frac{\chi^2(x)}{\psi(x)}\Big)$$

$$= \psi^2(x)\,\boldsymbol{\nabla}\Big(\frac{\chi}{\psi},\frac{\chi}{\psi}\Big)\Big|_x\,\sqrt{g(x)} - \Lambda\psi(x)\sqrt{g(x)}\cdot\frac{\chi^2(x)}{\psi(x)}$$

$$+ \sum_{i=1}^{n}\sqrt{g(x)}\Big(\sum_{j=1}^{n}g^{ij}(x)\psi_{x_j}\cdot\Big[\frac{\chi^2(x)}{\psi(x)}\Big]_{x_i}\Big)$$

$$= \psi^2(x)\,\boldsymbol{\nabla}\Big(\frac{\chi}{\psi},\frac{\chi}{\psi}\Big)\Big|_x\,\sqrt{g(x)} - \Lambda\chi^2(x)\sqrt{g(x)}$$

$$+ \sum_{i,j=1}^{n}g^{ij}(x)\psi_{x_j}\cdot\Big(\frac{2\chi\cdot\chi_{x_i}(x)}{\psi(x)} - \frac{\chi^2\cdot\psi_{x_i}(x)}{\psi^2(x)}\Big)\sqrt{g(x)}$$

$$= \psi^2(x)\,\boldsymbol{\nabla}\Big(\frac{\chi}{\psi},\frac{\chi}{\psi}\Big)\Big|_x\,\sqrt{g(x)} - \Lambda\chi^2(x)\overset{\cdot}{\sqrt{g(x)}}$$

$$+\frac{2\chi(x)}{\psi(x)}\sum_{i,j=1}^{n}g^{ij}(x)\psi_{x_j}\chi_{x_i}(x)\,\sqrt{g(x)}$$

$$-\frac{\chi^2(x)}{\psi^2(x)}\sum_{i,j=1}^{n}g^{ij}(x)\psi_{x_j}\psi_{x_i}(x)\,\sqrt{g(x)}$$

$$= \psi^2(x)\,\boldsymbol{\nabla}\Big(\frac{\chi}{\psi},\frac{\chi}{\psi}\Big)\Big|_x\,\sqrt{g(x)} - \Lambda\chi^2(x)\sqrt{g(x)}$$

$$+\frac{2\chi(x)}{\psi(x)}\boldsymbol{\nabla}(\psi,\chi)\Big|_x\,\sqrt{g(x)} - \frac{\chi^2(x)}{\psi^2(x)}\boldsymbol{\nabla}(\psi,\psi)\Big|_x\,\sqrt{g(x)}$$

$$= -\Lambda\chi^2(x)\sqrt{g(x)} + \boldsymbol{\nabla}(\chi,\chi)\Big|_x\,\sqrt{g(x)}\quad,\quad x\in\Omega\,,$$

indem wir in der letzten Gleichung die Identität (II.6.6) verwenden. Damit haben wir die behauptete Identität (II.6.4) gezeigt.

3.) Wir integrieren nun diese Identität (II.6.4) über das Gebiet Ω und erhalten die folgende Ungleichung

$$\int_\Omega\Big(\boldsymbol{\nabla}(\chi,\chi)\Big|_x - \Lambda\chi^2(x)\Big)\sqrt{g(x)}\,dx = \int_\Omega\psi^2(x)\,\boldsymbol{\nabla}\Big(\frac{\chi}{\psi},\frac{\chi}{\psi}\Big)\Big|_x\,\sqrt{g(x)}\,dx \geq 0$$

für alle Testfunktionen $\chi\in C_0^1(\Omega)$. Hieraus folgt die Abschätzung (II.6.5).

q.e.d.

Wohlbekannt ist die nachfolgende

Proposition II.6.2. (Symmetrie des Laplace-Beltrami-Operators)
Beliebige Funktionen $\phi = \phi(x)$ und $\chi = \chi(x)$ der Klasse $C_0^2(\Omega)$ genügen der folgenden Identität:

$$\int_\Omega\phi(x)\cdot\Big(-\boldsymbol{\Delta}\chi(x)\Big)\sqrt{g(x)}\,dx = \int_\Omega\boldsymbol{\nabla}(\phi,\chi)\Big|_x\,\sqrt{g(x)}\,dx$$

$$= \int_\Omega\Big(-\boldsymbol{\Delta}\phi(x)\Big)\cdot\chi(x)\sqrt{g(x)}\,dx\,.$$

(II.6.7)

Beweis: Für alle $x \in \Omega$ gilt

$$-\phi(x) \cdot \boldsymbol{\Delta}\chi(x)\sqrt{g(x)} =$$

$$-\phi(x) \cdot \sum_{i=1}^{n} \frac{\partial}{\partial x_i}\left(\sqrt{g(x)} \sum_{j=1}^{n} g^{ij}(x)\chi_{x_j}(x)\right) =$$

$$-\sum_{i=1}^{n} \frac{\partial}{\partial x_i}\left(\sqrt{g(x)} \sum_{j=1}^{n} g^{ij}(x)\chi_{x_j}(x) \cdot \phi(x)\right) \qquad \text{(II.6.8)}$$

$$+ \sum_{i,j=1}^{n} g^{ij}(x)\chi_{x_j}(x) \cdot \phi_{x_i}(x)\sqrt{g(x)} =$$

$$-\sum_{i=1}^{n} \frac{\partial}{\partial x_i}\left(\sqrt{g(x)} \sum_{j=1}^{n} g^{ij}(x)\chi_{x_j}(x) \cdot \phi(x)\right) + \boldsymbol{\nabla}(\phi,\chi)\Big|_{x} \sqrt{g(x)}.$$

Die Integration von (II.6.8) liefert die obere Identität von (II.6.7), während das Vertauschen von ϕ und χ mit der Symmetrie des Beltrami-Operators die untere Identität von (II.6.7) ergibt.

q.e.d.

Wir betrachten nun den Prä-Hilbertraum $\mathcal{H}'_{<ds^2>} := C_0^0(\Omega)$, welchen wir mit dem folgenden Skalarprodukt ausstatten:

$$\left(\phi,\chi\right)_{\mathcal{H}_{<ds^2>}} := \int_{\Omega} \phi(x) \cdot \chi(x)\sqrt{g(x)}\,dx \quad , \quad \phi,\chi \in C_0^0(\Omega)\,. \qquad \text{(II.6.9)}$$

Dann können wir $\mathcal{H}'_{<ds^2>}$ abstrakt zum Hilbertraum $\mathcal{H}_{<ds^2>}$ vervollständigen und setzen

$$\|\phi\|_{\mathcal{H}_{<ds^2>}} := \sqrt{\left(\phi,\phi\right)_{\mathcal{H}_{<ds^2>}}} \quad , \quad f \in \mathcal{H}_{<ds^2>} \qquad \text{(II.6.10)}$$

für dessen Norm. Durch die Indizierung mit $< ds^2 >$ deuten wir an, dass die obigen Räume und Größen nur vom Oberflächenelement $g(x)$ der Riemannschen Metrik ds^2 abhängen. Die Indizierung mit ds^2 deutet im Folgenden an, dass diese Räume und Größen von allen Koeffizienten der Metrik abhängen.

Wir wählen als Definitionsbereich $\mathcal{D}_{H_{ds^2}} := C_0^2(\Omega)$, welcher im Hilbertraum $\mathcal{H}_{<ds^2>}$ dicht liegt, und erklären den Laplace-Beltrami-Operator

$$H_{ds^2} \colon \mathcal{D}_{H_{ds^2}} \to \mathcal{H} \quad \text{vermöge} \quad H_{ds^2}\phi(x) := -\boldsymbol{\Delta}\phi(x) =$$

$$-\frac{1}{\sqrt{g(x)}} \sum_{i=1}^{n} \frac{\partial}{\partial x_i}\left(\sqrt{g(x)} \sum_{j=1}^{n} g^{ij}(x)\phi_{x_j}(x)\right), \quad x \in \Omega \qquad \text{(II.6.11)}$$

für alle Elemente $\phi \in C_0^2(\Omega) = \mathcal{D}_{H_{ds^2}}$.

Der Operator H_{ds^2} ist nach Proposition II.6.2 auf $\mathcal{D}_{H_{ds^2}}$ Hermitesch. Wenn der Laplace-Beltrami-Operator $\boldsymbol{\Delta}$ im Sinne von Definition II.6.2 exakt positiv mit der Spektralkonstante $\Lambda > 0$ ist, so schätzen wir das Spektralinfimum mittels (II.6.5) und (II.6.7) wie folgt ab:

$$
\begin{aligned}
\Lambda(H_{ds^2}) &:= \inf \left\{ \left. \frac{\left(\phi, H_{ds^2}\phi\right)_{\mathcal{H}_{<ds^2>}}}{\left(\phi, \phi\right)_{\mathcal{H}_{<ds^2>}}} \right| \phi \in \mathcal{D}_{H_{ds^2}} \setminus \{0\} \right\} \\[2mm]
&= \inf_{\phi \in C_0^2(\Omega) \setminus \{0\}} \frac{\int_\Omega -\phi(x) \cdot \boldsymbol{\Delta}\phi(x) \sqrt{g(x)}\, dx}{\int_\Omega \phi^2(x) \sqrt{g(x)}\, dx} \\[2mm]
&= \inf_{\phi \in C_0^2(\Omega) \setminus \{0\}} \frac{\int_\Omega \boldsymbol{\nabla}(\phi, \phi)\big|_x \sqrt{g(x)}\, dx}{\int_\Omega \phi^2(x) \sqrt{g(x)}\, dx} \geq \Lambda.
\end{aligned}
\tag{II.6.12}
$$

Somit ist der Operator H_{ds^2} im Sinne von Definition I.12.4 und Definition I.12.5 positiv, und durch Übergang zum Operator

$$
\widehat{H}_{ds^2} := \frac{1}{\Lambda(H_{ds^2})} H_{ds^2}
\tag{II.6.13}
$$

können wir $\Lambda(\widehat{H}_{ds^2}) = 1$ erreichen. Dann ist $\widehat{H}_{ds^2}$ ein Courantoperator im Sinne von Definition II.4.1.

Wir erklären die *Riemannsche Energienorm*

$$
\begin{aligned}
\|\phi\|_{ds^2} &:= \sqrt{\left(\phi, \widehat{H}_{ds^2}\phi\right)_{\mathcal{H}_{<ds^2>}}} \\[2mm]
&= \left[\Lambda(H_{ds^2})\right]^{-\frac{1}{2}} \sqrt{\left(\phi, H_{ds^2}\phi\right)_{\mathcal{H}_{<ds^2>}}} \\[2mm]
&= \left[\Lambda(H_{ds^2})\right]^{-\frac{1}{2}} \left(\int_\Omega \boldsymbol{\nabla}(\phi, \phi)\big|_x \sqrt{g(x)}\, dx \right)^{\frac{1}{2}}
\end{aligned}
\tag{II.6.14}
$$

für alle $\phi \in \mathcal{D}_{H_{ds^2}}$.

Definition II.6.3. *Unter dem Riemann-Friedrichs-Definitionsbereich verstehen wir den linearen Teilraum*

$$
\mathcal{D}[ds^2] := \left\{ f \in \mathcal{H}_{<ds^2>} \,\middle|\, \text{Es existiert eine Folge } \{\phi_k\}_{k\in\mathbb{N}} \subset \mathcal{D}_{H_{ds^2}} \text{ mit} \right.
$$

$$
\left. \|\phi_k - \phi_l\|_{ds^2} \to 0\, (k, l \to \infty) \text{ und} \left\|f - \phi_k\right\|_{\mathcal{H}_{<ds^2>}} \to 0\, (k \to \infty) \right\}.
\tag{II.6.15}
$$

Gemäß der Definition II.4.4 erklären wir für den Courantoperator $\widehat{H}_{ds^2}$ auf dem u. a. Definitionsbereich $\mathcal{D}_{\widehat{A}_{ds^2}}$ seine *Riemann-Friedrichs-Fortsetzung*

$$\widehat{A}_{ds^2} f := \widehat{H}^*_{ds^2} f \quad , \quad f \in \mathcal{D}_{\widehat{A}_{ds^2}} := \mathcal{D}[ds^2] \cap \mathcal{D}_{\widehat{H}^*_{ds^2}} \tag{II.6.16}$$

über den adjungierten Operator $\widehat{H}^*_{ds^2}$ von $\widehat{H}_{ds^2}$, welche

$$\widehat{H}_{ds^2} \subset \widehat{A}_{ds^2} \subset \widehat{H}^*_{ds^2}$$

erfüllt. Nach dem Theorem II.4.1 von K.O. Friedrichs stellt $\widehat{A}_{ds^2}$ eine selbstad-jungierte Fortsetzung des Courantoperators $\widehat{H}_{ds^2} \colon \mathcal{D}_{H_{ds^2}} \to \mathcal{H}$ dar und besitzt die Spektraldarstellung

$$\widehat{A}_{ds^2} = \int_1^{+\infty} \lambda \, d\widehat{E}_{ds^2}(\lambda) \tag{II.6.17}$$

mit der Spektralschar $\widehat{E}_{ds^2}(\lambda)$, $1 \le \lambda < +\infty$ nach dem Theorem I.12.1.

Insgesamt erhalten wir das

Theorem II.6.1. (Spektraldarst. des Laplace-Beltrami-Operators) *Es sei der Operator H_{ds^2} aus (II.6.11) mit dem im Sinne von Definition II.6.2 ex-akt positiven Laplace-Beltrami-Operator Δ gegeben. Dann existiert für H_{ds^2} eine selbstadjungierte Fortsetzung $A_{ds^2} \colon \mathcal{D}_{\widehat{A}_{ds^2}} \to \mathcal{H}$, welche die Spektraldar-stellung*

$$A_{ds^2} = \int_{\Lambda(H_{ds^2})}^{+\infty} \lambda \, dE_{ds^2}(\lambda) \tag{II.6.18}$$

mit der Spektralschar $\left\{ E_{ds^2}(\lambda) \colon \Lambda(H_{ds^2}) \le \lambda < +\infty \right\}$ besitzt.

Beweis: Der Laplace-Beltrami-Operator $H_{ds^2} = \Lambda(H_{ds^2}) \cdot \widehat{H}_{ds^2}$ besitzt die selbstadjungierte Fortsetzung $A_{ds^2} := \Lambda(H_{ds^2}) \cdot \widehat{A}_{ds^2}$ auf den Definitionsbe-reich $\mathcal{D}_{\widehat{A}_{ds^2}}$. Weiter entnehmen wir (II.6.17) die Spektraldarstellung (II.6.18) mit der Spektralschar

$$E_{ds^2}(\lambda) := \widehat{E}_{ds^2}\left(\frac{\lambda}{\Lambda(H_{ds^2})} \right) \quad , \quad \Lambda(H_{ds^2}) \le \lambda < +\infty \,. \tag{II.6.19}$$

Hierbei verwenden wir die Invarianz der Friedrichs-Fortsetzung wie auch der Spektraldarstellung unter Dilatationen.

q.e.d.

Bemerkungen:

i)   Es wäre interessant zu untersuchen, wie das Spektrum für spezielle Laplace-Beltrami-Operatoren aussehen kann. Für welche Operatoren könnte ein kontinuierliches Spektrum auftreten?

ii) Ist speziell $\Omega \subset \mathbb{R}^n$ eine beschränkte, konvexe Menge und die Riemann-sche Metrik ds^2 auf Ω gleichmäßig elliptisch, so können wir das *diskrete*

Spektrum des Laplace-Beltrami-Operators $\boldsymbol{\Delta}$ auch mit den direkten Variationsmethoden aus dem Minimierungsproblem

$$\int_\Omega \boldsymbol{\nabla}(\phi, \phi)\Big|_x \sqrt{g(x)}\, dx \to \mathrm{Min}$$

$$\phi \in W_0^{1,2}(\Omega) \quad \mathrm{mit} \quad \int_\Omega \phi^2(x)\, \sqrt{g(x)}\, dx = 1 \tag{II.6.20}$$

auf dem Sobolevraum $W_0^{1,2}(\Omega)$ erhalten. Hierzu verweisen wir auf unsere Ausführungen im § I.3 .

iii) In diesem Zusammenhang bemerken wir, dass die Räume $W_0^{1,2}(\Omega)$ von S.L. Sobolev eingeführt wurden, nachdem K.O. Friedrichs in der Spektraltheorie bereits 1934/35 die hier verwendete Fortsetzung als abstrakte Vervollständigung konstruiert hatte. Die Friedrichs-Fortsetzung erscheint uns für singuläre Laplace-Beltrami-Operatoren auf beliebigen Gebieten als unverzichtbar.

§7 Der Operator von H.A. Schwarz für Minimalflächen

H.A. Schwarz hat in seinen *Gesammelten Mathematischen Abhandlungen* [Sw] bereits Eigenwertprobleme für partielle Differentialoperatoren zum Studium der Stabilität von Minimalflächen betrachtet. Dieses geschah mehr als 30 Jahre bevor solche Probleme für die Quantenmechanik in den 1920er Jahren eine zentrale Bedeutung erlangten! Es ist das große Verdienst von J.C.C. Nitsche, diese Unterschungen über die zweite Variation des Flächeninhalts in seinen *Vorlesungen über Minimalflächen* [N] weiterentwickelt zu haben. Neben seiner Monographie empfehlen wir unseren Lesern hier ein Studium des Buches von U. Dierkes, S. Hildebrandt und F. Sauvigny [DHS] über *Minmalflächen*.

Wir betrachten auf der *offenen Einheitskreisscheibe*

$$\Omega_1 := \left\{ w = (u, v) \in \mathbb{R}^2 = \mathbb{C} \,\middle|\, u^2 + v^2 < 1 \right\}$$

parametrische Minimalflächen. Hierunter verstehen wir Funktionen

$$X = X(u, v) = \Big(x(u,v), y(u,v), z(u,v) \Big), \; (u,v) \in \Omega_1 \quad \text{der Klasse}$$

$$X \in C^2(\Omega_1) \cap C^0(\overline{\Omega_1}) \quad, \text{welche die Differentialgleichung}$$

$$\Delta X(u, v) = 0, \quad (u, v) \in \Omega_1 \quad \text{und die Konformitätsrelationen}$$

$$W(u, v) := |X_u|^2 = |X_v|^2, \quad X_u \cdot X_v = 0 \quad \text{in} \quad \Omega_1 \qquad \text{erfüllen}.$$

(II.7.1)

Falls die parametrische Minimalfläche X nicht-konstant ist, so kann das *Ober-flächenelement* $W(u, v)$ höchstens in isolierten Punkten verschwinden, und wir erklären das *punktierte Gebiet*

$$\Omega_1' := \left\{ w = (u, v) \in \Omega_1 \,\middle|\, W(u, v) > 0 \right\}.$$

Die parametrische Minimalfläche X besitzt

$$ds^2 := W(u, v)\Big(du^2 + dv^2 \Big), \; (u,v) \in \Omega_1' \text{ als erste Fundamentalform}$$

mit der Gaußschen Krümmung $\quad K(u, v) \le 0 \quad$ für alle $(u, v) \in \Omega_1'$.

(II.7.2)

Als *sphärisches Bild der parametrischen Minimalfäche* betrachten wir die

Funktion $N = N(u, v) := \dfrac{1}{W(u, v)} X_u(u, v) \wedge X_v(u, v), \; (u, v) \in \Omega_1'$

der Klasse $\quad N \in C^2(\Omega_1', S^2)\,, \quad$ welche die Differentialgleichung

$$\Delta N = 2 N_u \wedge N_v \quad \text{in} \quad \Omega_1' \quad \text{und die Konformitätsrelationen}$$

$$W \cdot K = |N_u|^2 = |N_v|^2, \quad N_u \cdot N_v = 0 \quad \text{in} \quad \Omega_1' \qquad \text{erfüllt}.$$

(II.7.3)

Falls die parametrische Minimalfläche X nicht-eben und somit die sphärische Funktion $N(u, v)$ nicht-konstant ist, so kann das *sphärische Oberflächenelement*

$$\omega(u, v) := |N_u \wedge N_v(u, v)|, \quad (u, v) \in \Omega_1'$$

höchstens in isolierten Punkten verschwinden, und wir erklären das Gebiet

$$\Omega_1'' := \left\{ w = (u, v) \in \Omega_1' \,\Big|\, \omega(u, v) > 0 \right\}.$$

Somit besitzt die parametrische Minimalfläche X die isotherme Metrik

$$dr^2 := W(u, v) \cdot K(u, v) \left(du^2 + dv^2 \right) = \omega(u, v) \left(du^2 + dv^2 \right), \, (u, v) \in \Omega_1'' \tag{II.7.4}$$

als *dritte Fundamentalform*.

Wir können nun die Normale bis einschließlich ihrer zweiten Ableitungen Hölder-stetig in die singulären Punkte $(u, v) \in \Omega_1$ mit $W(u, v) = 0$ fortsetzen. Wir fordern weiter, dass die Minimalfläche X von einer regulären, reell-analytischen Jordankurve $\Gamma \subset \mathbb{R}^3$ im folgenden Sinne berandet wird:

X bildet die Kreislinie $\partial \Omega_1$ topologisch auf die Jordankurve Γ ab. (II.7.5)

Nach einem Satz von H. Lewy können wir dann die Minimalfläche über die Jordankurve Γ hinaus als Minimalfläche fortsetzen. Somit besitzt das Oberflächenelement $W(u, v)$ höchstens isolierte Nullstellen auf $\partial \Omega_1$, und wir können die Normale wir oben differenzierbar in diese Punkte fortsetzen. Wir sprechen von einer *verzweigungspunktfreien Minimalfläche X*, falls das Oberflächenelement $W(u, v) > 0$, $\forall (u, v) \in \overline{\Omega_1}$ erfüllt. Für den Koeffizienten der dritten Fundamentalform $\omega(u, v)$ erreichen wir die folgende Regularität:

$$\omega(u, v) = W(u, v) \cdot K(u, v) \in C^\alpha(\overline{\Omega_1}) \quad \text{mit} \quad 0 < \alpha < 1. \tag{II.7.6}$$

Für eine beliebige Testfunktion $\varphi \in C_0^\infty(\Omega_1'')$ betrachten wir eine *Normalvariation der Minimalfläche X* mit der Funktionenschar

$$Y(u, v; \epsilon) := X(u, v) + \epsilon \, \varphi(u, v) \, N(u, v), \quad (u, v) \in \Omega_1. \tag{II.7.7}$$

Für ihren Flächeninhalt

$$F(\varepsilon) := \int \int_{\Omega_1} |Y_u \wedge Y_v(u, v; \epsilon)| \, du \, dv \tag{II.7.8}$$

ermittelt man *die erste und zweite Variation von F* wie folgt:

$$\frac{d}{d\epsilon} F(\varepsilon) \Big|_{\epsilon=0} = 0 \quad \text{und}$$

$$\frac{d^2}{d\epsilon^2} F(\varepsilon) \Big|_{\epsilon=0} = \int \int_{\Omega_1} \left\{ |\nabla \varphi(u, v)|^2 + 2W \, K(u, v) |\varphi(u, v)|^2 \right\} du \, dv. \tag{II.7.9}$$

Um nun zu entscheiden, ob die Minimalfläche X dem Flächeninhalt ein lokales Minimum erteilt, werden wir – wie schon H.A. Schwarz – geführt auf das folgende Eigenwertproblem zu den Eigenwerten $\lambda > 0$:

$$\phi \in C^2(\Omega_1) \cap C^0(\overline{\Omega_1}) \setminus \{0\}$$

$$-\Delta\phi(u,v) + 2\lambda W \cdot K(u,v)\phi(u,v) = 0 \text{ in } \Omega_1, \quad \phi = 0 \text{ auf } \partial\Omega_1. \tag{II.7.10}$$

Beispiel II.7.1. Falls in (II.7.10) für eine verzweigungspunktfreie Minimalfläche X der Eigenwert $0 < \widetilde{\lambda} < 1$ auftritt, so erfüllt die zugehörige Normalvariation $\widetilde{Y}(u,v;\epsilon)$ nach (II.7.9) die Ungleichung $\left.\dfrac{d^2}{d\epsilon^2}\widetilde{F}(\varepsilon)\right|_{\epsilon=0} < 0$ für ihren Flächeninhalt. Somit stellt dann diese Minimalfläche X kein lokales Minmum des Flächeninhaltes dar.

Falls für jeden Eigenwert λ von (II.7.10) einer verzweigungspunktfreien Minimalfläche X die Abschätzung $\lambda \geq \lambda_1$ mit einer Konstante $\lambda_1 > 1$ richtig ist, so kann man mittels Feldeinbettung den lokalen Minimumcharakter von X nachweisen. Hierzu verweisen wir auf den Abschnitt 5.6 in [DHS], wo ein Beweis von *J.C.C. Nitsche's Eindeutigkeitssatz für das Plateausche Problem* gegeben wird. Ein entsprechendes Kriterium werden wir im Theorem II.7.2 kennenlernen.

Definition II.7.1. *Auf der Einheitskreisscheibe Ω_1 betrachten wir die parametrische Minimalfläche X aus (II.7.1) mit der ersten Fundamentalform (II.7.2) und ihrem sphärisches Bild N aus (II.7.3) mit der dritten Fundamentalform (II.7.4) sowie (II.7.6). Auf dem dichten Funktionenraum $\mathcal{D}_X :=$ $C_0^2(\Omega_1'') \subset L^2(\Omega_1)$ erklären wir den Schwarzschen Operator*

$$\mathcal{S}_X\varphi := \frac{1}{W(u,v) \cdot K(u,v)} \left(\frac{\partial^2}{\partial u^2} + \frac{\partial^2}{\partial v^2} \right) \varphi(u,v), \quad \varphi \in \mathcal{D}_X. \tag{II.7.11}$$

Wir verwenden nun das *gewichtete Skalarprodukt*

$$(\varphi, \psi)_{\mathcal{H}(\Omega_1'', \omega)} = \int\int_{\Omega_1} \varphi(u,v)\psi(u,v)\omega(u,v)\,du\,dv, \quad \varphi, \psi \in \mathcal{D}_X \tag{II.7.12}$$

mit der Gewichtsfunktion ω aus (II.7.6). Der zugehörige Prä-Hilbertraum besitzt die folgende Norm

$$\|\varphi\|_{\mathcal{H}(\Omega_1'', \omega)} = \sqrt{\int\int_{\Omega_1} |\varphi(u,v)|^2 \omega(u,v)\,du\,dv} \quad \text{für alle} \quad \varphi \in \mathcal{D}_X. \tag{II.7.13}$$

Wir schließen diesen Prä-Hilbertraum abstrakt zum Hilbertraum $\mathcal{H}(\Omega_1'', \omega)$ ab, wobei das Skalarprodukt aus (II.7.12) fortgesetzt wird. Da die Gewichtsfunktion ω nicht im Sinne von Definition I.3.2 zulässig zu sein braucht, so ist die Norm (II.7.13) im Allgemeinen nicht zur $L^2(\Omega_1)$-Norm äquivalent. Folglich stimmen die Räume $\mathcal{H}(\Omega_1'', \omega)$ nicht notwendig mit dem Raum $L^2(\Omega_1)$ überein.

Weiter verwenden wir die *Dirichlet-Norm*

$$\|\varphi\|_{\mathcal{H}_0^1(\Omega_1'')} := \sqrt{\int\int_{\Omega_1} |\nabla\varphi(u,v)|^2 \, du \, dv} \,, \quad \varphi \in \mathcal{D}_X. \qquad (\text{II.7.14})$$

Der Abschluss des Raumes $\mathcal{D}_X$ in der Dirichlet-Norm (II.7.14) ergibt den wohlbekannten Sobolevraum $W_0^{1,2}(\Omega_1)$. Die singulären Punkte liegen nämlich isoliert in Ω_1, und die Kapazität jedes einzelnen Punktes verschwindet.

Definition II.7.2. *Wir erklären den Schwarz-Friedrichs-Definitionsbereich als*

$$\mathcal{D}[\mathcal{S}_X] := \left\{ \varphi \in \mathcal{H}(\Omega_1'', \omega) \,\middle|\, \textit{Es existiert eine Folge } \{\varphi_k\}_{k\in\mathbb{N}} \subset \mathcal{D}_X \textit{ mit} \right.$$

$$\left. \|\varphi_k - \varphi_l\|_{\mathcal{H}_0^1(\Omega_1'')} \to 0 \,(k,l \to \infty) \textit{ und } \|\varphi - \varphi_k\|_{\mathcal{H}(\Omega_1'',\omega)} \to 0 \,(k \to \infty) \right\}.$$
$$(\text{II.7.15})$$

Theorem II.7.1. (Spektraldarstellung des Schwarzschen Operators)
Der Schwarzsche Operator $\mathcal{S}_X \colon \mathcal{D}_X \to \mathcal{H}(\Omega_1'', \omega)$ *aus* (II.7.11) *ist auf dem dichten Teilraum* $\mathcal{D}_X := C_0^2(\Omega_1'')$ *Hermitesch und positiv. Es existiert für* $\mathcal{S}_X$ *eine selbstadjungierte Fortsetzung* $\mathcal{A}_X \colon \mathcal{D}_{\mathcal{A}_X} \to \mathcal{H}(\Omega_1'', \omega)$ *auf dem Definitionsbereich* $\mathcal{D}_{\mathcal{A}_X} = \mathcal{D}_{\widehat{\mathcal{A}_X}}$ *aus* (II.7.20). *Dieser Operator besitzt die Spektraldarstellung*

$$\mathcal{A}_X = \int_0^{+\infty} \lambda \, dE_X(\lambda) \qquad (\text{II.7.16})$$

mit der Spektralschar $\left\{ E_X(\lambda) \colon 0 < \lambda < +\infty \right\}$ *und einem diskreten Spektrum.*

Beweis: 1.) Der Schwarzsche Operator $\mathcal{S}_X$ aus Definition II.7.1 stellt den Laplace-Beltrami-Operator aus Definition II.6.1 zur isothermen Metrik

$$dr^2 = \omega(u,v)\Big(du^2 + dv^2\Big), \quad (u,v) \in \Omega_1''$$

auf dem punktierten Gebiet $\Omega_1'' \subset \Omega_1$ dar. Somit ist der Operator $\mathcal{S}_X$ nach der Proposition II.6.2 auf dem dichten Definitionsbereich $\mathcal{D}_X$ Hermitesch.

2.) Wir schätzen das Spektralinfimum mit der Gewichtsfunktion ω aus (II.7.6) wie folgt ab:

$$\Lambda(\mathcal{S}_X) := \inf\left\{\frac{\left(\varphi, \mathcal{S}_X\varphi\right)_{\mathcal{H}(\Omega_1'',\omega)}}{\left(\varphi, \varphi\right)_{\mathcal{H}(\Omega_1'',\omega)}}\,\middle|\,\varphi \in \mathcal{D}_X \setminus \{0\}\right\}$$

$$= \inf_{\varphi\in C_0^2(\Omega_1'')\setminus\{0\}} \frac{\int\int_{\Omega_1} |\nabla\varphi(u,v)|^2\, du dv}{\int\int_{\Omega_1} |\varphi(u,v)|^2\, \omega(u,v)\, du dv} \qquad\text{(II.7.17)}$$

$$\geq \frac{1}{\sup_{(u,v)\in\Omega_1} \omega(u,v)} \cdot \inf_{\varphi\in C_0^2(\Omega_1'')\setminus\{0\}} \frac{\int\int_{\Omega_1} |\nabla\varphi(u,v)|^2\, du dv}{\int\int_{\Omega_1} |\varphi(u,v)|^2\, du dv}$$

$$\geq \frac{\Lambda(\Omega_1)}{\sup_{(u,v)\in\Omega_1} \omega(u,v)} =: \Lambda(\Omega_1,\omega) \in (0,+\infty)\,.$$

Dabei tritt die Konstante $\Lambda(\Omega_1) \in (0,+\infty)$ bereits in der Formel (II.4.3) auf. Somit ist der Operator $\mathcal{S}_X$ im Sinne von Definition I.12.4 und I.12.5 positiv.

3.) Durch den Übergang zum Operator

$$\widehat{\mathcal{S}_X} := \frac{1}{\Lambda(\mathcal{S}_X)}\, \mathcal{S}_X \qquad\text{(II.7.18)}$$

können wir $\Lambda(\widehat{\mathcal{S}_X}) = 1$ erreichen. Dann ist $\widehat{\mathcal{S}_X}$ ein Courantoperator im Sinne von Definition II.4.1. Wir erklären die *Schwarzsche Energienorm*

$$\|\varphi\|_X := \sqrt{\left(\varphi, \widehat{\mathcal{S}_X}\varphi\right)_{\mathcal{H}(\Omega_1'',\omega)}} = \left[\Lambda(\mathcal{S}_X)\right]^{-\frac{1}{2}} \sqrt{\left(\varphi, \mathcal{S}_X\varphi\right)_{\mathcal{H}(\Omega_1'',\omega)}}$$

$$= \left[\Lambda(\mathcal{S}_X)\right]^{-\frac{1}{2}} \left(\int\int_{\Omega_1} |\nabla\varphi(u,v)|^2\, du dv\right)^{\frac{1}{2}} \quad\text{für alle}\quad \varphi \in \mathcal{D}_X\,. \qquad\text{(II.7.19)}$$

Diese Norm (II.7.19) ist offenbar zur Dirichlet-Norm (II.7.14) äquivalent. Bilden wir den Friedrichs-Definitionsbereich gemäß der Definition II.4.2, so erhalten wir den Schwarz-Friedrichs-Definitionsbereich $\mathcal{D}[\mathcal{S}_X]$ in Definition II.7.2.

4.) Gemäß der Definition II.4.4 erklären wir für den Courantoperator $\widehat{\mathcal{S}_X}$ auf dem u. a. Definitionsbereich $\mathcal{D}_{\widehat{A_X}}$ seine *Schwarz-Friedrichs-Fortsetzung*

$$\widehat{A_X} f := \widehat{\mathcal{S}_X}^* f\,, \quad f \in \mathcal{D}_{\widehat{A_X}} := \mathcal{D}[\mathcal{S}_X] \cap \mathcal{D}_{\widehat{\mathcal{S}_X}}\,. \qquad\text{(II.7.20)}$$

über den adjungierten Operator $\widehat{\mathcal{S}_X}^*$ von $\widehat{\mathcal{S}_X}$, welche die Inklusionen

$$\widehat{\mathcal{S}_X} \subset \widehat{A_X} \subset \widehat{\mathcal{S}_X}^*$$

erfüllt. Nach dem Theorem II.4.1 von K.O. Friedrichs stellt $\widehat{A_X}$ eine selbstadjungierte Fortsetzung des Courantoperators $\widehat{\mathcal{S}_X}: \mathcal{D}_X \to \mathcal{H}(\Omega_1'',\omega)$ dar. Ferner besitzt der Operator $\widehat{A_X}$ nach Theorem I.12.1 die Spektraldarstellung

$$\widehat{A_X} = \int_1^{+\infty} \lambda\, d\widehat{E_X}(\lambda) \qquad\text{(II.7.21)}$$

mit der Spektralschar $\widehat{E_X}(\lambda)$, $1 \leq \lambda < +\infty$.

5.) Der Schwarzsche Operator $\mathcal{S}_X = \Lambda(\mathcal{S}_X) \cdot \widehat{\mathcal{S}_X}$ besitzt die selbstadjungier-te Fortsetzung $\mathcal{A}_X := \Lambda(\mathcal{S}_X) \cdot \widehat{\mathcal{A}_X}$ auf den Definitionsbereich $\mathcal{D}_{\mathcal{A}_X} = \mathcal{D}_{\widehat{\mathcal{A}_X}}$. Weiter entnehmen wir (II.7.21) die Spektraldarstellung (II.7.16) mit der Spektralschar

$$E_X(\lambda) := \widehat{E_X}\left(\frac{\lambda}{\Lambda(\mathcal{S}_X)}\right) \quad , \quad \Lambda(\mathcal{S}_X) \leq \lambda < +\infty. \tag{II.7.22}$$

Hierbei verwenden wir die Invarianz der Friedrichs-Fortsetzung wie auch der Spektraldarstellung unter Dilatationen.

6.) Schließlich zeigen wir, dass der Operator $\mathcal{A}_X$ ein diskretes Spektrum besitzt. Wir betrachten das Energiefunktional

$$\begin{aligned}
\mathcal{E}_X(f) &:= \left(f, \mathcal{A}_X f\right)_{\mathcal{H}(\Omega_1'', \omega)} = \left(\mathcal{A}_X f, f\right)_{\mathcal{H}(\Omega_1'', \omega)} \\
&= \int_0^{+\infty} \lambda \|d\, E_X(\lambda) f\|^2 = \int\int_{\Omega_1} |D\, f(u,v)|^2 \, du\, dv \\
&\text{für alle} \quad f \in \mathcal{D}_{\mathcal{A}_X} \subset W_0^{1,2}(\Omega_1).
\end{aligned} \tag{II.7.23}$$

Sei nun eine Folge $f_k \in \mathcal{H}(\Omega_1'', \omega)$ mit $\|f_k\|_{\mathcal{H}(\Omega_1'', \omega)} = 1$ für $k = 1, 2, \ldots$ gegeben, deren Energie gemäß

$$\sup_{k \in \mathbb{N}} \mathcal{E}_X(f_k) < +\infty \tag{II.7.24}$$

nach oben beschränkt bleibt. Nach dem Rellichschen Auswahlsatz (siehe das Theorem 2.3 in [S5] Chap. 10 oder den Satz 3 in [S4], Kap. X, § 2) können wir zu einer in $L^2(\Omega_1)$ stark konvergente Teilfolge $\{f_{k_l}\}_{l=1,2,\ldots}$ übergehen. Wegen der Ungleichung

$$\begin{aligned}
\|f\|_{\mathcal{H}(\Omega_1'', \omega)} &= \sqrt{\left(f, f\right)_{\mathcal{H}(\Omega_1'', \omega)}} = \sqrt{\int\int_{\Omega_1} |f(u,v)|^2 \, \omega(u,v)\, du\, dv} \\
&\leq \sup_{(u,v) \in \Omega_1} \omega(u,v) \cdot \sqrt{\int\int_{\Omega_1} |f(u,v)|^2 \, du\, dv} \\
&= \sup_{(u,v) \in \Omega_1} \omega(u,v) \cdot \|f\|_{L^2(\Omega_1)} \quad \text{für alle} \quad f \in \mathcal{D}_{\mathcal{A}_X} \subset W_0^{1,2}(\Omega_1)
\end{aligned} \tag{II.7.25}$$

konvergiert die Folge $\{f_{k_l}\}_{l=1,2,\ldots}$ auch stark im Hilbertraum $\mathcal{H}(\Omega_1'', \omega)$. Nach dem Rellichschen Auswahlkriterium in Proposition I.12.3 besitzt dann der Operator $\mathcal{A}_X$ ein diskretes Spektrum.   q.e.d.

Bemerkungen:

i) Wenn die Minimalfläche X von einem Polygon $\Gamma \subset \mathbb{R}^3$ berandet wird, so erfüllt der Koeffizient in der dritten Fundamentalform die Regularitätsbedingung

$$\omega(u,v) = W(u,v) \cdot K(u,v) \in C^\alpha(\Omega_1) \cap L^1(\Omega_1) \quad \text{mit} \quad 0 < \alpha < 1.$$
(II.7.26)

Es könnte jedoch $\omega(u,v)$ in Punkten der Kreislinie $\partial\Omega_1$ singulär werden, welche den Eckpunkten auf dem Polygon Γ entsprechen, und somit der singuläre Fall

$$\sup_{(u,v)\in\Omega_1} \omega(u,v) = +\infty$$

auftreten. Durch die asymptotischen Entwicklungen von E. Heinz kann man die Regularität in den Eckpunkten des Polygons genauer studieren. Wir verweisen hier auf die Arbeit [H4] über *Minimalflächen im $\mathbb{R}^3$ mit polygonalem Rand*.

ii) In seinen Untersuchungen zur *Shiffmanschen Funktion* hat E. Heinz (siehe [H4] §3) eine selbstadjungierte Erweiterung für den *singulären Schwarzschen Operator*

$$S_X\phi := -\Delta\phi + 2W(u,v)K(u,v)\phi, \quad \phi \in C^2(\Omega_1) \cap C^0(\overline{\Omega_1})$$
$$\phi = 0 \quad \text{auf} \quad \partial\Omega_1$$
(II.7.27)

mittels der Störungstheorie konstruiert; hier verweisen wir auf das Theorem I.4.9. Man kann auch das tiefliegende Theorem II.9.3 anwenden, um die wesentliche Selbstadjungiertheit des singulären Schwarzschen Operators (II.7.27) zu zeigen.

iii) Mit den direkten Variationsmethoden wird in der Arbeit [S6] das Spektrum des verallgemeinerten Schwarzschen Operators für polygonal berandete parametrische Minimalflächen im $\mathbb{R}^p$ der Dimension $p \geq 3$ untersucht. Dabei reduziert sich im Fall $p = 3$ dieser Operator auf den Schwarzschen Operator (II.7.11). So kann man mit dem *Morse-Index* das lokale Verhalten 2-dimensionaler Minimalflächen im $\mathbb{R}^p$ klassifizieren.

Definition II.7.3. *Auf der Einheitssphäre $S^2 := \{Y \in \mathbb{R}^3 \colon |Y| = 1\}$ im $\mathbb{R}^3$ betrachten wir zum Nordpol $Z \in S^2$ die obere, offene Hemisphäre*

$$S^+(Z) := \left\{Y \in S^2 \colon Y \cdot Z > 0\right\}.$$
(II.7.28)

Proposition II.7.1. *Es sei $X \colon \Omega_1 \to \mathbb{R}^3$ eine parametrische Minimalfläche (II.7.1), deren sphärisches Bild $N \colon \Omega_1 \to S^2$ aus (II.7.3) in einer Hemisphäre $S^+(Z)$ mit einem geeigneten Nordpol $Z \in S^2$ wie folgt enthalten sei:*

$$N(\Omega_1) \subset S^+(Z)\,. \tag{II.7.29}$$

Dann gilt die Abschätzung $\Lambda(\mathcal{S}_X) \geq 2$ für das Spektralinfimum des Schwarzschen Operators $\mathcal{S}_X$ von dieser Minimalfläche X.

Beweis: Wir betrachten mit Hilfe von (II.7.29) die positive Hilfsfunktion

$$\psi(u,v) := N(u,v)\cdot Z,\ (u,v) \in \Omega_1^{''} \quad \text{mit} \quad \psi(u,v) > 0,\ \forall(u,v) \in \Omega_1^{''}. \tag{II.7.30}$$

Für die Normale ermitteln wir die Differentialgleichung

$$\Delta N(u,v) = 2N_u \wedge N_v = -2\omega(u,v)N(u,v) \quad \text{in} \quad \Omega_1^{''}\,. \tag{II.7.31}$$

Bilden wir zur isothermen Metrik

$$dr^2 = \omega(u,v)\Big(du^2 + dv^2\Big),\quad (u,v) \in \Omega_1^{''}$$

den Laplace-Beltrami-Operator Δ der Definition II.6.1, so erhalten wir aus (II.7.31) für die Funktion ψ aus (II.7.30) die Eigenwertgleichung

$$-\Delta\psi(u,v) = 2\psi(u,v)\,, \quad (u,v) \in \Omega_1^{''}\,. \tag{II.7.32}$$

Nun ist der Laplace-Beltrami-Operator Δ exakt positiv im Sinne von Definition II.6.2 mit $\Lambda = 2$ als Spektralkonstante, und die Proposition II.6.1 liefert die folgende Abschätzung

$$\frac{\int\int_{\Omega_1} |\nabla\chi(u,v)|^2\, dudv}{\int\int_{\Omega_1} |\chi(u,v)|^2\, \omega(u,v)\, dudv} \geq 2 \text{ für alle } \chi = \chi(u,v) \in C_0^1(\Omega_1^{''}) \setminus \{0\}.$$
$$\tag{II.7.33}$$

Somit folgt $\Lambda(\mathcal{S}_X) \geq 2$ wie oben behauptet.   q.e.d.

Mit Monotoniebetrachtungen für den kleinsten Eigenwert und mit Symmetrisierungsargumenten entwickelt man aus der Proposition II.7.1 das folgende

Theorem II.7.2. (J.L. Barbosa, M. do Carmo)
Sei $X\colon \Omega_1 \to \mathbb{R}^3$ eine parametrische, verzweigungspunktfreie Minimalfläche, deren sphärisches Bild in einem Gebiet $\mathcal{G} \subset S^2$ der Sphäre von einem Flächeninhalt $|\mathcal{G}| < 2\pi$ gemäß $N(\overline{\Omega_1}) \subset \mathcal{G}$ enthalten sei. Dann gilt die Abschätzung $\Lambda(\mathcal{S}_X) > 2$ für das Spektralinfimum des Schwarzschen Operators $\mathcal{S}_X$ dieser Minimalfläche X.

Beweis: Wir verweisen auf Section 5.4 im Lehrbuch [DHS] von U. Dierkes, S. Hildebrandt und F. Sauvigny sowie auf die Arbeit [BC] von J.L. Barbosa und M. do Carmo.   q.e.d.

§8 Spektraltheorie von Schrödingeroperatoren mit halbbeschränktem Potential

Der Schrödingeroperator H_q aus dem Beispiel I.4.1 stellt einen Differential-operator auf dem ganzen $\mathbb{R}^n$ der Dimension $n \in \mathbb{N}$ dar. Die Lebesgueräume $L^p(\Omega)$ zum Exponenten $1 \leq p < +\infty$ sind bei beschränktem Gebiet Ω separabel, und die Testfunktionen $C_0^\infty(\Omega)$ liegen in $L^p(\Omega)$ dicht. Bei beschränkten Gebieten Ω weisen Lebesgueräume die Monotonie $L^{p_1}(\Omega) \subset L^{p_2}(\Omega)$ für $1 \leq p_2 \leq p_1 < +\infty$ auf (siehe hierzu Theorem 7.14 und Theorem 7.10 in [S4] Chap. 2 oder Satz 7 und Satz 5 in [S2] Kap. II §7). Da diese Situation für unbeschränkte Gebiete Ω vollständig ungeklärt ist, so wollen wir nun genauer den Hilbertraum $L^2(\mathbb{R}^n)$ definieren.

Definition II.8.1. *Für alle $k \in \mathbb{N}_0$ betrachten wir die offenen Kugelschalen $\Omega_k := \left\{ x \in \mathbb{R}^n : k < |x| < k+1 \right\}$ vom Innenradius k und vom Außenradius $k+1$. Dann erklären wir den Post-Hilbertraum*

$$\mathcal{H}(\mathbb{R}^n) := \Big\{ f \colon \mathbb{R}^n \to \mathbb{R} \,\Big|\, f \text{ ist messbar und ihre Einschränkung}$$
$$\text{auf } \Omega_k \text{ erfüllt } f|_{\Omega_k} \in L^2(\Omega_k) \text{ für alle } k \in \mathbb{N}_0 \Big\}. \tag{II.8.1}$$

Im Raum $\mathcal{H}(\mathbb{R}^n)$ definieren wir das innere Produkt

$$\Big(f \, , \, g \Big)_{\mathcal{H}(\mathbb{R}^n)} := \sum_{k=0}^\infty \int_{\Omega_k} [f(x) \cdot g(x)] \, dx$$
$$= \lim_{k \to \infty} \int_{|x| \leq k} [f(x) \cdot g(x)] \, dx \quad \in \overline{\mathbb{R}} = \{-\infty\} \cup \mathbb{R} \cup \{+\infty\} \tag{II.8.2}$$

für alle $f, g \in \mathcal{H}(\mathbb{R}^n)$, mit denen die angegebene Reihe eigentlich oder un-eigentlich konvergiert und der angegebene Integralgrenzwert existiert. In dem Raum

$$L^2(\mathbb{R}^n) := \Big\{ f \in \mathcal{H}(\mathbb{R}^n) \,\Big|\, \Big(f \, , \, f \Big)_{\mathcal{H}(\mathbb{R}^n)} < +\infty \Big\} \tag{II.8.3}$$

erhalten wir den Hilbertraum der quadratintegrablen Funktionen auf dem $\mathbb{R}^n$ mit der Norm

$$\|f\|_{L^2(\mathbb{R}^n)} := \sqrt{\Big(f \, , \, f \Big)_{\mathcal{H}(\mathbb{R}^n)}} \in \mathbb{R}, \quad f \in L^2(\mathbb{R}^n). \tag{II.8.4}$$

Definition II.8.2. *Sei die Folge $f_l \in \mathcal{H}(\mathbb{R}^n)$ für $l = 1, 2, \ldots$ und das Grenz-element $f \in \mathcal{H}(\mathbb{R}^n)$ gegeben. Dann konvergiert diese Folge schwach in $\mathcal{H}(\mathbb{R}^n)$ gegen f, wenn die Relation*

$$\lim_{l \to \infty} \Big(f_l \, , \, g \Big)_{\mathcal{H}(\mathbb{R}^n)} = \Big(f \, , \, g \Big)_{\mathcal{H}(\mathbb{R}^n)} \quad \text{für alle} \quad g \in C_0^\infty(\mathbb{R}^n) \tag{II.8.5}$$

erfüllt ist. Wir schreiben dann $f_l \rightharpoonup f \, (l \to \infty)$ wie üblich.

Proposition II.8.1. *Der Post-Hilbertraum* $\mathcal{H}(\mathbb{R}^n)$ *ist separabel im folgenden Sinne: Es gibt eine Folge von Testfunktionen* $\varphi_l(x) \in C_0^\infty(\mathbb{R}^n)$ *für* $l = 1, 2, \ldots$, *so dass für jedes* $f \in \mathcal{H}(\mathbb{R}^n)$ *eine Teilfolge* $\{\varphi_{l_m}(x)\}_{m=1,2,\ldots} \subset \{\varphi_l(x)\}_{l=1,2,\ldots}$ *mit der Eigenschaft* $\varphi_{l_m} \rightharpoonup f$ $(m \to \infty)$ *existiert. Weiter ist der Hilbertraum* $L^2(\mathbb{R}^n)$ *im üblichen Sinne separabel.*

Beweis: 1.) Der Post-Hilbertraum ist wie folgt als direkte Summe konstruiert:

$$\mathcal{H}(\mathbb{R}^n) = L^2(\Omega_0) \oplus L^2(\Omega_1) \oplus L^2(\Omega_2) \oplus L^2(\Omega_3) \oplus \ldots \qquad \text{(II.8.6)}$$

Nach dem Theorem 7.14 in Chap. 2 von [S4] oder dem Satz 7 in [S2] Kap. II § 7 gibt es für jedes $k \in \mathbb{N}_0$ eine Folge

$$\{\varphi_{l_k}^{(k)}(x)\}_{l_k=1,2,\ldots} \subset C_0^\infty(\Omega_k)\,,$$

welche im Hilbertraum $L^2(\Omega_k)$ dicht liegt.

2.) Wir betrachten nun die abzählbare Familie von Testfunktionen

$$\varphi_{l_0, l_1, \ldots, l_m} := \varphi_{l_0}^{(0)}(x) \cdot \varphi_{l_1}^{(1)}(x) \cdot \ldots \cdot \varphi_{l_m}^{(m)}(x) \in C_0^\infty(\mathbb{R}^n)$$
$$\text{für} \quad m = 1, 2, \ldots \quad \text{und} \quad l_0, l_1, \ldots = 1, 2, 3, \ldots \qquad \text{(II.8.7)}$$

Da nach Definition II.8.2 die schwache Konvergenz nur auf jedem Kompaktum kontrolliert wird, so können wir zu jeder Funktion $f \in \mathcal{H}(\mathbb{R}^n)$ eine Teilfolge von (II.8.7) finden, welche schwach gegen f konvergiert.

3.) Über die Darstellung (II.8.7) zusammen mit der Charakterisierung (II.8.3) zeigt man auch die Separabilität vom Hilbertraum $L^2(\mathbb{R}^n)$.   q.e.d.

Wir betrachten nun *wesentlich beschränkte Funktionen im* $\mathbb{R}^n$ mit dem Raum

$$L^\infty(\mathbb{R}^n) := \Big\{ f \colon \mathbb{R}^n \to \mathbb{R} \,\Big|\, f \text{ ist messbar, und es gilt}$$
$$-\infty < \operatorname{ess\,inf}\{f(x) : x \in \mathbb{R}^n\} \le \operatorname{ess\,sup}\{f(x) : x \in \mathbb{R}^n\} < +\infty \Big\}. \qquad \text{(II.8.8)}$$

Offenbar ist $L^\infty(\mathbb{R}^n) \subset \mathcal{H}(\mathbb{R}^n)$ erfüllt, und wir vereinbaren die sinnvolle

Definition II.8.3. *Die Elemente* $f \in L^2(\mathbb{R}^n)$ *nennen wir gebundene Elemente. Das Element* $f \in L^\infty(\mathbb{R}^n)$ *heißt ein ungebundenes Element, falls als inneres Produkt*

$$\big(f\,,\,f\big)_{\mathcal{H}(\mathbb{R}^n)} = +\infty$$

erscheint, und f *somit nicht im Hilbertraum* $L^2(\mathbb{R}^n)$ *liegt.*

Wir wenden uns nun den Schrödingeroperatoren aus dem Beispiel II.4.2 zu und betrachten die Hermiteschen Operatoren

$$H_q f(x) := -\Delta f(x) + q(x)f(x), \quad x \in \mathbb{R}^n \quad, \quad f \in \mathcal{D}_{H_q} := C_0^\infty(\mathbb{R}^n). \quad \text{(II.8.9)}$$

Dabei sei das lokal integrable Potential $q = q(x) \in L^1_{loc}(\mathbb{R}^n)$ nach unten wesentlich beschränkt durch die Konstante

$$\Gamma(q) := \operatorname{ess\,inf}\{q(x) \colon x \in \mathbb{R}^n\} > -\infty. \quad \text{(II.8.10)}$$

Wir zeigen nun das

Theorem II.8.1. (Spektraldarstellung des Schrödingeroperators) *Sei beim Schrödingeroperator H_q aus (II.8.9) das Potential $q \in L^1_{loc}(\mathbb{R}^n)$ nach unten durch eine Konstante $\Gamma(q) \in \mathbb{R}$ gemäß (II.8.10) beschränkt. Dann besitzt H_q eine selbstadjungierte Friedrichs-Fortsetzung $A_q \supset H_q$ auf den Definitionsbereich $\mathcal{D}_{A_q}$ gemäß (II.8.15) und die Spektraldarstellung*

$$A_q = \int_{\Lambda(q)}^{+\infty} \lambda \, d\,E_q(\lambda) \quad \text{(II.8.11)}$$

mit einer Spektralschar $\{E_q(\lambda) \colon \Lambda(q) \le \lambda < +\infty\}$, wobei die Konstante $\Lambda(q)$ in (II.4.10) erklärt wurde.

Beweis: 1.) Wir betrachten im Beispiel II.4.2 mit $-\infty < \Gamma(q) \le \Lambda(q) < +\infty$ aus (II.4.10) den Courantoperator

$$H_{[q]}f(x) = -\Delta f(x) + \Big(1 + [q(x) - \Lambda(q)]\Big)f(x), \, x \in \mathbb{R}^n; \, \forall f \in \mathcal{D}_{H_q}. \quad \text{(II.8.12)}$$

Zum Operator $H_{[q]}$ erklären wir den Schrödinger-Friedrichs-Definitionsbereich

$$\mathcal{D}[H_{[q]}] := \Big\{ f \in L^2(\mathbb{R}^n) \Big| \text{ Es existiert eine Folge } \{f_k\}_{k \in \mathbb{N}} \subset \mathcal{D}_{H_q} \text{ mit}$$

$$\|f_k - f_l\|_{H_{[q]}} \to 0 \, (k, l \to \infty) \text{ und } \|f - f_k\|_{\mathcal{H}(\mathbb{R}^n)} \to 0 \, (k \to \infty) \Big\}. \quad \text{(II.8.13)}$$

Hierin verwenden wir die Schrödingersche Energienorm

$$\|f\|_{H_{[q]}} = \sqrt{\int_{\mathbb{R}^n} \Big(|\nabla f(x)|^2 + q(x)|f(x)|^2\Big)\,dx + \Big(1 - \Lambda(q)\Big)\int_{\mathbb{R}^n} |f(x)|^2\,dx}$$

$$\text{für alle} \quad f \in \mathcal{D}_{H_q}. \quad \text{(II.8.14)}$$

2.) Auf dem in (II.8.15) angegebenen Definitionsbereich $\mathcal{D}_{A_q}$ erklären wir die Schrödinger-Friedrichs-Fortsetzung

$$A_{[q]}f := H_{[q]}^* f \quad, \quad f \in \mathcal{D}_{A_q} := \mathcal{D}[H_{[q]}] \cap \mathcal{D}_{H_{[q]}^*} \quad \text{(II.8.15)}$$

mit der Eigenschaft $H_{[q]} \subset A_{[q]} \subset H_{[q]}^*$. Das Theorem II.4.1 von K. Friedrichs zusammen mit dem Spektralsatz I.12.1 für selbstadjungierte Operatoren liefert die Spektraldarstellung

$$A_{[q]} = \int_1^{+\infty} \lambda \, dE_{[q]}(\lambda) \tag{II.8.16}$$

mit der Spektralschar $\{E_{[q]}(\lambda) \colon 1 \leq \lambda < +\infty\}$.

3.) Für den Operator H_q erhalten wir aus der Identität (II.8.16) die Darstellung

$$A_q = \int_1^{+\infty} \left(\lambda + \Lambda(q) - 1\right) dE_{[q]}(\lambda) . \tag{II.8.17}$$

Mit der Substitution

$$\mu = \lambda + \Lambda(q) - 1 , \quad 1 \leq \lambda < +\infty \tag{II.8.18}$$

und der Spektralschar

$$E_q(\mu) := E_{[q]}\left(\mu + 1 - \Lambda(q)\right) , \quad \Lambda(q) \leq \mu < +\infty \tag{II.8.19}$$

erhalten wir aus (II.8.17) die folgende Darstellung

$$
\begin{aligned}
A_q &= \int_1^{+\infty} \left(\lambda + \Lambda(q) - 1\right) dE_{[q]}(\lambda) \\
&= \int_{\Lambda(q)}^{+\infty} \mu \, dE_{[q]}\left(\mu + 1 - \Lambda(q)\right) = \int_{\Lambda(q)}^{+\infty} \mu \, dE_q(\mu) .
\end{aligned}
\tag{II.8.20}
$$

Somit haben wir die gesuchte Spektraldarstellung (II.8.11) gefunden.

q.e.d.

Bemerkungen:

i) Der Schrödingeroperator besitzt in der Quantenmechanik eine zentrale Bedeutung (siehe Kapitel IV und V im Skriptum von H.J. Borchers [B]). Häufig sind die Potentiale nach unten unbeschränkt, und somit ist die Frage nach selbstadjungierten Fortsetzungen dieser Operatoren intensiv in der Spektraltheorie behandelt worden.

ii) Ein erstes Ergebnis in diesem Zusammenhang verdankt man E. Wienholtz [W], der bei den Potentialen $q = q(x) \in C^0(\mathbb{R}^n)$ unter der Bedingung

$$q(x) \geq -q_0 - q_1 \cdot |x|^2 \quad \text{für alle} \quad x \in \mathbb{R}^n \tag{II.8.21}$$

für gewisse Zahlen $q_0, q_1 \in [0, +\infty)$ die wesentliche Selbstadjungiertheit des zugehörigen Schrödingeroperators gezeigt hat. Wir werden am Ende des § II.9 ein ähnliches Resultat zur wesentlichen Selbstadjungiertheit von Schrödingeroperatoren mit einem nach unten unbeschränkten Potential präsentieren.

iii) Insbesondere das Ergebnis von E. Wienholtz wird im interessanten Lehrbuch von G. Hellwig *Differentialoperatoren der mathematischen Physik*

[He] dargestellt im Satz 6 des Kapitel IV, Abschnitt 3.4. Schrödingeroperatoren mit stetigen Potentialen außerhalb isolierter Punkte, die gewisse
Singularitäten zulassen, werden in [He] Kapitel IV, Abschnitt 4.1 behandelt; deren selbstadjungierte Fortsetzbarkeit hat zuerst F. Stummel [St]
untersucht.

iv) Die Spektraltheorie von gewöhnlichen sowie partiellen Differentialoperatoren wurde von G. Hellwig und seinen Schülern H.W. Rhode, J. Walter,
U.W. Schmincke, R. Wüst und H. Kalf intensiv studiert und wesentlich be-
reichert; man siehe hierzu insbesondere die Literaturangaben in [He] und
[K]. Auch meine Interessen an der Spektraltheorie verdanke ich wesentlich
der Assistentenzeit am Institut für Mathematik der Rheinisch-Westfäli-
schen Technischen Hochschule Aachen.

v) Schon F. Rellich hat die Frage nach einer selbstadjungierten Fortsetzung
von Schrödingeroperatoren als Störungsproblem betrachtet. Diese Untersuchungen wurden von T. Kato weitergeführt und sind in seinem wohlbekannten Lehrbuch *Perturbations of Linear Operators* [K] weitergeführt.
Mit Schrödingeroperatoren befassen sich dort inbesondere Chap. V, § 5
sowie Chap. VI, § 4; hierbei liegen die Potentiale in geeigneten Lebesgue-
räumen.

vi) Eine neuere Darstellung der Störungstheorie selbstadjungierter Operatoren im Hilbertraum, einschließlich der Schrödingeroperatoren, wird in
Chap. 8 des interessanten Lehrbuchs [Sm] von K. Schmüdgen gegeben. Wir
kommen in unserem Lehrbuch mit elementaren funktionalanalytischen Methoden aus und verbleiben näher an der Theorie partieller Differentialgleichungen.

Beispiel II.8.1. Eindimensionaler Schrödingeroperator mit Stufenpotential: Zu
$N \in \mathbb{N}$ betrachten wir die Zerlegung der rellen Achse durch die Punkte

$$- \infty = p_0 < p_1 < p_2 < \ldots < p_{N-2} < p_{N-1} < p_N = +\infty \qquad (\text{II.8.22})$$

und wählen die reellen Zahlen

$$q_1, q_2, \ldots, q_{N-1}, q_N . \qquad (\text{II.8.23})$$

Dann erklären wir das *Stufenpotential*

$$q(x) := \begin{cases} q_1 & p_0 < x < p_1 \\ q_2 & p_1 < x < p_2 \\ \vdots & \\ q_{N-1} & p_{N-2} < x < p_{N-1} \\ q_N & p_{N-1} < x < p_N \end{cases} \qquad (\text{II.8.24})$$

Zum Parameter $\lambda \in \mathbb{R}$ betrachten wir für den Schrödingeroperator

$$H_q := -\frac{d^2}{dx^2} + q(x)\,, \quad x \in \mathbb{R}$$

die Eigenwertgleichung

$$H_q f(x) = -\frac{d^2}{dx^2}\,f(x) + q(x)f(x) = \lambda\,f(x)\,, \quad x \in \mathbb{R} \qquad \text{(II.8.25)}$$

beziehungsweise

$$-\frac{d^2}{dx^2}\,f(x) + \Big(q(x) - \lambda\Big)\,f(x) = 0\,, \quad x \in \mathbb{R}\,. \qquad \text{(II.8.26)}$$

Wir erhalten als Lösungen dieser gewöhnlichen Differentialgleichung zweiter Ordnung auf den entsprechenden Intervallen die Funktionen

$$f_j(x) := a_j \exp\Big(x\,\sqrt{q_j - \lambda}\,\Big) + b_j \exp\Big(-x\,\sqrt{q_j - \lambda}\,\Big),$$

$$x \in (p_{j-1}, p_j)\,\text{für diejenigen}\,j = 1, \ldots, N\,\text{mit}\,\lambda \neq q_j \quad \text{sowie} \qquad \text{(II.8.27)}$$

$$f_j(x) := \alpha_j x + \beta_j,\, x \in (p_{j-1}, p_j)\,\text{für}\,j = 1, \ldots, N\,\text{mit}\,\lambda = q_j\,.$$

Die Konstanten $a_1, \ldots, a_N$ und $b_1, \ldots, b_N$ beziehungsweise $\alpha_1, \ldots, \alpha_N$ und $\beta_1, \ldots, \beta_N$ sind nun so zu wählen, dass die Übergangsbedingungen

$$f_j(p_j-) = f_{j+1}(p_j+)\,\text{und}\,f_j'(p_j-) = f_{j+1}'(p_j+)\,\text{für}\,j = 1, \ldots, N-1$$
$$\text{(II.8.28)}$$

erfüllt sind. Dieses führt auf lineare Gleichungssysteme für die Koeffizienten $a_1, \ldots, a_N$ und $b_1, \ldots, b_N$ beziehungsweise $\alpha_1, \ldots, \alpha_N$ und $\beta_1, \ldots, \beta_N$. Dann bestimmen wir die Parameter $\lambda \in \mathbb{R}$ so, dass die Lösungen (II.8.27) gebundene oder ungebundene Eigenelemente der Schrödingergleichung darstellen.

Von der Interpretation der Streuung freier und gebundener Teilchen an einem Potential in der Quantenmechanik (siehe im Kapitel V des Skriptums von H. J. Borchers [B] den § 1) gewinnt man die folgende

Definition II.8.4. *Das Potential* $q \in L^1_{loc}(\mathbb{R}^n)$ *nennen wir begrenzend, wenn das folgende wesentliche Infimum existiert*

$$\varrho(r) := \mathrm{ess\,inf}\{q(x)\colon r < |x| < +\infty\} \in (0, +\infty)\,\textit{für alle}\,0 \leq r < +\infty$$
$$\text{(II.8.29)}$$

unter der asymptotischen Bedingung

$$\lim_{r \to +\infty} \varrho(r) = +\infty\,. \qquad \text{(II.8.30)}$$

Mit dem Rellichschen Auswahlkriterium aus der Proposition I.12.3 zeigen wir

Theorem II.8.2. *Sei der Schrödingeroperator H_q aus (II.8.9) gegeben, dessen Potential $q \in L^1_{loc}(\mathbb{R}^n)$ gemäß der Definition II.8.4 begrenzend sei. Dann besitzt seine selbstadjungierte Friedrichs-Fortsetzung $A_q \supset H_q$ aus dem Theorem II.8.1 ein diskretes Spektrum mit den Eigenwerten*

$$0 \le \lambda_1 \le \lambda_2 \le \lambda_3 \le \ldots \quad und \quad \lambda_k \to +\infty \quad (k \to \infty). \tag{II.8.31}$$

Beweis: 1.) Über die Setzungen (II.8.1) und (II.8.2) betrachten wir eine Folge

$$f_k \in \mathcal{H}(\mathbb{R}^n) \quad mit \quad \Big(f_k, f_k\Big)_{\mathcal{H}(\mathbb{R}^n)} = 1 \quad für \quad k = 1, 2, \ldots \tag{II.8.32}$$

unter der Energiebeschränkung

$$C_q := \sup_{k \in \mathbb{N}} \Big(A_q f_k, f_k\Big)_{\mathcal{H}(\mathbb{R}^n)} < +\infty. \tag{II.8.33}$$

Um mittels Proposition I.12.3 den diskreten Charakter des Spektrums zu zeigen, haben wir aus obiger Folge eine Teilfolge $\{f_{k_l}\}_{l \in \mathbb{N}} \subset \{f_k\}_{k \in \mathbb{N}}$ auszuwählen, welche in der $\|\,.\,\|_{\mathcal{H}(\mathbb{R}^n)}$-Norm wie folgt konvergiert:

$$\Big(f_{k_l} - f_{k_m}, f_{k_l} - f_{k_m}\Big)_{\mathcal{H}(\mathbb{R}^n)} \to 0 \quad (l, m \to \infty).$$

2.) Hierzu verwenden wir die Folge von Hilfsfunktionen

$$\chi_j = \chi_j(x) \colon \mathbb{R}^n \to [0,1] \in W^{1,\infty}(\mathbb{R}^n) \cap C^0_0(\mathbb{R}^n), \quad j = 1, 2, 3, \ldots \tag{II.8.34}$$

erklärt durch

$$\chi_j(x) := \begin{cases} 1 & \text{für} \quad x \in \mathbb{R}^n \quad \text{mit} \quad 0 \le |x| \le j \\ j+1-|x| & \text{für} \quad x \in \mathbb{R}^n \quad \text{mit} \quad j < |x| < j+1 \\ 0 & \text{für} \quad x \in \mathbb{R}^n \quad \text{mit} \quad j+1 \le |x| < +\infty \end{cases}, \tag{II.8.35}$$

mit den folgenden Eigenschaften:

$$|\chi_j(x)| \le 1, \; \forall\, x \in \mathbb{R}^n \quad \text{und} \quad |D\chi_j(x)| \le 1 \, \text{f.ü. im}\, \mathbb{R}^n \, (j = 1, 2, \ldots). \tag{II.8.36}$$

Weiter definieren wir die Hilfsfunktionen

$$\omega_j(x) := 1 - \chi_j(x) \colon \mathbb{R}^n \to [0,1] \in W^{1,\infty}(\mathbb{R}^n) \cap C^0(\mathbb{R}^n), \; j = 1, 2, \ldots \tag{II.8.37}$$

mit den Eigenschaften

$$|\omega_j(x)| \le 1, \; \forall\, x \in \mathbb{R}^n \quad \text{und} \quad |D\omega_j(x)| \le 1 \, \text{f.ü. im}\, \mathbb{R}^n \, (j = 1, 2, \ldots), \tag{II.8.38}$$

welche gemäß

$$1 = \omega_j(x) + \chi_j(x), \quad x \in \mathbb{R}^n, \quad j = 1, 2, \ldots \tag{II.8.39}$$

eine Zerlegung der Eins liefern.

3.) Zu festem $j \in \mathbb{N}$ betrachten wir nun im Post-Hilbertraum $\mathcal{H}(\mathbb{R}^n)$ die Folgen

$$g_{kj}(x) := f_k(x)\chi_j(x), \ x \in \mathbb{R}^n \quad \text{und} \quad h_{kj}(x) := f_k(x)\omega_j(x), \ x \in \mathbb{R}^n$$
(II.8.40)

für $k = 1, 2, \ldots$ mit der folgenden Eigenschaft:

$$f_k(x) = g_{kj}(x) + h_{kj}(x), \quad x \in \mathbb{R}^n \quad (k = 1, 2, \ldots). \tag{II.8.41}$$

Für das Gebiet $\Theta_j := \{ x \in \mathbb{R}^n \colon |x| < j + 1 \}$ liegt die Folge $\{g_{kj}\}_{k=1,2,\ldots}$ im Sobolevraum $W_0^{1,2}(\Theta_j)$, und es gilt wegen (II.8.32) und (II.8.33) die Ungleichung

$$\left(Dg_{kj}, Dg_{kj} \right)_{\mathcal{H}(\mathbb{R}^n)} =$$

$$\left(Df_k \cdot \chi_j + f_k \cdot D\chi_j, Df_k \cdot \chi_j + f_k \cdot D\chi_j \right)_{\mathcal{H}(\mathbb{R}^n)} =$$

$$\left(Df_k \cdot \chi_j, Df_k \cdot \chi_j \right)_{\mathcal{H}(\mathbb{R}^n)} + \left(f_k \cdot D\chi_j, f_k \cdot D\chi_j \right)_{\mathcal{H}(\mathbb{R}^n)}$$

$$+ \left(Df_k \cdot \chi_j, f_k \cdot D\chi_j \right)_{\mathcal{H}(\mathbb{R}^n)} + \left(f_k \cdot D\chi_j, Df_k \cdot \chi_j \right)_{\mathcal{H}(\mathbb{R}^n)} \tag{II.8.42}$$

$$\leq 2 \left(Df_k \cdot \chi_j, Df_k \cdot \chi_j \right)_{\mathcal{H}(\mathbb{R}^n)} + 2 \left(f_k \cdot D\chi_j, f_k \cdot D\chi_j \right)_{\mathcal{H}(\mathbb{R}^n)}$$

$$\leq 2C_q + 2 \quad \text{für alle} \quad k \in \mathbb{N}.$$

4.) Weiter entnehmen wir (II.8.29) und (II.8.33) die Abschätzungen

$$C_q \geq \left(qf_k, f_k \right)_{\mathcal{H}(\mathbb{R}^n)} \geq \left(qf_k\,\omega_j, f_k\,\omega_j \right)_{\mathcal{H}(\mathbb{R}^n)} \geq \varrho(j)\left(h_{kj}, h_{kj} \right)_{\mathcal{H}(\mathbb{R}^n)}$$
(II.8.43)

beziehungsweise

$$\left(h_{kj}, h_{kj} \right)_{\mathcal{H}(\mathbb{R}^n)} \leq \frac{C_q}{\varrho(j)} \quad \text{für alle} \quad k, j \in \mathbb{N}. \tag{II.8.44}$$

Die Eigenschaft (II.8.30) liefert $\lim_{j\to\infty} \varrho(j) = +\infty$, und wir erhalten

$$\lim_{j\to\infty} \left(h_{kj}, h_{kj} \right)_{\mathcal{H}(\mathbb{R}^n)} = 0 \quad \text{gleichmäßig für alle} \quad k \in \mathbb{N}. \tag{II.8.45}$$

5.) Für jedes feste $j \in \mathbb{N}$ können wir wegen der Abschätzung (II.8.42) aus der Folge $\{g_{kj}\}_{k=1,2,\ldots}$ mit dem Rellichschen Auswahlsatz im Sobolevraum $W_0^{1,2}(\Theta_j)$ eine stark konvergente Teilfolge im Hilbertraum $L^2(\Theta_j)$ auswählen. Man siehe hierzu das Theorem 2.3 in [S5] Chap. 10 oder den Satz 3 in [S3]

Kap. X § 2. Beachten wir ferner die Zerlegung (II.8.41) und die asymptotische Eigenschaft (II.8.45), so können wir auf der rechten Seite von (II.8.41) durch Übergang zur Diagonalfolge eine im Hilbertraum $L^2(\mathbb{R}^n)$ stark konvergente Teilfolge auswählen. Somit können wir von der Folge $\{f_k\}_{k=1,2,\ldots}$ zu einer stark konvergenten Teilfolge übergehen. Also besitzt die selbstadjungierte Fortsetzung des Schrödingeroperators A_q ein diskretes Spektrum.

q.e.d.

§9 Die wesentliche Selbstadjungiertheit von Schrödingeroperatoren

Besitzt ein Schrödingeroperator ein Potential, welches nach unten unbeschränkt ist, so kommt eine Friedrichs-Fortsetzung für diesen nicht mehr in Frage. Somit bleibt uns nur die Möglichkeit, für solche Operatoren die Übereinstimmung ihrer beiden Defektindizes zu prüfen. Mit der Regularitätstheorie elliptischer Differentialgleichungen untersuchen wir zunächst die Defekträume von Schrödingeroperatoren, um dann gewisse Teilklassen als wesentlich selbstadjungiert zu erkennen. Beim Vorliegen dieser Eigenschaft können wir solche Operatoren abschließen zu einem selbstadjungierten Operator, um dann eine Spektraldarstellung für sie zu gewinnen. Wir wollen hier Schrödingeroperatoren auf beliebigen Gebieten $\Omega \subset \mathbb{R}^n$ betrachten, wobei sowohl $\Omega = \mathbb{R}^n$, $\Omega = \mathbb{R}^n \setminus \{0\}$ als auch $\Omega = \Omega_1 := \{x \in \mathbb{R}^n : |x| < 1\}$ für $n = 1, 2, 3, \ldots$ von Interesse sind; als Gebiet Ω könnten wir auch den *punktierten Euklidischen Raum* $\Omega := \mathbb{R}^n \setminus \{x^{(1)}, \ldots, x^{(N)}\}$ mit den $N \in \mathbb{N}$ Punkten $\{x^{(j)}\}_{j=1,\ldots,N}$ des $\mathbb{R}^n$ wählen.

Definition II.9.1. *Wir nennen eine Funktion $q = q(x) \colon \Omega \to \mathbb{R}$ im Gebiet $\Omega \subset \mathbb{R}^n$ Hölder-stetig, wenn es für jede kompakt enthaltene, offene Menge $\Theta \subset\subset \Omega$ gewisse Konstanten $H = H(\Theta) \in (0, +\infty)$ und $\alpha = \alpha(\Theta) \in (0, 1]$ gibt mit der folgenden Eigenschaft:*

$$|q(x) - q(\widetilde{x})| \le H(\Theta) \cdot |x - \widetilde{x}|^{\alpha(\Theta)} \quad \text{für alle Punkte} \quad x, \widetilde{x} \in \overline{\Theta}. \quad \text{(II.9.1)}$$

Definition II.9.2. *Auf dem Gebiet $\Omega \subset \mathbb{R}^n$ mit der Hölder-stetigen Funktion $q = q(x) \colon \Omega \to \mathbb{R}$ betrachten wir den Schrödingeroperator*

$$H_{\Omega,q} f(x) := -\Delta f(x) + q(x)\, f(x), \ x \in \Omega \,;\ f \in \mathcal{D}_{H_{\Omega,q}} := C_0^2(\Omega)\,. \quad \text{(II.9.2)}$$

Wir betrachten im Theorem II.9.2 Schrödingeroperatoren $H_{\Omega,q}$ mit dem Potential $q(x) = -\omega(x)$, $x \in \Omega$; dabei erzeugt die Funktion $\omega \colon \Omega \to (0, +\infty)$ eine stabile isotherme Metrik im folgenden Sinne:

Definition II.9.3. *Auf dem beliebigen Gebiet $\Omega \subset \mathbb{R}^n$ mit $n \in \mathbb{N}$ erklären wir die isotherme Metrik*

$$ds^2 := \omega(x_1, \ldots, x_n) \left(dx_1^2 + \ldots + dx_n^2 \right), \quad x = (x_1, \ldots, x_n) \in \Omega$$
$$\text{(II.9.3)}$$

mit der Hölder-stetigen Gewichtsfunktion $\omega(x) \colon \Omega \to (0, +\infty)$.

Wir nennen diese Metrik ds^2 stabil auf Ω, wenn es ein $\gamma > 0$ gibt, so dass

$$\int_\Omega |\nabla \chi(x)|^2 dx \ge \gamma \int_\Omega \chi^2(x) \omega(x) dx \quad \text{für alle} \quad \chi = \chi(x) \in C_0^1(\Omega) \quad \text{(II.9.4)}$$

gilt. Wir nennen ω eine Stabilitätsfunktion mit der Stabilitätskonstante γ.

Bemerkungen:

i) Die Stabilitätsfunktion ω kann am Rand des Gebiets $\Omega \subset \mathbb{R}^n$ singulär werden, insbesondere in den isolierten Punkten $\{x^{(j)}\}_{j=1,\dots,N}$ des entsprechend punktierten Euklidischen Raumes.

ii) Die isotherme Metrik

$$ds^2 := \omega(x_1, \dots, x_n)\left(dx_1^2 + \dots + dx_n^2\right), \quad x = (x_1, \dots, x_n) \in \Omega$$

ist genau dann stabil, wenn die mit dem positiven Faktor $a > 0$ multiplizierte Metrik

$$\widetilde{ds^2} := a \cdot \omega(x_1, \dots, x_n)\left(dx_1^2 + \dots + dx_n^2\right), \quad x = (x_1, \dots, x_n) \in \Omega$$

stabil ist.

iii) Nun gebe es eine Spektralfunktion ψ als nullstellenfreie Lösung der Eigenwertgleichung

$$\psi = \psi(x) \in C^2(\Omega); \ -\Delta\psi(x) = \gamma\omega(x)\psi(x), \ \psi(x) \neq 0, \ \forall x \in \Omega \quad \text{(II.9.5)}$$

zu einer Spektralkonstante $\gamma > 0$. Dann wird der Laplace-Beltrami-Operator aus (II.6.1) von der isothermen Metrik (II.9.3)

$$\Delta\psi(x) := \frac{1}{\omega(x)} \sum_{i=1}^{n} \frac{\partial}{\partial x_i} \psi_{x_i}(x), \quad x \in \Omega$$

im Sinne von Definition II.6.2 exakt positiv. Nach Proposition II.6.1 ist folglich die Ungleichung (II.9.4) mit der Stabilitätskonstante $\gamma > 0$ erfüllt, und die isotherme Metrik (II.9.3) ist somit stabil.

iv) Seien die stabilen Metriken $ds_j^2 = \omega_j(x)|dx|^2$, $x \in \Omega$ mit den Stabilitätsfunktionen $\omega_j : \Omega \to (0, +\infty)$ und den Stabilitätskonstanten $\gamma_j > 0$ im Sinne der Ungleichung

$$\int_\Omega |\nabla\chi(x)|^2 dx \geq \gamma_j \int_\Omega \chi^2(x)\omega_j(x)dx, \quad \forall \chi = \chi(x) \in C_0^1(\Omega)$$

für $j = 1, \dots, N$ gegeben. Weiter seien die Zahlen $a_j > 0$ für $j = 1, \dots, N$ unter der Konvexitätsbedingung $\sum_{j=1}^{N} a_j = 1$ gewählt. Dann genügt die Funktion $\omega(x) := \sum_{j=1}^{N} a_j\omega_j(x)$, $x \in \Omega$ mit der u.a. Konstante $\gamma > 0$ der folgenden Ungleichung:

$$\int_\Omega |\nabla\chi(x)|^2 dx = \sum_{j=1}^N \int_\Omega a_j\,|\nabla\chi(x)|^2 dx$$

$$\geq \sum_{j=1}^N \gamma_j \int_\Omega \chi^2(x)a_j\omega_j(x)dx \geq \sum_{j=1}^N \gamma \int_\Omega \chi^2(x)a_j\omega_j(x)dx \qquad \text{(II.9.6)}$$

$$= \gamma \int_\Omega \chi^2(x)\Big(\sum_{j=1}^N a_j\omega_j(x)\Big)\,dx = \gamma \int_\Omega \chi^2(x)\omega(x)\,dx$$

$$\text{für alle}\quad \chi = \chi(x) \in C_0^1(\Omega)\,.$$

Somit ist die konvex kombinierte Metrik $ds^2 = \omega(x)\,|dx|^2$, $x \in \Omega$ stabil auf der Menge Ω mit der Stabilitätskonstante $\gamma := \min\{\gamma_1, \ldots, \gamma_N\} > 0$.

Offenbar stellt auf dem ganzen Raum die Euklidische Metrik

$$ds^2 := 1 \cdot \Big(dx_1^2 + \ldots + dx_n^2\Big), \quad x = (x_1, \ldots, x_n) \in \mathbb{R}^n$$

keine stabile isotherme Metrik dar. Es kann nämlich keine positive Stabilitätskonstante γ für die Ungleichung (II.9.4) gefunden werden. Wir haben jedoch das folgende interessante Resultat im

Beispiel II.9.1. (**Stabile singuläre isotherme Metrik**)

Für die Raumdimensionen $n \geq 3$ ist die isotherme Metrik

$$ds^2 := \frac{1}{x_1^2 + \ldots + x_n^2}\Big(dx_1^2 + \ldots + dx_n^2\Big), \quad x = (x_1, \ldots, x_n) \in \mathbb{R}^n \backslash \{0\} \quad \text{(II.9.7)}$$

im Sinne von Definition II.9.3 stabil. Hierzu betrachten wir die Hilfsfunktion

$$\psi(x) := \Big(x_1^2 + \ldots + x_n^2\Big)^{\frac{\alpha}{2}} = r^\alpha, \; x \in \mathbb{R}^n \backslash \{0\} \quad \text{mit}\quad r := |x|$$

$$= \Big(x_1^2 + \ldots + x_n^2\Big)^{\frac{1}{2}} \quad \text{und dem Exponenten}\quad 2 - n < \alpha < 0. \qquad \text{(II.9.8)}$$

Mit dem Laplaceoperator in Polarkoordinaten aus Section 8 in [S5] Chap. 1 berechnen wir

$$-\Delta\,\psi(x) = \Big(-\frac{\partial^2}{\partial r^2} - \frac{n-1}{r}\frac{\partial}{\partial r}\Big)r^\alpha$$

$$= -\alpha(\alpha-1)\,r^{\alpha-2} - \alpha(n-1)\,r^{\alpha-2} = -\alpha(\alpha+n-2)\,r^{\alpha-2} \qquad \text{(II.9.9)}$$

$$= -\alpha(\alpha+n-2)\,\omega(x)\,\psi(x), \quad x \in \mathbb{R}^n \backslash \{0\}\,.$$

Dabei ist die Stabilitätsfunktion

$$\omega(x) := r^{-2} = |x|^{-2} = \frac{1}{x_1^2 + \ldots x_n^2}\,, \quad x = (x_1, \ldots, x_n) \in \mathbb{R}^n \backslash \{0\} \quad \text{(II.9.10)}$$

eingeführt worden. Mit der Stabilitätskonstante

$$\gamma := -\alpha(\alpha + n - 2) > 0 \qquad \text{(II.9.11)}$$

erhalten wir aus der Differentialgleichung (II.9.9) mit Hilfe der Bemerkung iii) zur Definition II.9.3, dass die Stabilitätsfunktion (II.9.10) die Ungleichung (II.9.4) erfüllt. Folglich stellt (II.9.7) eine stabile isotherme Metrik dar.

Wir gehen aus von einer stabilen isothermen Metrik (II.9.3) in Definition II.9.3 mit der Stabilitätsfunktion ω. Neben dem komplexen Hilbertraum $\mathcal{H}(\Omega) := L^2(\Omega, \mathbb{C})$ mit dem inneren Produkt

$$\left(f, g\right)_{\mathcal{H}(\Omega)} := \int_\Omega \overline{f(x)} \cdot g(x) \, dx \quad \text{für alle} \quad f, g \in \mathcal{H}(\Omega) \qquad \text{(II.9.12)}$$

betrachten wir den *reellen gewichteten Hilbertraum* $\mathcal{H}(\Omega, \omega)$ als abstrakte Vervollständigung des Prä-Hilbertraums $C_0^0(\Omega)$ mit dem *gewichteten Skalarprodukt*

$$\left(f, g\right)_{\mathcal{H}(\Omega, \omega)} := \int_\Omega f(x) \cdot g(x) \, \omega(x) \, dx \quad \text{für alle} \quad f, g \in C_0^0(\Omega). \qquad \text{(II.9.13)}$$

Weiter erklären wir das *Energieskalarprodukt*

$$\left(\phi, \chi\right)_{\mathcal{H}^1(\Omega)} := \int_\Omega \nabla\phi(x) \cdot \nabla\chi(x) \, dx \quad \text{für alle} \quad \phi, \chi \in C_0^1(\Omega). \qquad \text{(II.9.14)}$$

Da die Metrik ds^2 auf Ω stabil ist mit der Stabilitätskonstante $\gamma > 0$, so erhalten wir aus (II.9.4) die *gewichtete Energieungleichung*

$$\|\phi\|_{\mathcal{H}^1(\Omega)} = \sqrt{\left(\phi, \phi\right)_{\mathcal{H}^1(\Omega)}} \geq \sqrt{\gamma} \sqrt{\left(\phi, \phi\right)_{\mathcal{H}(\Omega, \omega)}} = \sqrt{\gamma} \, \|\phi\|_{\mathcal{H}(\Omega, \omega)}$$
$$\text{für alle} \quad \phi \in C_0^1(\Omega). \qquad \text{(II.9.15)}$$

Somit stellt jede Cauchyfolge in der $\mathcal{H}^1(\Omega)$-Norm auch eine Cauchyfolge in der $\mathcal{H}(\Omega, \omega)$-Norm dar. Die abstrakte Vervollständigung des Prä-Hilbertraums $C_0^1(\Omega)$ bezüglich des Energieskalarprodukts (II.9.14) liefert den *Energieraum* $\mathcal{H}^1(\Omega) \subset \mathcal{H}(\Omega, \omega)$.

Wir benötigen nun einen Regularitätssatz für Schrödingeroperatoren mit komplexem Potential, welchen wir bei verschwindendem Potential H. Weyl und bei C^1-Potentialen E. Wienholtz verdanken. Der Beweis im Rahmen der klassischen Funktionenräume wurde in der Monographie [He] Kapitel IV, Abschnitt 3.5 für beliebige Raumdimensionen $n \in \mathbb{N}$ erbracht. Wir wollen hier mit Methoden der Regularitätstheorie elliptischer Differentialgleichungen in Sobolevräumen (siehe [GT] Chap. 8 und [S3] Kap. X) diese tiefliegende Aussage beweisen, wir beschränken uns jedoch auf die Raumdimensionen $n = 1, 2, 3$. Da es sich um eine schwache komplexe Schrödingergleichung handelt, so zerfallen Real- und Imaginärteil dieser Lösung in ein schwaches, lineares Differentialgleichungssystem (II.9.16) weiter unten.

Theorem II.9.1. (Regularitätssatz von H. Weyl und E. Wienholtz)
Zum reellen Hölder-stetigen Potential $q = q(x)\colon \Omega \to \mathbb{R}$ in einem beliebigen Gebiet $\Omega \subset \mathbb{R}^n$ der Dimensionen $n = 1, 2, 3$ stelle das Element

$$g = g(x) = \xi(x) + i\eta(x) \in \mathcal{H}(\Omega, \mathbb{C}) \quad mit \quad \xi, \eta \in L^2(\Omega)$$

eine Lösung der schwachen Schrödingergleichung wie folgt dar:

$$
\begin{aligned}
0 &= \int_\Omega \left(-\Delta\phi(x) + \Big[q(x) \mp i \Big]\phi(x) \right) g(x)\, dx \\
&= \int_\Omega \left(-\Delta\phi(x) \cdot \xi(x) + \Big[q(x) \cdot \xi(x) \pm \eta(x) \Big]\phi(x) \right) dx \\
&\quad + i \int_\Omega \left(-\Delta\phi(x) \cdot \eta(x) + \Big[q(x) \cdot \eta(x) \mp \xi(x) \Big]\phi(x) \right) dx
\end{aligned}
\tag{II.9.16}
$$

für alle reellwertigen Funktionen $\phi \in C_0^2(\Omega)$.

Dann folgt $g = g(x) = \xi(x) + i\eta(x) \in C^2(\Omega)$ für diese Funktion.

Beweis: 1.) Wir wählen eine beliebige offene Menge $\Theta \subset\subset \Omega$, für welche wir die positive Distanz

$$\varepsilon_0(\Theta) := \mathrm{dist}\left(\overline{\Theta}, \mathbb{R}^n \setminus \Omega \right) \in (0, +\infty] \tag{II.9.17}$$

erklären. Bezeichnen wir mit $e_j := (\delta_{1j}, \dots, \delta_{nj}) \in \mathbb{R}^n$ die Einheitsvektoren für $j = 1, \dots, n$, so bilden wir für einen Punkt $x \in \Theta$ und einen Parameter

$$\varepsilon_j \in \mathbb{R} \quad mit \quad 0 < |\varepsilon_j| < \varepsilon_0(\Theta) \tag{II.9.18}$$

den *Differenzenquotienten in Richtung e_j* durch

$$\triangle_{j,\varepsilon_j} g(x) := \frac{g(x + \varepsilon_j e_j) - g(x)}{\varepsilon_j}. \tag{II.9.19}$$

Nach dem Satz 5 aus [S3] Kap. X § 1 liegt das Element $g \in \mathcal{H}(\Omega) = L^2(\Omega, \mathbb{C})$ genau dann im Sobolevraum $W^{1,2}(\Omega, \mathbb{C})$, wenn es eine Konstante $C \in [0, +\infty)$ so gibt, dass die Parameter (II.9.18) folgende Ungleichung

$$\|\triangle_{j,\varepsilon_j} g\|_{L^2(\Theta, \mathbb{C})} \leq C, \quad \forall j \in \{1, \dots, n\} \tag{II.9.20}$$

für alle offenen Mengen $\Theta \subset\subset \Omega$ erfüllen.

2.) Für die Funktion $g \in L^2(\Omega, \mathbb{C})$ und die reelle Testfunktion $\varphi \in C_0^1(\Omega)$, deren Träger gemäß $\mathrm{supp}(\varphi) \subset \Theta$ in der kompakten Menge $\Theta \subset \Omega$ mit der Distanz $\varepsilon_0(\Theta) > 0$ aus (II.9.17) enthalten ist, berechnen wir die folgende *Produktformel für den Differenzenquotienten:*

$$\triangle_{j,\varepsilon_j}\Big(\varphi(x)g(x)\Big) =$$

$$\frac{1}{\varepsilon_j}\Big\{\Big(\varphi(x+\varepsilon_j e_j) - \varphi(x)\Big)g(x+\varepsilon_j e_j) + \varphi(x)\Big(g(x+\varepsilon_j e_j) - g(x)\Big)\Big\}$$

$$= \Big\{\frac{1}{\varepsilon_j}\Big(\varphi(y) - \varphi(y-\varepsilon_j e_j)\Big)g(y)\Big\}\Big|_{y=x+\varepsilon_j e_j} + \varphi(x)\triangle_{j,\varepsilon_j}g(x)$$

$$= \Big\{g(y)\triangle_{j,-\varepsilon_j}\varphi(y)\Big\}\Big|_{y=x+\varepsilon_j e_j} + \varphi(x)\triangle_{j,\varepsilon_j}g(x)\,, \quad x\in\Theta$$

für alle $\varepsilon_j\in\mathbb{R}$ mit $0<|\varepsilon_j|<\varepsilon_0(\Theta)$ und $j=1,\dots,n$.
(II.9.21)

Indem wir (II.9.21) integrieren, erhalten wir mit der Transformationsformel für mehrfache Integrale die folgende *Produktregel für den Differenzenquotienten*:

$$0 = \int_\Omega \Big\{g(y)\triangle_{j,-\varepsilon_j}\varphi(y)\Big\}\Big|_{y=x+\varepsilon_j e_j}\,dx + \int_\Omega \varphi(x)\triangle_{j,\varepsilon_j}g(x)\,dx$$

$$= \int_\Omega \Big\{g(y)\triangle_{j,-\varepsilon_j}\varphi(y)\Big\}\,dy + \int_\Omega \varphi(x)\triangle_{j,\varepsilon_j}g(x)\,dx$$

$$= \int_\Omega \Big\{g(x)\triangle_{j,-\varepsilon_j}\varphi(x)\Big\}\,dx + \int_\Omega \varphi(x)\triangle_{j,\varepsilon_j}g(x)\,dx$$
(II.9.22)

für alle $\varphi\in C_0^1(\Theta)$, $\varepsilon_j\in\mathbb{R}$ mit $0<|\varepsilon_j|<\varepsilon_0(\Theta)$ und $j=1,\dots,n$.

3.) Für eine beliebige Testfunktion $\phi\in C_0^2(\Theta)$ und einen Index $j\in\{1,\dots n\}$ wenden wir die Produktregel (II.9.22) auf die Funktion $\varphi := \phi_{x_j}\in C_0^1(\Theta)$ an. Dann erhalten wir die Formel

$$0 = \int_\Omega \Big\{g(x)\triangle_{j,-\varepsilon_j}\phi_{x_j}(x)\Big\}\,dx + \int_\Omega \phi_{x_j}(x)\triangle_{j,\varepsilon_j}g(x)\,dx$$
(II.9.23)

für alle $\phi\in C_0^2(\Theta)$, $\varepsilon_j\in\mathbb{R}$ mit $0<|\varepsilon_j|<\varepsilon_0(\Theta)$ und $j=1,\dots,n$.

Die Addition der Formeln (II.9.23) von $j=1,\dots,n$ liefert

$$\int_\Omega\Big\{g(x)\sum_{j=1}^n\triangle_{j,-\varepsilon_j}\phi_{x_j}(x)\Big\}dx + \int_\Omega\Big\{\sum_{j=1}^n\phi_{x_j}(x)\cdot\triangle_{j,\varepsilon_j}g(x)\Big\}dx$$

$$= 0 \quad\text{für alle}\quad \phi\in C_0^2(\Theta) \quad\text{und}\quad \varepsilon_j\in\mathbb{R} \quad\text{mit}\quad 0<|\varepsilon_j|<\varepsilon_0(\Theta)\,.$$
(II.9.24)

4.) Wegen der Eigenschaft (II.9.20) gibt es für jedes $j\in\{1,\dots,n\}$ eine Folge

$$\{\varepsilon_j^{(k)}\}_{k=1,2,\dots}\subset\mathbb{R}\setminus\{0\} \quad\text{mit}\quad \lim_{k\to\infty}\varepsilon_j^{(k)} = 0\,,$$
(II.9.25)

welche die folgende schwache Konvergenzeigenschaft besitzt:

$$\triangle_{j,\varepsilon_j^{(k)}} g(x) = \triangle_{j,\varepsilon_j^{(k)}} \xi(x) + i\triangle_{j,\varepsilon_j^{(k)}} \eta(x) \quad \text{erfüllt}$$

$$\triangle_{j,\varepsilon_j^{(k)}} \xi(x) \rightharpoonup D_{e_j} \xi(x) \quad (k \to \infty) \quad \text{und} \tag{II.9.26}$$

$$\triangle_{j,\varepsilon_j^{(k)}} \eta(x) \rightharpoonup D_{e_j} \eta(x) \quad (k \to \infty) \quad \text{für} \quad k = 1, \dots, n \,.$$

Dabei bezeichnet D_{e_j} die schwache Ableitung im Sobolevraum $W^{1,2}(\Omega)$ in Richtung e_j mit $D_{e_j} g = D_{e_j} \xi + i D_{e_j} \eta$ für $j = 1, \dots, n$. Setzen wir diese Nullfolgen in (II.9.24) ein, so erhalten wir

$$\int_\Omega \Big\{ \sum_{j=1}^n \phi_{x_j}(x) \triangle_{j,\varepsilon_j^{(k)}} g(x) \Big\} dx = - \int_\Omega \Big\{ g(x) \sum_{j=1}^n \triangle_{j,-\varepsilon_j^{(k)}} \phi_{x_j}(x) \Big\} dx$$

$$\text{für alle} \quad \phi \in C_0^2(\Theta) \quad \text{und} \quad k = 1, 2, \dots . \tag{II.9.27}$$

5.) Der Grenzübergang $k \to \infty$ in (II.9.27) liefert die folgende Identität

$$\int_\Omega \Big\{ \sum_{j=1}^n \phi_{x_j}(x) D_{e_j} g(x) \Big\} dx = - \int_\Omega \Big\{ g(x) \Delta\phi(x) \Big\} dx$$

$$= \int_\Omega \Big(g(x) \big[\pm i - q(x) \big] \phi(x) \Big) dx \quad \text{für alle} \quad \phi \in C_0^2(\Theta) \,, \tag{II.9.28}$$

wenn wir die schwache komplexe Schrödingergleichung (II.9.16) benutzen. Der Übergang zum Real-und Imaginärteil in (II.9.28) liefert das schwache, lineare, elliptische Differentialgleichungssystem

$$\int_\Omega \Big\{ \sum_{j=1}^n \phi_{x_j}(x) D_{e_j} \xi(x) \Big\} dx + i \int_\Omega \Big\{ \sum_{j=1}^n \phi_{x_j}(x) D_{e_j} \eta(x) \Big\} dx$$

$$= \int_\Omega \Big(g(x) \big[\pm i - q(x) \big] \phi(x) \Big) dx$$

$$= \int_\Omega \Big(-q(x)\xi(x) \mp \eta(x) \Big) \phi(x)\, dx + i \int_\Omega \Big(-q(x)\eta(x) \pm \xi(x) \Big) \phi(x)\, dx$$

$$\text{für alle} \quad \phi \in C_0^2(\Theta) \,. \tag{II.9.29}$$

Führen wir nun den schwachen Gradienten

$$Dg := (D_{e_1} g, \dots, D_{e_n} g)$$

ein, so liefert (II.9.29) das schwache, elliptische Differentialgleichungssystem

$$\int_\Omega \Big\{ \nabla\phi(x) \cdot D\xi(x) \Big\} dx = \int_\Omega \Big(-q(x)\xi(x) \mp \eta(x) \Big) \phi(x)\, dx$$

$$\int_\Omega \Big\{ \nabla\phi(x) \cdot D\eta(x) \Big\} dx = \int_\Omega \Big(-q(x)\eta(x) \pm \xi(x) \Big) \phi(x)\, dx \tag{II.9.30}$$

$$\text{für alle} \quad \phi \in C_0^2(\Theta) \,.$$

6.) Zu einem Element $\Phi \in W_0^{1,2}(\Theta)$ wählen wir nun eine Folge

$$\{\phi^{(k)}\}_{k=1,2,\dots} \subset C_0^2(\Theta) \quad \text{mit} \quad \|\nabla\phi^{(k)} - D\Phi\|_{L^2(\Theta,\mathbb{R}^n)} \to 0 \,(k \to \infty),$$
(II.9.31)

und wir erhalten sofort die Konvergenz

$$\|\phi^{(k)} - \Phi\|_{L^2(\Theta)} \to 0 \quad (k \to \infty).$$
(II.9.32)

Setzen wir nun diese Folge in (II.9.30) ein, so erhalten wir für $k = 1, 2, \dots$

$$\int_\Omega \left\{\nabla\phi^{(k)}(x) \cdot D\xi(x)\right\}dx = \int_\Omega \Big(-q(x)\xi(x) \mp \eta(x)\Big)\phi^{(k)}(x)\,dx$$

$$\int_\Omega \left\{\nabla\phi^{(k)}(x) \cdot D\eta(x)\right\}dx = \int_\Omega \Big(-q(x)\eta(x) \pm \xi(x)\Big)\phi^{(k)}(x)\,dx.$$
(II.9.33)

Mit Hilfe von (II.9.31) und (II.9.32) vollziehen wir nun in (II.9.33) den Grenzübergang und erhalten

$$\int_\Omega \left\{D\Phi(x) \cdot D\xi(x)\right\}dx = \int_\Omega \Big(-q(x)\xi(x) \mp \eta(x)\Big)\Phi(x)\,dx$$

$$\int_\Omega \left\{D\Phi(x) \cdot D\eta(x)\right\}dx = \int_\Omega \Big(-q(x)\eta(x) \pm \xi(x)\Big)\Phi(x)\,dx$$
(II.9.34)

für alle Funktionen $\Phi \in W_0^{1,2}(\Theta)$.

7.) Die Koeffizientenfunktionen auf der rechten Seite vom System (II.9.34) liegen im Hölderraum gemäß $q = q(x) \in C^\alpha(\Theta)$ mit einem Hölder-Exponenten $\alpha = \alpha(\Theta) \in (0,1)$. Nun entkoppeln wir das lineare System (II.9.34) zu den beiden folgenden schwachen, inhomogenen, elliptischen Differentialgleichungen, welche auf ihrer rechten Seite die Lösung der anderen Gleichung besitzen:

$$\int_\Omega \left\{D\Phi(x) \cdot D\xi(x) + q(x)\xi(x)\Phi(x)\right\}dx = \int_\Omega \mp\eta(x)\Phi(x)\,dx$$

$$\int_\Omega \left\{D\Phi(x) \cdot D\eta(x) + q(x)\eta(x)\right\}dx = \int_\Omega \pm\xi(x)\Phi(x)\,dx$$
(II.9.35)

für alle Funktionen $\Phi \in W_0^{1,2}(\Theta)$,

Da die rechten Seiten der Differentialgleichungen $\xi, \eta \in L^2(\Omega) = L^{\frac{4}{2}}(\Omega)$ und die Raumdimensionen $4 > n$ erfüllen, so können wir mit dem Theorem 8.22 aus [GT] lokal auf die Hölder-Stetigkeit der Funktionen ξ, η schließen. Dieses ursprünglich von E. de Georgi und J. Nash stammende Resultat wird in [GT] Chap. 8 mit der Moserschen Iterationsmethode bewiesen. Diese haben wir auch in unserem Lehrbuch [S5] Chap. 10 im Spezialfall dargestellt. Wir können nun mit der Schaudertheorie (siehe etwa [S5] Chap. 9, Sec. 6) die Lösung lokal rekonstruieren, zumal die schwache Differentialgleichung auf hinreichend kleinen Gebieten eine eindeutig bestimmte Lösung besitzt. Somit erreichen wir schließlich $\xi, \eta \in C^2(\Omega)$, wie es oben behauptet wurde.

q.e.d.

Mit diesem Regularitätssatz beweisen wir nun das

Theorem II.9.2. (Spektraldarstellg stabiler Schrödingeroperatoren)
Wir betrachten auf dem Gebiet $\Omega \subset \mathbb{R}^n$ der Raumdimension $n \in \{1, 2, 3\}$ mit der stabilen isothermen Metrik

$$ds^2 = \omega(x)\Big(dx_1^2 + \ldots + dx_n^2\Big), \quad x \in \Omega$$

den Schrödingeroperator

$$H_{\Omega,q}f(x) := -\Delta f(x) + q(x)\, f(x), \, x \in \Omega; \quad f \in \mathcal{D}_{H_{\Omega,q}} := C_0^2(\Omega) \quad \text{(II.9.36)}$$

mit dem Potential $q(x) = -\omega(x)$, $x \in \Omega$. Weiter erklären wir zu $H_{\Omega,q}$ die stetige Fortsetzung $\overline{H}_{\Omega,q} \colon \mathcal{H}^1(\Omega) \to \mathcal{H}^1(\Omega)^*$ vom Energieraum $\mathcal{H}^1(\Omega)$ auf seinen Dualraum $\mathcal{H}^1(\Omega)^*$ vermöge

$$\overline{H}_{\Omega,q}f := \lim_{k \to \infty} H_{\Omega,q}\phi_k = \lim_{k \to \infty} \Big(-\nabla \cdot \nabla\phi_k + q(x)\phi_k\Big) \in \mathcal{H}^1(\Omega)^*,$$

$$\textit{wobei eine Folge } \{\phi_k\}_{k \in \mathbb{N}} \subset C_0^2(\Omega) \quad \textit{mit}$$

$$\|\phi_k - \phi_l\|_{\mathcal{H}^1(\Omega)} \to 0 \,(k, l \to \infty) \textit{ und } \|\phi_k - f\|_{\mathcal{H}(\Omega,\omega)} \to 0 \,(k \to \infty)$$

(II.9.37)

$$\textit{für ein } f \in \mathcal{H}^1(\Omega) \quad \textit{beliebig gewählt sei.}$$

Behauptung: *Dann stellt $\overline{H}_{\Omega,q} \supset H_{\Omega,q}$ eine selbstadjungierte Fortsetzung des Operators $H_{\Omega,q}$ dar, welche die Spektraldarstellung*

$$\overline{H}_{\Omega,q} = \int_{-\infty}^{+\infty} \lambda \, d\, E_{\Omega,q}(\lambda)$$

mit der Spektralschar $\{E_{\Omega,q}(\lambda) \colon -\infty < \lambda < +\infty\}$ besitzt.

Beweis: 1.) Durch partielle Integration ermitteln wir die folgende Identität:

$$\int_{\Omega} \Big(-\Delta\phi(x) + q(x)\phi(x)\Big)\chi(x)dx$$

$$= \int_{\Omega} \Big(\nabla\phi(x) \cdot \nabla\chi(x) + q(x)\phi(x)\chi(x)\Big)dx \quad \text{(II.9.38)}$$

$$= \int_{\Omega} \phi(x)\Big(-\Delta\chi(x) + q(x)\chi(x)\Big)dx \quad \text{für alle} \quad \phi, \chi \in \mathcal{D}_{H_{\Omega,q}}.$$

Nun wählen wir zu beliebigen Elementen $f, g \in \mathcal{H}^1(\Omega)$ eine Folge $\{\phi_k\}_{k \in \mathbb{N}} \subset C_0^2(\Omega)$ mit $\|\phi_k - \phi_l\|_{\mathcal{H}^1(\Omega)} \to 0 \,(k, l \to \infty)$ und $\|\phi_k - f\|_{\mathcal{H}(\Omega,\omega)} \to 0 \,(k \to \infty)$

sowie eine Folge $\{\chi_l\}_{l\in\mathbb{N}} \subset C_0^2(\Omega)$ mit $\|\chi_k - \chi_l\|_{\mathcal{H}^1(\Omega)} \to 0\,(k, l \to \infty)$ und $\|\chi_l - g\|_{\mathcal{H}(\Omega,\omega)} \to 0\,(l \to \infty)$. Setzen wir diese Testfunktionen in (II.9.38) ein, so erhalten wir

$$\int_\Omega \Big(-\Delta\phi_k(x) + q(x)\phi_k(x)\Big)\chi_l(x)dx$$
$$= \int_\Omega \Big(\nabla\phi_k(x)\cdot\nabla\chi_l(x) + q(x)\phi_k(x)\chi_l(x)\Big)dx \qquad \text{(II.9.39)}$$
$$\int_\Omega \phi_k(x)\Big(-\Delta\chi_l(x) + q(x)\chi_l(x)\Big)dx \quad \text{für alle} \quad k, l \in \mathbb{N}.$$

Der Grenzübergang $k, l \to \infty$ in (II.9.39) liefert die Identität

$$\int_\Omega \Big(\overline{H}_{\Omega,q}f(x)\Big)\,g(x)dx = \int_\Omega \Big(Df(x)\cdot Dg(x) + q(x)f(x)g(x)\Big)dx$$
$$\int_\Omega f(x)\Big(\overline{H}_{\Omega,q}g(x)\Big)dx \quad \text{für alle Elemente} \quad f, g \in \mathcal{H}^1(\Omega). \qquad \text{(II.9.40)}$$

In (II.9.40) bezeichnet D den schwachen Gradienten im Sobolevraum $\mathcal{H}^1(\Omega)$. Da der Operator $\overline{H}_{\Omega,q}\colon \mathcal{H}^1(\Omega) \to \mathcal{H}^1(\Omega)^*$ reell ist und die Identität (II.9.40) erfüllt, so stellt dieser einen Hermiteschen Operator im komplexen Hilbertraum $\mathcal{H}(\Omega)$ gemäß der Definition I.4.1 dar.

2.) Wir bestimmen jetzt im Hilbertraum $\mathcal{H}(\Omega) = L^2(\Omega,\mathbb{C})$ die Orthogonalräume $\big[(H_{\Omega,q}\pm iE)(\mathcal{D}_{H_{\Omega,q}})\big]^\perp$ bezüglich dem Skalarprodukt (II.9.12). Wir betrachten die folgenden Äquivalenzen für ein beliebiges Element $g \in \mathcal{H}(\Omega)$:

$$g \in \Big[(H_{\Omega,q}\pm iE)(\mathcal{D}_{H_{\Omega,q}})\Big]^\perp \quad \Longleftrightarrow$$
$$\Big((H_{\Omega,q}\pm iE)\phi, g\Big)_{\mathcal{H}(\Omega)} = 0 \quad \text{für alle} \quad \phi \in \mathcal{D}_{H_{\Omega,q}} \quad \Longleftrightarrow \qquad \text{(II.9.41)}$$
$$\int_\Omega \Big\{\Big(-\Delta\phi(x) + q(x)\phi(x) \mp i\phi(x)\Big)\cdot g(x)\Big\}dx = 0,\, \forall\, \phi \in \mathcal{D}_{H_{\Omega,q}}.$$

Dabei beachten wir, dass die Funktionen $\phi \in \mathcal{D}_{H_{\Omega,q}} := C_0^2(\Omega)$ reellwertig sind. Nach dem Theorem II.9.1 gehört das Element $g \in \mathcal{H}(\Omega) = L^2(\Omega,\mathbb{C})$ zur Regularitätsklasse $C^2(\Omega,\mathbb{C})$ und besitzt die Zerlegung

$$g(x) = \xi(x) + i\eta(x), \quad x \in \Omega \quad \text{mit} \quad \xi, \eta \in C^2(\Omega).$$

Die zweimalige partielle Integration liefert

$$\int_\Omega \Big\{\Big(-\Delta\phi(x)\Big)\cdot g(x)\Big\}dx = \int_\Omega \Big\{\nabla\phi(x)\cdot\nabla g(x)\Big\}dx$$
$$= \int_\Omega \Big\{\phi(x)\cdot\Big(-\Delta g(x)\Big)\Big\}dx \quad \text{für alle} \quad \phi \in \mathcal{D}_{H_{\Omega,q}}. \qquad \text{(II.9.42)}$$

Setzen wir Gleichung (II.9.42) in die Identität (II.9.41) ein, so erhalten wir

$$\int_\Omega \left\{ \phi(x) \cdot \left(-\Delta g(x) + q(x)g(x) \mp ig(x) \right) \right\} dx = 0 \,, \quad \forall \phi \in \mathcal{D}_{H_{\Omega,q}}. \quad (\text{II.9.43})$$

Somit folgen für den Abschluss $\overline{H}_{\Omega,q}$ des Schrödingeroperators $H_{\Omega,q}$ punktweise die Eigenwertgleichungen

$$\overline{H}_{\Omega,q}\, g(x) = -\Delta g(x) + q(x)g(x) = \pm i\, g(x)\,, \quad x \in \Omega \qquad (\text{II.9.44})$$

zu den Eigenwerten $\pm i$.

3.) Da der Operator $\overline{H}_{\Omega,q} \colon \mathcal{H}^1(\Omega) \to \mathcal{H}^1(\Omega)^*$ im Hilbertraum $\mathcal{H}(\Omega)$ Hermitesch ist, so besitzt dieser nur reelle Eigenwerte gemäß dem Theorem I.4.2. Folglich ist $g = 0$ in (II.9.44) richtig, und der Orthogonalraum ist wegen

$$\left[(H_{\Omega,q} \pm iE)(\mathcal{D}_{H_{\Omega,q}}) \right]^\perp = \{0\}$$

trivial. Somit verschwinden die Defektindizes, und nach Theorem I.4.7 ist der Operator $H_{\Omega,q} \colon \mathcal{D}_{H_{\Omega,q}} \to \mathcal{H}$ wesentlich selbstadjungiert. Folglich stellt der Operator

$$\overline{H}_{\Omega,q} \colon \mathcal{H}^1(\Omega) \to \mathcal{H}^1(\Omega)^*$$

eine selbstadjungierte Fortsetzung dar. Das Theorem I.12.1 liefert die oben angegebene Spektraldarstellung.   q.e.d.

Wir erhalten nun das folgende

Theorem II.9.3. (Spektraldarst. singulärer Schrödingeroperatoren)
Wir betrachten im punktierten Euklidischen Raum $\Omega := \mathbb{R}^3 \setminus \{x^{(1)}, \ldots, x^{(N)}\}$
mit den $N \in \mathbb{N}$ *Punkten* $\{x^{(j)}\}_{j=1,\ldots,N}$ *des* $\mathbb{R}^3$ *und den Gewichtsfaktoren*
$a_j > 0$ *für* $j = 1, \ldots, N$ *den singulären Schrödingeroperator*

$$H_{a_1,\ldots,a_N} f(x) := -\Delta f(x) - \left(\sum_{j=1}^N \frac{a_j}{|x - x^{(j)}|^2} \right) f(x)\,, \quad x \in \Omega$$

$$\text{für alle} \quad f \in \mathcal{D}_{H_{a_1,\ldots,a_N}} := C_0^2(\Omega)\,. \qquad (\text{II.9.45})$$

Dann besitzt $H_{a_1,\ldots,a_N}$ *eine selbstadjungierte Fortsetzung auf den Energieraum und erlaubt eine Spektraldarstellung.*

Beweis: Wegen dem Beispiel II.9.1 ist für $j = 1, \ldots, N$ die Metrik

$$ds_j^2 = \omega_j(x)|dx|^2,\, x \in \mathbb{R}^3 \setminus \{x^{(j)}\} \quad \text{mit} \quad \omega_j(x) := \frac{1}{|x - x^{(j)}|^2},\, x \in \mathbb{R}^3 \setminus \{x^{(j)}\}$$

stabil. Nach den Bemerkungen ii) und iv) zur Definition II.9.3 erzeugen dann alle Funktionen

$$\omega(x) = \sum_{j=1}^{N} \frac{a_j}{|x - x^{(j)}|^2}, \quad x \in \Omega \quad \text{mit} \quad a_1, \ldots, a_N \in (0, +\infty)$$

eine stabile Metrik auf dem punktierten Euklidischen Raum. Nun ist das Theorem II.9.2 auf den singulären Schrödingeroperator (II.9.45) anwendbar, und die obigen Behauptungen sind vollständig gezeigt. q.e.d.

Wir notieren schließlich das

Theorem II.9.4. (Kriterium von E. Wienholtz)
Gegeben sei ein Schrödingeroperator

$$H_q f(x) := -\Delta f(x) + q(x) f(x), \, x \in \mathbb{R}^n, \, f \in \mathcal{D}_{H_q} := C_0^2(\mathbb{R}^n) \qquad (\text{II.9.46})$$

mit dem stetigen Potential $q = q(x) \in C^0(\mathbb{R}^n)$, *welches der Abschätzung*

$$q(x) \geq -q_0 - q_1 \cdot |x|^2 \quad \textit{für alle} \quad x \in \mathbb{R}^n \qquad (\text{II.9.47})$$

für gewisse Zahlen $q_0, q_1 \in [0, +\infty)$ *genügt.*
Behauptung: *Dann ist der Operator* H_q *auf dem Definitionsbereich*

$$\mathcal{D} := \left\{ f \in C^2(\mathbb{R}^n) \cap L^2(\mathbb{R}^n) : Hf \in L^2(\mathbb{R}^n) \right\} \qquad (\text{II.9.48})$$

wesentlich selbstadjungiert.

Beweisskizze: Wir gehen parallel zum Beweis von obigem Theorem II.9.2 vor und verwenden den Regularitätssatz von H. Weyl und E. Wienholtz aus dem Theorem II.9.1. Tiefliegend ist der Nachweis der Symmetrie des Schrödingeroperators H_q, wo wir auf den Satz 2 im Kapitel II, Abschnitt 3.3 von G. Hellwig: *Differentialoperatoren der mathematischen Physik* [He] verweisen. Somit erhalten wir die wesentliche Selbstadjungiertheit des Operators H_q. q.e.d.

Bemerkungen:

i) Den schwierigen Nachweis der Symmetrie der Schrödingeroperatoren aus dem Theorem II.9.4 verdanken wir B. Hellwig. In diesem Zusammenhang erinnere ich mich dankbar an das Kolloquium im Institut für Mathematik der RWTH Aachen von 1978 bis 1983, an welchem sich neben Herrn Professor Dr. Günter Hellwig auch Frau Dr.rer.nat.habil. Birgitta Hellwig mit ihrem fördernden Interesse beteiligte. Hier wurden die Grundlagen für mein Interesse an der Spektraltheorie gelegt.

ii) Um den Schrödingeroperator auf dem $\mathbb{R}^n$ zu studieren, wendet T. Kato [K] auf den Laplaceoperator die Fourier-Transformation an (siehe hierzu auch [Sm] Chap. 8). In der Quantenmechanik entspricht dieses Vorgehen dem Übergang vom Orts- in den Impulsraum. Die in [K] Chap. V §5 sowie Chap. VI §4 auftretenden Potentiale erfassen jedoch das Wienholtz-Kriterium nicht. An dieser Stelle denke ich gerne an den beeindruckenden Besuch von Professor Dr. T. Kato im Institut für Mathematik der RWTH Aachen Anfang der 1980er Jahre zurück.

§10 Spektraltheorie der Integraloperatoren

Zunächst erklären wir für unsere Integraloperatoren zulässige Kernfunktionen, welche global im $\mathbb{R}^n$ definiert und lokal quadratisch integrierbar sind.

Definition II.10.1. *Wir betrachten offene Kugeln* $\Theta_k := \left\{ x \in \mathbb{R}^n : |x| < k \right\}$
vom Radius $k \in \mathbb{N}$. *Dann nennen wir die messbare Funktion*

$$K = K(x,y) \colon \mathbb{R}^n \times \mathbb{R}^n \to \mathbb{C}$$

eine zulässige Kernfunktion, falls die lokale Quadratintegrabilität

$$K|_{\Theta_k \times \Theta_l} \in L^2(\Theta_k \times \Theta_l, \mathbb{C}) \quad \text{für alle} \quad k,l \in \mathbb{N} \tag{II.10.1}$$

erfüllt ist. Wir nennen die zulässige Kernfunktion K Hermitesch, wenn die folgende Bedingung gültig ist:

$$K(x,y) = \overline{K(y,x)} \quad \text{für fast alle} \quad (x,y) \in \mathbb{R}^n \times \mathbb{R}^n. \tag{II.10.2}$$

Definition II.10.2. *Zum zulässigen Integralkern* $K = K(x,y)$ *erklären wir für fast alle* $x \in \mathbb{R}^n$ *den Integraloperator*

$$\mathbb{K}h|_x := \lim_{k \to \infty} \int_{\Theta_k} \Big[K(x,y)h(y) \Big] dy \quad \text{für alle} \quad h \in C_0^0(\mathbb{R}^n, \mathbb{C}) . \tag{II.10.3}$$

Definition II.10.3. *Zum zulässigen Integralkern* $K = K(x,y)$ *führen wir mit dem adjungierten Integralkern* $K^* = K^*(x,y)$ *aus der Definition II.10.6 nun den Produktkern wie folgt ein:*

$$K^* \circ K(z,y) := \lim_{m \to \infty} \int_{\Theta_m} \Big[\overline{K(z,x)} K(x,y) \Big] dx , \quad (z,y) \in \mathbb{R}^n \times \mathbb{R}^n \, f.\ddot{u}. \tag{II.10.4}$$

Definition II.10.4. *Wir erklären den Post-Hilbertraum*

$$\mathcal{H}(\mathbb{R}^n, \mathbb{C}) := \Big\{ f \colon \mathbb{R}^n \to \mathbb{C} \, \Big| \, f \text{ ist messbar und ihre Einschränkung} $$
$$\text{auf} \Theta_k \text{ erfüllt } f|_{\Theta_k} \in L^2(\Theta_k, \mathbb{C}) \text{ für alle } k \in \mathbb{N} \Big\}. \tag{II.10.5}$$

Hierin definieren wir das innere Produkt

$$\Big(f , g \Big)_{\mathcal{H}(\mathbb{R}^n, \mathbb{C})} := \lim_{k \to \infty} \int_{\Theta_k} \Big[\overline{f(x)} \, g(x) \Big] dx \tag{II.10.6}$$

für alle $f, g \in \mathcal{H}(\mathbb{R}^n, \mathbb{C})$, *mit welchen der Grenzwert* (II.10.6) *existiert.*

Definition II.10.5. *Im Raum*

$$L^2(\mathbb{R}^n, \mathbb{C}) := \left\{ h \in \mathcal{H}(\mathbb{R}^n, \mathbb{C}) \Big| \left(h \, , \, h \right)_{\mathcal{H}(\mathbb{R}^n, \mathbb{C})} < +\infty \right\} \qquad \text{(II.10.7)}$$

erhalten wir den Hilbertraum der quadratintegrablen, komplexwertigen Funktionen auf dem $\mathbb{R}^n$ mit der Norm

$$\|h\|_{L^2(\mathbb{R}^n, \mathbb{C})} := \sqrt{\left(h \, , \, h \right)_{L^2(\mathbb{R}^n, \mathbb{C})}} \in [0, +\infty), \quad h \in L^2(\mathbb{R}^n, \mathbb{C}). \qquad \text{(II.10.8)}$$

Wir überlassen unseren Lesern als Übungsaufgabe den Beweis von

Proposition II.10.1. *Es gilt die folgende Aussage:*

$$\left(\mathbb{K}h, \mathbb{K}h \right)_{\mathcal{H}(\mathbb{R}^n, \mathbb{C})} = \lim_{k,l \to \infty} \int_{\Theta_k} \int_{\Theta_l} \overline{h(z)} \, K^* \circ K(z, y) \, h(y) dz dy \in [0, +\infty]$$

für alle $h \in \mathcal{H}(\mathbb{R}^n, \mathbb{C})$.

Definition II.10.6. *Zum zulässigen Integralkern $K = K(x, y)$ erklären wir den adjungierten Integralkern*

$$K^* = K^*(x, y) := \overline{K(y, x)}, \, (x, y) \in \mathbb{R}^n \times \mathbb{R}^n.$$

Damit definieren wir fast überall im $\mathbb{R}^n$ den Integraloperator

$$\mathbb{K}^* f|_x := \lim_{k \to \infty} \int_{\Theta_k} \left[K^*(x, y) f(y) \right] dy \quad \text{für alle} \quad f \in \mathcal{H}(\mathbb{R}^n, \mathbb{C}), \qquad \text{(II.10.9)}$$

welcher gemäß der Vorschrift $\mathbb{K}^* : \mathcal{H}(\mathbb{R}^n, \mathbb{C}) \to \mathcal{H}(\mathbb{R}^n, \mathbb{C})$ abbildet.

Wir zeigen nun, dass $\mathbb{K}^*$ den adjungierten Operator zum Integraloperator $\mathbb{K}$ gemäß der Definition I.1.6 darstellt, indem wir den adjungierten Graphen $\mathcal{G}_{\mathbb{K}}^*$ wie folgt bestimmen:

$$\mathcal{G}_{\mathbb{K}}^* = \Big\{ (f, g) \in \mathcal{H}(\mathbb{R}^n, \mathbb{C}) \times \mathcal{H}(\mathbb{R}^n, \mathbb{C}) :$$

$$(f, -\mathbb{K}h)_{\mathcal{H}(\mathbb{R}^n, \mathbb{C})} + (g, h)_{\mathcal{H}(\mathbb{R}^n, \mathbb{C})} = 0, \, \forall h \in C_0^0(\mathbb{R}^n, \mathbb{C}) \Big\} =$$

$$\Big\{ (f, g) \in \mathcal{H}(\mathbb{R}^n, \mathbb{C})^2 : (\mathbb{K}^* f, h)_{\mathcal{H}(\mathbb{R}^n, \mathbb{C})} = (g, h)_{\mathcal{H}(\mathbb{R}^n, \mathbb{C})}, \, \forall h \in C_0^0(\mathbb{R}^n, \mathbb{C}) \Big\}$$

$$= \Big\{ (f, \mathbb{K}^* f) \Big| f \in \mathcal{H}(\mathbb{R}^n, \mathbb{C}) \Big\}.$$

$$\text{(II.10.10)}$$

Wir zeigen nun das allgemeine

Theorem II.10.1. (Spektralsatz für Integraloperatoren)
Im Hilbertraum $L^2(\mathbb{R}^n, \mathbb{C})$ ist auf dem dichten Definitionsbereich $C_0^0(\mathbb{R}^n, \mathbb{C}) \subset L^2(\mathbb{R}^n, \mathbb{C})$ der Integraloperator $\mathbb{K}$ aus der Definition II.10.2 zur zulässigen, Hermiteschen Kernfunktion $K = K(x, y)$ aus der Definition II.10.1 selbstadjungiert. Dieser Operator besitzt eine Spektralschar $\{E_{[K]}(\lambda) \colon \lambda \in \mathbb{R}\}$, mit welcher die Operatoridentität

$$\mathbb{K}h = \int_{-\infty}^{+\infty} \lambda \, d \, E_{[K]}(\lambda) \, h \quad \text{für alle} \quad h \in C_0^0(\mathbb{R}^n, \mathbb{C}) \qquad \text{(II.10.11)}$$

erfüllt ist.

Beweis: Wegen der Identität (II.10.10) erhalten wir mit dem Operator

$$\mathbb{K}^* \colon \mathcal{H}(\mathbb{R}^n, \mathbb{C}) \to \mathcal{H}(\mathbb{R}^n, \mathbb{C})$$

aus der Definition II.10.6 den adjungierten Operator zum Operator

$$\mathbb{K} \colon C_0^0(\mathbb{R}^n, \mathbb{C}) \to L^2(\mathbb{R}^n, \mathbb{C}) \subset \mathcal{H}(\mathbb{R}^n, \mathbb{C})$$

aus der Definition II.10.2. Da jetzt der Integralkern $K = K(x, y)$ Hermitesch ist, so haben wir fast überall im $\mathbb{R}^n$ die Identität

$$\begin{aligned}
\mathbb{K}^* f|_x &= \lim_{k \to \infty} \int_{\Theta_k} \Big[K^*(x, y) f(y) \Big] dy \\
&= \lim_{k \to \infty} \int_{\Theta_k} \Big[K(x, y) f(y) \Big] dy = \mathbb{K}f|_x \quad \text{für alle} \quad f \in C_0^0(\mathbb{R}^n, \mathbb{C}) \,.
\end{aligned} \qquad \text{(II.10.12)}$$

Auf dem dichten Teilraum $C_0^0(\mathbb{R}^n, \mathbb{C}) \subset L^2(\mathbb{R}^n, \mathbb{C})$ stimmt der Operator $\mathbb{K}$ mit seinem adjungierten Operator $\mathbb{K}^*$ wegen (II.10.12) überein, und somit ist $\mathbb{K}$ gemäß der Definition I.1.7 selbstadjungiert. Nun können wir den Spektralsatz für selbstadjungierte Operatoren aus dem Theorem I.12.1 anwenden, und wir erhalten die Darstellung (II.10.11) mit der angegebenen Spektralschar.

q.e.d.

Beispiel II.10.1. Wir wählen als Kernfunktion das Newtonpotential im $\mathbb{R}^n$ für $n \geq 3$ und erhalten den selbstadjungierten Integraloperator

$$\mathbb{K}_0 h|_x := \int_{\mathbb{R}^n} \frac{h(y)}{|x - y|^{n-2}} \, dy \quad \text{für alle} \quad h \in C_0^0(\mathbb{R}^n) \,, \qquad \text{(II.10.13)}$$

welchen wir *Newtonoperator* nennen. Der adjungierte Operator

$$\mathbb{K}_0^* \colon \mathcal{H}(\mathbb{R}^n, \mathbb{C}) \to \mathcal{H}(\mathbb{R}^n, \mathbb{C})$$

besitzt eine Spektralzerlegung gemäß dem Theorem II.10.1. Dabei gehören die Spektralwerte $\lambda \in \sigma(\mathbb{K}_0) \subset \mathbb{R}$ zu Funktionen im Post-Hilbertraum $\mathcal{H}(\mathbb{R}^n, \mathbb{C})$, welche allgemein nicht mehr quadratintegrabel sind. Mittels Hilfssatz 5 in [S3] Kap. VIII § 9 erhalten wir so Eigenfunktionen des Laplaceoperators im Post-Hilbertraum $\mathcal{H}(\mathbb{R}^n, \mathbb{C})$. Genauer lösen die Funktionen

$$\Psi(x; \mu) = \exp\left(i\mu\,(x_1 + \ldots + x_n)\right), \quad x \in \mathbb{R}^n \quad \text{für alle} \quad \mu \in \mathbb{R} \quad \text{(II.10.14)}$$

die Eigenwertgleichung

$$-\Delta\,\Psi(x; \mu) = \mu^2 \Psi(x; \mu), \quad x \in \mathbb{R}^n. \quad \text{(II.10.15)}$$

Somit erhalten wir $\sigma(\mathbb{K}_0) = [0, +\infty)$ als kontinuierliches Spektrum. Die Eigenfunktionen (II.9.14) kommen bei der Fouriertransformation (siehe [S3] Kap. VIII § 5) zum Einsatz.

Definition II.10.7. *Wir nennen den Integraloperator $\mathbb{K}$ aus der Definition II.10.2 zum zulässigen Integralkern $K = K(x, y)$ einen Hilbert-Schmidt-Operator, falls die globale Quadratintegrabilität*

$$\int\limits_{\mathbb{R}^n \times \mathbb{R}^n} \left|K(x, y)\right|^2 dx\,dy := \lim_{k,l \to \infty} \int_{\Theta_k} \int_{\Theta_l} \left|K(x, y)\right|^2 dx\,dy < +\infty \quad \text{(II.10.16)}$$

erfüllt ist.

Proposition II.10.2. *Die Hilbert-Schmidt-Operatoren $\mathbb{K}$ aus der Definition II.10.7 stellen beschränkte und vollstetige Operatoren $\mathbb{K} : L^2(\mathbb{R}^n, \mathbb{C}) \to L^2(\mathbb{R}^n, \mathbb{C})$ auf dem separablen Hilbertraum $L^2(\mathbb{R}^n, \mathbb{C})$ dar.*

Beweis: 1.) Wir zeigen, dass der Operator $\mathbb{K}$ im Sinne von Definition II.11.3 im Hilbertraum $L^2(\mathbb{R}^n, \mathbb{C})$ eine endliche Quadratnorm besitzt. Hierzu wählen wir dort zwei vollständige, orthonormierte Systeme – kurz v.o.n.S. – mit

$$\varphi = \{\varphi_j(x)\}_{j=1,2,\ldots}, \quad \psi = \{\psi_j(x)\}_{j=1,2,\ldots}$$

und weisen nach, dass die *Quadratnorm von $\mathbb{K}$* die Abschätzung

$$N(\mathbb{K}; \varphi, \psi) := \sqrt{\sum_{j,k=1}^{\infty} \left|\left(\mathbb{K}\varphi_j, \psi_k\right)_{L^2(\mathbb{R}^n, \mathbb{C})}\right|^2} < +\infty$$

erfüllt.

2.) *Behauptung: Der Hilbert-Schmidt-Operator $\mathbb{K}$ besitzt die Quadratnorm*

$$N(\mathbb{K}) = \sqrt{\int\limits_{\mathbb{R}^n \times \mathbb{R}^n} |K(x, y)|^2\,dx\,dy} < +\infty. \quad \text{(II.10.17)}$$

Wenn nämlich $\{\varphi_j(x)\}_{j=1,2,\ldots}$ ein v.o.n.S. in $L^2(\mathbb{R}^n)$ bildet, so setzen wir

$$\psi_j(x) = \int_{\mathbb{R}^n} K(x,y)\varphi_j(y)\,dy = \mathbb{K}\varphi_j(x) \quad \text{f.ü.} \quad \text{im} \quad \mathbb{R}^n \quad \text{für} \quad j = 1, 2, \ldots$$

Dann berechnen wir

$$\sum_{j=1}^{\infty} |\psi_j(x)|^2 = \sum_{j=1}^{\infty} \left| \int_{\mathbb{R}^n} K(x,y)\varphi_j(y)\,dy \right|^2$$

$$= \sum_{j=1}^{\infty} \left| \left(\overline{K(x,\cdot)}, \varphi_j \right)_{L^2(\mathbb{R}^n,\mathbb{C})} \right|^2 = \int_{\mathbb{R}^n} |K(x,y)|^2\,dy. \tag{II.10.18}$$

Der Satz von Fubini liefert

$$\int_{\mathbb{R}^n \times \mathbb{R}^n} |K(x,y)|^2\,dxdy = \int_{\mathbb{R}^n} \sum_{j=1}^{\infty} |\psi_j(x)|^2\,dx$$

$$= \sum_{j=1}^{\infty} \int_{\mathbb{R}^n} |\psi_j(x)|^2\,dx = \sum_{j=1}^{\infty} \|\mathbb{K}\varphi_j\|_{L^2(\mathbb{R}^n,\mathbb{C})}^2 = N(\mathbb{K})^2. \tag{II.10.19}$$

3.) Für die Operatorennorm $\|\cdot\|$ von $\mathbb{K}$ im Hilbertraum $L^2(\mathbb{R}^n,\mathbb{C})$ gilt nach dem Theorem II.11.3 die folgende Abschätzung:

$$\|\mathbb{K}\| \leq N(\mathbb{K}; \varphi, \psi) = \sqrt{\sum_{j=1}^{\infty} \|\mathbb{K}\varphi_j\|^2}. \tag{II.10.20}$$

Also stellt der Integraloperator $\mathbb{K}$ aus der Definition II.10.7 einen beschränkten, linearen Operator auf dem dichten Teilraum $C_0^0(\mathbb{R}^n, \mathbb{C})$ dar. Dieser Operator kann eindeutig auf den Hilbertraum $L^2(\mathbb{R}^n, \mathbb{C})$ fortgesetzt werden, und dort liefert $\mathbb{K}$ nach dem Theorem II.11.3 einen vollstetigen Operator.

q.e.d.

Mit dem Spektralsatz selbstadjungierter Operatoren zeigen wir jetzt für Hilbert-Schmidt-Operatoren eine Aussage über ihr Spektrum, welche wir im nächsten Abschnitt unabhängig mittels direkter Variationsmethoden erhalten.

Theorem II.10.2. (Spektrum der Hilbert-Schmidt-Operatoren)
Der Hilbert-Schmidt-Operator $\mathbb{K} : L^2(\mathbb{R}^n,\mathbb{C}) \to L^2(\mathbb{R}^n,\mathbb{C})$ aus Definition II.10.7 mit einer Hermiteschen Kernfunktion $K = K(x,y)$ ist selbstadjungiert. Es besitzt $\mathbb{K}$ eine Spektralschar $\{E_{[K]}(\lambda) : \lambda \in \mathbb{R}\}$, mit welcher die Operatoridentität

$$\mathbb{K}h = \int_{-\infty}^{+\infty} \lambda \, d\, E_{[K]}(\lambda)\, h \quad \text{für alle} \quad h \in C_0^0(\mathbb{R}^n, \mathbb{C}) \tag{II.10.21}$$

erfüllt ist, und dessen Häufungsspektrum $\sigma_{ess} = \{0\}$ genau aus dem Nullpunkt besteht.

Beweis: Nach dem Theorem II.10.1 ist der Operator $\mathbb{K}$ selbstadjungiert, und wir erhalten von dem Theorem I.12.1 eine Darstellung (II.10.21) mit Hilfe der Spektralschar. Gemäß der Proposition II.10.2 ist der Operator beschränkt und vollstetig auf den Hilbertraum $L^2(\mathbb{R}^n, \mathbb{C})$ fortsetzbar. Das Theorem I.12.4 liefert dann die Aussage $\sigma_{ess} = \{0\}$ für sein Häufungsspektrum.

q.e.d.

Bemerkung: Ein intensives Studium vollstetiger Integraloperatoren über beschränkten Gebieten wird im Kapitel VIII des Lehrbuchs [S3] durchgeführt. Mittels schwach singulärer Integraloperatoren, welche durch die Greenschen Funktionen von Differentialoperatoren erzeugt werden, sind auch klassische Regularitätsaussagen über die Eigenfunktionen dieser Operatoren möglich. Hierzu verweisen wir insbesondere auf § 9: *Das Weylsche Eigenwertproblem für den Laplaceoperator* im Kapitel VIII des Lehrbuchs [S3].

§11 Der Spektralsatz für kompakte Operatoren

Wir wollen nun den Spektralsatz für vollstetige Hermitesche Operatoren im Hilbertraum mit den direkten Variationsmethoden beweisen, wo man hier auch von kompakten Operatoren spricht. Die angegebene Methode kann die Diagonalisierung Hermitescher Matrizen im $\mathbb{C}^n$ bewirken, welche im §I.5 den Ausgangspunkt für unseren Spektralsatz selbstadjungierter Operatoren bildet. Wir beginnen mit der

Definition II.11.1. *Eine Teilmenge $\Sigma \subset \mathcal{H}$ des Hilbertraums $\mathcal{H}$ ist präkompakt, wenn jede Folge $\{y_k\}_{k=1,2,\dots} \subset \Sigma$ eine stark konvergente Teilfolge $\{y_{k_l}\}_{l=1,2,\dots} \subset \{y_k\}_k$ enthält, das heißt*

$$\lim_{l,m \to \infty} \|y_{k_l} - y_{k_m}\|_{\mathcal{H}} = 0 \,.$$

Definition II.11.2. *Ein linearer Operator $A : \mathcal{H} \to \mathcal{H}$ heißt vollstetig bzw. kompakt, wenn die Menge*

$$\Sigma := \Big\{ y = Ax : x \in \mathcal{H} \quad \text{mit} \quad \|x\|_{\mathcal{H}} \le 1 \Big\} \subset \mathcal{H}$$

präkompakt ist. Dieses bedeutet, dass jede Folge $\{x_k\}_{k=1,2,\dots} \subset \mathcal{H}$ mit der Eigenschaft $\|x_k\|_{\mathcal{H}} \le 1, \ \forall\, k \in \mathbb{N}$ eine Teilfolge $\{x_{k_l}\}_{l=1,2,\dots}$ enthält, für welche die Bildfolge $\{Ax_{k_l}\}_{l=1,2,\dots} \subset \mathcal{H}$ stark konvergiert.

Bemerkungen:

i)   Ein vollstetiger linearer Operator $A : \mathcal{H} \to \mathcal{H}$ ist beschränkt und besitzt die Operatornorm $\|A\| \in [0, +\infty)$.

ii) Der lineare Operator $A : \mathcal{H} \to \mathcal{H}$ im Hilbertraum $\mathcal{H}$ ist genau dann vollstetig, wenn für jede in $\mathcal{H}$ schwach konvergente Folge $x_k \rightharpoonup x \,(k \to \infty)$ die Aussage $Ax_k \to Ax \,(k \to \infty)$ in $\mathcal{H}$ folgt. Also ist A genau dann vollstetig, wenn jede schwach konvergente Folge in $\mathcal{H}$ in eine stark konvergente Folge in $\mathcal{H}$ überführt wird.
     Hierzu verweisen wir unsere Leser auf das Theorem 6.8 in [S5] Chap. 8 oder auf den Satz 4 in [S3] Kap. VIII §6.

iii) Sei $A : \mathcal{H} \to \mathcal{H}$ ein vollstetiger Hermitescher Operator auf dem Hilbertraum $\mathcal{H}$. Dann ist die assoziierte *Bilinearform*

$$\alpha(x,y) := (Ax,y)_{\mathcal{H}} = (x,Ay)_{\mathcal{H}} \,, \quad (x,y) \in \mathcal{H} \times \mathcal{H} \qquad (\text{II.11.1})$$

stetig bzgl. schwacher Konvergenz, das heißt

$$x_k \rightharpoonup x \text{ und } y_k \rightharpoonup y \,(k \to \infty) \text{ in } \mathcal{H} \implies \alpha(x_k, y_k) \to \alpha(x,y) \,(k \to \infty).$$
$$(\text{II.11.2})$$

Dieses folgt aus Bemerkung ii) und der Tatsache, dass Skalarprodukte konvergieren, insofern in der einen Komponente schwache und der anderen starke Konvergenz vorliegt.

Theorem II.11.1. *Sei* $A : \mathcal{H} \to \mathcal{H}$ *ein vollstetiger Hermitescher Operator auf dem Hilbertraum* $\mathcal{H}$. *Dann gibt es ein* $\varphi \in \mathcal{H}$ *mit* $\|\varphi\|_{\mathcal{H}} = 1$ *und ein* $\lambda \in \mathbb{R}$ *mit* $|\lambda| = \|A\|$, *so dass* $A\varphi = \lambda\varphi$ *gilt. Somit ist* $+\|A\|$ *oder* $-\|A\|$ *Eigenwert des Operators* A. *Weiter haben wir die folgende Abschätzung:*

$$|(x, Ax)_{\mathcal{H}}| \le |\lambda|(x, x)_{\mathcal{H}} \quad \text{für alle} \quad x \in \mathcal{H}. \tag{II.11.3}$$

Beweis: 1.) Zunächst zeigen wir

$$\|A\| = \sup_{x \in \mathcal{H}, \|x\|_{\mathcal{H}} = 1} |(Ax, x)_{\mathcal{H}}|. \tag{II.11.4}$$

Der Abschätzung

$$|(Ax, x)_{\mathcal{H}}| \le \|Ax\|_{\mathcal{H}} \|x\|_{\mathcal{H}} \le \|A\| \|x\|_{\mathcal{H}}^2 = \|A\|, \, \forall\, x \in \mathcal{H} \text{ mit } \|x\|_{\mathcal{H}} = 1 \tag{II.11.5}$$

entnehmen wir sofort

$$\sup_{x \in \mathcal{H}, \|x\|_{\mathcal{H}} = 1} |(Ax, x)_{\mathcal{H}}| \le \|A\|. \tag{II.11.6}$$

Um die umgekehrte Ungleichung zu beweisen, wählen wir ein beliebiges

$$a \in [0, +\infty) \text{ mit der Eigenschaft } |(Ax, x)_{\mathcal{H}}| \le a\|x\|_{\mathcal{H}}^2, \, \forall\, x \in \mathcal{H}. \tag{II.11.7}$$

Für beliebige $f, g \in \mathcal{H}$ berechnen wir

$$(A(f+g), f+g)_{\mathcal{H}} - (A(f-g), f-g)_{\mathcal{H}} = 2\Big\{ (Af, g)_{\mathcal{H}} + (Ag, f)_{\mathcal{H}} \Big\} = 4\,\mathrm{Re}(Af, g)_{\mathcal{H}}$$

und damit

$$4|\,\mathrm{Re}(Af, g)_{\mathcal{H}}| \le |(A(f+g), f+g)_{\mathcal{H}}| + |(A(f-g), f-g)_{\mathcal{H}}|$$

$$\le a\Big\{ \|f+g\|_{\mathcal{H}}^2 + \|f-g\|_{\mathcal{H}}^2 \Big\} = 2a\Big\{ \|f\|_{\mathcal{H}}^2 + \|g\|_{\mathcal{H}}^2 \Big\}. \tag{II.11.8}$$

Wir ersetzen nun

$$f = \sqrt{\frac{\|y\|_{\mathcal{H}}}{\|x\|_{\mathcal{H}}}}\, x, \quad g = e^{i\varphi} \sqrt{\frac{\|x\|_{\mathcal{H}}}{\|y\|_{\mathcal{H}}}}\, y \quad \text{mit geeignetem } \varphi \in [0, 2\pi), \tag{II.11.9}$$

so dass die Ungleichungen

$$4|(Ax, y)_{\mathcal{H}}| \le 2a\Big\{ \frac{\|y\|_{\mathcal{H}}}{\|x\|_{\mathcal{H}}} \|x\|_{\mathcal{H}}^2 + \frac{\|x\|_{\mathcal{H}}}{\|y\|_{\mathcal{H}}} \|y\|_{\mathcal{H}}^2 \Big\} = 4a\|x\|_{\mathcal{H}} \|y\|_{\mathcal{H}} \tag{II.11.10}$$

beziehungsweise

$$|(Ax, y)_{\mathcal{H}}| \le a\|x\|_{\mathcal{H}} \|y\|_{\mathcal{H}} \quad \text{für alle} \quad x, y \in \mathcal{H} \tag{II.11.11}$$

folgen. Speziell für $y = Ax$ ergibt sich

$$\|Ax\|_{\mathcal{H}}^2 \leq a\|x\|_{\mathcal{H}}\,\|Ax\|_{\mathcal{H}} \quad \text{bzw.} \quad \|Ax\|_{\mathcal{H}} \leq a\|x\|_{\mathcal{H}} \quad \text{für alle} \quad x \in \mathcal{H}$$
(II.11.12)

und somit $\|A\| \leq a$. Wir erhalten schließlich

$$\sup_{x \in \mathcal{H},\,\|x\|_{\mathcal{H}}=1} |(Ax, x)_{\mathcal{H}}| = \inf\left\{ a \geq 0 : |(Ax, x)_{\mathcal{H}}| \leq a\|x\|_{\mathcal{H}}^2,\, \forall\, x \in \mathcal{H} \right\} \geq \|A\|.$$

2.) Wir betrachten nun das Variationsproblem

$$\|A\| = \sup_{x \in \mathcal{H}\setminus\{0\}} \frac{|(Ax, x)_{\mathcal{H}}|}{\|x\|_{\mathcal{H}}^2} = \sup_{x \in \mathcal{H},\,\|x\|_{\mathcal{H}}=1} |(Ax, x)_{\mathcal{H}}|$$
(II.11.13)

und nehmen ohne Einschränkung $A \neq 0$ an. Sei $\{x_k\}_{k=1,2,\dots} \subset \mathcal{H}$ eine Folge mit der Eigenschaft

$$\|x_k\|_{\mathcal{H}} = 1,\, \forall\, k \in \mathbb{N} \quad \text{und} \quad |(Ax_k, x_k)_{\mathcal{H}}| \to \|A\|\ (k \to \infty).$$

Dann gibt es eine Teilfolge $\{x'_k\}_{k=1,2,\dots} \subset \{x_k\}_{k=1,2,\dots}$ und ein $x \in \mathcal{H}$ mit $\|x\|_{\mathcal{H}} \leq 1$, so dass

$$x'_k \rightharpoonup x\,(k \to \infty) \quad \text{und} \quad (Ax'_k, x'_k)_{\mathcal{H}} \to \lambda \in \{-\|A\|, \|A\|\}$$
(II.11.14)

richtig ist. Da die Bilinearform $\alpha(x, y) = (Ax, y)$ schwach stetig ist, so folgt

$$0 \neq \lambda = \lim_{k \to \infty} (Ax'_k, x'_k)_{\mathcal{H}} = (Ax, x)_{\mathcal{H}},$$

also $x \neq 0$. Die Unterhalbstetigkeit der Norm unter schwacher Konvergenz liefert $\|x\|_{\mathcal{H}} \leq 1$. Wäre nun $\|x\|_{\mathcal{H}} < 1$ richtig, so erhalten wir

$$\frac{|(Ax, x)_{\mathcal{H}}|}{\|x\|_{\mathcal{H}}^2} > \frac{|\lambda|}{1} = \|A\|$$
(II.11.15)

im Widerspruch zu (II.11.13). Also erhalten wir die Aussage $\|x\|_{\mathcal{H}} = 1$.

3.) Wir nehmen nun ohne Einschränkung $\lambda = +\|A\|$ an. Weiter sei $x \in \mathcal{H}$ mit $\|x\|_{\mathcal{H}} = 1$ die in Teil 2.) gefundene Lösung des Variationsproblems (II.11.4). Wir haben also die Identität

$$(Ax, x)_{\mathcal{H}} = \lambda\|x\|_{\mathcal{H}}^2 .$$

Für ein beliebiges $y \in \mathcal{H}$ gibt es dann ein $\varepsilon_0 = \varepsilon_0(y) > 0$, so dass für alle $\varepsilon \in (-\varepsilon_0, \varepsilon_0)$ die folgenden Ungleichungen gelten:

$$(A(x + \varepsilon y), x + \varepsilon y)_{\mathcal{H}} \leq \lambda(x + \varepsilon y, x + \varepsilon y)_{\mathcal{H}}$$
(II.11.16)

beziehungsweise

$$(Ax, x)_{\mathcal{H}} + \varepsilon\Big\{(Ax, y)_{\mathcal{H}} + (Ay, x)_{\mathcal{H}}\Big\} \leq \lambda\|x\|_{\mathcal{H}}^2 + \varepsilon\lambda\Big\{(x, y)_{\mathcal{H}} + (y, x)_{\mathcal{H}}\Big\} + o(\varepsilon).$$

Hieraus folgt

$$\varepsilon \operatorname{Re}(Ax - \lambda x, y)_{\mathcal{H}} \leq o(\varepsilon), \tag{II.11.17}$$

und weiter

$$\operatorname{Re}(Ax - \lambda x, y)_{\mathcal{H}} \leq o(1) \quad \text{für alle} \quad y \in \mathcal{H}.$$

Somit muss

$$\operatorname{Re}(Ax - \lambda x, y)_{\mathcal{H}} = 0 \quad \text{für alle} \quad y \in \mathcal{H} \tag{II.11.18}$$

erfüllt sein, und wir erhalten $Ax = \lambda x$.   q.e.d.

Theorem II.11.2. (Spektralsatz von F. Rellich)
Sei ein vollstetiger Hermitescher Operator $A : \mathcal{H} \to \mathcal{H}$ auf dem Hilbertraum $\mathcal{H}$ mit $A \neq 0$ vorgelegt. Dann gibt es ein endliches oder abzählbar unendliches System von orthonormierten Elementen $\{\varphi_j\}_{j=1,2,\ldots}$ in $\mathcal{H}$, so dass gilt:

i) Die φ_j sind Eigenelemente zu den Eigenwerten $\lambda_j \in \mathbb{R}$ mit

$$\|A\| = |\lambda_1| \geq |\lambda_2| \geq |\lambda_3| \geq \ldots > 0,$$

das heißt

$$A\varphi_j = \lambda_j\varphi_j, \quad j = 1, 2, \ldots$$

Falls $\{\varphi_j\}_j$ unendlich ist, so haben wir das asymptotische Verhalten

$$\lim_{j \to \infty} \lambda_j = 0.$$

ii) Für alle $x \in \mathcal{H}$ gelten die Darstellungen

$$Ax = \sum_{j=1,2,\ldots} \lambda_j(\varphi_j, x)_{\mathcal{H}}\varphi_j \quad und \quad (x, Ax)_{\mathcal{H}} = \sum_{j=1,2,\ldots} \lambda_j|(\varphi_j, x)_{\mathcal{H}}|^2.$$

Falls das System $\{\varphi_j\}_{j=1,\ldots,N}$ endlich ist, so reduzieren sich die Reihen auf endliche Summen.

Beweis: Wegen $\|A\| > 0$ gibt es nach dem Theorem II.11.1 ein Element $\varphi_1 \in \mathcal{H}$ mit $\|\varphi_1\|_{\mathcal{H}} = 1$, für welches

$$A\varphi_1 = \lambda_1\varphi_1 \quad \text{mit} \quad \lambda_1 \in \{-\|A\|, +\|A\|\}$$

gilt sowie

$$|(Ax, x)_{\mathcal{H}}| \leq |\lambda_1|(x, x)_{\mathcal{H}} \quad \text{für alle} \quad x \in \mathcal{H}.$$

Wir nehmen nun an, wir haben bereits $m \geq 1$ orthonormierte Eigenelemente $\varphi_1, \ldots, \varphi_m$ mit den zugehörigen Eigenwerten $\lambda_1, \ldots, \lambda_m \in \mathbb{R}$ gefunden, und diese erfüllen die Eigenschaft I). Wir betrachten dann den vollstetigen Hermiteschen Operator

$$B_m x = Ax - \sum_{j=1}^{m} \lambda_j(\varphi_j, x)_{\mathcal{H}}\varphi_j.$$

1.*Fall:* Es gilt $B_m = 0$. Dann haben wir die Darstellung

$$Ax = \sum_{j=1}^{m} \lambda_j(\varphi_j, x)_{\mathcal{H}} \varphi_j.$$

2.*Fall:* Es gilt $B_m \neq 0$. Nach dem Theorem II.11.1 gibt es ein Element $\varphi \in \mathcal{H}$ mit $\|\varphi\|_{\mathcal{H}} = 1$, so dass $B_m \varphi = \lambda \varphi$ und folglich

$$A\varphi - \sum_{j=1}^{m} \lambda_j(\varphi_j, \varphi)_{\mathcal{H}} \varphi_j = \lambda \varphi$$

mit $|\lambda| = \|B_m\| > 0$ erfüllt ist. Multiplikation mit φ_k, $k \in \{1, \ldots, m\}$, von links liefert

$$\lambda(\varphi_k, \varphi)_{\mathcal{H}} = (\varphi_k, A\varphi)_{\mathcal{H}} - \lambda_k(\varphi_k, \varphi)_{\mathcal{H}} = (A\varphi_k, \varphi)_{\mathcal{H}} - \lambda_k(\varphi_k, \varphi)_{\mathcal{H}}$$

$$= \lambda_k(\varphi_k, \varphi)_{\mathcal{H}} - \lambda_k(\varphi_k, \varphi)_{\mathcal{H}} = 0, \qquad k = 1, \ldots m.$$

Somit ist auch das System $\{\varphi_1, \ldots, \varphi_m, \varphi\}$ orthonormiert, und wir setzen $\varphi_{m+1} := \varphi$ sowie $\lambda_{m+1} := \lambda \neq 0$. Da nach Konstruktion die Abschätzung

$$|(x, B_m x)_{\mathcal{H}}| \leq |\lambda_m|(x, x)_{\mathcal{H}} \qquad \text{für alle} \quad x \in \mathcal{H}$$

erfüllt ist, erhalten wir für $x = \varphi_{m+1}$

$$|\lambda_m| \geq |(\varphi_{m+1}, B_m \varphi_{m+1})_{\mathcal{H}}| = |(\varphi_{m+1}, \lambda_{m+1}\varphi_{m+1})_{\mathcal{H}}| = |\lambda_{m+1}|.$$

Wir nehmen nun an, dass unser oben beschriebenes Verfahren nicht abbricht. Da $\{\varphi_j\}_j$ orthonormiert ist, gilt $\varphi_j \rightharpoonup 0 \,(j \to \infty)$, und die Vollstetigkeit von A liefert

$$|\lambda_j| = \|A\varphi_j\|_{\mathcal{H}} \to 0 \,(j \to \infty).$$

Schließlich erhalten wir wegen $\|B_m\| = |\lambda_{m+1}|$ die Aussage

$$\left\| A - \sum_{j=1}^{m} \lambda_j(\varphi_j, \cdot)_{\mathcal{H}} \varphi_j \right\| = |\lambda_{m+1}| \to 0 \,(m \to \infty) \tag{II.11.19}$$

und somit

$$Ax = \sum_{j=1}^{\infty} \lambda_j(\varphi_j, x)_{\mathcal{H}} \varphi_j, \qquad x \in \mathcal{H}.$$

Also sind alle $y = Ax$ mit $x \in \mathcal{H}$ in der Form $y = \sum_{j=1}^{\infty} (\varphi_j, y)_{\mathcal{H}} \varphi_j$ darstellbar, d.h. das System $\{\varphi_j\}_{j=1,2,\ldots}$ ist im Bildraum $\overline{A(\mathcal{H})}$ vollständig.

q.e.d.

Wir wollen zum Abschluss ein wichtiges Kriterium für die Vollstetigkeit linearer Operatoren angeben. Hierzu benötigen wir die

Definition II.11.3. *Ein linearer Operator* $A : \mathcal{H} \to \mathcal{H}$ *besitzt eine endliche Quadratnorm, wenn ein Paar*

$$\varphi = \{\varphi_j\}_{j=1,2,\dots}, \quad \psi = \{\psi_j\}_{j=1,2,\dots}$$

von v.o.n.S. im separablen Hilbertraum $\mathcal{H}$ *die Abschätzung*

$$N(A; \varphi, \psi) := \sqrt{\sum_{j,k=1}^{\infty} |(A\varphi_j, \psi_k)_{\mathcal{H}}|^2} < +\infty$$

erfüllt. Dabei ist $N(A; \varphi, \psi)$ *unabhängig vom gewählten Paar der v.o.n.S., und wir setzen* $N(A) := N(A; \varphi, \psi)$.

Bemerkung: Wir verweisen hier auf den Hilfssatz 2 in [S3] Kap. VIII § 6.

Theorem II.11.3. *Auf dem separablen Hilbertraum* $\mathcal{H}$ *sei* $A : \mathcal{H} \to \mathcal{H}$ *ein linearer Operator mit endlicher Quadratnorm* $N(A) < +\infty$. *Dann gilt für die Operatornorm* $\|A\| \le N(A)$, *und* $A : \mathcal{H} \to \mathcal{H}$ *ist vollstetig.*

Beweis: 1.) Wie in Definition II.11.3 wählen wir v.o.n.S. φ und ψ im separablen Hilbertraum $\mathcal{H}$. Dann ermitteln wir

$$\begin{aligned}
N(A)^2 = N(A; \varphi, \psi)^2 &= \sum_{j,k=1}^{\infty} |(A\varphi_j, \psi_k)_{\mathcal{H}}|^2 \\
&= \sum_{j=1}^{\infty} \Big(\sum_{k=1}^{\infty} |(A\varphi_j, \psi_k)_{\mathcal{H}}|^2 \Big) = \sum_{j=1}^{\infty} \|A\varphi_j\|_{\mathcal{H}}^2 .
\end{aligned} \tag{II.11.20}$$

Mit $f = \sum_{j=1}^{\infty} c_j \varphi_j \in \mathcal{H}$ folgen die Identitäten

$$Af = \sum_{j=1}^{\infty} c_j A\varphi_j \quad \text{und} \quad \|Af\|_{\mathcal{H}} \le \sum_{j=1}^{\infty} |c_j| \|A\varphi_j\|_{\mathcal{H}} .$$

Wir erhalten dann

$$\|Af\|_{\mathcal{H}} \le \sqrt{\sum_{j=1}^{\infty} |c_j|^2} \sqrt{\sum_{j=1}^{\infty} \|A\varphi_j\|_{\mathcal{H}}^2} = N(A; \varphi, \psi) \|f\|_{\mathcal{H}}, \quad \forall f \in \mathcal{H}$$

$$\tag{II.11.21}$$

und somit $\|A\| \le N(A; \varphi, \psi)$.

2.) Sei die Folge $f_k \rightharpoonup f = 0 \, (k \to \infty)$ schwach konvergent. Ist dann $\{\varphi_j\}_{j=1,2,\dots}$ ein v.o.n.S. in $\mathcal{H}$, so haben wir die Darstellung

$$f_k = \sum_{j=1}^{\infty} c_k^j \varphi_j \quad \text{mit} \quad \lim_{k \to \infty} c_k^j = 0 \quad \text{für} \quad j = 1, 2, \dots \quad \text{und}$$

$$\sum_{j=1}^{\infty} |c_k^j|^2 \leq M^2 \quad \text{für} \quad k = 1, 2, \dots \quad \text{mit einem} \quad M \in (0, +\infty). \tag{II.11.22}$$

Wegen der Stetigkeit des Operators $A : \mathcal{H} \to \mathcal{H}$ gemäß 1.) erhalten wir

$$A f_k = \sum_{j=1}^{\infty} c_k^j A \varphi_j$$

und somit

$$
\begin{aligned}
\|A f_k\|_{\mathcal{H}} &\leq \left\| \sum_{j=1}^{N} c_k^j A \varphi_j \right\|_{\mathcal{H}} + \left\| \sum_{j=N+1}^{\infty} c_k^j A \varphi_j \right\|_{\mathcal{H}} \\
&\leq \left\| \sum_{j=1}^{N} c_k^j A \varphi_j \right\|_{\mathcal{H}} + \sqrt{\sum_{j=1}^{\infty} |c_k^j|^2} \sqrt{\sum_{j=N+1}^{\infty} \|A \varphi_j\|_{\mathcal{H}}^2} .
\end{aligned}
\tag{II.11.23}
$$

Mit Hilfe von (II.11.22) erhalten wir

$$\|A f_k\|_{\mathcal{H}} \leq \left\| \sum_{j=1}^{N} c_k^j A \varphi_j \right\|_{\mathcal{H}} + M \sqrt{\sum_{j=N+1}^{\infty} \|A \varphi_j\|_{\mathcal{H}}^2}, \quad k = 1, 2, \dots \tag{II.11.24}$$

Wir wählen zu vorgegebenem $\varepsilon > 0$ ein $N = N(\varepsilon) \in \mathbb{N}$ so groß, dass

$$M \sqrt{\sum_{j=N+1}^{\infty} \|A \varphi_j\|_{\mathcal{H}}^2} \leq \varepsilon \tag{II.11.25}$$

ausfällt. Wegen (II.11.22) können wir dann ein $k_0 = k_0(\varepsilon) \in \mathbb{N}$ so wählen, dass

$$\left\| \sum_{j=1}^{N(\varepsilon)} c_k^j A \varphi_j \right\|_{\mathcal{H}} \leq \varepsilon \quad \text{für alle} \quad k \geq k_0 \tag{II.11.26}$$

erfüllt ist. Insgesamt erhalten wir

$$\|A f_k\|_{\mathcal{H}} \leq 2\varepsilon \quad \text{für alle} \quad k \geq k_0$$

zu gegebenem $\varepsilon > 0$ und schließlich $A f_k \to 0 \, (k \to \infty)$. Somit ist der Operator A vollstetig.

q.e.d.

III

Störungstheorie der Spektralzerlegung

Zunächst zeigen wir die Herglotz'sche Integralformel, welche einen Beweis des Spektralsatzes für selbstadjungierte Operatoren auf nicht notwendig separablen Hilberträumen erlaubt. Dann geben wir eine Einführung in die Störungstheorie selbstadjungierter Operatoren. Wir beweisen die stetige und die analytische Abhängigkeit der Spektralschar von dem Störungsparameter durch Untersuchung der Resolvente. Dieses Resultat verdanken wir E. Heinz.

§1 Die Integralformel von Herglotz und ihre Folgerungen

Zunächst verwenden wir die Bereiche $\Omega_r := \{w = u + iv \in \mathbb{C} \colon |w| < r\}$ für alle $0 < r \leq 1$ und gründen unsere Überlegungen auf die

Proposition III.1.1. (Schwarzsche Integralformel)
Sei die Funktion $f = f(w) \colon \Omega_1 \to \mathbb{C}$ holomorph, so gilt für alle $0 < r < 1$ die folgende Integraldarstellung

$$f(w) = i \, Im \, f(0) + \frac{1}{2\pi} \int_0^{2\pi} \frac{re^{i\varphi} + w}{re^{i\varphi} - w} \, Re \, f(re^{i\varphi}) \, d\varphi \,, \quad w \in \Omega_r \,. \quad \text{(III.1.1)}$$

Beweis: Auf der Einheitskreisscheibe Ω_1 betrachten wir die reellen Randwerte

$$\phi_r(z) := Re \, f(rz) \,, \quad z \in \partial\Omega_1 \,.$$

Nach dem Theorem 2.2 aus [S5] Chap. 9 stellt das Schwarzsche Integral

$$F_r(z) := \frac{1}{2\pi} \int_0^{2\pi} \frac{e^{i\varphi} + z}{e^{i\varphi} - z} \phi_r(e^{i\varphi}) d\varphi = \frac{1}{2\pi} \int_0^{2\pi} \frac{e^{i\varphi} + z}{e^{i\varphi} - z} Re f(re^{i\varphi}) d\varphi, \, z \in \Omega_1$$

eine holomorphe Funktion in Ω_1 dar mit den Randwerten

$$Re \, F_r(z) = Re \, f(rz) \,, \quad z \in \partial\Omega_1 \,,$$

© Springer-Verlag GmbH Deutschland, ein Teil von Springer Nature 2019
F. Sauvigny, *Spektraltheorie selbstadjungierter Operatoren im Hilbertraum und elliptischer Differentialoperatoren*, https://doi.org/10.1007/978-3-662-58069-1_3

welche stetig auf $\overline{\Omega_1}$ angenommen werden. Dann ist die Funktion

$$G_r(w) := F_r(\frac{w}{r}) := \frac{1}{2\pi} \int_0^{2\pi} \frac{e^{i\varphi} + \frac{w}{r}}{e^{i\varphi} - \frac{w}{r}} \operatorname{Re} f(re^{i\varphi}) \, d\varphi$$

$$= \frac{1}{2\pi} \int_0^{2\pi} \frac{re^{i\varphi} + w}{re^{i\varphi} - w} \operatorname{Re} f(re^{i\varphi}) \, d\varphi, \quad w \in \Omega_r$$

holomorph in Ω_r und besitzt die Randwerte

$$\operatorname{Re} G_r(w) = \operatorname{Re} F_r\left(\frac{w}{r}\right) = \operatorname{Re} f(w), \quad w \in \partial\Omega_r.$$

Nach dem Maximumprinzip für harmonische Funktionen stimmen die Realteile von $G_r(w)$ und $f(w)$ in der Kreisscheibe Ω_r überein. Mit Hilfe der Cauchy-Riemann-Gleichungen stellt man weiter fest, dass die Imaginärteile bis auf eine Konstante identisch sind. Also folgt die Identität

$$f(w) = ic_r + \frac{1}{2\pi} \int_0^{2\pi} \frac{re^{i\varphi} + w}{re^{i\varphi} - w} \operatorname{Re} f(re^{i\varphi}) \, d\varphi, \quad w \in \Omega_r$$

mit einer Konstante $c_r \in \mathbb{R}$. Überprüfen wir diese Identität im Punkt $w = 0$, so erhalten wir die behauptete Identität (III.1.1). q.e.d.

Proposition III.1.2. *Sei die Funktion $f = f(w) \colon \Omega_1 \to \mathbb{C}$ holomorph mit der Eigenschaft $\operatorname{Re} f(w) \geq 0, \, \forall\, w \in \Omega_1$. Dann gibt es eine monoton nichtfallende Funktion $\gamma = \gamma(\varphi) \colon [0, 2\pi] \to \mathbb{R}$ mit $\gamma(0) = 0$ und $\gamma(2\pi) = \operatorname{Re} f(0)$, deren Einschränkung auf das Intervall $[0, 2\pi)$ rechtsseitig stetig ist, so dass die folgende Integraldarstellung gilt:*

$$\begin{aligned}
f(w) &= i\operatorname{Im} f(0) + \int_{0+}^{2\pi-} \frac{e^{i\varphi} + w}{e^{i\varphi} - w} d\gamma(\varphi) \\
&\quad + \left[\gamma(2\pi) - \gamma(2\pi-)\right] \frac{1+w}{1-w}, \quad w \in \Omega_1.
\end{aligned} \tag{III.1.2}$$

Beweis: 1.) Wir wählen eine monoton steigende Folge

$$\{r_n\}_{n=1,2,\ldots} \subset (0,1) \quad \text{mit} \quad \lim_{n\to\infty} r_n = 1.$$

Wegen Proposition III.1.1 ist für ein hinreichend großes $n_0(w) \in \mathbb{N}$ die Aussage

$$f(w) = i\operatorname{Im} f(0) + \frac{1}{2\pi} \int_0^{2\pi} \frac{r_n e^{i\varphi} + w}{r_n e^{i\varphi} - w} \operatorname{Re} f(r_n e^{i\varphi}) d\varphi \tag{III.1.3}$$

$$\text{für alle} \quad w \in \Omega_1 \quad \text{mit} \quad n \geq n_0(w)$$

richtig. Wir führen die folgenden monoton nichtfallenden, reellanalytischen Funktionen ein:

$$\gamma_n(\varphi) := \frac{1}{2\pi} \int_0^\varphi \operatorname{Re} f(r_n e^{it})\,dt, \quad 0 \le \varphi \le 2\pi, \quad n \in \mathbb{N}. \qquad \text{(III.1.4)}$$

Diese besitzen die Eigenschaften

$$\gamma_n(0) = 0 \quad \text{und} \quad \gamma_n(2\pi) = \frac{1}{2\pi} \int_0^{2\pi} \operatorname{Re} f(r_n e^{it})\,dt = \operatorname{Re} f(0), \, n \in \mathbb{N} \quad \text{(III.1.5)}$$

wegen der Mittelwerteigenschaft harmonischer Funktionen. Damit liefern (III.1.3) und (III.1.4) die Aussage

$$f(w) = i \operatorname{Im} f(0) + \int_0^{2\pi} \frac{r_n e^{i\varphi} + w}{r_n e^{i\varphi} - w}\, d\gamma_n(\varphi), \quad w \in \Omega_1, \quad n \ge n_0(w). \tag{III.1.6}$$

2.) Mit dem Hellyschen Auswahlsatz auf dem Intervall $[0, 2\pi]$ können wir übergehen zu einer Teilfolge

$$\{\gamma_{n_k}\}_{k=1,2,\ldots} \subset \{\gamma_n\}_{n=1,2,\ldots} \text{ mit } \lim_{k\to\infty} \gamma_{n_k}(\varphi) = \gamma(\varphi), \, \forall \, \varphi \in [0, 2\pi]. \quad \text{(III.1.7)}$$

Die Grenzfunktion $\gamma = \gamma(t)\colon [0, 2\pi] \to \mathbb{R}$ ist monoton nichtfallend und erfüllt $\gamma(0) = 0$ sowie $\gamma(2\pi) = \operatorname{Re} f(0)$ wegen (III.1.5). Ferner ist ihre Einschränkung $\gamma\colon [0, 2\pi) \to [0, \operatorname{Re} f(0)]$ rechtsseitig stetig. Wir benötigen nun den Hellyschen Konvergenzsatz für das kompakte Intervall $[0, 2\pi]$. Wegen (III.1.6) und (III.1.7) erhalten wir für alle $w \in \Omega_1$ die Aussage

$$f(w) = i \operatorname{Im} f(0) + \lim_{k\to\infty} \int_0^{2\pi} \frac{r_{n_k} e^{i\varphi} + w}{r_{n_k} e^{i\varphi} - w}\, d\gamma_{n_k}(\varphi)$$

$$= i \operatorname{Im} f(0) + \int_0^{2\pi} \frac{e^{i\varphi} + w}{e^{i\varphi} - w}\, d\gamma(\varphi)$$

$$= i \operatorname{Im} f(0) + \int_{0+}^{2\pi-} \frac{e^{i\varphi} + w}{e^{i\varphi} - w}\, d\gamma(\varphi) + \left[\gamma(2\pi) - \gamma(2\pi-)\right] \frac{1+w}{1-w}.$$

Damit ist unser Hilfssatz vollständig gezeigt.

q.e.d.

Nun verwenden wir den Definitionsbereich

$$\mathbb{C}^+ := \{z = x + iy \in \mathbb{C}\colon y > 0\} \subset \mathbb{C}' := \mathbb{C} \setminus \mathbb{R}$$

und zeigen das zentrale

Theorem III.1.1. (Die Integralformel von Herglotz) *Sei die Funktion* $g = g(z)\colon \mathbb{C}^+ \to \mathbb{C}$ *holomorph mit der Eigenschaft* $\operatorname{Im} g(z) \ge 0, \, \forall z \in \mathbb{C}^+$. *Dann gibt es eine Funktion* $\varrho = \varrho(t) \in BV_0^+(\mathbb{R}; \operatorname{Im} g(i))$ *und reelle Zahlen* $a \in \mathbb{R}$ *und* $b \in [0, \operatorname{Im} g(i)]$, *so dass die Darstellung*

$$g(z) = a + bz + \int_{-\infty}^{+\infty} \frac{1+tz}{t-z}\, d\varrho(t), \quad z \in \mathbb{C}^+ \tag{III.1.8}$$

erfüllt ist.

Beweis: 1.) Wir betrachten die gebrochen-lineare Transformation

$$w = \mathbf{l}(z) := \frac{z-i}{z+i}\,, \quad z \in \mathbb{C}$$

und berechnen ihre Funktionswerte

$$\mathbf{l}(0) = -1\,, \quad \mathbf{l}(1) = \frac{1-i}{1+i} = -i\,, \quad \mathbf{l}(\infty) = 1\,, \quad \mathbf{l}(i) = 0\,. \qquad \text{(III.1.9)}$$

Somit liefert die positiv-orientierte Abbildung

$$w = \mathbf{l}(t) = \frac{t-i}{t+i}\,, \quad t \in \mathbb{R}$$

einen C^1-Diffeomorphismus von $\mathbb{R}$ auf die punktierte Einheitskreislinie

$$\partial\Omega_1 \setminus \{1\} = \{e^{i\varphi} : 0 < \varphi < 2\pi\}\,.$$

Es gibt also einen positiv-orientierten C^1-Diffeomorphismus

$$\phi \colon \mathbb{R} \to (0, 2\pi) \quad \text{vermöge} \quad \varphi = \phi(t)\,, \quad t \in \mathbb{R}\,,$$

so dass

$$e^{i\phi(t)} = \mathbf{l}(t) = \frac{t-i}{t+i}\,, \quad t \in \mathbb{R} \qquad \text{(III.1.10)}$$

richtig ist. Weiter haben wir die Transformation

$$\Omega_1 \ni w = \mathbf{l}(z) = \frac{z-i}{z+i}\,, \quad z \in \mathbb{C}^+$$

der oberen Halbebene $\mathbb{C}^+$ in die Einheitskreisscheibe. Nun berechnen wir

$$
\begin{aligned}
\frac{\mathbf{l}(t) + \mathbf{l}(z)}{\mathbf{l}(t) - \mathbf{l}(z)} &= \frac{\frac{t-i}{t+i} + \frac{z-i}{z+i}}{\frac{t-i}{t+i} - \frac{z-i}{z+i}} \\[2mm]
&= \frac{(t-i)(z+i) + (z-i)(t+i)}{(t-i)(z+i) - (z-i)(t+i)} \\[2mm]
&= \frac{(tz + it - iz + 1) + (tz + iz - it + 1)}{(tz + it - iz + 1) - (tz + iz - it + 1)} \\[2mm]
&= \frac{2tz + 2}{2it - 2iz} = \frac{1 + tz}{i(t-z)}\,, \quad t \in \mathbb{R}\,, \quad z \in \mathbb{C}^+\,.
\end{aligned}
\qquad \text{(III.1.11)}
$$

2.) Wir ermitteln die Umkehrabbildung $\mathbf{l}^{-1}$ der Möbiustransformation $\mathbf{l}$:

$$
\begin{aligned}
w = \mathbf{l}(z) \quad &\Longleftrightarrow \quad w = \frac{z-i}{z+i} \quad \Longleftrightarrow \quad w(z+i) = z - i \\[2mm]
&\Longleftrightarrow \quad wz + iw = z - i \quad \Longleftrightarrow \quad (w-1)z = -i(1+w) \\[2mm]
&\Longleftrightarrow \quad z = -i\frac{w+1}{w-1} = i\frac{w+1}{1-w} =: \mathbf{l}^{-1}(w)\,, \quad w \in \Omega_1\,.
\end{aligned}
$$

Dann betrachten wir die Funktion

$$f(w) := -i\,g\Big(i\frac{w+1}{1-w}\Big) = -ig\Big(\mathbf{l}^{-1}(w)\Big)\,, \quad w \in \Omega_1 \tag{III.1.12}$$

mit den Eigenschaften

$$\operatorname{Re} f(w) \geq 0\,, \quad \forall\ w \in \Omega_1 \quad \text{und} \quad f(0) = -ig\Big(\mathbf{l}^{-1}(0)\Big) = -ig(i)\,.$$

Auf die Funktion (III.1.12) wenden wir die Proposition III.1.2 an und erhalten

$$-i\,g\Big(\mathbf{l}^{-1}(w)\Big) = f(w)$$

$$= i\operatorname{Im} f(0) + \int_{0+}^{2\pi-} \frac{e^{i\varphi}+w}{e^{i\varphi}-w}d\gamma(\varphi) + \Big[\gamma(2\pi)-\gamma(2\pi-)\Big]\frac{1+w}{1-w}$$

$$= -i\operatorname{Re} g(i) + \int_{0+}^{2\pi-} \frac{e^{i\varphi}+w}{e^{i\varphi}-w}d\gamma(\varphi) - i\Big[\gamma(2\pi)-\gamma(2\pi-)\Big]\mathbf{l}^{-1}(w) \tag{III.1.13}$$

$$\text{für alle}\ \ w \in \Omega_1\,.$$

Setzen wir in (III.1.13) die Größe $w = \mathbf{l}(z)$ ein, so erhalten wir mittels (III.1.10) und (III.1.11) die Identität

$$g(z) = \operatorname{Re} g(i) + i\int_{0+}^{2\pi-} \frac{e^{i\varphi}+\mathbf{l}(z)}{e^{i\varphi}-\mathbf{l}(z)}d\gamma(\varphi) + \Big[\gamma(2\pi)-\gamma(2\pi-)\Big]z$$

$$= \operatorname{Re} g(i) + i\int_{-\infty}^{+\infty} \frac{e^{i\phi(t)}+\mathbf{l}(z)}{e^{i\phi(t)}-\mathbf{l}(z)}d\,[\gamma\circ\phi](t) + \Big[\gamma(2\pi)-\gamma(2\pi-)\Big]z$$

$$= \operatorname{Re} g(i) + i\int_{-\infty}^{+\infty} \frac{\mathbf{l}(t)+\mathbf{l}(z)}{\mathbf{l}(t)-\mathbf{l}(z)}d\,[\gamma\circ\phi](t) + \Big[\gamma(2\pi)-\gamma(2\pi-)\Big]z$$

$$= \operatorname{Re} g(i) + \int_{-\infty}^{+\infty} \frac{1+tz}{t-z}d\,[\gamma\circ\phi](t) + \Big[\gamma(2\pi)-\gamma(2\pi-)\Big]z, \ z \in \mathbb{C}^+. \tag{III.1.14}$$

Nun ergibt sich mit

$$a := \operatorname{Re} g(i) \in \mathbb{R}\,, \quad b := \Big[\gamma(2\pi)-\gamma(2\pi-)\Big] \in [\,0\,,\operatorname{Im} g(i)\,] \quad \text{und}$$

$$\varrho(t) := [\gamma\circ\phi](t)\,, \quad t \in \mathbb{R} \quad \text{mit} \quad \int_{-\infty}^{+\infty}|d\varrho(t)| \leq \operatorname{Im} g(i) \tag{III.1.15}$$

aus der Identität (III.1.14) die gesuchte Darstellung (III.1.8).

$$\text{q.e.d.}$$

Proposition III.1.3. *Sei die Funktion* $h\colon \mathbb{C}^+ \to \mathbb{C}$ *mit* $Im\,h(z) \geq 0$, $\forall z \in \mathbb{C}^+$ *holomorph unter der Wachstumsbedingung*

$$|h(z)| \leq \frac{M}{\operatorname{Im} z}, \quad z \in \mathbb{C}^+ \quad \textit{mit der Schranke} \quad M \in [0, +\infty).$$

Dann gibt es eine Funktion $\sigma = \sigma(t) \in BV_0^+(\mathbb{R}; M)$, *so dass die Darstellung*

$$h(z) = \int_{-\infty}^{+\infty} \frac{1}{t-z} d\sigma(t), \quad z \in \mathbb{C}^+ \qquad (\text{III.1.16})$$

richtig ist.

Beweis: 1.) Mit Hilfe der Darstellung im Theorem III.1.1 berechnen wir

$$h(z) = a + bz + \int_{-\infty}^{+\infty} \frac{1+tz}{t-z} d\varrho(t)$$

$$= a + bz + \int_{-\infty}^{+\infty} \frac{1+t[t-(t-z)]}{t-z} d\varrho(t) \qquad (\text{III.1.17})$$

$$= a + bz + \int_{-\infty}^{+\infty} \left(\frac{1+t^2}{t-z} - t \right) d\varrho(t), \quad z \in \mathbb{C}^+.$$

Weiter ermitteln wir aus der Wachstumsbedingung die Abschätzung

$$M \geq |h(iy)| \cdot \operatorname{Im}[iy] \geq y \cdot \operatorname{Im} h(iy)$$

$$= y \cdot \operatorname{Im} \left[a + iby + \int_{-\infty}^{+\infty} \left(\frac{1+t^2}{t-iy} - t \right) d\varrho(t) \right]$$

$$= b\,y^2 + y \cdot \operatorname{Im} \left[\int_{-\infty}^{+\infty} \frac{1+t^2}{t-iy} d\varrho(t) \right] \qquad (\text{III.1.18})$$

$$= b\,y^2 + y \cdot \operatorname{Im} \left[\int_{-\infty}^{+\infty} \frac{(1+t^2)(t+iy)}{t^2+y^2} d\varrho(t) \right]$$

$$= b\,y^2 + \int_{-\infty}^{+\infty} \frac{t^2 y^2 + y^2}{t^2+y^2} d\varrho(t), \quad 0 < y < +\infty.$$

Somit folgen $b = 0$ und die Ungleichung

$$\int_{-\infty}^{+\infty} \frac{y^2}{t^2+y^2} (1+t^2) d\varrho(t) \leq M, \quad 0 < y < +\infty. \qquad (\text{III.1.19})$$

2.) Mit dem Konvergenzsatz von Fatou ermitteln wir aus (III.1.19) die folgende Abschätzung:

$$\int_{-\infty}^{+\infty} (1+t^2) d\varrho(t) = \int_{-\infty}^{+\infty} \left[\liminf_{y \to +\infty} \frac{y^2}{t^2+y^2} (1+t^2) \right] d\varrho(t)$$

$$\leq \liminf_{y \to +\infty} \left[\int_{-\infty}^{+\infty} \frac{y^2}{t^2+y^2} (1+t^2) d\varrho(t) \right] \leq M. \qquad (\text{III.1.20})$$

Wir betrachten nun das unbestimmte Riemann-Stieltjes-Integral

$$\sigma(\lambda) := \int_{-\infty}^{\lambda} (1 + t^2) \, d\varrho(t), \quad \lambda \in \mathbb{R}. \tag{III.1.21}$$

Diese Funktion ist schwach monoton steigend in $\mathbb{R}$, und es gilt

$$0 \le \sigma(\lambda) \le M, \quad \forall \lambda \in \mathbb{R}.$$

Offenbar ist $\sigma \in BV_0^+(\mathbb{R}; M)$ für diese Funktion erfüllt.

3.) Aus (III.1.17) erhalten wir die Darstellung

$$\begin{aligned}
h(z) &= a - \int_{-\infty}^{+\infty} t \, d\varrho(t) + \int_{-\infty}^{+\infty} \frac{1 + t^2}{t - z} \, d\varrho(t) \\
&= a - \int_{-\infty}^{+\infty} t \, d\varrho(t) + \int_{-\infty}^{+\infty} \frac{1}{t - z} \, d\sigma(t) \\
&= A + \int_{-\infty}^{+\infty} \frac{1}{t - z} \, d\sigma(t), \quad z \in \mathbb{C}^+
\end{aligned} \tag{III.1.22}$$

mit der Konstante $A := a - \displaystyle\int_{-\infty}^{+\infty} t \, d\varrho(t)$.

4.) Aus der Wachstumsbedingung ermitteln wir die Ungleichung

$$M \ge |h(iy)| \cdot \mathrm{Im}[iy] = y \cdot |h(iy)|$$

$$\begin{aligned}
&= y \cdot \left| A + \int_{-\infty}^{+\infty} \frac{1}{t - iy} \, d\sigma(t) \right| = \left| Ay + \int_{-\infty}^{+\infty} \frac{y}{t - iy} \, d\sigma(t) \right| \\
&\ge |Ay| - \left| \int_{-\infty}^{+\infty} \frac{y}{t - iy} \, d\sigma(t) \right| \ge |Ay| - \int_{-\infty}^{+\infty} \left| \frac{y}{t - iy} \right| d\sigma(t) \\
&\ge |Ay| - \int_{-\infty}^{+\infty} d\sigma(t) \ge |Ay| - M, \quad 0 < y < +\infty.
\end{aligned} \tag{III.1.23}$$

Aus dieser Ungleichung folgt, dass $A = 0$ gelten muss. Dann ist mit (III.1.22) die gewünschte Darstellung (III.1.16) bewiesen.

q.e.d.

Sei der Operator $H \colon \mathcal{D}_H \to \mathcal{H}$ selbstadjungiert im dichten Teilraum $\mathcal{D}_H$ des Hilbertraums $\mathcal{H}$, welcher nicht notwendig separabel ist. Für die Resolvente

$$R_z := (H - zE)^{-1}, \quad z \in \mathbb{C}' := \mathbb{C} \setminus \mathbb{R}$$

schränken wir die zugehörige Sesquilinearform auf die Diagonale ein, und wir erhalten eine holomorphe Funktion mit

$$F(z) := \left(f, R_z f\right)_{\mathcal{H}}, \quad z \in \mathbb{C}' \quad \text{für ein beliebiges} \quad f \in \mathcal{H}. \qquad \text{(III.1.24)}$$

Wir beachten die Abschätzung

$$|F(z)| = \left|\left(f, R_z f\right)_{\mathcal{H}}\right| \le \|f\|_{\mathcal{H}} \cdot \|R_z f\|_{\mathcal{H}} \le \frac{1}{|\operatorname{Im} z|} \cdot \|f\|_{\mathcal{H}}^2, \quad z \in \mathbb{C}'. \quad \text{(III.1.25)}$$

Wir berechnen mit Hilfe von Theorem I.5.3 die Identität

$$\operatorname{Im} F(z) = \frac{1}{2i}\left[\left(f, R_z f\right)_{\mathcal{H}} - \overline{\left(f, R_z f\right)_{\mathcal{H}}}\right]$$

$$= \frac{1}{2i}\left[\left(f, R_z f\right)_{\mathcal{H}} - \left(R_z f, f\right)_{\mathcal{H}}\right] = \frac{1}{2i}\left[\left(f, R_z f\right)_{\mathcal{H}} - \left(f, R_{\overline{z}} f\right)_{\mathcal{H}}\right]$$

$$= \frac{1}{2i}\left(f, (R_z - R_{\overline{z}})f\right)_{\mathcal{H}} = \frac{1}{2i}\left(f, (z - \overline{z}) R_z \circ R_{\overline{z}} f\right)_{\mathcal{H}}$$

$$= \operatorname{Im} z \left(f, R_z \circ R_{\overline{z}} f\right)_{\mathcal{H}} = \operatorname{Im} z \, \|R_{\overline{z}} f\|_{\mathcal{H}}^2 \ge 0, \quad \forall \quad z \in \mathbb{C}^+.$$

$$\text{(III.1.26)}$$

Nach obiger Proposition III.1.3 gibt es wegen (III.1.25) und (III.1.26) eine Funktion

$$\sigma = \sigma(\lambda; f) \in BV_0^+(\mathbb{R}; \|f\|_{\mathcal{H}}^2)$$

gemäß der Definition I.9.1, so dass Folgendes gilt:

$$\left(f, R_z f\right)_{\mathcal{H}} = \int_{-\infty}^{+\infty} \frac{d\,\sigma(\lambda; f)}{\lambda - z}, \quad z \in \mathbb{C}' \quad \text{für beliebige} \quad f \in \mathcal{H}. \quad \text{(III.1.27)}$$

Diese Identität ist zunächst in $\mathbb{C}^+$ erfüllt, und sie wird durch Spiegelung in die untere Halbebene fortgesetzt.

Wir betrachten nun die folgende *Symmetrisierung* der Sesquilinearform

$$\left(g, R_z f\right)_{\mathcal{H}} = \frac{1}{4}\left[\left(f + g, R_z(f + g)\right)_{\mathcal{H}} - \left(f - g, R_z(f - g)\right)_{\mathcal{H}}\right.$$

$$\left. + i\left(f + ig, R_z(f + ig)\right)_{\mathcal{H}} - i\left(f - ig, R_z(f - ig)\right)_{\mathcal{H}}\right], \quad \forall f, g \in \mathcal{H}.$$

$$\text{(III.1.28)}$$

Mit der Belegungsfunktion

$$\tau(\lambda; g, f) :=$$

$$\frac{1}{4}\left[\sigma(\lambda; f + g) - \sigma(\lambda; f - g) + i\sigma(\lambda; f + ig) - i\sigma(\lambda; f - ig)\right], \lambda \in \mathbb{R}$$

$$\text{(III.1.29)}$$

der Klasse $\widehat{BV}(\mathbb{R}, \mathbb{C})$ erhalten wir dann die Darstellung

$$\left(g, R_z f\right)_{\mathcal{H}} = \int_{-\infty}^{+\infty} \frac{d\,\tau(\lambda; g, f)}{\lambda - z}, \quad z \in \mathbb{C}' \quad \text{für alle} \quad f, g \in \mathcal{H}. \quad \text{(III.1.30)}$$

Die Totalvariation von τ schätzen wir wie folgt ab:

$$\int_{-\infty}^{+\infty} |d\,\tau(\lambda; g, f)| \leq$$

$$\frac{1}{4}\Big[\|f + g\|_{\mathcal{H}}^2 + \|f - g\|_{\mathcal{H}}^2 + \|f + ig\|_{\mathcal{H}}^2 + \|f - ig\|_{\mathcal{H}}^2\Big]$$

$$= \|f\|_{\mathcal{H}}^2 + \|g\|_{\mathcal{H}}^2 \quad \text{für alle} \quad f, g \in \mathcal{H}\,.$$

Hieraus ermitteln wir sofort die Ungleichung

$$\int_{-\infty}^{+\infty} |d\,\tau(\lambda; g, f)| \leq 2 \cdot \|f\|_{\mathcal{H}} \cdot \|g\|_{\mathcal{H}} \quad \text{für alle} \quad f, g \in \mathcal{H}\,.$$

Bemerkungen zum Spektralsatz selbstadjungierter Operatoren:
Ohne die Theoreme I.11.1 und I.11.2 zu benutzen, welche auf separable Hilberträume beschränkt sind, können wir jetzt das Theorem I.11.3 für beliebige Hilberträume zeigen. Somit haben wir mit den Argumenten in §I.11 einen vollständigen Weg zum Spektralsatz für selbstadjungierte Operatoren aus dem Theorem I.12.1 für beliebige Hilberträume zur Verfügung. Also ist der Spektralsatz für selbstadjungierte Operatoren in separablen und inseparablen Hilberträumen mit unserer Abhandlung bewiesen.

Wir wollen uns nun die Frage stellen, welche Funktionen die Ordnung zwischen selbstadjungierten Operatoren erhalten. Die Antwort hierzu beruht auf der

Proposition III.1.4. (Integralformel von Löwner) *In dem Schlitzgebiet* $\mathbb{C}^* := \mathbb{C} \setminus (-\infty, 0]$ *sei die Funktion* $h = h(z) \colon \mathbb{C}^* \to \mathbb{C}$ *holomorph und besitze die Eigenschaften* $\operatorname{Im} h(z) \geq 0,\, \forall z \in \mathbb{C}^+$ *und* $\operatorname{Im} h(x) = 0,\, \forall x \in (0, +\infty)$. *Weiter sei ihre Einschränkung* $h\big|_{(0, +\infty)}$ *stetig fortsetzbar zur Funktion* $h \colon [0, +\infty) \to [0, +\infty)$. *Dann gibt es eine Funktion*

$$\rho = \rho(t) \in BV_0^+(\mathbb{R}; \operatorname{Im} h(i)) \quad \text{mit} \quad \rho(t) = 0,\, \forall t \in (-\infty, 0)$$

und reelle Zahlen $a \in \mathbb{R}$ *und* $b \in [0, \operatorname{Im} h(i)]$, *so dass die Darstellung*

$$h(z) = a + bz + \int_{0+}^{+\infty} \frac{tz - 1}{t + z} d\,\rho(t), \quad z \in \mathbb{C}^* \tag{III.1.31}$$

erfüllt ist.

Beweis: 1.) Wir verwenden die Integralformel (III.1.8) von Herglotz und erhalten für alle $z = x + iy \in \mathbb{C}^+$ die Darstellung

$$h(z) = h(x + iy) = a + bx + iby + \int_{-\infty}^{+\infty} \frac{1 + tx + ity}{t - x - iy}\, d\varrho(t)$$

$$= a + bx + iby + \int_{-\infty}^{+\infty} \frac{(1 + tx + ity)(t - x + iy)}{(t - x)^2 + y^2}\, d\varrho(t)$$

$$= a + bx + iby + \int_{-\infty}^{+\infty} \frac{[(1 + tx)(t - x) - ty^2] + i[y + txy + t^2 y - txy]}{(t - x)^2 + y^2}\, d\varrho(t)$$

$$= a + bx + iby + \int_{-\infty}^{+\infty} \frac{[(1 + tx)(t - x) - ty^2] + i[y + t^2 y]}{(t - x)^2 + y^2}\, d\varrho(t)\,.$$

Hieraus ermitteln wir für beliebige Stetigkeitspunkte $0 < c < d < +\infty$ von ϱ

$$\int_c^d \operatorname{Im} h(x + iy)\, dx = b(d - c)y + \int_{-\infty}^{+\infty} (1 + t^2)\Big[\int_c^d \frac{y}{(t - x)^2 + y^2}\, dx\Big] d\varrho(t)\,.$$
$$\tag{III.1.32}$$

2.) Im Falle $c < t < d$ berechnen wir mit Hilfe der Transformationen

$$\xi = \frac{x}{y}\,, \quad d\xi = \frac{dx}{y} \quad \text{und} \quad \eta = \frac{t}{y} - \xi\,, \quad d\eta = -d\xi$$

den Grenzwert des inneren Integrals auf der rechten Seite von (III.1.32) für $y \to 0+$ wie folgt:

$$\lim_{y \to 0+} \int_c^d \frac{y}{(t - x)^2 + y^2}\, dx = \lim_{y \to 0+} \int_c^d \frac{1}{(\frac{t}{y} - \frac{x}{y})^2 + 1}\, \frac{dx}{y}$$

$$= \lim_{y \to 0+} \int_{\frac{c}{y}}^{\frac{d}{y}} \frac{1}{1 + (\frac{t}{y} - \xi)^2}\, d\xi = \lim_{y \to 0+} \Big[-\int_{\frac{t-c}{y}}^{\frac{t-d}{y}} \frac{1}{1 + \eta^2}\, d\eta\Big] \tag{III.1.33}$$

$$= \lim_{y \to 0+} \int_{\frac{t-d}{y}}^{\frac{t-c}{y}} \frac{1}{1 + \eta^2}\, d\eta = \int_{-\infty}^{+\infty} \frac{1}{1 + \eta^2}\, d\eta = 2\pi\,.$$

Im Falle $t \in (-\infty, c) \cup (d, +\infty)$ berechnen wir mit

$$\delta := \min\{|t - c|, |t - d|\} > 0$$

den folgenden Limes superior:

$$0 \le \limsup_{y \to 0+} \int_c^d \frac{y}{(t - x)^2 + y^2}\, dx \le \limsup_{y \to 0+} \int_c^d \frac{y}{\delta^2 + y^2}\, dx = 0\,. \tag{III.1.34}$$

3.) Aus (III.1.32), (III.1.33) und (III.1.34) ersehen wir die Identität

$$0 = \lim_{y \to 0+} \int_c^d \operatorname{Im} h(x + iy)\, dx$$

$$= \lim_{y \to 0+} \int_{-\infty}^{+\infty} (1 + t^2) \left[\int_c^d \frac{y}{(t - x)^2 + y^2}\, dx \right] d\varrho(t)$$

$$= 2\pi \int_c^d (1 + t^2)\, d\varrho(t) \text{ für alle Stetigkeitspunkte } 0 < c < d < +\infty.$$

Somit folgt $\varrho(t) = \text{const}\,, \forall\, t \in (0, +\infty)\,$, und die Herglotz'sche Integralformel (III.1.8) liefert

$$h(z) = a + bz + \int_{-\infty}^{+\infty} \frac{1 + tz}{t - z}\, d\varrho(t) = a + bz + \int_{-\infty}^{0} \frac{1 + tz}{t - z}\, d\varrho(t)$$

$$= a + bz + \int_{-\infty}^{0-} \frac{1 + tz}{t - z}\, d\varrho(t) - \left[\varrho(0) - \varrho(0-) \right] \frac{1}{z}\,, \quad z \in \mathbb{C}^+. \tag{III.1.35}$$

Beobachten wir in der Darstellung

$$h(\lambda) = a + b\lambda + \int_{-\infty}^{0-} \frac{1 + t\lambda}{t - \lambda}\, d\varrho(t) - \left[\varrho(0) - \varrho(0-) \right] \cdot \frac{1}{\lambda}\,, \quad \lambda \in (0, +\infty)$$

den Grenzübergang $\lambda \to 0+$, so erhalten wir

$$\left[\varrho(0) - \varrho(0-) \right] = 0\,. \tag{III.1.36}$$

4.) Wir setzen nun

$$\rho(t) := \widehat{-\varrho(-t)} + \varrho(0+)\,, \quad t \in \mathbb{R}\,,$$

wobei $\widehat{\,\cdots\,}$ die rechtsseitig stetige Fortsetzung der Funktion $-\varrho(-t), t \in \mathbb{R}$ bezeichne. Offenbar ist hier $\rho(t) = 0, \forall t \in (-\infty, 0)$ erfüllt. Dann ermitteln wir aus (III.1.35) und (III.1.36) mit Hilfe der Spiegelung $s = -t, t \in (0, +\infty)$ die Identität

$$h(z) = a + bz + \int_{-\infty}^{0-} \frac{1+sz}{s-z} d\,\varrho(s)$$

$$= a + bz + \int_{+\infty}^{0+} \frac{1-tz}{-t-z} d\,\varrho(-t)$$

$$= a + bz + \int_{0+}^{+\infty} \frac{1-tz}{t+z} d\,\varrho(-t)$$

$$= a + bz + \int_{0+}^{+\infty} \frac{tz-1}{t+z} d\,[-\varrho(-t)]$$

$$= a + bz + \int_{0+}^{+\infty} \frac{tz-1}{t+z} d\,[\widehat{-\varrho(-t)} + \varrho(0+)]$$

$$= a + bz + \int_{0+}^{+\infty} \frac{tz-1}{t+z} d\,\rho(t) \quad \text{für alle} \quad z \in \mathbb{C}^+ \,.$$

Durch Spiegelung an der reellen Achse und Fortsetzung auf das Intervall $(0, +\infty)$ erhalten wir die behauptete Darstellungsformel.

q.e.d.

In Anlehnung an die Überlegungen von § II.5 vereinbaren wir die

Definition III.1.1. *Seien auf den dichten Definitionsbereichen $\mathcal{D}_A \subset \mathcal{H}$ sowie $\mathcal{D}_B \subset \mathcal{H}$ die selbstadjungierten Operatoren $A: \mathcal{D}_A \to \mathcal{H}$ sowie $B: \mathcal{D}_B \to \mathcal{H}$ erklärt und gemäß $A \geq 0$ und $B \geq 0$ nichtnegativ. Nun definieren wir über den Spektralsatz ihre positiven Quadratwurzeln $\sqrt{A}$ und $\sqrt{B}$. Wenn dann die Bedingungen*

$$\mathcal{D}_{\sqrt{B}} \subset \mathcal{D}_{\sqrt{A}} \quad und \quad \|\sqrt{A}f\|_{\mathcal{H}} \leq \|\sqrt{B}f\|_{\mathcal{H}} \,, \quad \forall f \in \mathcal{D}_{\sqrt{B}} \qquad \text{(III.1.37)}$$

erfüllt sind, so schreiben wir $A \leq B$.

Theorem III.1.2. (Monotone Transf. selbstadjungierter Operatoren)
Im Schlitzgebiet $\mathbb{C}^* := \mathbb{C} \setminus (-\infty, 0]$ sei die Funktion $h = h(z): \mathbb{C}^* \to \mathbb{C}$ holomorph und besitze die Eigenschaften

$$Im\,h(z) \geq 0, \, \forall z \in \mathbb{C}^+ \quad und \quad Im\,h(x) = 0, \, \forall x \in (0, +\infty)\,.$$

Es sei die Funktion $h(x): [0, +\infty) \to [0, +\infty)$ auf der nichtnegativen reellen Achse stetig.
Dann folgt aus der Beziehung $0 \leq A \leq B$ für selbstadjungierte Operatoren gemäß der Definition III.1.1 die Ungleichung $0 \leq h(A) \leq h(B)$, wobei wir die Operatoren $h(A) = \int_0^{+\infty} h(\lambda) dE_A(\lambda)$ und $h(B) = \int_0^{+\infty} h(\lambda) dE_B(\lambda)$ über ihre Spektralscharen $\{E_A(\lambda): 0 \leq \lambda < +\infty\}$ und $\{E_B(\lambda): 0 \leq \lambda < +\infty\}$ mit ihren Definitionsbereichen $\mathcal{D}_{h(A)} = \{f \in \mathcal{H}: \int_0^{+\infty} h(\lambda)^2 \|dE_A(\lambda)f\|_{\mathcal{H}}^2 < +\infty\}$ und $\mathcal{D}_{h(B)} = \{f \in \mathcal{H}: \int_0^{+\infty} h(\lambda)^2 \|dE_B(\lambda)f\|_{\mathcal{H}}^2 < +\infty\}$ erklären.

Bemerkungen: Für Hermitesche Matrizen hat K.Loewner [Lo] entsprechende Monotonieaussagen entdeckt, während E. Heinz im Satz 2 von [H3] §1 die obige Verallgemeinerung auf selbstadjungierte Operatoren gelungen ist. Dort wird eine Approximation durch positive Operatoren durchgeführt, auf welche wir wegen der genaueren Kontrolle der Belegungsfunktion in der Proposition III.1.4 hier verzichten können.

Beispiel III.1.1. Die Funktion $h(x) := x^\alpha$, $x \in (0, +\infty)$ kann für alle reellen $\alpha \geq 0$ stetig auf $[0, +\infty)$ zur reellen Funktion $h(x) \colon [0, +\infty) \to [0, +\infty)$ und holomorph auf $\mathbb{C}^*$ zur Funktion

$$h(z) := \exp\left[\alpha \log_{\mathbb{C}^*}(z)\right], \quad z \in \mathbb{C}^*$$

fortgesetzt werden. Dabei schränken wir die Logarithmusfunktion auf der universellen Überlagerungsfläche auf das Blatt $\mathbb{C}^*$ zur holomorphen Funktion $\log_{\mathbb{C}^*} \colon \mathbb{C}^* \to \mathbb{C} \setminus \{0\}$ ein. Wir empfehlen hier das Studium von §§5, 6, 7 in Kap. III unseres Lehrbuchs zur Analysis [S1]. Wenn wir $0 \leq \alpha \leq 1$ voraussetzen, so folgt die Eigenschaft Im $h(z) \geq 0$, $\forall z \in \mathbb{C}^+$. Für zwei selbstadjungierte Operatoren $0 \leq A \leq B$ gemäß Definition III.1.1 liefert das Theorem III.1.2 die Ungleichung $0 \leq A^\alpha \leq B^\alpha$ für alle Exponenten $0 \leq \alpha \leq 1$.

Beweis von Theorem III.1.2:

1.) Aus $0 \leq A \leq B$ folgt $0 < tE \leq A + tE \leq B + tE$ für alle $t \in (0, +\infty)$. Somit folgt

$$\left| \left((A + tE)^{\frac{1}{2}} f, g \right)_{\mathcal{H}} \right| = \left| \left(f, (A + tE)^{\frac{1}{2}} g \right)_{\mathcal{H}} \right|$$
$$\leq \left\| f \right\|_{\mathcal{H}} \left\| (A + tE)^{\frac{1}{2}} g \right\|_{\mathcal{H}} \leq \left\| f \right\|_{\mathcal{H}} \left\| (B + tE)^{\frac{1}{2}} g \right\|_{\mathcal{H}} \qquad \text{(III.1.38)}$$

für alle $\quad f \in \mathcal{D}_{\sqrt{A+tE}}, g \in \mathcal{D}_{\sqrt{B+tE}} \subset \mathcal{D}_{\sqrt{A+tE}}$.

Setzen wir nun $f = (A + tE)^{-\frac{1}{2}}\varphi$ und $g = (B + tE)^{-\frac{1}{2}}\psi$ mit zulässigen $\varphi, \psi \in \mathcal{H}$ in (III.1.38) ein, so erhalten wir

$$\left| \left((B + tE)^{-\frac{1}{2}}\varphi, \psi \right)_{\mathcal{H}} \right| = \left| \left(\varphi, (B + tE)^{-\frac{1}{2}}\psi \right)_{\mathcal{H}} \right|$$
$$\leq \left\| (A + tE)^{-\frac{1}{2}}\varphi \right\|_{\mathcal{H}} \left\| \psi \right\|_{\mathcal{H}} \text{ für alle zulässigen } \varphi, \psi \in \mathcal{H}. \qquad \text{(III.1.39)}$$

Jetzt setzen wir $\psi = \left\| (B+tE)^{-\frac{1}{2}}\varphi \right\|_{\mathcal{H}}^{-1} (B+tE)^{-\frac{1}{2}}\varphi$ mit $\varphi \in \mathcal{D}_{(A+tE)^{-\frac{1}{2}}} \setminus \{0\}$ in (III.1.39) ein und ersehen

$$\left\| (B + tE)^{-\frac{1}{2}}\varphi \right\|_{\mathcal{H}} \leq \left\| (A + tE)^{-\frac{1}{2}}\varphi \right\|_{\mathcal{H}}, \forall \varphi \in \mathcal{D}_{(A+tE)^{-\frac{1}{2}}} \subset \mathcal{D}_{(B+tE)^{-\frac{1}{2}}}.$$

Somit erhalten wir

$$(B + tE)^{-\frac{1}{2}} \leq (A + tE)^{-\frac{1}{2}} \quad \text{für alle} \quad 0 < t < +\infty. \tag{III.1.40}$$

2.) Für die vorgegebenene Funktion $h = h(z)$ verwenden wir Proposition III.1.4 mit den Zahlen $a \in \mathbb{R}$ sowie $b \in [0, +\infty)$ und der Belegungsfunktion

$$\rho = \rho(t) \in BV_0^+(\mathbb{R}; N) \text{ mit } \rho(t) = 0, \forall t \in (-\infty, 0) \text{ und einem } N \in [0, +\infty).$$

Weiter betrachten wir zu einem nichtnegativen selbstadjungierten Operator $0 \leq A \colon \mathcal{D}_A \to \mathcal{H}$ die zugehörige Spektralschar $\{E(\lambda)\colon 0 \leq \lambda < +\infty\}$ und ihre assoziierte Belegungsfunktion

$$\sigma_f(\lambda) := \Big(f, E(\lambda)f\Big)_{\mathcal{H}}, \, 0 \leq \lambda < +\infty \quad \text{für beliebige} \quad f \in \mathcal{D}_{\sqrt{h(A)}};$$

diese ist monoton nichtfallend und besitzt $\|f\|_{\mathcal{H}}^2$ als beschränkte Variation. Die Kernfunktion

$$H(t, \lambda) := \frac{\lambda t - 1}{\lambda + t}, \quad (t, \lambda) \in (0, +\infty) \times [0, +\infty)$$

ist bezüglich des von den Belegungsfunktionen $\rho(t), 0 < t < +\infty$ und $\sigma_f(\lambda), 0 \leq \lambda < +\infty$ erzeugten Produktmaßes integrierbar:

$$\int_{0+}^{+\infty} \int_0^{+\infty} H(t, \lambda) \, d\rho(t) \, d\sigma_f(\lambda) \quad \text{existiert} \quad \forall f \in \mathcal{D}_{\sqrt{h(A)}}. \tag{III.1.41}$$

Somit sind hier die Sätze von Fubini und Tonelli zur Vertauschung der Reihenfolge in der Integration gültig. Zusammen mit dem Theorem I.11.4 berechnen wir nun das uneigentliche Integral

$$\int_{0+}^{+\infty} \left[\dot{t}(f,f)_{\mathcal{H}} - (t^2+1)\Big(f,(A+tE)^{-1}f\Big)_{\mathcal{H}}\right] d\rho(t)$$
$$+ a(f,f)_{\mathcal{H}} + b\|\sqrt{A}\,f\|_{\mathcal{H}}^2$$

$$= \int_{0+}^{+\infty} \left[t(f,f)_{\mathcal{H}} - (t^2+1)\Big(f,R_{-t}f\Big)_{\mathcal{H}}\right] d\rho(t)$$
$$+ a(f,f)_{\mathcal{H}} + b\|\sqrt{A}\,f\|_{\mathcal{H}}^2$$

$$= \int_{0+}^{+\infty} \left[t\Big(f,\int_0^{+\infty} d\,E(\lambda)f\Big)_{\mathcal{H}}\right.$$
$$\left. - (t^2+1)\Big(f,\int_0^{+\infty} \frac{d\,E(\lambda)}{\lambda+t}f\Big)_{\mathcal{H}}\right] d\rho(t)$$
$$+ a\Big(f,\int_0^{+\infty} d\,E(\lambda)f\Big)_{\mathcal{H}} + b\left\|\int_0^{+\infty}\sqrt{\lambda}\,d\,E(\lambda)\,f\right\|_{\mathcal{H}}^2$$

$$= \int_{0+}^{+\infty} \Big(f,\int_0^{+\infty} \frac{\lambda t - 1}{\lambda+t} d\,E(\lambda)f\Big)_{\mathcal{H}} d\rho(t) \qquad \text{(III.1.42)}$$
$$+ a\int_0^{+\infty} d\Big(f,E(\lambda)f\Big)_{\mathcal{H}} + b\Big(f,\int_0^{+\infty}\lambda\,d\,E(\lambda)\,f\Big)_{\mathcal{H}}$$

$$= \int_{0+}^{+\infty} \left[\int_0^{+\infty} \frac{\lambda t - 1}{\lambda+t} d\Big(f,E(\lambda)f\Big)_{\mathcal{H}}\right] d\rho(t)$$
$$+ \int_0^{+\infty} a\,d\Big(f,E(\lambda)f\Big)_{\mathcal{H}} + \int_0^{+\infty} b\lambda\,d\Big(f,E(\lambda)\,f\Big)_{\mathcal{H}}$$

$$= \int_0^{+\infty} \left[\int_{0+}^{+\infty} \frac{\lambda t - 1}{\lambda+t} d\rho(t)\right] d\Big(f,E(\lambda)f\Big)_{\mathcal{H}}$$
$$+ \int_0^{+\infty} a\,d\Big(f,E(\lambda)f\Big)_{\mathcal{H}} + \int_0^{+\infty} b\lambda\,d\Big(f,E(\lambda)\,f\Big)_{\mathcal{H}}$$

$$= \int_0^{+\infty} \left[\int_{0+}^{+\infty} \frac{\lambda t - 1}{\lambda+t} d\rho(t) + a + b\lambda\right] d\Big(f,E(\lambda)f\Big)_{\mathcal{H}}$$
$$= \int_0^{+\infty} h(\lambda)\,d\Big(f,E(\lambda)f\Big)_{\mathcal{H}} = \left\|\sqrt{h(A)}\,f\right\|_{\mathcal{H}}^2, \quad f \in \mathcal{D}_{\sqrt{h(A)}}.$$

3.) Nun ermitteln wir mit Hilfe von (III.1.42) und (III.1.40) die Abschätzung

$$\left\| \sqrt{h(A)}\, f \right\|_{\mathcal{H}}^2$$

$$= \int_{0+}^{+\infty} \left[t(f,f)_{\mathcal{H}} - (t^2+1)\Big(f,(A+tE)^{-1}f\Big)_{\mathcal{H}} \right] d\rho(t)$$
$$+ a(f,f)_{\mathcal{H}} + b\|\sqrt{A}\,f\|_{\mathcal{H}}^2$$

$$\text{(III.1.43)}$$

$$\leq \int_{0+}^{+\infty} \left[t(f,f)_{\mathcal{H}} - (t^2+1)\Big(f,(B+tE)^{-1}f\Big)_{\mathcal{H}} \right] d\rho(t)$$
$$+ a(f,f)_{\mathcal{H}} + b\|\sqrt{B}\,f\|_{\mathcal{H}}^2$$

$$= \left\| \sqrt{h(B)}\, f \right\|_{\mathcal{H}}^2 \quad \text{für alle} \quad f \in \mathcal{D}_{\sqrt{h(B)}}.$$

Somit folgt $h(A) \leq h(B)$.

q.e.d.

Für einen beliebigen selbstadjungierten Operator $T\colon \mathcal{D}_T \to \mathcal{H}$ auf dem dichten Definitionsbereich $\mathcal{D}_T \subset \mathcal{H}$ haben wir gemäß dem Theorem I.12.1 mit der Spektralschar $\{E(\lambda)\colon \lambda \in \mathbb{R}\}$ die Spektraldarstellung

$$Tf = \left(\int_{-\infty}^{+\infty} \lambda\, dE(\lambda) \right) f = \left(\int_{-\infty}^{0} \lambda\, dE(\lambda) + \int_{0}^{+\infty} \lambda\, dE(\lambda) \right) f$$

$$f \in \mathcal{D}_T = \left\{ g \in \mathcal{H}\colon \int_{-\infty}^{+\infty} |\lambda|^2\, d\Big(g, E(\lambda)g\Big)_{\mathcal{H}} < +\infty \right\}.$$

$$\text{(III.1.44)}$$

Dann haben wir für den Operator $|T|$ die Spektraldarstellung

$$|T|f = \left(\int_{-\infty}^{0} -\lambda\, dE(\lambda) \right) f + \left(\int_{0}^{+\infty} \lambda\, dE(\lambda) \right) f$$

$$= \left(\int_{-\infty}^{+\infty} \lambda\, d|E|(\lambda) \right) f = \left(\int_{0}^{+\infty} \lambda\, d|E|(\lambda) \right) f, \quad f \in \mathcal{D}_{|T|} = \mathcal{D}_T$$

$$\text{(III.1.45)}$$

mit der Spektralschar

$$|E|(\lambda) := \begin{cases} 0 & , \quad -\infty < \lambda < 0 \\ [\widehat{E(\lambda) - E(-\lambda)}], & 0 \leq \lambda < +\infty \end{cases}.$$

$$\text{(III.1.46)}$$

Somit stellt $|T|\colon \mathcal{D}_T \to \mathcal{H}$ einen selbstadjungierten Operator mit $|T| \geq 0$ dar; hierzu benutze man den Beweis von Theorem I.8.3.

In dem §2 und dem §3 benötigen wir das folgende tiefliegende Resultat, welches wir E. Heinz verdanken (siehe den Satz 4 in [H3] §1).

Theorem III.1.3. *Es sei* $T\colon \mathcal{D}_T \to \mathcal{H}$ *ein selbstadjungierter Operator auf dem Hilbertraum* $\mathcal{H}$ *und* $H\colon \mathcal{D}_T \to \mathcal{H}$ *ein Hermitescher Operator in* $\mathcal{D}_T$ *mit der Eigenschaft*

$$\|Hf\|_{\mathcal{H}} \le \|Tf\|_{\mathcal{H}} \quad \text{für alle} \quad f \in \mathcal{D}_T. \tag{III.1.47}$$

Dann gilt für alle $\alpha \in [0,1]$ *die folgende Ungleichung*

$$\left| \big(Hf, g\big)_{\mathcal{H}} \right| \le \left\| |T|^{\alpha} f \right\|_{\mathcal{H}} \cdot \left\| |T|^{1-\alpha} g \right\|_{\mathcal{H}}, \quad f, g \in \mathcal{D}_T. \tag{III.1.48}$$

Beweis: Wir betrachten für $n = 1, 2, \ldots$ die beschränkten Hermiteschen Operatoren

$$H_n := |E|(n) \circ H \circ |E|(n)\colon \mathcal{H} \to \mathcal{H}. \tag{III.1.49}$$

Diese sind selbstadjungiert und erfüllen wegen (III.1.49) und (III.1.47) die folgende Ungleichung

$$\left\| |H_n| f \right\|_{\mathcal{H}} = \left\| H_n f \right\|_{\mathcal{H}} \le \|Tf\|_{\mathcal{H}} = \left\| |T| f \right\|_{\mathcal{H}} \quad \text{für alle} \quad f \in \mathcal{D}_T.$$

Dann folgt nach dem obigen Beispiel III.1.1 die Ungleichung

$$\left\| |H_n|^{\alpha} f \right\|_{\mathcal{H}} \le \left\| |T|^{\alpha} f \right\|_{\mathcal{H}} \quad \text{für alle } f \in \mathcal{D}_{|T|^{\alpha}} \supset \mathcal{D}_T, \ \alpha \in [0,1], \ n \in \mathbb{N}.$$

Damit erhalten wir

$$\left| \big(H_n f, g\big)_{\mathcal{H}} \right| \le \left\| |H_n|^{\alpha} f \right\|_{\mathcal{H}} \left\| |H_n|^{1-\alpha} g \right\|_{\mathcal{H}} \le \left\| |T|^{\alpha} f \right\|_{\mathcal{H}} \left\| |T|^{1-\alpha} g \right\|_{\mathcal{H}}$$

$$\text{für alle} \quad f, g \in \mathcal{D}_T, \quad \alpha \in [0,1], \quad n \in \mathbb{N}. \tag{III.1.50}$$

Der Grenzübergang $n \to \infty$ in (III.1.50) liefert mit

$$\left| \big(Hf, g\big)_{\mathcal{H}} \right| = \lim_{n \to \infty} \left| \big(H_n f, g\big)_{\mathcal{H}} \right| \le \left\| |T|^{\alpha} f \right\|_{\mathcal{H}} \left\| |T|^{1-\alpha} g \right\|_{\mathcal{H}}$$

$$\text{für alle} \quad f, g \in \mathcal{D}_T \quad \text{und} \quad \alpha \in [0,1]$$

die behauptete Ungleichung. q.e.d.

§2 Einführung in die Störungstheorie selbstadjungierter Operatoren

Die Störungstheorie befasst sich mit der grundlegenden Frage, wie sich das Spektrum und die damit verbundenen Objekte bei Veränderung des Operators verhalten. Die mathematische Störungstheorie wurde von F. Rellich begründet, und von seinem Schüler E. Heinz im Rahmen seiner Dissertation [H3] über die Störung der Spektralzerlegung vollendet. Zur Störungstheorie empfehlen wir das umfassende Grundlehrenbuch von T. Kato [K], welches die Resultate von F. Rellich und E. Heinz in allgemeinem Rahmen darstellt. Wir wollen uns hier wie in der Arbeit [H3] auf die Frage konzentrieren, wie sich die Spektralschar eines selbstadjungierten Operators bei stetiger und analytischer Störung verhält.

Schon im § I.4 haben wir ein Störungsresultat im Theorem I.4.9 kennen gelernt (siehe in der Abhandlung [H3] § 3 den Satz 2). Danach bleiben wir in der Klasse der selbstadjungierten Operatoren, wenn wir einen selbstadjungierten Operator T im Sinne von Definition I.4.4 durch einen Hermiteschen Operator H mittels Addition $T + H$ zulässig stören. Wir gehen aus von einem selbstadjungierten Operator $T \colon \mathcal{D}_T \to \mathcal{H}$ auf dem dichten Definitionsbereich $\mathcal{D}_T \subset \mathcal{H}$ und der Schar Hermitescher Operatoren $H(\kappa) \colon \mathcal{D}_T \to \mathcal{H}$ für alle $\kappa \in \mathbb{R}$ mit $|\kappa| < \kappa_0$, welche die Ungleichung

$$\Big(H(\kappa)f, H(\kappa)f \Big)_{\mathcal{H}} \leq a\,(Tf, Tf)_{\mathcal{H}} + b\,(f, f)_{\mathcal{H}} \quad \text{für alle} \quad f \in \mathcal{D}_T \quad \text{(III.2.1)}$$

mit gewissen Konstanten $0 \leq a < 1$ und $0 \leq b < +\infty$ und einem hinreichend kleinen $\kappa_0 > 0$ erfüllen. Dann stellen die Operatoren

$$A(\kappa) := \Big(T + H(\kappa) \Big) \colon \mathcal{D}_T \to \mathcal{H}, \quad \kappa \in (-\kappa_0, +\kappa_0) \quad \text{(III.2.2)}$$

zulässige Störungen des selbstadjungierten Operators T dar, welche für alle κ nach dem Theorem I.4.9 selbstadjungiert sind. Nach dem Theorem I.12.1 besitzt jeder Operator $A(\kappa)$ eine Spektralschar

$$E(.\,; \kappa) = E(\lambda; \kappa),\ \lambda \in \mathbb{R},\ |\kappa| < \kappa_0 \quad \text{mit} \quad E(\lambda) := E(\lambda; 0),\ \lambda \in \mathbb{R}, \quad \text{(III.2.3)}$$

so dass die Spektraldarstellung

$$A(\kappa)f = \left(\int_{-\infty}^{+\infty} \lambda\, d\,E(\lambda; \kappa) \right) f, \quad f \in \mathcal{D}_T, \quad \kappa \in (-\kappa_0, +\kappa_0) \quad \text{(III.2.4)}$$

richtig ist. Wir wollen nun die Abhängigkeit der Spektralschar von dem Störungsparameter κ untersuchen, wenn wir entsprechende Voraussetzungen an die Operatorenschar $\{A(\kappa)\}_{\kappa \in (-\kappa_0, +\kappa_0)}$ stellen. Da in den Eigenwerten des Operators T die Spektralschar $\{E(\lambda)\}_{\lambda \in \mathbb{R}}$ eine Unstetigkeit besitzt, so kann die stetige Abhängigkeit der Spektralschar vom Parameter κ nur in den Punkten außerhalb des diskreten Spektrums von T gültig sein. Genauer haben wir das folgende

Theorem III.2.1. (Stetige Störung der Spektralschar)
Falls die punktweise Konvergenz

$$\lim_{\kappa \to 0} H(\kappa)f = 0 \quad \textit{für alle} \quad f \in \mathcal{D}_T$$

richtig ist, und $\lambda_0 \in \mathbb{R}$ keinen diskreten Eigenwert des Operators T darstellt, so folgt die schwache Stetigkeit

$$\widetilde{\lim_{\kappa \to 0}} E(\lambda_0; \kappa)g = E(\lambda_0; 0)g = E(\lambda_0)g \quad \textit{für alle} \quad g \in \mathcal{H}.$$

Beweis: 1.) Wir betrachten zu den Operatoren $[T + H(\kappa)]$ ihre Resolventen

$$R(z; \kappa) := \Big([T+H(\kappa)] - zE \Big)^{-1}, \quad z \in \mathbb{C}' := \mathbb{C}\backslash\mathbb{R},\ \kappa \in (-\kappa_0, +\kappa_0) \quad \text{(III.2.5)}$$

und verwenden das Theorem I.11.4 wie folgt:

$$\int_{-\infty}^{+\infty} \frac{dE(\lambda; \kappa)}{\lambda - z} = R(z; \kappa), \quad z \in \mathbb{C}',\ \kappa \in (-\kappa_0, +\kappa_0). \quad \text{(III.2.6)}$$

Mit dem Parameterintegral $F_\tau(z)$ aus dem Theorem I.10.3 zur Funktion

$$\tau_{f,g;\kappa}(\lambda) := \Big(f, E(\lambda; \kappa)g \Big)_{\mathcal{H}}, \quad \lambda \in \mathbb{R}; \quad \forall f, g \in \mathcal{H} \quad \text{(III.2.7)}$$

beschränkter Variation erhalten wir komponentenweise die Funktion

$$F_{\tau_{f,g;\kappa}}(z) = \int_{-\infty}^{+\infty} \frac{d\Big(f, E(\lambda; \kappa)g \Big)_{\mathcal{H}}}{\lambda - z} = \Big(f, R(z; \kappa)g \Big)_{\mathcal{H}} \quad \text{(III.2.8)}$$

$$\text{für alle} \quad z \in \mathbb{C}', \quad \kappa \in (-\kappa_0, +\kappa_0); \quad \forall f, g \in \mathcal{H}.$$

2.) Zu hinreichend kleinem $\epsilon > 0$ und zu den Parametern $-\infty < \mu < \nu < +\infty$ betrachten wir die geradlinigen, orientierten Wege

$$\Gamma_\pm(\mu, \nu; \epsilon) := \Big\{ z = \zeta_\pm(x) := x \pm i\epsilon \in \mathbb{C}' : \mu < x \le \nu \Big\}.$$

Wir wenden nun für jede Komponente (III.2.8) die Stieltjes-Umkehrformel im Theorem I.10.3 an, und wir erhalten die folgende Grenzwertaussage

$$\tau_{f,g;\kappa}(\nu) - \tau_{f,g;\kappa}(\mu) =$$

$$\lim_{\epsilon \to 0+} \Big\{ \frac{1}{2\pi i} \int_{\Gamma_+(\mu,\nu;\epsilon)} F_{\tau_{f,g;\kappa}}(z)dz - \frac{1}{2\pi i} \int_{\Gamma_-(\mu,\nu;\epsilon)} F_{\tau_{f,g;\kappa}}(z)dz \Big\}$$

$$= \lim_{\epsilon \to 0+} \Big\{ \frac{1}{2\pi i} \int_{\Gamma_+(\mu,\nu;\epsilon)} \Big(f, R(z; \kappa)g \Big)_{\mathcal{H}} dz \quad \text{(III.2.9)}$$

$$- \frac{1}{2\pi i} \int_{\Gamma_-(\mu,\nu;\epsilon)} \Big(f, R(z; \kappa)g \Big)_{\mathcal{H}} dz \Big\}$$

für alle Stetigkeitspunkte $\mu < \nu$ der Spektralschar $E(\lambda; \kappa)$, $\lambda \in \mathbb{R}$.

Der Grenzübergang $\mu \to -\infty$ in (III.2.9) liefert für alle $f, g \in \mathcal{H}$ die Identität

$$\left(f, E(\nu; \kappa)g\right)_{\mathcal{H}} = \tau_{f,g;\kappa}(\nu)$$

$$= \lim_{\epsilon \to 0+, \mu \to -\infty} \left\{ \frac{1}{2\pi i} \int_{\Gamma_+(\mu,\nu;\epsilon)} \left(f, R(z;\kappa)g\right)_{\mathcal{H}} dz \right.$$

$$\left. - \frac{1}{2\pi i} \int_{\Gamma_-(\mu,\nu;\epsilon)} \left(f, R(z;\kappa)g\right)_{\mathcal{H}} dz \right\} \tag{III.2.10}$$

für alle Stetigkeitspunkte ν der Spektralschar $E(\lambda; \kappa)$, $\lambda \in \mathbb{R}$.

3.) Wir bezeichnen die Resolvente des ungestörten Operators T mit

$$R(z) := R(z; 0) = [T - zE]^{-1}, \quad z \in \mathbb{C}'. \tag{III.2.11}$$

In allen Punkten $\lambda_0 \in \mathbb{R}$, welche keinen diskreten Eigenwert des Operators T darstellen und somit die Spektralschar $E(.) = E(\lambda; 0) = E(\lambda)$, $\lambda \in \mathbb{R}$ dort stetig ist, berechnen wir aus (III.2.10) und (III.2.11) für $\kappa \to 0$ die folgende Identität

$$\lim_{\kappa \to 0} \left(f, E(\lambda_0; \kappa)g\right)_{\mathcal{H}} =$$

$$\lim_{\kappa \to 0} \lim_{\epsilon \to 0+, \mu \to -\infty} \left\{ \frac{1}{2\pi i} \int_{\Gamma_+(\mu,\lambda_0;\epsilon)} \left(f, R(z;\kappa)g\right)_{\mathcal{H}} dz \right.$$

$$\left. - \frac{1}{2\pi i} \int_{\Gamma_-(\mu,\lambda_0;\epsilon)} \left(f, R(z;\kappa)g\right)_{\mathcal{H}} dz \right\}$$

$$= \lim_{\epsilon \to 0+, \mu \to -\infty} \lim_{\kappa \to 0} \left\{ \frac{1}{2\pi i} \int_{\Gamma_+(\mu,\lambda_0;\epsilon)} \left(f, R(z;\kappa)g\right)_{\mathcal{H}} dz \right.$$

$$\left. - \frac{1}{2\pi i} \int_{\Gamma_-(\mu,\lambda_0;\epsilon)} \left(f, R(z;\kappa)g\right)_{\mathcal{H}} dz \right\} \tag{III.2.12}$$

$$= \lim_{\epsilon \to 0+, \mu \to -\infty} \left\{ \frac{1}{2\pi i} \int_{\Gamma_+(\mu,\lambda_0;\epsilon)} \left(f, R(z;0)g\right)_{\mathcal{H}} dz \right.$$

$$\left. - \frac{1}{2\pi i} \int_{\Gamma_-(\mu,\lambda_0;\epsilon)} \left(f, R(z;0)g\right)_{\mathcal{H}} dz \right\}$$

$$= \left(f, E(\lambda_0; 0)g\right)_{\mathcal{H}} = \left(f, E(\lambda_0)g\right)_{\mathcal{H}} \quad \text{für alle } f, g \in \mathcal{H}.$$

Somit ist die Spektralschar in Abhängigkeit vom Störungsparameter κ schwach stetig in denjenigen Punkten, welche keinen diskreten Eigenwert von T darstellen.   q.e.d.

Bemerkung: In [H3] § 3 wird zum Theorem III.2.1, welches man F. Rellich und E. Heinz verdankt, ein anderer Beweis gegeben.

Definition III.2.1. *In dem Punkt $\lambda_0 \in \mathbb{R}$ besitzt der selbstadjungierte Operator T eine Lücke im Spektrum der Größe $d_0 > 0$, wenn*

$$\sigma(T) \cap (\lambda_0 - d_0, \lambda_0 + d_0) = \emptyset$$

ausfällt und somit kein $\lambda \in (\lambda_0 - d_0, \lambda_0 + d_0)$ einen Punkt vom Spektrum $\sigma(T)$ des Operators T darstellt.

Bemerkungen: Der selbstadjungierte Operator T habe nun im Punkt $\lambda_0 = 0$ eine Lücke der Größe $d_0 > 0$ im Spektrum. Mit Hilfe des Spektralsatzes aus dem Theorem I.12.1 haben wir dann neben der Spektraldarstellung für T in

$$Tf = \Big(\int_{-\infty}^{-d_0} \lambda\, dE(\lambda) \Big) f + \Big(\int_{+d_0}^{+\infty} \lambda\, dE(\lambda) \Big) f\,, \quad f \in \mathcal{D}_T$$

auch die Darstellung für $|T|$ in

$$|T|f = \Big(\int_{-\infty}^{-d_0} -\lambda\, dE(\lambda) \Big) f + \Big(\int_{+d_0}^{+\infty} \lambda\, dE(\lambda) \Big) f\,,$$

$$f \in \mathcal{D}_{|T|} := \Big\{ h \in \mathcal{H}: \int_{-\infty}^{+\infty} |\lambda|^2\, d\Big(h, E(\lambda)h \Big)_{\mathcal{H}} < +\infty \Big\} = \mathcal{D}_T$$

mit Hilfe von Definition I.8.5. Wie im Beweis von Theorem I.8.3 zeigen wir, dass der Operator $|T|\colon \mathcal{D}_{|T|} \to \mathcal{H}$ selbstadjungiert ist. Weiter betrachten wir mit

$$T^2 f = \Big(\int_{-\infty}^{-d_0} \lambda^2\, dE(\lambda) \Big) f + \Big(\int_{+d_0}^{+\infty} \lambda^2\, dE(\lambda) \Big) f = |T|^2 f\,,$$

$$f \in \mathcal{D}_{|T|^2} = \Big\{ h \in \mathcal{H}: \int_{-\infty}^{+\infty} |\lambda|^4\, d\Big(h, E(\lambda)h \Big)_{\mathcal{H}} < +\infty \Big\} \subset \mathcal{D}_T.$$

die Operatoren $T^2 = |T|^2$. Zu den Exponenten $0 < \alpha \le +1$ erklären wir die unbeschränkten Operatoren

$$|T|^\alpha f = \Big(\int_{-\infty}^{-d_0} (-\lambda)^\alpha\, dE(\lambda) \Big) f + \Big(\int_{+d_0}^{+\infty} \lambda^\alpha\, dE(\lambda) \Big) f$$

$$f \in \mathcal{D}_{|T|^\alpha} = \Big\{ h \in \mathcal{H}: \int_{-\infty}^{+\infty} |\lambda|^{2\alpha}\, d\Big(h, E(\lambda)h \Big)_{\mathcal{H}} < +\infty \Big\} \supset \mathcal{D}_T$$

(III.2.13)

mit ihren inversen Operatoren

$$|T|^{-\alpha} f = \Big(\int_{-\infty}^{-d_0} (-\lambda)^{-\alpha}\, dE(\lambda) \Big) f + \Big(\int_{+d_0}^{+\infty} \lambda^{-\alpha}\, dE(\lambda) \Big) f\,, \quad f \in \mathcal{H}$$

unter der Operatorschranke $\left\| |T|^{-\alpha} f \right\|_{\mathcal{H}} \le d_0^{-\alpha} \|f\|_{\mathcal{H}}\,, \quad \forall\, f \in \mathcal{H}\,.$

Dabei stellt natürlich

$$|T|^0 f = \left(\int_{-\infty}^{-d_0} 1 \, dE(\lambda) \right) f + \left(\int_{+d_0}^{+\infty} 1 \, dE(\lambda) \right) f = E \, f \,, \quad f \in \mathcal{H}$$

den Einheitsoperator auf dem Hilbertraum dar.

Wir benötigen in den nachfolgenden Überlegungen die Eigenschaft, dass für alle Exponenten $\alpha \in [0,1]$ der lineare Teilraum

$$|T|^\alpha(\mathcal{D}_T) \subset \mathcal{H}$$

dicht in dem angegebenen Hilbertraum liegt.

Diese Aussage ist für $\alpha = 0$ offensichtlich, und daher müssen wir nur die Operatoren $|T|^\alpha$ mit $0 < \alpha \leq 1$ betrachten. Da der von uns betrachtete Hilbertraum $\mathcal{H}$ separabel und der Operator $|T| \colon \mathcal{D}_T \to \mathcal{H}$ selbstadjungiert ist, so gibt es eine Folge $\{f_m\}_{m=1,2,\dots} \subset \mathcal{D}_T$, so dass die Bildfolge

$$\{(f_m, |T| f_m)\}_{m=1,2,\dots} \subset \mathcal{H} \times \mathcal{H}$$

dicht im Graphen $\mathcal{G}_{|T|}$ dieses Operators liegt. Somit gibt es zu jedem $g \in \mathcal{H}$ eine Teilfolge

$$\{\widetilde{f_{m_n}}\}_{n=1,2,\dots} \subset \{f_m\}_{m=1,2,\dots} \subset \mathcal{D}_T \quad \text{mit} \quad \lim_{n\to\infty} |T| \, \widetilde{f_{m_n}} = g \,.$$

Betrachten wir nun die Bildfolge

$$\{(f_m, |T|^\alpha f_m)\}_{m=1,2,\dots} \subset \mathcal{H} \times \mathcal{H}$$

unter dem Operator $|T|^\alpha \colon \mathcal{D}_{|T|^\alpha} \to \mathcal{H}$, so liegt sie dicht im Graphen $\mathcal{G}_{|T|^\alpha}$ dieses Operators. Die Konvergenz der Elemente von $\mathcal{G}_{|T|}$ impliziert nämlich die Konvergenz der Elemente von $\mathcal{G}_{|T|^\alpha}$, wie die folgende Abschätzung lehrt:

$$
\begin{aligned}
\Big(&|T|^\alpha(f_m - f_n)\,, \, |T|^\alpha(f_m - f_n) \Big)_{\mathcal{H}} \\
&= d_0^{2\alpha} \Big((f_m - f_n)\,, \, d_0^{-2\alpha} \, |T|^{2\alpha}(f_m - f_n) \Big)_{\mathcal{H}} \\
&\leq d_0^{2\alpha} \Big((f_m - f_n), d_0^{-2} \, |T|^2(f_m - f_n) \Big)_{\mathcal{H}} \\
&= d_0^{2(\alpha-1)} \Big(|T|(f_m - f_n), |T|(f_m - f_n) \Big)_{\mathcal{H}} \,, \quad m,n \in \mathbb{N} \,.
\end{aligned}
\tag{III.2.14}
$$

Somit gibt es zu jedem $h \in \mathcal{H}$ eine Teilfolge

$$\{\widehat{f_{m_n}}\}_{n=1,2,\dots} \subset \{f_m\}_{m=1,2,\dots} \subset \mathcal{D}_T \quad \text{mit} \quad \lim_{n\to\infty} |T|^\alpha \, \widehat{f_{m_n}} = h \,.$$

Folglich liegen $|T|^\alpha(\mathcal{D}_T) \subset \mathcal{H}$ für alle $\alpha \in [0,1]$ dicht im Hilbertraum.

Bemerkungen zur Störung der Spektralschar: Wir wählen eine Schar Hermitescher Operatoren $\{H(\kappa)\}_{\kappa \in (-\kappa_0, +\kappa_0)}$ gemäß (III.2.1) und ermitteln

$$\left(H(\kappa)f, H(\kappa)f\right)_{\mathcal{H}} \leq a\,(Tf, Tf)_{\mathcal{H}} + b\,(f, f)_{\mathcal{H}} = a\,(Tf, Tf)_{\mathcal{H}}$$

$$+ b\left(f, \left[\int_{-\infty}^{+\infty} dE(\lambda)\right]f\right)_{\mathcal{H}} = a(Tf, Tf)_{\mathcal{H}} + b\int_{-\infty}^{+\infty} 1\,d\left(f, E(\lambda)f\right)_{\mathcal{H}}$$

$$= a(Tf, Tf)_{\mathcal{H}} + b\int_{-\infty}^{-d_0} 1\,d\left(f, E(\lambda)f\right)_{\mathcal{H}} + b\int_{+d_0}^{+\infty} 1\,d\left(f, E(\lambda)f\right)_{\mathcal{H}}$$

$$\leq a(Tf, Tf)_{\mathcal{H}} + \frac{b}{d_0}\int_{-\infty}^{-d_0} -\lambda\,d\left(f, E(\lambda)f\right)_{\mathcal{H}} + \frac{b}{d_0}\int_{+d_0}^{+\infty} \lambda\,d\left(f, E(\lambda)f\right)_{\mathcal{H}}$$

$$\leq a(Tf, Tf)_{\mathcal{H}} + \frac{b}{d_0^2}\int_{-\infty}^{-d_0} \lambda^2\,d\left(f, E(\lambda)f\right)_{\mathcal{H}} + \frac{b}{d_0^2}\int_{+d_0}^{+\infty} \lambda^2\,d\left(f, E(\lambda)f\right)_{\mathcal{H}}$$

$$= a(Tf, Tf)_{\mathcal{H}} + \frac{b}{d_0^2}\left(f, |T|^2 f\right)_{\mathcal{H}} = \left[a + \frac{b}{d_0^2}\right](Tf, Tf)_{\mathcal{H}}$$

$$= \left[a + \frac{b}{d_0^2}\right]\left(|T|f, |T|f\right)_{\mathcal{H}} \quad \text{für alle} \quad f \in \mathcal{D}_T \text{ und } \kappa \in (-\kappa_0, +\kappa_0)\,.$$

Somit folgt die Abschätzung

$$\|H(\kappa)f\|_{\mathcal{H}} \leq \sqrt{a + \frac{b}{d_0^2}}\,\Big\||T|f\Big\|_{\mathcal{H}} \text{ für alle } f \in \mathcal{D}_T,\ \kappa \in (-\kappa_0, +\kappa_0)\,. \quad \text{(III.2.15)}$$

Wir wenden nun das Theorem III.1.3 an und erhalten die folgende Ungleichung

$$\left|\left(H(\kappa)f, g\right)_{\mathcal{H}}\right| \leq \sqrt{a + \frac{b}{d_0^2}} \cdot \left(|T|^{\alpha}f, |T|^{1-\alpha}g\right)_{\mathcal{H}} \quad \text{(III.2.16)}$$

für alle $f, g \in \mathcal{D}_T,\quad \kappa \in (-\kappa_0, +\kappa_0),\quad \alpha \in [0, 1]\,.$

Setzen wir die Elemente

$$f = |T|^{-\alpha}\varphi \quad \text{mit} \quad \varphi \in |T|^{\alpha}(\mathcal{D}_T)$$

und

$$g = |T|^{\alpha-1}\psi \quad \text{mit} \quad \psi \in |T|^{1-\alpha}(\mathcal{D}_T)$$

in (III.2.16) ein, so erhalten wir die Abschätzung

$$\left|\left(|T|^{\alpha-1} \circ H(\kappa) \circ |T|^{-\alpha}\varphi, \psi\right)_{\mathcal{H}}\right| = \left|\left(H(\kappa) \circ |T|^{-\alpha}\varphi, |T|^{\alpha-1}\psi\right)_{\mathcal{H}}\right|$$

$$\leq \sqrt{a + \frac{b}{d_0^2}} \cdot \left(\varphi, \psi\right)_{\mathcal{H}}, \quad \varphi \in |T|^{\alpha}(\mathcal{D}_T),\ \psi \in |T|^{1-\alpha}(\mathcal{D}_T)$$

für alle $\kappa \in (-\kappa_0, +\kappa_0)$ und $\alpha \in [0, 1]\,.$

$$\text{(III.2.17)}$$

Wir erklären nun den Operator

$$\widehat{H(\kappa,\alpha)}\varphi := |T|^{\alpha-1} \circ H(\kappa) \circ |T|^{-\alpha}\varphi \, , \quad \varphi \in |T|^{\alpha}(\mathcal{D}_T) \qquad \text{(III.2.18)}$$

und folgern aus (III.2.17) mit $\psi = \widehat{H(\kappa,\alpha)}\varphi$ die Ungleichungen

$$\left\| \widehat{H(\kappa,\alpha)}\varphi \right\|_{\mathcal{H}}^2 \leq \sqrt{a + \frac{b}{d_0^2}} \cdot \left(\varphi , \widehat{H(\kappa,\alpha)}\varphi \right)_{\mathcal{H}}$$

$$\leq \sqrt{a + \frac{b}{d_0^2}} \cdot \left\| \varphi \right\|_{\mathcal{H}} \cdot \left\| \widehat{H(\kappa,\alpha)}\varphi \right\|_{\mathcal{H}} , \quad \varphi \in |T|^{\alpha}(\mathcal{D}_T)$$

$$\text{für alle} \quad \kappa \in (-\kappa_0, +\kappa_0) \quad \text{und} \quad \alpha \in [0,1]$$

sowie

$$\left\| \widehat{H(\kappa,\alpha)}\varphi \right\|_{\mathcal{H}} \leq \sqrt{a + \frac{b}{d_0^2}} \left\| \varphi \right\|_{\mathcal{H}} , \quad \varphi \in |T|^{\alpha}(\mathcal{D}_T)$$

$$\text{(III.2.19)}$$

$$\text{für alle} \quad \kappa \in (-\kappa_0, +\kappa_0) \quad \text{und} \quad \alpha \in [0,1] \, .$$

Der Operator $\widehat{H(\kappa,\alpha)}$ ist also ein beschränkter linearer Operator auf dem dichten Teilraum $|T|^{\alpha}(\mathcal{D}_T)$ im Hilbertraum $\mathcal{H}$. Somit ist dieser Operator auf den gesamten Hilbertraum $\mathcal{H}$ mit der in (III.2.19) angegebenen Schranke fortsetzbar.

Weiter erklären wir den beschränkten linearen Operator

$$\widehat{T(\alpha)}\varphi := |T|^{\alpha-1} \circ T \circ |T|^{-\alpha}\varphi \, , \quad \varphi \in |T|^{\alpha}(\mathcal{D}_T) \qquad \text{(III.2.20)}$$

mit der Schranke 1, welchen wir auf den Hilbertraum $\mathcal{H}$ fortsetzen können. Unter der Bedingung

$$a + \frac{b}{d_0^2} < 1 \qquad \text{(III.2.21)}$$

finden wir ein hinreichend kleines $\rho_0 > 0$, so dass folgende Reziproke als beschränkte lineare Operatoren existieren:

$$\left[\widehat{T(\alpha)} + \widehat{H(\kappa,\alpha)} - z|T|^{-1} \right]^{-1} =$$

$$\left[|T|^{\alpha-1} \circ T \circ |T|^{-\alpha} + |T|^{\alpha-1} \circ H(\kappa) \circ |T|^{-\alpha} - z|T|^{\alpha-1} \circ E \circ |T|^{-\alpha} \right]^{-1}$$

$$= \left[|T|^{\alpha-1} \circ \left(T + H(\kappa) - zE \right) \circ |T|^{-\alpha} \right]^{-1}$$

$$= |T|^{\alpha} \circ \left(T + H(\kappa) - zE \right)^{-1} \circ |T|^{1-\alpha} = |T|^{\alpha} \circ R(z;\kappa) \circ |T|^{1-\alpha}$$

$$\text{mit} \quad |z - \lambda_0| < \rho_0 \quad \text{und} \quad \kappa \in (-\kappa_0, +\kappa_0), \quad \alpha \in [0,1] \, .$$

$$\text{(III.2.22)}$$

Weiter können wir ein $0 < \rho_1 \leq \rho_0$ finden, so dass die Konvergenz der Reihe

$$B(z; \kappa, \alpha) := \sum_{j=1}^{\infty} \left[\left(\widehat{T(\alpha)} - z|T|^{-1} \right)^{-1} \circ \widehat{H(\kappa, \alpha)} \right]^j, \quad z \in \mathbb{C}'$$

$$\text{mit} \quad |z - \lambda_0| < \rho_1 \quad \text{und} \quad \kappa \in (-\kappa_0, +\kappa_0), \quad \alpha \in [0,1] \tag{III.2.23}$$

in der Operatornorm zu einem beschränkten Operator garantiert wird. Wir schätzen nämlich die Reihe im Nullpunkt

$$B(0; \kappa, \alpha) := \sum_{j=1}^{\infty} \left[\widehat{T(\alpha)}^{-1} \circ \widehat{H(\kappa, \alpha)} \right]^j, \ \kappa \in (-\kappa_0, +\kappa_0), \ \alpha \in [0,1] \tag{III.2.24}$$

mit Hilfe von (III.2.19) und (III.2.21) wie folgt in der Operatornorm ab:

$$\left\| B(0; \kappa, \alpha) \right\| \leq \sum_{j=1}^{\infty} \left\| \widehat{T(\alpha)}^{-1} \circ \widehat{H(\kappa, \alpha)} \right\|^j \leq \sum_{j=1}^{\infty} \left\{ \sqrt{a + \frac{b}{d_0^2}} \right\}^j$$

$$= \frac{\sqrt{a + \frac{b}{d_0^2}}}{1 - \sqrt{a + \frac{b}{d_0^2}}} \in [0, +\infty), \ \forall \, \kappa \in (-\kappa_0, +\kappa_0), \ \alpha \in [0,1]. \tag{III.2.25}$$

Da alle Operatoren in der Reihe (III.2.23) beschränkt sind, so hängt diese Reihe stetig vom Parameter z bezüglich der Operatornorm ab. Somit erhalten wir die folgende Aussage:

Zu jedem $\delta_0 > 0$ gibt es ein $\rho_2 > 0$, so dass

$$\left\| B(z; \kappa, \alpha) \right\| \leq \frac{\sqrt{a + \frac{b}{d_0^2}}}{1 - \sqrt{a + \frac{b}{d_0^2}}} + \delta_0 \quad \text{für alle} \quad z \in \mathbb{C}' \tag{III.2.26}$$

mit $|z - \lambda_0| < \rho_2$ und $\kappa \in (-\kappa_0, +\kappa_0)$, $\alpha \in [0,1]$ gilt.

Wir entwickeln nun den Ausdruck in der obersten Zeile von (III.2.22) in eine von Neumann-Reihe:

$$\left[\widehat{T(\alpha)} + \widehat{H(\kappa,\alpha)} - z|T|^{-1}\right]^{-1} = \left[\left(\widehat{T(\alpha)} - z|T|^{-1}\right) + \widehat{H(\kappa,\alpha)}\right]^{-1}$$

$$= \left(\left(\widehat{T(\alpha)} - z|T|^{-1}\right) \circ \left[E + \left(\widehat{T(\alpha)} - z|T|^{-1}\right)^{-1} \circ \widehat{H(\kappa,\alpha)}\right]\right)^{-1}$$

$$\left[E + \left(\widehat{T(\alpha)} - z|T|^{-1}\right)^{-1} \circ \widehat{H(\kappa,\alpha)}\right]^{-1} \circ \left(\widehat{T(\alpha)} - z|T|^{-1}\right)^{-1}$$

$$= \left(E + \sum_{j=1}^{\infty}\left[\left(\widehat{T(\alpha)} - z|T|^{-1}\right)^{-1} \circ \widehat{H(\kappa,\alpha)}\right]^{j}\right) \circ \left(\widehat{T(\alpha)} - z|T|^{-1}\right)^{-1}$$

$$= \left(E + B(z;\kappa,\alpha)\right) \circ |T|^{\alpha} \circ R(z) \circ |T|^{1-\alpha}$$

für alle $z \in \mathbb{C}'$ mit $|z - \lambda_0| < \rho_1$ und $\kappa \in (-\kappa_0, +\kappa_0)$, $\alpha \in [0,1]$.
(III.2.27)

Dabei haben wir in der letzten Zeile die konvergente Reihe (III.2.23) eingesetzt und die Identität (III.2.22) im Spezialfall $\kappa = 0$ benutzt. Der Vergleich der Identitäten (III.2.22) und (III.2.27) liefert

$$|T|^{\alpha} \circ R(z;\kappa) \circ |T|^{1-\alpha} = \left(E + B(z;\kappa,\alpha)\right) \circ |T|^{\alpha} \circ R(z) \circ |T|^{1-\alpha}$$
(III.2.28)

für alle $z \in \mathbb{C}'$ mit $|z - \lambda_0| < \rho_1$ und $\kappa \in (-\kappa_0, +\kappa_0)$, $\alpha \in [0,1]$.

Somit erhalten wir die Identität

$$|T|^{\alpha} \circ \left(R(z;\kappa) - R(z)\right) \circ |T|^{1-\alpha}$$
$$= B(z;\kappa,\alpha) \circ |T|^{\alpha} \circ R(z) \circ |T|^{1-\alpha}$$
(III.2.29)

für alle $z \in \mathbb{C}'$ mit $|z - \lambda_0| < \rho_1$ und $\kappa \in (-\kappa_0, +\kappa_0)$, $\alpha \in [0,1]$.

Wir notieren nun das

Theorem III.2.2. (Spektrallücke für die gestörte Spektralschar)
Seien der selbstadjungierte Operator $T\colon \mathcal{D}_T \to \mathcal{H}$ auf dem dichten Definitionsbereich $\mathcal{D}_T \subset \mathcal{H}$ mit der Lücke $\lambda_0 = 0$ der Größe $d_0 \in (0, +\infty)$ im Spektrum gegeben. Weiter seien die Hermiteschen Operatoren $H(\kappa)\colon \mathcal{D}_T \subset \mathcal{H}$ unter der Schranke (III.2.1) mit den Konstanten $0 \leq a < 1$ und $0 \leq b < +\infty$ und der Bedingung (III.2.21) gegeben. Dann gibt es ein $0 < d_2 \leq d_0$, so dass die Operatoren $T + H(\kappa)\colon \mathcal{D}_T \to \mathcal{H}$ im Punkt $\lambda_0 = 0$ für alle $\kappa \in (-\kappa_0, +\kappa_0)$ eine Lücke mindestens von der Größe d_2 in ihren Spektren besitzen.

Beweis: Speziell für $\alpha = 0$ erhalten wir aus der Identität (III.2.29) die Aussage

$$\left(R(z;\kappa) - R(z)\right) \circ |T| = B(z;\kappa,0) \circ R(z) \circ |T|$$

für alle $z \in \mathbb{C}'$ mit $|z - \lambda_0| < \rho_1$ und $\kappa \in (-\kappa_0, +\kappa_0)$.

Somit folgt

$$R(z;\kappa) - R(z) = B(z;\kappa,0) \circ R(z) \quad \text{für alle} \quad z \in \mathbb{C}'$$
$$\text{mit} \quad |z - \lambda_0| < \rho_1 \quad \text{und} \quad \kappa \in (-\kappa_0, +\kappa_0). \tag{III.2.30}$$

Dann wählen wir zu vorgegebenem $\delta_1 > 0$ ein $\rho_3 > 0$, so dass

$$\|R(z)\| = \|[T - zE]^{-1}\| \le \frac{1}{d_0} + \delta_1 \text{ für alle } z \in \mathbb{C} \text{ mit } |z - \lambda_0| < \rho_3 \tag{III.2.31}$$

erfüllt ist. Setzen wir $d_2 := \min\{\rho_0, \rho_1, \rho_2, \rho_3\} > 0$, so sind die Aussagen (III.2.26), (III.2.31) und (III.2.30) gültig. Also existiert die Resolvente $R(z;\kappa)$ für alle $z \in \mathbb{R}$ mit $|z - \lambda_0| < d_2$ und $\kappa \in (-\kappa_0, +\kappa_0)$. Somit besitzen die Spektren von $T + H(\kappa)$ um den Punkt $\lambda_0 = 0$ eine Lücke mindestens der Größe $d_2 > 0$.

q.e.d.

Wir betrachten nun die Resolventen der Operatorenschar $[T + H(\kappa)]$ auf der imaginären Achse in Abhängigkeit vom Parameter $\kappa \in (-\kappa_0, +\kappa_0)$. Mit den nachfolgenden Propositionen wollen wir die Störung der Spektralschar im Punkt $\lambda_0 = 0$ genauer untersuchen. Wir beginnen mit der

Proposition III.2.1. *Die Resolventen erfüllen unter den Voraussetzungen von Theorem III.2.2 auf der imginären Achse*

$$R(iy;\kappa) := \Big([T + H(\kappa)] - iyE\Big)^{-1}, \quad y \in \mathbb{R}$$

für alle $\kappa \in (-\kappa_0, +\kappa_0)$ die folgende Abschätzung

$$\|R(iy;\kappa)\| \le \left[\left(d_0 - \sqrt{ad_0^2 + b}\right)^2 + y^2\right]^{-\frac{1}{2}} = \frac{1}{\sqrt{d_1^2 + y^2}}, \quad y \in \mathbb{R}, \tag{III.2.32}$$

wobei wir die Größe $d_1 := d_0 - \sqrt{ad_0^2 + b} > 0$ eingeführt haben.

Beweis: Mittels (III.2.15) zeigen wir unter der Bedingung (III.2.21) das Folgende:

$$\Big\| [T + H(\kappa)] f \Big\|_{\mathcal{H}}$$

$$\geq \Big\| Tf \Big\|_{\mathcal{H}} - \Big\| H(\kappa) f \Big\|_{\mathcal{H}}$$

$$\geq \left(1 - \sqrt{a + \frac{b}{d_0^2}} \right) \Big\| Tf \Big\|_{\mathcal{H}} \tag{III.2.33}$$

$$\geq d_0 \left(1 - \sqrt{a + \frac{b}{d_0^2}} \right) \Big\| f \Big\|_{\mathcal{H}}$$

$$= \left(d_0 - \sqrt{a d_0^2 + b} \right) \Big\| f \Big\|_{\mathcal{H}}$$

für alle $f \in \mathcal{D}_T$, $y \in \mathbb{R}$, $\kappa \in (-\kappa_0, +\kappa_0)$.

Da alle Operatoren $[T + H(\kappa)] \colon \mathcal{D}_T \to \mathcal{H}$ Hermitesch sind, so ermitteln wir aus (III.2.33) die folgende Abschätzung:

$$\Big\| [T + H(\kappa)] f - iy E f \Big\|_{\mathcal{H}}^2$$

$$= \Big([T + H(\kappa)] f - iy f, [T + H(\kappa)] f - iy f \Big)_{\mathcal{H}}$$

$$= \Big([T + H(\kappa)] f, [T + H(\kappa)] f \Big)_{\mathcal{H}} + iy \Big(f, [T + H(\kappa)] f \Big)_{\mathcal{H}}$$

$$\qquad - iy \Big([T + H(\kappa)] f, f \Big)_{\mathcal{H}} + y^2 (f, f)_{\mathcal{H}} \tag{III.2.34}$$

$$= \Big([T + H(\kappa)] f, [T + H(\kappa)] f \Big)_{\mathcal{H}} + y^2 (f, f)_{\mathcal{H}}$$

$$\geq \left[\left(d_0 - \sqrt{a d_0^2 + b} \right)^2 + y^2 \right] \Big\| f \Big\|_{\mathcal{H}}^2 = \left[d_1^2 + y^2 \right] \Big\| f \Big\|_{\mathcal{H}}^2$$

für alle $f \in \mathcal{D}_T$, $y \in \mathbb{R}$, $\kappa \in (-\kappa_0, +\kappa_0)$.

Somit folgt die Resolventenabschätzung (III.2.32).   q.e.d.

Proposition III.2.2. (Darstellung der Spektralschar)
Unter den Voraussetzungen von Theorem III.2.2 besitze die Operatorenschar $[T + H(\kappa)] \colon \mathcal{D}_T \to \mathcal{H}$ die Spektralschar $E(.; \kappa) = E(\lambda; \kappa)$, $\lambda \in \mathbb{R}$ für alle $\kappa \in (-\kappa_0, +\kappa_0)$. Dann gilt die folgende Darstellungsformel:

$$E - 2 E(\lambda_0; \kappa) = \lim_{\eta \to +\infty} \frac{1}{\pi} \int_{-\eta}^{\eta} R(iy; \kappa) \, dy.$$

Beweis: Wir beachten das obige Theorem III.2.2 und berechnen mit Hilfe von Theorem I.12.1 für alle $\kappa \in (-\kappa_0, +\kappa_0)$ die Identität

$$R(iy; \kappa) + R(-iy; \kappa) =$$

$$\left([T + H(\kappa)] - iyE\right)^{-1} + \left([T + H(\kappa)] + iyE\right)^{-1}$$

$$= \int_{-\infty}^{-d_2} \frac{1}{\lambda - iy}\, dE(\lambda; \kappa) + \int_{+d_2}^{+\infty} \frac{1}{\lambda - iy}\, dE(\lambda; \kappa)$$

$$+ \int_{-\infty}^{-d_2} \frac{1}{\lambda + iy}\, dE(\lambda; \kappa) + \int_{+d_2}^{+\infty} \frac{1}{\lambda + iy}\, dE(\lambda; \kappa) \tag{III.2.35}$$

$$= \int_{-\infty}^{-d_2} \frac{2\lambda}{\lambda^2 + y^2}\, dE(\lambda; \kappa) + \int_{+d_2}^{+\infty} \frac{2\lambda}{\lambda^2 + y^2}\, dE(\lambda; \kappa)$$

für beliebige $y \in (0, +\infty)$.

Dann integrieren wir (III.2.35) über das Intervall $[\eta^{-1}, \eta]$ für beliebiges $\eta > 0$ mit der Substitution $t = -y$, $t \in [-\eta, -\eta^{-1}]$ und $dt = -dy$ wie folgt:

$$\left[\int_{-\eta}^{-\eta^{-1}} + \int_{\eta^{-1}}^{\eta}\right] R(iy; \kappa)\, dy$$

$$= \int_{\eta^{-1}}^{\eta} R(iy; \kappa)\, dy + \int_{-\eta}^{-\eta^{-1}} R(iy; \kappa)\, dy$$

$$= \int_{\eta^{-1}}^{\eta} R(iy; \kappa)\, dy - \int_{-\eta^{-1}}^{-\eta} R(it; \kappa)\, dt$$

$$= \int_{\eta^{-1}}^{\eta} R(iy; \kappa)\, dy + \int_{\eta^{-1}}^{\eta} R(-iy; \kappa)\, dy$$

$$= \int_{-\infty}^{-d_2} \left(\int_{\eta^{-1}}^{\eta} \frac{2\lambda}{\lambda^2 + y^2}\, dy\right) dE(\lambda; \kappa) \tag{III.2.36}$$

$$+ \int_{+d_2}^{+\infty} \left(\int_{\eta^{-1}}^{\eta} \frac{2\lambda}{\lambda^2 + y^2}\, dy\right) dE(\lambda; \kappa)$$

$$= \int_{-\infty}^{-d_2} \left(\int_{\eta^{-1}}^{\eta} \frac{2\frac{\lambda}{|\lambda|}}{1 + [\frac{y}{|\lambda|}]^2}\, d\frac{y}{|\lambda|}\right) dE(\lambda; \kappa)$$

$$+ \int_{+d_2}^{+\infty} \left(\int_{\eta^{-1}}^{\eta} \frac{2\frac{\lambda}{|\lambda|}}{1 + [\frac{y}{|\lambda|}]^2}\, d\frac{y}{|\lambda|}\right) dE(\lambda; \kappa).$$

Verwenden wir nun die Substitution $t = \dfrac{y}{|\lambda|}$ mit $dt = \dfrac{dy}{|\lambda|}$, so erhalten wir aus (III.2.36) die Identität

$$\left[\int_{-\eta}^{-\eta^{-1}} + \int_{\eta^{-1}}^{\eta}\right] R(iy;\kappa)\,dy$$

$$= -\int_{-\infty}^{-d_2} \left(\int_{(\eta|\lambda|)^{-1}}^{\eta|\lambda|^{-1}} \frac{2}{1+t^2}\,dt\right) dE(\lambda;\kappa) \qquad \text{(III.2.37)}$$

$$+ \int_{+d_2}^{+\infty} \left(\int_{(\eta|\lambda|)^{-1}}^{\eta|\lambda|^{-1}} \frac{2}{1+t^2}\,dt\right) dE(\lambda;\kappa)\,.$$

Somit folgt für alle $\kappa \in (-\kappa_0, \kappa_0)$ die Formel

$$\lim_{\eta \to +\infty} \left[\int_{-\eta}^{\eta} R(iy;\kappa)\,dy\right] = \lim_{\eta \to +\infty} \left[\int_{-\eta}^{-\eta^{-1}} + \int_{\eta^{-1}}^{\eta}\right] R(iy;\kappa)\,dy$$

$$= -\int_{-\infty}^{-d_2} \left(\lim_{\eta \to +\infty} \int_{(\eta|\lambda|)^{-1}}^{\eta|\lambda|^{-1}} \frac{2}{1+t^2}\,dt\right) dE(\lambda;\kappa)$$

$$+ \int_{+d_2}^{+\infty} \left(\lim_{\eta \to +\infty} \int_{(\eta|\lambda|)^{-1}}^{\eta|\lambda|^{-1}} \frac{2}{1+t^2}\,dt\right) dE(\lambda;\kappa) \qquad \text{(III.2.38)}$$

$$= -\pi \int_{-\infty}^{-d_2} dE(\lambda;\kappa) + \pi \int_{+d_2}^{+\infty} dE(\lambda;\kappa) = \pi E - 2\pi E(\lambda_0;\kappa)\,.$$

Damit ist die Darstellungsformel für die Spektralschar gezeigt.

q.e.d.

Unter Beachtung von (III.2.22) für $\kappa = 0$ betrachten wir die Reihe (III.2.23) auf der gesamten imaginären Achse:

$$B(iy;\kappa,\alpha) := \sum_{j=1}^{\infty} \left[\left(\widehat{T(\alpha)} - iy|T|^{-1}\right)^{-1} \circ \widehat{H(\kappa,\alpha)}\right]^{j} =$$

$$\left(\widehat{T(\alpha)} - iy|T|^{-1}\right)^{-1} \circ \sum_{j=1}^{\infty} \widehat{H(\kappa,\alpha)} \circ \left[\left(\widehat{T(\alpha)} - iy|T|^{-1}\right)^{-1} \circ \widehat{H(\kappa,\alpha)}\right]^{j-1}$$

$$= |T|^{\alpha} \circ R(iy) \circ |T|^{1-\alpha} \circ C(iy;\kappa,\alpha)\,, \quad y \in \mathbb{R} \quad \text{mit der Reihe}$$

$$C(iy;\kappa,\alpha) := \sum_{j=1}^{\infty} \widehat{H(\kappa,\alpha)} \circ \left[\left(\widehat{T(\alpha)} - iy|T|^{-1}\right)^{-1} \circ \widehat{H(\kappa,\alpha)}\right]^{j-1}\,, y \in \mathbb{R}$$

$$\text{für alle} \quad \kappa \in (-\kappa_0, +\kappa_0)\,, \quad \alpha \in [0,1]\,.$$

(III.2.39)

Mit der Abschätzung (III.2.25) und den Argumenten im Beweis von Proposition III.2.1 ersehen wir unter der Bedingung (III.2.21) die folgende Ungleichung

$$\|C(iy;\kappa,\alpha)\| \leq \frac{\sqrt{a + \frac{b}{d_0^2}}}{1 - \sqrt{a + \frac{b}{d_0^2}}}, \, y \in \mathbb{R}, \, \forall\, \kappa \in (-\kappa_0, +\kappa_0), \, \alpha \in [0,1].$$

$$\text{(III.2.40)}$$

Die früher hergeleitete Identität (III.2.29) ist nun auf der gesamten imaginären Achse gültig. Setzen wir hierin (III.2.39) ein, so folgt

$$|T|^\alpha \circ \Big(R(iy;\kappa) - R(iy)\Big) \circ |T|^{1-\alpha}$$

$$= |T|^\alpha \circ R(iy) \circ |T|^{1-\alpha} \circ C(iy;\kappa,\alpha) \circ |T|^\alpha \circ R(iy) \circ |T|^{1-\alpha}$$

$$\text{für alle} \quad y \in \mathbb{R} \quad \text{und} \quad \kappa \in (-\kappa_0, +\kappa_0), \quad \alpha \in [0,1]$$

und schließlich

$$R(iy;\kappa) - R(iy) = R(iy) \circ |T|^{1-\alpha} \circ C(iy;\kappa,\alpha) \circ |T|^\alpha \circ R(iy)$$

$$\text{für alle} \quad y \in \mathbb{R} \quad \text{und} \quad \kappa \in (-\kappa_0, +\kappa_0), \quad \alpha \in [0,1].$$

$$\text{(III.2.41)}$$

Für die Schar unbeschränkter Operatoren $|T|^{\frac{1}{2}} \circ R(iy)$, $y \in \mathbb{R}$ und die Adjungierten zu $R(iy) \circ |T|^{\frac{1}{2}}$, $y \in \mathbb{R}$ aus obiger Identität (III.2.41) zeigen wir

Proposition III.2.3. *Es gilt die Identität*

$$\lim_{\eta \to +\infty} \frac{1}{\pi} \int_{-\eta}^{+\eta} \left\| |T|^{\frac{1}{2}} \circ R(\pm iy)f \right\|_{\mathcal{H}}^2 dy = \|f\|_{\mathcal{H}}^2 \quad \text{für alle} \quad f \in \mathcal{D}_T. \quad \text{(III.2.42)}$$

Beweis: Mit dem Spektralsatz für den selbstadjungierten Operator T stellen wir die folgenden unbeschränkten Operatoren dar:

$$|T|^{\frac{1}{2}} \circ R(\pm iy) \circ f = \int_{-\infty}^{+\infty} \frac{\sqrt{|\lambda|}}{\lambda \mp iy} \, dE(\lambda)\, f, \quad f \in \mathcal{D}_T, \quad \forall\, y \in \mathbb{R}. \quad \text{(III.2.43)}$$

Somit folgt für alle $f, g \in \mathcal{D}_T$ die Identität

$$\Big(|T|^{\frac{1}{2}} \circ R(\pm iy)f, |T|^{\frac{1}{2}} \circ R(\pm iy)g\Big)_{\mathcal{H}} =$$

$$\Big(\int_{-\infty}^{+\infty} \frac{\sqrt{|\lambda|}}{\lambda \mp iy} \, dE(\lambda)\, f, \int_{-\infty}^{+\infty} \frac{\sqrt{|\lambda|}}{\lambda \mp iy} \, dE(\lambda)\, g\Big)_{\mathcal{H}}$$

$$\text{(III.2.44)}$$

$$= \Big(f, \int_{-\infty}^{+\infty} \frac{|\lambda|}{\lambda^2 + y^2} \, dE(\lambda)\, g\Big)_{\mathcal{H}}$$

$$= \int_{-\infty}^{+\infty} \frac{|\lambda|}{\lambda^2 + y^2} \, d\Big(f, E(\lambda)g\Big)_{\mathcal{H}}, \quad y \in \mathbb{R}.$$

Integration über die Variable y mit der Substitution $t = \frac{y}{|\lambda|}$ liefert

$$
\lim_{\eta \to +\infty} \frac{1}{\pi} \int_{-\eta}^{+\eta} \left\| |T|^{\frac{1}{2}} \circ R(\pm iy) f \right\|_{\mathcal{H}}^2 dy =
$$

$$
= \lim_{\eta \to +\infty} \frac{1}{\pi} \int_{-\eta}^{+\eta} \int_{-\infty}^{+\infty} \frac{|\lambda|}{\lambda^2 + y^2}\, d\left(f, E(\lambda)f \right)_{\mathcal{H}} dy
$$

$$
= \int_{-\infty}^{+\infty} \left[\lim_{\eta \to +\infty} \frac{1}{\pi} \int_{-\eta}^{+\eta} \frac{|\lambda|}{\lambda^2 + y^2}\, dy \right] d\left(f, E(\lambda)f \right)_{\mathcal{H}}
$$

$$
= \int_{-\infty}^{+\infty} \left[\lim_{\eta \to +\infty} \frac{1}{\pi} \int_{-\eta}^{+\eta} \frac{1}{1 + [\frac{y}{|\lambda|}]^2}\, d\frac{y}{|\lambda|} \right] d\left(f, E(\lambda)f \right)_{\mathcal{H}}   \tag{III.2.45}
$$

$$
= \int_{-\infty}^{+\infty} \left[\lim_{\eta \to +\infty} \frac{1}{\pi} \int_{-\eta|\lambda|^{-1}}^{+\eta|\lambda|^{-1}} \frac{1}{1 + t^2}\, dt \right] d\left(f, E(\lambda)f \right)_{\mathcal{H}}
$$

$$
= \int_{-\infty}^{+\infty} d\left(f, E(\lambda)f \right)_{\mathcal{H}} = \left(f, f \right)_{\mathcal{H}} = \|f\|_{\mathcal{H}}^2, \quad \forall f \in \mathcal{D}_T.
$$

Hierbei haben wir benutzt, dass der Punkt $\lambda_0 = 0$ nicht zum Spektrum gehört und somit $E(\lambda)$ nahe λ_0 konstant ist. Die Identität (III.2.45) ergibt schließlich die obige Behauptung.

$$\text{q.e.d.}$$

In der Monographie von T. Kato [K] Chap. VI §5 Theorem 5.12 hat das folgende Resultat von E. Heinz (vergleiche den Satz 2 in [H3] §3) eine zentrale Bedeutung. Wir geben hier für diese Aussage einen alternativen Beweis.

Theorem III.2.3. (Gleichmäßige Störung der Spektralschar)
Seien der selbstadjungierte Operator $T \colon \mathcal{D}_T \to \mathcal{H}$ auf dem dichten Definitions-bereich $\mathcal{D}_T \subset \mathcal{H}$ mit der Lücke $\lambda_0 = 0$ der Größe $d_0 \in (0, +\infty)$ im Spektrum gegeben. Weiter seien die Hermiteschen Operatoren $H(\kappa) \colon \mathcal{D}_T \subset \mathcal{H}$ unter der Schranke (III.2.1) mit den Konstanten $0 \leq a < 1$ und $0 \leq b < +\infty$ und der Bedingung (III.2.21) gegeben. Bezeichnen $\{E(\lambda), \lambda \in \mathbb{R}\}$ und $\{E(\lambda; \kappa), \lambda \in \mathbb{R}\}$ die Spektralscharen von T beziehungsweise $T + H(\kappa)$ für $\kappa \in (-\kappa_0, +\kappa_0)$, so haben wir die folgende Abschätzung der gestörten Spektralschar

$$
\|E(\lambda_0; \kappa) - E(\lambda_0)\| \leq \frac{\sqrt{ad_0^2 + b}}{2d_0 - 2\sqrt{ad_0^2 + b}}   \tag{III.2.46}
$$

in der Operatorennorm.

Beweis: Wir verwenden die Proposition III.2.2 im Spezialfall $\kappa = 0$ und er-halten

$$
E - 2\, E(\lambda_0) = \lim_{\eta \to +\infty} \frac{1}{\pi} \int_{-\eta}^{\eta} R(iy)\, dy.   \tag{III.2.47}
$$

Wegen dem Theorem III.2.2 können wir die Darstellungsformel aus der Proposition III.2.2 für alle $\kappa \in (-\kappa_0, +\kappa_0)$ anwenden. Subtrahieren wir diese für beliebiges $\kappa \in (-\kappa_0, +\kappa_0)$ von (III.2.47), so ergibt sich die Darstellung

$$
\begin{aligned}
E(\lambda_0; \kappa) - E(\lambda_0) &= \lim_{\eta \to +\infty} \frac{1}{2\pi} \int_{-\eta}^{\eta} \Big[\big(R(iy) - R(iy; \kappa)\big) \Big] dy = \\
&- \lim_{\eta \to +\infty} \frac{1}{2\pi} \int_{-\eta}^{\eta} \Big[R(iy) \circ |T|^{\frac{1}{2}} \circ C(iy; \kappa, \alpha) \circ |T|^{\frac{1}{2}} \circ R(iy) \Big] dy,
\end{aligned}
\tag{III.2.48}
$$

wenn wir noch die Identität (III.2.41) für $\alpha = \frac{1}{2}$ verwenden. Wir gehen nun zu den Komponenten wie folgt über:

$$
\begin{aligned}
&\Big(f, \big[E(\lambda_0; \kappa) - E(\lambda_0) \big] g \Big)_{\mathcal{H}} = \\
&- \lim_{\eta \to +\infty} \frac{1}{2\pi} \int_{-\eta}^{\eta} \Big(f, R(iy) \circ |T|^{\frac{1}{2}} \circ C(iy; \kappa, \alpha) \circ |T|^{\frac{1}{2}} \circ R(iy) g \Big)_{\mathcal{H}} dy = \\
&- \lim_{\eta \to +\infty} \frac{1}{2\pi} \int_{-\eta}^{\eta} \Big(|T|^{\frac{1}{2}} \circ R(-iy) f, C(iy; \kappa, \alpha) \circ |T|^{\frac{1}{2}} \circ R(iy) g \Big)_{\mathcal{H}} dy
\end{aligned}
$$

$$\text{für alle} \quad f, g \in \mathcal{H}.$$

Mit Hilfe der Ungleichung (III.2.40) schätzen wir nun wie folgt ab:

$$
\Big| \Big(f, \big[E(\lambda_0; \kappa) - E(\lambda_0) \big] g \Big)_{\mathcal{H}} \Big| \le
$$

$$
\lim_{\eta \to +\infty} \frac{1}{2\pi} \int_{-\eta}^{\eta} \Big| \Big(|T|^{\frac{1}{2}} \circ R(-iy) f, C(iy; \kappa, \alpha) \circ |T|^{\frac{1}{2}} \circ R(iy) g \Big)_{\mathcal{H}} \Big| dy
$$

$$
\le \lim_{\eta \to +\infty} \frac{1}{2\pi} \int_{-\eta}^{\eta} \| |T|^{\frac{1}{2}} \circ R(-iy) f \|_{\mathcal{H}} \cdot \| C(iy; \kappa, \alpha) \| \cdot \| |T|^{\frac{1}{2}} \circ R(iy) g \|_{\mathcal{H}} \, dy
$$

$$
\le \frac{\sqrt{ad_0^2 + b}}{2d_0 - 2\sqrt{ad_0^2 + b}} \lim_{\eta \to +\infty} \frac{1}{\pi} \int_{-\eta}^{\eta} \| |T|^{\frac{1}{2}} \circ R(-iy) f \|_{\mathcal{H}} \| |T|^{\frac{1}{2}} \circ R(iy) g \|_{\mathcal{H}} \, dy
$$

$$
\le \frac{\sqrt{ad_0^2 + b}}{2d_0 - 2\sqrt{ad_0^2 + b}} \sqrt{\lim_{\eta \to +\infty} \frac{1}{\pi} \int_{-\eta}^{\eta} \| |T|^{\frac{1}{2}} \circ R(-iy) f \|_{\mathcal{H}}^2 \, dy}
$$

$$
\cdot \sqrt{\lim_{\eta \to +\infty} \frac{1}{\pi} \int_{-\eta}^{\eta} \| |T|^{\frac{1}{2}} \circ R(iy) g \|_{\mathcal{H}}^2 \, dy}
$$

$$
= \frac{\sqrt{ad_0^2 + b}}{2d_0 - 2\sqrt{ad_0^2 + b}} \cdot \| f \|_{\mathcal{H}} \cdot \| g \|_{\mathcal{H}} \quad \text{für alle} \quad f, g \in \mathcal{H} \text{ und } \kappa \in (-\kappa_0, +\kappa_0).
\tag{III.2.49}
$$

Dabei haben wir die Grenzwerte mittels Proposition III.2.3 ausgewertet. Aus der Ungleichung (III.2.49) ersehen wir die Abschätzung (III.2.46).

$$\text{q.e.d.}$$

§3 Ein analytischer Störungssatz für die Spektralschar

Wir setzen nun unsere Überlegungen aus §2 fort und spezialisieren diese auf analytische Störungen selbstadjungierter Operatoren, deren Koeffizienten wohlbestimmten Abschätzungen genügen. Genauer betrachten wir die Störungen aus der

Definition III.3.1. *Zu einem selbstadjungierten Operator $T: \mathcal{D}_T \to \mathcal{H}$ auf dem dichten Definitionsbereich $\mathcal{D}_T \subset \mathcal{H}$ betrachten wir eine Folge Hermitescher Operatoren $H_k: \mathcal{D}_T \to \mathcal{H}\,(k = 1, 2, \ldots)$, welche die Ungleichungen*

$$\|H_k f\|_{\mathcal{H}} \leq c\, q^k\, \|Tf\|_{\mathcal{H}} \quad \text{für alle} \quad f \in \mathcal{D}_T \tag{III.3.1}$$

für alle $k \in \mathbb{N}$ mit gewissen Konstanten $0 \leq c < +\infty$ und $0 < q < +\infty$ erfüllen. Dann stellt der Operator

$$H(\kappa) := \sum_{k=1}^{\infty} \kappa^k H_k = \kappa H_1 + \kappa^2 H_2 + \kappa^3 H_3 + \ldots \tag{III.3.2}$$

eine analytische (c, q)-Störung des Operators T dar. Mit der Schar

$$A(\kappa) := \Big(T + H(\kappa)\Big): \mathcal{D}_T \to \mathcal{H}, \quad \kappa \in (-\kappa_1, +\kappa_1) \tag{III.3.3}$$

erhalten wir eine analytisch gestörte Operatorenschar, wobei wir die Größe $\kappa_1 := q^{-1}\,(1 + c)^{-1} > 0$ erklärt haben.

Wir wollen nun die Spektralschar in eine Reihe nach dem Störungsparameter entwickeln an denjenigen Punkten, welche eine Lücke im Spektrum aufweisen. Hierzu benötigen wir die zentrale

Proposition III.3.1. (Resolventenentwicklung nach E. Heinz)
Der selbstadjungierte Operator $T: \mathcal{D}_T \to \mathcal{H}$ besitze im Punkt $\lambda_0 = 0$ eine Lücke mindestens der Größe $d_3 > 0$ in seinem Spektrum, so dass auf der gesamten imaginären Achse seine Resolvente

$$R(iy) := [T - iyE]^{-1}, \quad y \in \mathbb{R}$$

existiert. Für eine analytische (c, q)-Störung von T gemäß der Definition III.3.1 ist die Operatorschar (III.3.3) selbstadjungiert, und wir können auf der imaginären Achse ihre Resolventen

$$R(iy; \kappa) := \Big[T + H(\kappa) - iyE\Big]^{-1} = \Big[T + \sum_{k=1}^{\infty} \kappa^k H_k - iyE\Big]^{-1}, \quad y \in \mathbb{R} \tag{III.3.4}$$

betrachten. Die dieser Resolventenstörung zugehörige Sesquilinearform können wir in der folgenden Form entwickeln:

$$\Big(f, [R(iy; \kappa) - R(iy)]g\Big)_{\mathcal{H}} =$$

$$\sum_{l=1}^{\infty} \Big(|T|^{1-\alpha} \circ R(-iy)f, C_l(iy, \alpha) \circ |T|^{\alpha} \circ R(iy)g\Big)_{\mathcal{H}} \kappa^l \qquad \text{(III.3.5)}$$

$$\text{für alle} \quad f, g \in \mathcal{H}, \quad y \in \mathbb{R}, \quad \kappa \in (-\kappa_1, +\kappa_1), \quad \alpha \in [0, 1].$$

Dabei sind die beschränkten linearen Operatoren

$$C_l(iy, \alpha) \colon \mathcal{H} \to \mathcal{H} \quad (l = 1, 2, \dots) \quad \text{mit den Schranken}$$

$$\|C_l(iy, \alpha)\| \le cq^l(1 + c)^{l-1} \quad \text{für alle} \quad y \in \mathbb{R}, \quad \alpha \in [0, 1] \qquad \text{(III.3.6)}$$

gegeben.

Beweis: 1.) Aus (III.3.1) und (III.3.2) ermitteln wir die Ungleichung

$$\|H(\kappa)f\|_{\mathcal{H}} = \Big\|\sum_{k=1}^{\infty} \kappa^k H_k f\Big\|_{\mathcal{H}}$$

$$\le \sum_{k=1}^{\infty} |\kappa|^k \Big\|H_k f\Big\|_{\mathcal{H}} \le \sum_{k=1}^{\infty} c\,|\kappa|^k\, q^k \Big\|Tf\Big\|_{\mathcal{H}} \qquad \text{(III.3.7)}$$

$$= c\Big(\sum_{k=1}^{\infty} |\kappa|^k\, q^k\Big)\Big\|Tf\Big\|_{\mathcal{H}} = \frac{c|\kappa|q}{1 - |\kappa|q} \Big\|Tf\Big\|_{\mathcal{H}}$$

$$\text{für alle} \quad f \in \mathcal{D}_T.$$

Aus $|\kappa| < \kappa_1 = q^{-1}(1 + c)^{-1}$ folgt $|\kappa|q + c|\kappa|q < 1$ und $c|\kappa|q < 1 - |\kappa|q$ sowie

$$\frac{c|\kappa|q}{1 - |\kappa|q} < 1. \qquad \text{(III.3.8)}$$

Dann stellen die Operatoren (III.3.3) wegen (III.3.7) und (III.3.8) zulässige Störungen des selbstadjungierten Operators T dar, welche für alle $\kappa \in (-\kappa_1, +\kappa_1)$ nach dem Theorem I.4.9 selbstadjungiert sind.

2.) Nun gehen wir aus von der Abschätzung (III.3.1) und erhalten

$$\|H_k f\|_{\mathcal{H}} \le c\, q^k \Big\||Tf|\Big\|_{\mathcal{H}} \text{ für alle } f \in \mathcal{D}_T,\ k = 1, 2, \dots. \qquad \text{(III.3.9)}$$

Wir wenden das Theorem III.1.3 an und ermitteln die Ungleichung

$$\Big|\Big(H_k f, g\Big)_{\mathcal{H}}\Big| \le c\, q^k \cdot \Big(|T|^{\alpha}f, |T|^{1-\alpha}g\Big)_{\mathcal{H}}, \quad f, g \in \mathcal{D}_T$$

$$\text{für alle} \quad \alpha \in [0, 1] \quad \text{und} \quad k = 1, 2, \dots. \qquad \text{(III.3.10)}$$

Setzen wir $f = |T|^{-\alpha}\varphi$, $\varphi \in |T|^{\alpha}(\mathcal{D}_T)$ und $g = |T|^{\alpha-1}\psi$, $\psi \in |T|^{1-\alpha}(\mathcal{D}_T)$ in (III.3.10) ein, so erhalten wir die Abschätzung

$$\left| \left(|T|^{\alpha-1} \circ H_k \circ |T|^{-\alpha} \varphi \, , \, \psi \right)_{\mathcal{H}} \right| = \left| \left(H_k \circ |T|^{-\alpha} \varphi \, , \, |T|^{\alpha-1} \psi \right)_{\mathcal{H}} \right|$$

$$\le c \, q^k \cdot \left(\varphi \, , \, \psi \right)_{\mathcal{H}}, \quad \varphi \in |T|^{\alpha}(\mathcal{D}_T), \, \psi \in |T|^{1-\alpha}(\mathcal{D}_T) \qquad \text{(III.3.11)}$$

$$\text{für alle} \quad \alpha \in [0,1] \quad \text{und} \quad k = 1, 2, \dots .$$

Wir erklären für $k = 1, 2, \dots$ und $\alpha \in [0,1]$ die Operatoren

$$\widehat{H_k(\alpha)} \varphi := |T|^{\alpha-1} \circ H_k \circ |T|^{-\alpha} \varphi \, , \quad \varphi \in |T|^{\alpha}(\mathcal{D}_T) \, . \qquad \text{(III.3.12)}$$

Dann folgern wir aus (III.3.11) mit $\psi = \widehat{H_k(\alpha)} \varphi$ die Ungleichungen

$$\left\| \widehat{H_k(\alpha)} \varphi \right\|_{\mathcal{H}}^2 \le c \, q^k \cdot \left(\varphi \, , \, \widehat{H_k(\alpha)} \varphi \right)_{\mathcal{H}}$$

$$\le c \, q^k \cdot \left\| \varphi \right\|_{\mathcal{H}} \cdot \left\| \widehat{H_k(\alpha)} \varphi \right\|_{\mathcal{H}}, \quad \varphi \in |T|^{\alpha}(\mathcal{D}_T)$$

$$\text{für alle} \quad \alpha \in [0,1] \quad \text{und} \quad k = 1, 2, \dots$$

sowie

$$\left\| \widehat{H_k(\alpha)} \varphi \right\|_{\mathcal{H}} \le c \, q^k \left\| \varphi \right\|_{\mathcal{H}} \quad \text{für alle} \quad \varphi \in |T|^{\alpha}(\mathcal{D}_T)$$

$$\text{und} \quad \alpha \in [0,1] \, , \quad k = 1, 2, \dots . \qquad \text{(III.3.13)}$$

Da der Teilraum $|T|^{\alpha}(\mathcal{D}_T) \subset \mathcal{H}$ dicht liegt, so stellen die Funktionen $\widehat{H_k(\alpha)} \, (k = 1, 2, \dots)$ nach eindeutiger Fortsetzung beschränkte lineare Operatoren auf dem Hilbertraum $\mathcal{H}$ mit den Operatorschranken (III.3.13) dar.

3.) Die Operatorschar aus (III.2.18) wird nun mit Hilfe von (III.3.2) in eine konvergente Potenzreihe entwickelt:

$$\widehat{H(\kappa, \alpha)} \varphi := |T|^{\alpha-1} \circ H(\kappa) \circ |T|^{-\alpha} \varphi$$

$$= |T|^{\alpha-1} \circ \left(\sum_{k=1}^{\infty} \kappa^k \, H_k \right) \circ |T|^{-\alpha} \varphi = \left(\sum_{k=1}^{\infty} \kappa^k \, \widehat{H_k(\alpha)} \right) \varphi \, , \quad \varphi \in \mathcal{H} \qquad \text{(III.3.14)}$$

$$\text{für alle} \quad \kappa \in (-\kappa_1, +\kappa_1) \quad \text{und} \quad \alpha \in [0,1] \, .$$

Wir haben nämlich wegen (III.3.14), (III.3.13) und (III.3.8) die folgende Abschätzung

$$\left\| \widehat{H(\kappa, \alpha)} \right\| = \left\| \sum_{k=1}^{\infty} \kappa^k \, \widehat{H_k(\alpha)} \right\| \le \sum_{k=1}^{\infty} \left\| \kappa^k \, \widehat{H_k(\alpha)} \right\| \le \sum_{k=1}^{\infty} |\kappa|^k \, c \, q^k$$

$$= \frac{c q |\kappa|}{1 - q |\kappa|} < 1 \quad \text{für alle} \quad \kappa \in (-\kappa_1, +\kappa_1) \quad \text{und} \quad \alpha \in [0,1] \, . \qquad \text{(III.3.15)}$$

Aus (III.2.41) ersehen wir für die Resolventen die Darstellung

$$R(iy; \kappa) - R(iy) = R(iy) \circ |T|^{1-\alpha} \circ C(iy; \kappa, \alpha) \circ |T|^{\alpha} \circ R(iy)$$

$$\text{für alle} \quad y \in \mathbb{R} \quad \text{und} \quad \kappa \in (-\kappa_1, +\kappa_1), \quad \alpha \in [0, 1] \tag{III.3.16}$$

mit der Reihe aus (III.2.39) in der Form

$$C(iy; \kappa, \alpha) := \sum_{j=1}^{\infty} \widehat{H(\kappa, \alpha)} \circ \left[\left(\widehat{T(\alpha)} - iy|T|^{-1} \right)^{-1} \circ \widehat{H(\kappa, \alpha)} \right]^{j-1}$$

$$\text{für alle} \quad y \in \mathbb{R}, \quad \kappa \in (-\kappa_1, +\kappa_1), \quad \alpha \in [0, 1]. \tag{III.3.17}$$

Wegen (III.3.15) konvergiert diese Reihe und besitzt die folgende Majorante

$$\|C(iy; \kappa, \alpha)\| \leq$$

$$\sum_{j=1}^{\infty} \|\widehat{H(\kappa, \alpha)}\| \cdot \left[\|\widehat{T(\alpha)} - iy|T|^{-1}\|^{-1} \cdot \|\widehat{H(\kappa, \alpha)}\| \right]^{j-1}$$

$$\leq \sum_{j=1}^{\infty} \|\widehat{H(\kappa, \alpha)}\|^j \leq \sum_{j=1}^{\infty} \left[\frac{cq|\kappa|}{1 - q|\kappa|} \right]^j = \frac{c|\kappa|q}{1 - (1+c)|\kappa|q}$$

$$= \frac{c}{1+c} \cdot \frac{(1+c)|\kappa|q}{1 - (1+c)|\kappa|q} = \frac{c}{1+c} \cdot \sum_{l=1}^{\infty} (1+c)^l |\kappa|^l q^l \tag{III.3.18}$$

$$= c \cdot \sum_{l=1}^{\infty} (1+c)^{l-1} |\kappa|^l q^l$$

$$\text{für alle} \quad y \in \mathbb{R}, \quad \kappa \in (-\kappa_1, +\kappa_1), \quad \alpha \in [0, 1].$$

4.) Nun setzen wir die Reihe (III.3.14) in die Reihe (III.3.17) ein und ordnen nach den Potenzen des Störungsparameters $\kappa \in (-\kappa_1, +\kappa_1)$ wie folgt um:

$$C(iy; \kappa, \alpha) := \sum_{j=1}^{\infty} \widehat{H(\kappa, \alpha)} \circ \left[\left(\widehat{T(\alpha)} - iy|T|^{-1} \right)^{-1} \circ \widehat{H(\kappa, \alpha)} \right]^{j-1}$$

$$= \left(\sum_{k=1}^{\infty} \kappa^k \widehat{H_k(\alpha)} \right) \circ \sum_{j=1}^{\infty} \left[\left(\widehat{T(\alpha)} - iy|T|^{-1} \right)^{-1} \circ \left(\sum_{k=1}^{\infty} \kappa^k \widehat{H_k(\alpha)} \right) \right]^{j-1}$$

$$= \sum_{l=1}^{\infty} C_l(iy, \alpha) \, \kappa^l \quad \text{für alle } y \in \mathbb{R}, \ \kappa \in (-\kappa_1, +\kappa_1), \ \alpha \in [0, 1].$$

$$\tag{III.3.19}$$

Dabei stellen $C_l(iy, \alpha) \colon \mathcal{H} \to \mathcal{H}$ beschränkte lineare Operatoren dar, und ein Vergleich der Reihen (III.3.18) und (III.3.19) liefert die Abschätzung

$$\|C_l(iy, \alpha)\| \leq c \, (1+c)^{l-1} q^l, \, \forall \, y \in \mathbb{R}, \, \alpha \in [0, 1], \, l = 1, 2, \ldots. \tag{III.3.20}$$

5.) Wir setzen nun die Reihe (III.3.19) in (III.3.16) ein, und wir erhalten nach Skalarmultiplikation mit f/g von links/rechts die folgende Identität:

$$
\begin{aligned}
&\Big(f \,,\, [R(iy;\kappa) - R(iy)]g \Big)_{\mathcal{H}} \\
&= \Big(f \,,\, R(iy) \circ |T|^{1-\alpha} \circ C(iy;\kappa,\alpha) \circ |T|^{\alpha} \circ R(iy)g \Big)_{\mathcal{H}} \\
&= \Big(|T|^{1-\alpha} \circ R(-iy)f \,,\, C(iy;\kappa,\alpha) \circ |T|^{\alpha} \circ R(iy)g \Big)_{\mathcal{H}} \\
&= \Big(|T|^{1-\alpha} \circ R(-iy)f \,,\, \Big(\sum_{l=1}^{\infty} C_l(iy,\alpha)\,\kappa^l \Big) \circ |T|^{\alpha} \circ R(iy)g \Big)_{\mathcal{H}} \\
&= \sum_{l=1}^{\infty} \Big(|T|^{1-\alpha} \circ R(-iy)f \,,\, C_l(iy,\alpha) \circ |T|^{\alpha} \circ R(iy)g \Big)_{\mathcal{H}} \kappa^l
\end{aligned}
\tag{III.3.21}
$$

für alle $f,g \in \mathcal{H}$, $y \in \mathbb{R}$, $\kappa \in (-\kappa_1, +\kappa_1)$, $\alpha \in [0,1]$.

Da der Operator T im Punkt $\lambda_0 = 0$ eine Lücke im seinem Spektrum besitzt, so sehen wir leicht die Inklusionen

$$
\mathcal{D}_T = \mathcal{D}_{|T|} \subset \mathcal{D}_{|T|^\alpha} \quad \text{für alle} \quad \alpha \in [0,1]
\tag{III.3.22}
$$

für ihre entsprechenden Definitionsbereiche ein. Somit ist der Operator

$$
|T|^{\alpha} \circ R(iy) = |T|^{\alpha} \circ [T - iy]^{-1} \colon \mathcal{H} \to \mathcal{H} \quad \text{für alle} \quad y \in \mathbb{R}, \ \alpha \in [0,1]
$$

wohldefiniert. Mit der Identität (III.3.21) und den Schranken (III.3.20) haben wir den Hilfssatz vollständig gezeigt.   q.e.d.

Bemerkung: Wir folgen beim Beweis der Proposition III.3.1 den Ideen im Hilfssatz 2 von [H3] § 2.

Theorem III.3.1. (Spektralinfimum gestörter selbstadj. Operatoren)
Sei $T \colon \mathcal{D}_T \to \mathcal{H}$ ein selbstadjungierter Operator im dichten Definitionsbereich $\mathcal{D}_T \subset \mathcal{H}$ mit der Eigenschaft $T \geq d_3\,E$ und $d_3 \in (0,+\infty)$, dessen Spektrum im Punkt $\lambda_0 = 0$ folglich eine Lücke der Größe d_3 besitzt. Für eine analytische (c,q)-Störung von T gemäß der Definition III.3.1 erfüllt dann die Operatorenschar $A(\kappa)$, $\kappa \in (-\kappa_1, +\kappa_1)$ aus (III.3.3) die Ungleichung $A(\kappa) \geq d_4(\kappa)\,E$ mit

$$
d_4(\kappa) := d_3 \cdot \frac{1 - (1+c)q|\kappa|}{1 - q|\kappa|} > 0 .
\tag{III.3.23}
$$

Somit weisen die Operatoren $A(\kappa)$ im Punkt λ_0 eine Lücke in ihren Spektren mindestens von der Größe $d_4(\kappa)$ auf.

Beweis: Wegen $T \geq 0$ ergibt sich aus der Ungleichung (III.3.10) für $\alpha = 1$ und $g = f$ die Abschätzung

$$
\left| \Big(H_k f, f \Big)_{\mathcal{H}} \right| \leq c\,q^k \cdot \Big(Tf, f \Big)_{\mathcal{H}} , \quad f \in \mathcal{D}_T \quad \text{für} \quad k = 1,2,\ldots .
\tag{III.3.24}
$$

Damit folgt für die Operatorenschar $A(\kappa)$, $\kappa \in (-\kappa_1, +\kappa_1)$ die Abschätzung

$$
\left(A(\kappa)f, f\right)_{\mathcal{H}}
$$

$$
= \left([T + \sum_{k=1}^{\infty} \kappa^k H_k]f, f\right)_{\mathcal{H}}
$$

$$
= \left(Tf, f\right)_{\mathcal{H}} + \sum_{k=1}^{\infty} \left(H_k f, f\right)_{\mathcal{H}} \kappa^k
$$

$$
\geq \left(Tf, f\right)_{\mathcal{H}} - \left|\sum_{k=1}^{\infty} \left(H_k f, f\right)_{\mathcal{H}} \kappa^k\right|
$$

$$
\geq \left(Tf, f\right)_{\mathcal{H}} - \sum_{k=1}^{\infty} \left|\left(H_k f, f\right)_{\mathcal{H}}\right| |\kappa|^k \qquad \text{(III.3.25)}
$$

$$
\geq \left(Tf, f\right)_{\mathcal{H}} - \left(Tf, f\right)_{\mathcal{H}} \sum_{k=1}^{\infty} c\, q^k |\kappa|^k
$$

$$
= \left(Tf, f\right)_{\mathcal{H}} - \left(Tf, f\right)_{\mathcal{H}} \frac{cq|\kappa|}{1 - q|\kappa|}
$$

$$
= \frac{1 - (1+c)q|\kappa|}{1 - q|\kappa|} \left(Tf, f\right)_{\mathcal{H}}
$$

$$
\geq d_3 \cdot \frac{1 - (1+c)q|\kappa|}{1 - q|\kappa|} \left(f, f\right)_{\mathcal{H}}
$$

$$
= d_4(\kappa) \|f\|_{\mathcal{H}}^2 \quad \text{für alle} \quad f \in \mathcal{D}_T .
$$

Dabei ist wegen (III.3.8) die Ungleichung

$$
d_4(\kappa) = d_3 \cdot \frac{1 - (1+c)q|\kappa|}{1 - q|\kappa|} = d_3 \cdot \left[1 - \frac{cq|\kappa|}{1 - q|\kappa|}\right] > 0 \qquad \text{(III.3.26)}
$$

richtig. Somit folgt die behauptete Abschätzung

$$
A(\kappa) \geq d_4(\kappa)\, E, \quad \kappa \in (-\kappa_1, +\kappa_1) .
$$

Insbesondere entnehmen wir (III.3.25) die Aussage, dass die Operatoren $A(\kappa)$ im Punkte λ_0 eine Lücke der Größe (III.3.23) besitzen.

q.e.d.

Das folgende Resultat von E. Heinz (siehe den Satz 3 in [H3] § 2) wird von T. Kato [K] Chap. VII § 5 Thm. 5.4 in einem allgemeinen Rahmen dargestellt.

Theorem III.3.2. (Analytische Störung der Spektralschar)
Sei $T: \mathcal{D}_T \to \mathcal{H}$ ein selbstadjungierter Operator im dichten Definitionsbereich $\mathcal{D}_T \subset \mathcal{H}$ mit der Spektralschar $\{E(\lambda), \lambda \in \mathbb{R}\}$, dessen Spektrum im Punkt $\lambda_0 = 0$ eine Lücke der Größe $d_3 \in (0, +\infty)$ besitzt. Für eine analytische (c,q)-Störung von T gemäß der Definition III.3.1 weist dann die Operatorenschar $A(\kappa)$, $\kappa \in (-\kappa_1, +\kappa_1)$ aus (III.3.3) im Punkt λ_0 eine Lücke positiver Größe in ihren Spektren auf. Weiter besitzt die Spektralschar

$$E(.;\kappa) = E(\lambda;\kappa) = E_{A(\kappa)}(\lambda), \quad \lambda \in \mathbb{R} \qquad (III.3.27)$$

des Operators $A(\kappa)$ die folgende Potenzreihenentwicklung:

$$E(\lambda_0;\kappa) = E(\lambda_0) + \kappa E_1(\lambda_0) + \kappa^2 E_2(\lambda_0) + \ldots, \quad \kappa \in (-\kappa_1, +\kappa_1). \qquad (III.3.28)$$

Dabei sind die beschränkten Hermiteschen Operatoren von der Form

$$E_l(\lambda_0): \mathcal{H} \to \mathcal{H} \quad \text{unter der Operatorschranke}$$
$$\|E_l(\lambda_0)\| \leq \frac{1}{2} c (1+c)^{l-1} q^l \quad \text{für} \quad l = 1,2,\ldots. \qquad (III.3.29)$$

Beweis: 1.) Zunächst wenden wir die Proposition III.2.2 an und erhalten für die Resolventen die Darstellung

$$E(\lambda_0;\kappa) - E(\lambda_0) = \lim_{\eta \to +\infty} \frac{-1}{2\pi} \int_{-\eta}^{\eta} [R(iy;\kappa) - R(iy)]dy, \; \kappa \in (-\kappa_1, +\kappa_1).$$

Wir gehen über zur zugehörigen Sesquilinearform, welche wir gemäß der Proposition III.3.1 im Spezialfall $\alpha = \frac{1}{2}$ mit

$$C_l(iy) := C_l\left(iy, \frac{1}{2}\right), \quad l = 1,2,\ldots$$

nach dem Parameter κ entwickeln:

$$\left(f, [E(\lambda_0;\kappa) - E(\lambda_0)]g \right)_{\mathcal{H}}$$

$$= \lim_{\eta \to +\infty} \frac{-1}{2\pi} \int_{-\eta}^{\eta} \left(f, [R(iy;\kappa) - R(iy)]g \right)_{\mathcal{H}} dy$$

$$= \lim_{\eta \to +\infty} \frac{-1}{2\pi} \int_{-\eta}^{\eta} \Big[\sum_{l=1}^{\infty} \left(|T|^{\frac{1}{2}} \circ R(-iy)f, C_l(iy) \circ |T|^{\frac{1}{2}} \circ R(iy)g \right)_{\mathcal{H}} \kappa^l \Big] dy$$

$$= \sum_{l=1}^{\infty} \Big[\lim_{\eta \to +\infty} \frac{-1}{2\pi} \int_{-\eta}^{\eta} \left(|T|^{\frac{1}{2}} \circ R(-iy)f, C_l(iy) \circ |T|^{\frac{1}{2}} \circ R(iy)g \right)_{\mathcal{H}} dy \Big] \kappa^l$$

$$\text{für alle} \quad f, g \in \mathcal{H} \quad \text{und} \quad \kappa \in (-\kappa_1, +\kappa_1). \qquad (III.3.30)$$

2.) Wir schätzen nun die in (III.3.30) auftretenden Sesquilinearformen mit Hilfe von (III.3.6) wie folgt ab:

$$
\left| \lim_{\eta \to +\infty} \frac{-1}{2\pi} \int_{-\eta}^{\eta} \left(|T|^{\frac{1}{2}} \circ R(-iy)f, C_l(iy) \circ |T|^{\frac{1}{2}} \circ R(iy)g \right)_{\mathcal{H}} dy \right|
$$

$$
\leq \lim_{\eta \to +\infty} \frac{1}{2\pi} \int_{-\eta}^{\eta} \left| \left(|T|^{\frac{1}{2}} \circ R(-iy)f, C_l(iy) \circ |T|^{\frac{1}{2}} \circ R(iy)g \right)_{\mathcal{H}} \right| dy
$$

$$
\leq \lim_{\eta \to +\infty} \frac{1}{2\pi} \int_{-\eta}^{\eta} \||T|^{\frac{1}{2}} \circ R(-iy)f\|_{\mathcal{H}} \cdot \|C_l(iy)\| \cdot \||T|^{\frac{1}{2}} \circ R(iy)g\|_{\mathcal{H}} \, dy
$$

$$
\leq \frac{c}{2} q^l (1+c)^{l-1} \lim_{\eta \to +\infty} \frac{1}{\pi} \int_{-\eta}^{\eta} \||T|^{\frac{1}{2}} \circ R(-iy)f\|_{\mathcal{H}} \||T|^{\frac{1}{2}} \circ R(iy)g\|_{\mathcal{H}} \, dy
$$

$$
\leq \frac{c}{2} q^l (1+c)^{l-1} \sqrt{\lim_{\eta \to +\infty} \frac{1}{\pi} \int_{-\eta}^{\eta} \||T|^{\frac{1}{2}} \circ R(-iy)f\|_{\mathcal{H}}^2 \, dy}
$$

$$
\cdot \sqrt{\lim_{\eta \to +\infty} \frac{1}{\pi} \int_{-\eta}^{\eta} \||T|^{\frac{1}{2}} \circ R(iy)g\|_{\mathcal{H}}^2 \, dy}
$$

$$
= \frac{c}{2} q^l (1+c)^{l-1} \cdot \|f\|_{\mathcal{H}} \cdot \|g\|_{\mathcal{H}} \quad \text{für alle} \quad f, g \in \mathcal{H} \quad \text{und} \quad l = 1, 2, \dots .
$$

$$(III.3.31)$$

Dabei haben wir die Grenzwerte mittels Proposition III.2.3 ausgewertet.

3.) Nach dem Darstellungssatz für Sesquilinearformen (siehe den Satz 9 in [S3] Kap. VIII § 4) gibt es beschränkte lineare Operatoren

$$
E_l(\lambda_0) \colon \mathcal{H} \to \mathcal{H} \quad \text{mit der Schranke} \quad \|E_l(\lambda_0)\| \leq \frac{c}{2} q^l (1+c)^{l-1}, \quad (III.3.32)
$$

so dass

$$
\lim_{\eta \to +\infty} \frac{-1}{2\pi} \int_{-\eta}^{\eta} \left(|T|^{\frac{1}{2}} \circ R(-iy)f, C_l(iy) \circ |T|^{\frac{1}{2}} \circ R(iy)g \right)_{\mathcal{H}} dy
$$

$$
= \left(f, E_l(\lambda_0)g \right)_{\mathcal{H}} \quad \text{für alle} \quad f, g \in \mathcal{H} \quad \text{und} \quad l = 1, 2, \dots
$$

$$(III.3.33)$$

erfüllt ist. Den Identitäten (III.3.30) und (III.3.33) entnehmen wir die Darstellung

$$
E(\lambda_0; \kappa) - E(\lambda_0) = \kappa E_1(\lambda_0) + \kappa^2 E_2(\lambda_0) + \dots, \quad \kappa \in (-\kappa_1, +\kappa_1)
$$

$$(III.3.34)$$

mit den beschränkten Operatoren (III.3.32). Da auf der linken Seite in (III.3.34) der Operator Hermitesch ist, so überträgt sich diese Eigenschaft auf die Operatoren (III.3.32) als Koeffizienten der angegebenen Potenzreihe. Damit sind alle behaupteten Aussagen gezeigt.

q.e.d.

Literaturverzeichnis

AG.   N.I. Achieser und I.N. Glasmann: *Theorie der linearen Operatoren im Hilbertraum.* Akademie-Verlag, Berlin, 1954.

BC.   J.L. Barbosa und M. do Carmo: *On the size of a stable minimal surface in* $\mathbb{R}^3$. American Journal of Math. **98**, 515-528 (1976).

B.   H.J. Borchers: *Quantenmechanik.* Skriptum zur Vorlesung an der Georg-August-Universität Göttingen im Wintersemester 1975/76.

CH.   R. Courant und D. Hilbert: *Methoden der mathematischen Physik I, II.* Springer-Verlag, Berlin, 1931, 1937.

DHS.   U. Dierkes, S. Hildebrandt, F. Sauvigny: *Minimal Surfaces.* Grundlehren der mathematischen Wissenschaften **339**, Springer-Verlag, Berlin, 2010.

F.   K.O. Friedrichs: *Spektraltheorie halbbeschränkter Operatoren mit Anwendung auf die Spektralzerlegung von Differentialoperatoren.* Teil I in Math. Ann. **109**, 465-487 (1934), Teil II in Math. Ann. **109**, 685-713 (1934), Teil III in Math. Ann. **110**, 777-779 (1935).

GT.   D. Gilbarg, N.S. Trudinger: *Elliptic partial differential equations of second order.* Grundlehren der mathematischen Wissenschaften **224**, Second edition. Springer-Verlag, Berlin, 1983.

G.   H. Grauert: *Analytische Geometrie und lineare Algebra II.* Vorlesung am Mathematischen Institut der Georg-August-Universität Göttingen im Sommersemester 1973 ausgearbeitet von Heinz Spindler.

H1.   E. Heinz: *Lineare Operatoren im Hilbertraum I.* Vorlesung am Mathematischen Institut der Georg-August-Universität Göttingen im Wintersemester 1973/74.

H2.   E. Heinz: *Lineare Operatoren im Hilbertraum II.* Vorlesung am Mathematischen Institut der Georg-August-Universität Göttingen im Sommersemester 1974.

H3.   E. Heinz: *Beiträge zur Störungstheorie der Spektralzerlegung.* Mathematische Annalen **123**, 415-438 (1951).

H4.   E. Heinz: *Minimalflächen mit polygonalem Rand.* Mathematische Zeitschrift **183**, 547-564 (1983).

He.   G. Hellwig: *Differentialoperatoren der Mathematischen Physik.* Springer-Verlag, Berlin, 1964.

HS.   F. Hirzebruch und W. Scharlau: *Einführung in die Funktionalanalysis.* Bibliographisches Institut, Mannheim, Wien, Zürich, 1971.

© Springer-Verlag GmbH Deutschland, ein Teil von Springer Nature 2019

F. Sauvigny, *Spektraltheorie selbstadjungierter Operatoren im Hilbertraum und elliptischer Differentialoperatoren*, https://doi.org/10.1007/978-3-662-58069-1

K.   T. Kato: *Perturbation theory for linear operators.* Nachdruck der Ausgabe von 1966/76 als Grundlehren der mathematischen Wissenschaften **132** in *Classics in Mathematics*, Springer-Verlag, Berlin, New York 1980.

L.   O. Lablée: *Spektral theory in Riemannian geometry.* European Mathematical Society – Publishing House, Textbooks in Mathematics, ETH Zürich, 2015.

Lo.   K. Loewner: *Über monotone Matrixfunktionen.* Math. Zeitschrift **38**, 177-216 (1934).

vN.   J. von Neumann: *Allgemeine Eigenwerttheorie Hermitescher Funktionaloperatoren.* Math. Ann. **102**, 49-131 (1929).

N.   J.C.C. Nitsche: *Vorlesungen über Minimalflächen.* Grundlehren der mathematischen Wissenschaften **199**, Springer-Verlag, Berlin, 1975.

S1.   F. Sauvigny: *Analysis – Grundlagen, Differentiation, Integrationstheorie, Differentialgleichungen, Variationsmethoden.* Springer-Lehrbuch im Verlag Springer-Spektrum, Berlin, Heidelberg, 2014.

S2.   F. Sauvigny: *Partielle Differentialgleichungen der Geometrie und der Physik 1 - Grundlagen und Integraldarstellungen.* Unter Berücksichtigung der Vorlesungen von E. Heinz. Springer-Verlag, Berlin, Heidelberg, 2004.

S3.   F. Sauvigny: *Partielle Differentialgleichungen der Geometrie und der Physik 2 - Funktionalanalytische Lösungsmethoden.* Unter Berücksichtigung der Vorlesungen von E. Heinz. Springer-Verlag, Berlin, Heidelberg, 2005.

S4.   F. Sauvigny: *Partial Differential Equations 1 - Foundations and Integral Representations.* With Consideration of Lectures by E. Heinz. Second revised and enlarged edition; Springer London, 2012.

S5.   F. Sauvigny: *Partial Differential Equations 2 - Functional Analytic Methods.* With Consideration of Lectures by E. Heinz. Second revised and enlarged edition; Springer-London, 2012.

S6.   F. Sauvigny: *On the Morse index of minimal surfaces in $\mathbb{R}^p$ with polygonal boundaries.* Manuscripta Mathematica **53**, 167-197 (1985).

Sm.   K. Schmüdgen: *Unbounded Self-adjoint Operators on Hilbert Space.* Graduate Texts in Mathematics **265**. Springer Dordrecht, Heidelberg, 2012.

Sw.   H.A. Schwarz: *Gesammelte Mathematische Abhandlungen I, II.* Springer-Verlag, Berlin, 1890.

St.   F. Stummel: *Singuläre elliptische Differentialoperatoren in Hilbertschen Räumen.* Math. Ann. **132**, 150-176 (1956).

W.   E. Wienholtz: *Halbbeschränkte partielle Differentialoperatoren zweiter Ordnung vom elliptischen Typus.* Math. Annalen **135**, 50-80 (1958).

Wi.   A. Wintner: *Spektraltheorie unendlicher Matrizen.* Leipzig, 1929.

Sachverzeichnis

© Springer-Verlag GmbH Deutschland, ein Teil von Springer Nature 2019
F. Sauvigny, *Spektraltheorie selbstadjungierter Operatoren im Hilbertraum
und elliptischer Differentialoperatoren*, https://doi.org/10.1007/978-3-662-58069-1

Willkommen zu den Springer Alerts

Jetzt anmelden!

- Unser Neuerscheinungs-Service für Sie:
  aktuell *** kostenlos *** passgenau *** flexibel

Springer veröffentlicht mehr als 5.500 wissenschaftliche Bücher jährlich in gedruckter Form. Mehr als 2.200 englischsprachige Zeitschriften und mehr als 120.000 eBooks und Referenzwerke sind auf unserer Online Plattform SpringerLink verfügbar. Seit seiner Gründung 1842 arbeitet Springer weltweit mit den hervorragendsten und anerkanntesten Wissenschaftlern zusammen, eine Partnerschaft, die auf Offenheit und gegenseitigem Vertrauen beruht.

Die SpringerAlerts sind der beste Weg, um über Neuentwicklungen im eigenen Fachgebiet auf dem Laufenden zu sein. Sie sind der/die Erste, der/die über neu erschienene Bücher informiert ist oder das Inhaltsverzeichnis des neuesten Zeitschriftenheftes erhält. Unser Service ist kostenlos, schnell und vor allem flexibel. Passen Sie die SpringerAlerts genau an Ihre Interessen und Ihren Bedarf an, um nur diejenigen Information zu erhalten, die Sie wirklich benötigen.

Mehr Infos unter: springer.com/alert

Printed in the United States
By Bookmasters